校企合作双元开发新形态教材
高等职业教育土木建筑类“十四五”技能型人才培养实用教材

土木工程测量

（智媒体版）

主　编　戴　卿　常允艳　郭　涛
副主编　徐阳洋　王晓飞　孙朝阳
主　审　夏文新

视频　　微课　　课件

西南交通大学出版社
·成　都·

图书在版编目（CIP）数据

土木工程测量：智媒体版 / 戴卿，常允艳，郭涛主编. —成都：西南交通大学出版社，2021.8

校企合作双元开发新形态教材 高等职业教育土木建筑类“十四五”技能型人才培养实用教材

ISBN 978-7-5643-8227-8

Ⅰ. ①土… Ⅱ. ①戴… ②常… ③郭… Ⅲ. ①土木工程－工程测量－高等学校－教材 Ⅳ. ①TU198

中国版本图书馆 CIP 数据核字（2021）第 175544 号

校企合作双元开发新形态教材
高等职业教育土木建筑类“十四五”技能型人才培养实用教材

Tumu Gongcheng Celiang (Zhimeiti Ban)

土木工程测量（智媒体版）

主编 戴 卿 常允艳 郭 涛

责任编辑 罗在伟
封面设计 何东琳设计工作室

出版发行 西南交通大学出版社
（四川省成都市金牛区二环路北一段 111 号
西南交通大学创新大厦 21 楼）
邮政编码 610031
发行部电话 028-87600564 028-87600533
网址 http://www.xnjdcbs.com
印刷 四川森林印务有限责任公司

成品尺寸 185 mm × 260 mm
印张 19
字数 499 千
版次 2021 年 8 月第 1 版
印次 2021 年 8 月第 1 次
书号 ISBN 978-7-5643-8227-8
定价 49.80 元

课件咨询电话：028-81435775

前言

PREFACE

本书是高等职业教育土木建筑类“十四五”技能型人才培养实用教材，也是校企合作双元开发的新形态信息化教材。

根据高等职业教育教学的特点，本书符合以立德树人为根本的高素质高技能职业人才培养目标，重点突出专业测量人才培养的特色，体现工程测量岗位特有的思维方式和工作方式。为使本书更具有技能性、先进性和实用性，本书编写人员多次深入测量一线，与现场技术人员进行探讨，广泛征求了测绘单位和行业专家的意见，以适度够用为原则，注重理论与实践的结合，尤其强调读者实际动手能力的培养。

本书以项目为导向，任务驱动为核心，采用集中实训的方式强化能力培养，倡导学生在项目活动中掌握测量基本知识与技能，培养学生初步具备专业工程测量所需要的基本职业能力。全书共分为 14 个项目，主要内容包括土木工程测量基础知识、水准测量、角度测量、距离测量、全站仪的使用、测量误差基本知识、小区域控制测量、地形图基本知识及其应用、大比例尺地形图测绘、施工测量基础、曲线测设、民用与工业建筑施工测量、道路与桥梁工程测量、建筑物变形观测和竣工测量等。

本书由洛阳职业技术学院戴卿、重庆水利电力职业技术学院常允艳、长江工程职业技术学院郭涛担任主编，由洛阳职业技术学院徐阳洋、王晓飞和孙朝阳担任副主编。具体编写分工如下：戴卿编写项目 1、3、12、14；常允艳编写项目 7、8、13；郭涛编写项目 5、9；徐阳洋编写项目 2、4；王晓飞编写项目 10、11；孙朝阳编写项目 6。全书由戴卿统稿，夏文新主审。

本书在编写出版过程中，得到了西南交通大学出版社及战略支援部队信息工程大学地理空间信息学院、中测新图(北京)遥感技术有限责任公司、黄河勘测规划设计有限公司、洛阳市规划建筑设计研究院的大力支持，在此一并致谢。

由于编者水平有限，书中难免存在错漏和不足之处，敬请读者批评指正，以便再版时修正。

编　者

2021 年 6 月

资源目录索引

续表

序号	二维码名称	资源类型	页码
22	全站仪数据采集	微课	113
23	测量误差概述	视频	126
24	衡量精度的标准	视频	130
25	控制测量概述	微课	142
26	导线测量	视频	146
27	三角高程测量	微课	157
28	比例尺与比例尺精度	微课	169
29	施工测量的基本知识	微课	212
30	测设的基本工作	微课	213
31	点的平面位置的测设方法	微课	217
32	民用建筑施工测量概述	视频	241
33	补充知识：施工控制网的布设	微课	244
34	建筑物的定位	微课	244
35	高层建筑的轴线投测	视频	248
36	补充知识：垂准仪法	视频	249
37	变形观测	微课	281
38	沉降观测	视频	282
39	水平位移观测	微课	283
40	倾斜观测	微课	285
41	裂缝观测	微课	287
42	竣工测量	微课	289

目录
CONTENTS

项目 1 土木工程测量认知

知识目标

- 掌握土木工程测量的基本概念、基准面、基准线、测量坐标系和高程系统等内容。
- 理解测量的基本工作和原则。
- 了解测量中的有效数字。

技能目标

- 能够描述测量的基本工作和基本原则。

素养目标

- 培养刻苦学习精神，听课专注，思维积极，作业独立完成。
- 培养诚实守信品格，遵守纪律、正确做事，做正确的事。
- 培养工匠精神，养成“怀匠心、铸匠魂、守匠情、践匠行”精神，促进学生生成“匠意、匠思、匠智”。

任务导航

- 任务 1.1　土木工程测量概述
- 任务 1.2　地面点位的确定
- 任务 1.3　测量的基本工作

任务 1.1 土木工程测量概述

土木工程测量概述

1.1.1 土木工程测量的概念及内容

测量学是研究如何测定地面点的点位，将地球表面的各种地物、地貌及其他信息测绘成图，以及确定地球的形状和大小的一门学科。测量学按照研究对象及采用技术的不同，又分为多个学科，如：

大地测量学——研究地球的大小、形状和重力场及其变化，解决大范围地区的控制测量和地球重力场问题。随着空间技术的发展，大地测量正在向空间大地测量和卫星大地测量方向发展。

摄影测量学——研究利用摄影或遥感技术获取被测物体的信息，以确定物体的形状、大小和空间位置的理论和技术。由于获得影像的方式不同，摄影测量又分为航空摄影测量、水下摄影测量、地面摄影测量和遥感等。

海洋测量学——研究海洋定位，测定海洋大地水准面、海底和海面地形、海洋重力、海洋磁力及编制各种海图的理论和技术。

工程测量学——研究工程建设和自然资源开发中，在规划设计、施工放样、竣工验收和运营管理等各个阶段进行的控制测量、地形测绘、变形监测及建立相应信息系统的理论和技术。

地图制图学——研究各种地图的制作理论、原理、工艺技术和应用的一门学科。研究内容主要包括地图编制、地图投影原理、地图整饰、印刷及建立地图数据库等。现代地图制图学向着制图自动化、电子地图制作及地理信息系统方向发展。

土木工程测量就是土木工程在勘测设计、施工和运营管理等各个阶段所进行的一系列测绘工作。它属于工程测量学范畴，主要内容包括测图、用图、放样和变形观测等。在工程建设的勘察设计阶段，主要的测量工作是提供各种比例尺的地形图。在工程建设的施工建造阶段，主要的测量工作是施工放样和设备安装测量，即将图纸上设计好的各种建筑物、构筑物按其设计的三维坐标测设到实地上去，并把设备安装到设计的位置上。为此，要根据工地的地形、工程的性质以及施工的组织与计划等，建立不同形式的施工控制网，作为施工放样与设备安装的基础，然后再按照施工的需要进行点位放样。在工程建设的运营管理阶段，为了监控建筑物的安全和稳定的情况以验证设计是否合理、正确，需要定期对其变形进行观测。

总之，土木工程测量工作将贯穿于土木工程建设的整个过程。从事土木工程的技术人员必须掌握土木工程测量的基本知识和技能。土木工程测量是土木工程建设技术人员的一门必修的专业基础课。

1.1.2 土木工程测量的发展及应用

土木工程测量的历史源远流长。早在公元前 27 世纪建造的埃及大金字塔，其形状与方向都很准确，这就说明当时已有放样的工具和方法。公元前 14 世纪，在幼发拉底河与尼罗河流域，曾进行过土地边界的测定。我国早在夏商时代，治水就已开始了实际的工程测量工作。对此，伟大的史学家司马迁在《史记》中对夏禹治水有这样的描述：陆行乘车，水行乘船，泥行乘撬，山行乘辇，左准绳、右规矩，载四时，以开九州，通九道，陂九泽，度九山。”其中，“准”是古代用的水准器；“绳”是一种测量距离、引画直线和定平用的工具，是最早的长度测量及定平工具之一，“规”是校正回形的工具，“矩”是古代画方形的用具，也就是曲尺。在山东省嘉祥县汉代武梁祠石室造像中，就有拿矩的伏羲和拿规的女娲形象，说明我国在西汉以前“规”和“矩”是用得很普遍的测量仪器。秦代李冰父子开凿的都江堰水利枢纽工程，采用一个石人来标定水位，当水位超过石人的肩时，下游将受到洪水的威胁，当水位低于石人的脚背时，下游将出现干旱。这种标定水位的办法，虽不如水尺那样精确，但却是我国水利工程测量发展的标志。

17 世纪发明望远镜之后，人们开始利用光学仪器进行测量，使测绘科学前进了一大步。20 世纪 60 年代以来，由于电子计算技术的飞速发展，出现了自动化程度很高的电子经纬仪、全站仪和自动绘图仪。1964 年，国际测量师联合会为了促进和繁荣工程测量，成立了工程测量委员会（第六委员会），从此，工程测量学在国际上成为一门独立的学科。20 世纪末，随着现代科学技术的飞速发展，人类科学技术不断向着宏观宇宙和微观粒子世界延伸，测量对象不再局限于地面，而是深入地下、水域、空间和宇宙。20 世纪 80 年代末以来，逐渐发展了一种利用卫星定位的新技术——全球导航卫星系统 （Global Navigation Satellite System，GNSS）。

目前，测绘技术正在向天地（地表、地层、天体）一体化、信息化、实时化、数字化、自动化、智能化迈进，使测绘产品向多样化、网络化、社会化方向发展。

任务 1.2 地面点位的确定

地面点位的确定

1.2.1 测量工作的基准面与基准线

测量工作大多是在地球表面进行的。地球表面很不平坦也很不规则，有高山、平原、深谷、丘陵和海洋等。地球上最高的珠穆朗玛峰，高出平均海水面 8 848.86 m（2020 年 12 月 8 日公布），最低的马里亚纳海沟低于平均海水面 11 022 m。这些高低起伏与巨大的地球半径（平均为 6 371 km）相比，可以忽略不计。同时由于地球表面海洋占 71%，陆地仅占 29%，可以认为地球是被静止的海水面包围的球体。

由于地球的自转运动，地球上任一点都受到地球引力和离心力的双重作用，这两个力的合力称为重力。重力的方向线称为铅垂线，铅垂线是测量工作的基准线，如图 1-1 所示。人们设想以一个静止不动的海水面延伸穿越陆地，形成一个闭合的曲面包围了整个地球，这个闭合曲面称为水准面。水准面的特点是水准面上任一点的铅垂线都垂直于该点的曲面。与水准面相切的平面称为水平面。由于水面可高可低，因此水准面有无穷多个，其中与平均海水面重合并向陆地延伸所形成的封闭曲面，称为大地水准面。大地水准面与地球自然表面相比可看作一个光滑的曲面，代表了地球的自然形状和大小，因此大地水准面是测量工作的基准面。如图 1-2 所示。

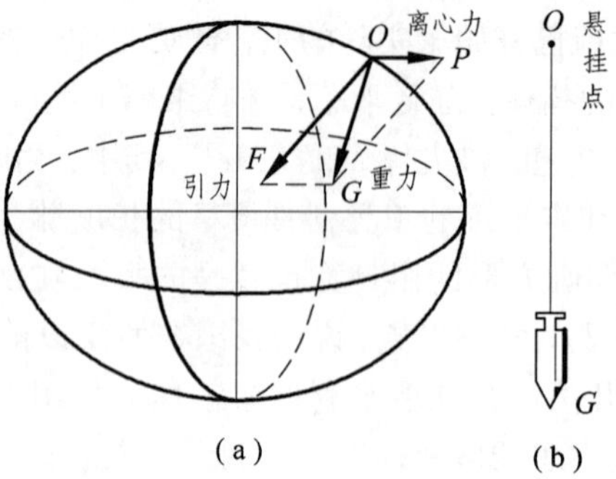

图 1-1　测量的基准线

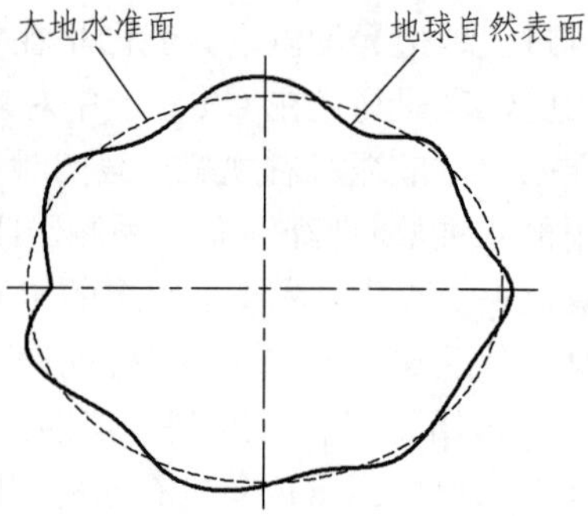

图 1-2　大地水准面

大地水准面虽然非常接近于地球的物理表面，但是由于地球内部质量分布的不均匀性，使得铅垂线的方向产生不规则的变化，结果大地水准面就变成了一个有微小起伏变化的、不规则的复杂曲面，如图 1-3 所示。由于大地水准面的起伏变化无法用数学方法加以描述和表达，所以为了测绘和计算方便，通常选择一个非常接近于大地准面并可用数学形式表示的几何面来代替地球的形状，该面称为旋转椭球体面或地球椭球体面。

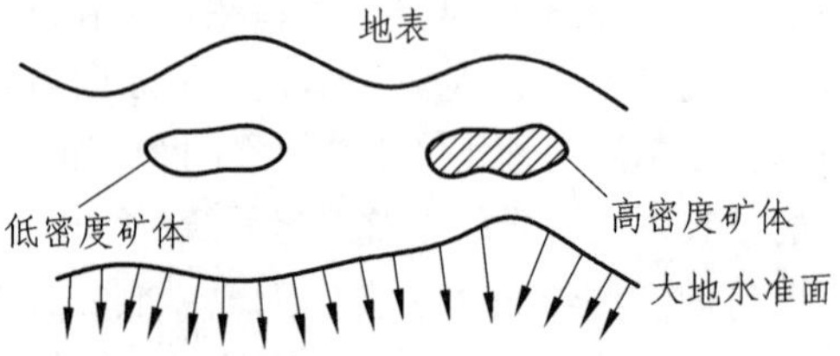

图 1-3　大地水准面的不规则变化

旋转椭球体面所包围的球体称为旋转椭球，也叫参考椭球。若对参考椭球面的数学式加入地球重力异常变化参数的改正，便可得到大地水准面较为近似的数学式。这样，从严格意义上讲，测绘工作是提取参考椭球面为测量的基准面，但在实际工作中仍取大地水准面作为测量的基准面。当对测量成果的要求不十分严格时，不必改正到参考椭球面上。另一方面，实际工作中又可以十分容易地得到水准面的铅垂线，所以用大地水准面作为测量的基准面便大大简化了操作和计算工作，因而水准面和铅垂线便成为实际测绘工作的基准面和基准线。

如图 1-4 所示，决定地球椭球体形状和大小的参数为椭圆的长半轴 a、短半轴 b 和扁率 α。其关系式为：

$$\alpha = \frac{a-b}{a} \tag{1-1}$$

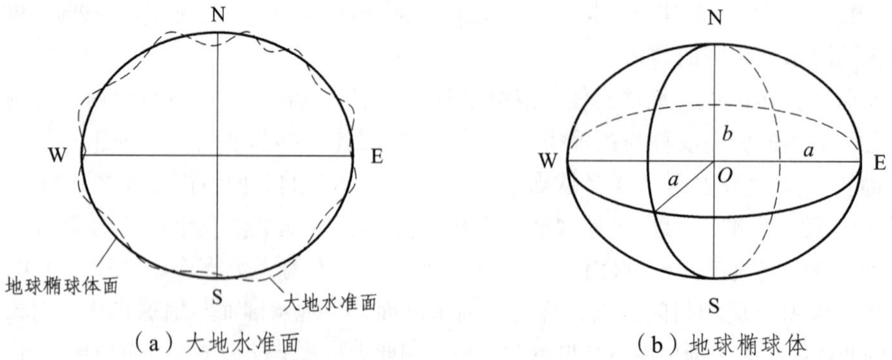

图 1-4　大地水准面与地球椭球体

地球的形状确定后，还应进一步确定大地水准面与椭球面的相对关系，才能将观测成果换算到椭球面上。如图 1-5 所示，在一个国家的适当地点选择一点 P，设想椭球体与大地体相切，切点 P' 位于 P 点的铅垂线上。这时，椭球面上 P' 点的法线与大地水准面的铅垂线相重合，使椭球的短轴与地轴保持平行，且椭球面与这个国家范围内的大地水准面差距尽量地小，于是椭球与大地水准面的相对位置便确定下来。这就是参考椭球的定位工作，而 P 点称为大地原点。

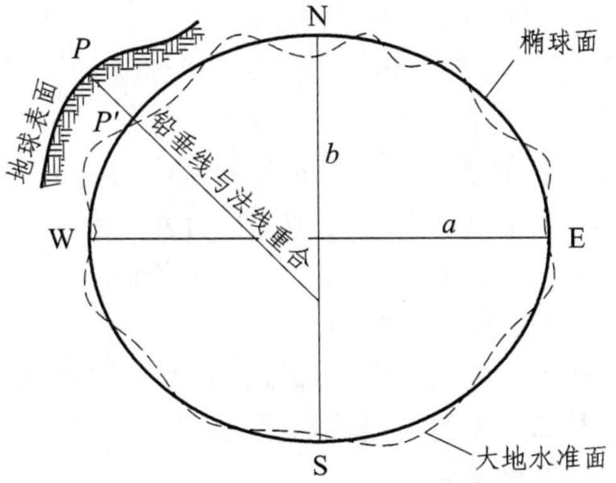

图 1-5　参考椭球定位

几种著名的参考椭球见表 1-1。工程实践中在中华人民共和国成立前采用海福特椭球；中华人民共和国成立后曾一度采用苏联的克拉索夫斯基椭球参数作为测量计算的依据，建立了 1954 年北京坐标系；后又以 1975 年国际大地测量与地球物理联合会推荐的 IUGG-75 椭球参数作为测量计算的依据，建立了 1980 国家大地坐标系，也称 1980 西安坐标系；而 GPS 定位采用的是 WGS-84 参考椭球，相应地称为 WGS-84 坐标系。

表 1-1　几种著名的参考椭球

	长半轴 a/m	短半轴 b/m	扁率 α	推算年代和国家
德兰布尔	6 375 653	6 356 564	1∶334	1800 法国
白塞尔	6 377 397	6 356 079	1∶299.2	1841 德国
克拉克	6 378 249	6 356 515	1∶293.5	1880 英国
海福特	6 378 388	6 356 912	1∶297.0	1909 美国
克拉索夫斯基	6 378 245	6 356 863	1∶298.3	1940 苏联
IUGG-75	6 378 140	6 356 755.3	1∶298.257	1975 国际大地测量与地球物理联合会
WGS-84	6 378 137	6 356 752.3	1∶298.257 223 563	1984 美国

说明：由于地球椭球体的扁率很小，当测量的区域不大时，可将地球看作半径为 6 371 km 的圆球。

1.2.2　地面点平面位置的确定

由于地球表面是高低起伏，一般用地面某点投影到参考曲面上的位置和该点到大地水准面间的铅垂距离来表示该点在地球上的空间位置。为此，将空间坐标系分解成确定点的球面位置坐标系（二维）和高程系（一维）。确定点的球面位置关系包括地理坐标系和平面直角坐标系。

1. 地理坐标系

对于大区域，通常用经度和纬度来表示地面点在球面上的位置，称为地理坐标系，如图 1-6 所示。地理坐标系又因采用基准面、基准线的不同而分为天文地理坐标系和大地地理坐标系。

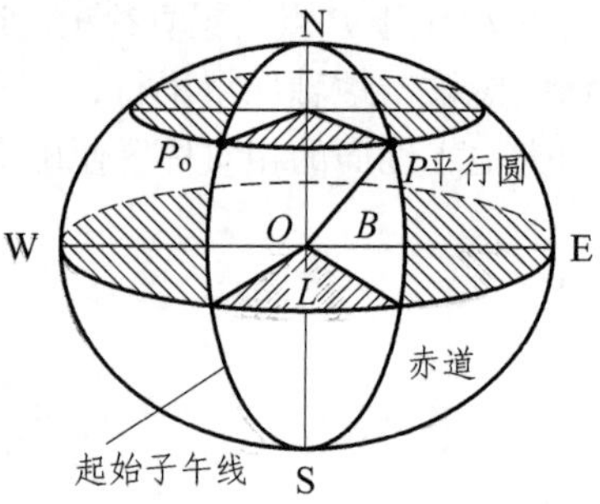

图 1-6　地理坐标系

过地面上任一点的铅垂线与地轴组成的平面称为子午面，子午面与球面的交线称为子午线或经线。过英国格林威治天文台的子午面称为首子午面，相应的子午线称为首子午线或本初子午线。经度是过某点的子午面与首子午面所成的二面角，通常用符号 λ 表示；自首子午面向东或向西计算，取值范围是 0°～180°。在首子午面以东为东经，在首子午面以西为西经，同一子午面线上各点的经度相同。

垂直于地轴的平面与地球表面的交线称为纬线，垂直于地轴并通过地心 O 与地球表面相交的纬线称为赤道。纬度是以某点的铅垂线与赤道平面之间的夹角，通常用符号 ϕ 来表示；自赤道起向南或北计算，取值范围为 0°～90°。

我国位于东半球和北半球，所以地理坐标都是东经和北纬。例如，北京某点的地理坐标为东经 116°50'20"、北纬 39°34'26"。

上述地球表面某点的经纬度，称为天文经纬度，它是以过某点的铅垂线为依据的。若以椭球面的法线为依据，则点 P 的经纬度称为大地经纬度，并分别以 L 表示大地经度，以 B 表示大地纬度。由于所依据的基准线不同，所以两者稍有差异，但差异很小，在地形测量中可不予考虑。

2. 高斯平面直角坐标系

我们知道，当测绘地形图的范围较小时，可以把球面当作平面看待，将所测的地面图形用相似的方法缩绘在图纸上。但是，如果测区范围较大，就不能再将地球表面当作平面看待，因为球面是一个“不可展曲面”，它像橘子皮一样，如果将它剥开并压成平面，必然会产生一些裂口和重叠。但人们在规划、设计和施工中又习惯使用平面图来反映地面形态，而且在平面上进行计算和绘图要比在球面上方便得多。这样就产生了如何将球面上的物体转换到平面上的投影变换问题。

地图投影的种类很多，但是任何一种投影方法都无法同时消除各种变形。这些变形概括起来，有长度变形、角度变形和面积变形 3 种。对于不同变形，可以根据需要采用不同的投影方法加以控制，使全部变形减小到某一适当程度，或是长度变形也要尽可能小，只有采用正形投影才能满足上述要求。

我国采用的是高斯-克吕格正形投影，简称高斯投影。设想将截面为椭圆的一个圆柱面横套在旋转椭球外面，并与旋转椭球面上某一条子午线相切，同时使圆柱的轴位于赤道面内，且通过椭球中心，相切的子午线称为高斯投影面上的中央子午线。用数学的方法，在保持等角的条件下将中央子午线及其临近的元素投影到横圆柱面上，然后将圆柱面沿通过极点的母线切开，展位平面，就得到投影平面上的元素，如图 1-7 所示。该投影是高斯于 1816—1820 年首先推得其计算公式，1912 年由克吕格加以研究补充而成，故称为高斯-克吕格投影，又称横轴椭圆柱等角投影。

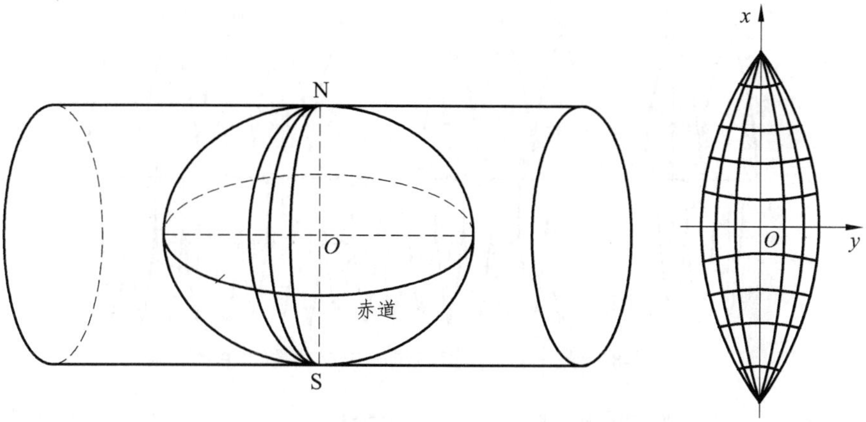

图 1-7　高斯投影

高斯投影具有如下规律：

（1）中央子午线投影为一条直线，且投影之后的长度无变形；其余子午线的投影均为凹向中央子午线的曲线，且以中央子午线为对称轴，离对称轴越远，其长度变形也就越大；

（2）赤道的投影为直线，其余纬线的投影为凸向赤道的曲线，并以赤道为对称轴；

（3）经纬线投影后仍保持相互正交的关系，即投影后无角度变形；

（4）中央子午线和赤道的投影相互垂直。

高斯投影虽然能保证角度不变形，但不能使长度不变形，且离中央子午线越远，长度变形越大。为了限制长度变形，通常采用分带投影，使每一个投影带内只包括中央子午线及其两侧的邻近部分。

在中、小比例尺测图中，一般采用 6°分带法，从首子午线开始，按经差 6°为一带，将地球分成 60 个投影带，编号为 1—60。

如果将地球依次转动 6°，投影后展为平面，可得各投影带在平面上的图形，6°带的带号 N 与中央子午线的经度 L_0 存在如下关系：$L_0 = 6°N - 3°$；反之，如果已知地面任一点的经度 L，则该点所在的统一 6°带号 N 为：

$$N = \mathrm{int}\left(\frac{L+3}{6} + 0.5\right) \tag{1-2}$$

对于 1∶10 000 大比例尺测图，因采用 6°分带法不能满足测图的精度要求，故又采用 3°分带法或 1.5°分带法。3°投影带的划分是从经度 1.5°的子午线开始，按经差 3°为一带，把地球分成 120 个带，如图 1-8。实际上 3°带是在 6°带的基础上划分的，所以 3°带的中央子午线有一半同 6°带的中央子午线重合，另一半则和 6°带的分带子午线重合，这样便于 3°带和 6°带的换算。3°带的带号 N 与其中央子午线经度 L_0 有下列关系：$L_0 = 3°N$。

分带投影后，各带的中央子午线都与赤道垂直，以中央子午线作为纵坐标 x，赤道为横坐标轴 y，其交点 O 为坐标原点。这样，在每个投影带内，便构成了一个既与地理坐标有直接关系又各自独立的平面直角坐标系，称为高斯-克吕格平面直角坐标系，简称高斯平面直角坐标系，如图 1-9 所示。

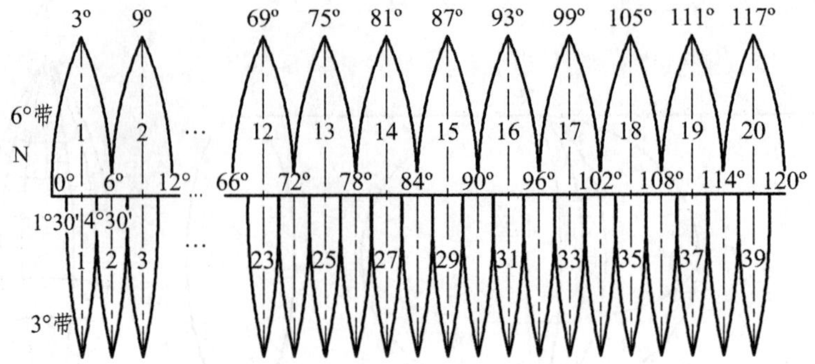

图 1-8 统一 6°带投影与统一 3°带投影的关系

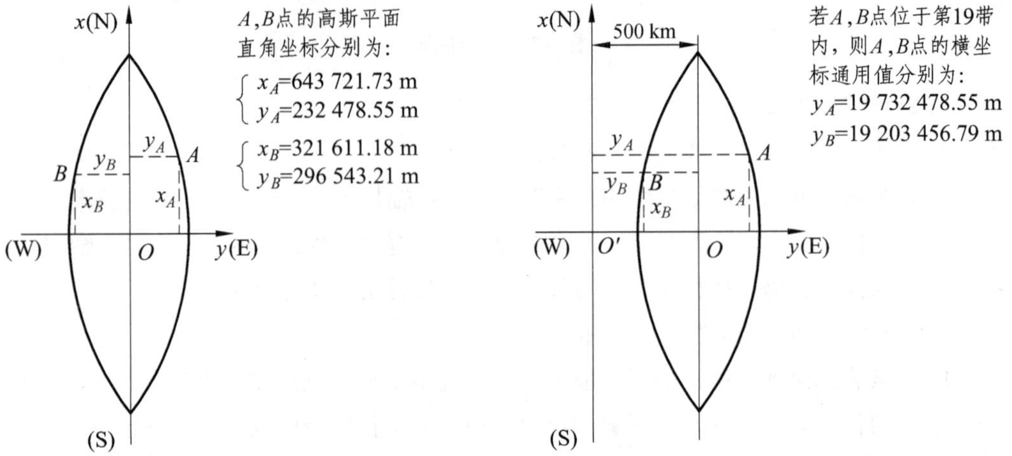

图 1-9 横坐标的自然值与通用值

在高斯平面直角坐标系中，纵坐标 x 从赤道向北为正，向南为负；横坐标 y 由中央子午线向东为正，向西为负；我国位于北半球，x 坐标均为正值，但每个投影带内的横坐标 y 值有正有负。为使横坐标不出现负值，无论 3°带还是 6°带，每带的纵坐标轴都西移 500 km。即每带的横坐标都加上 500 km。加 500 km 后，中央子午线以东的横坐标大于 500 km，以西的横坐标小于 500 km，且都为 6 位数。

为了指明该点位于哪一个投影带，还规定在横坐标值之前加上带号。未加 500 km 和带号的横坐标值称为自然值；加上 500 km 和带号的横坐标值称为通用值。

与数学上的笛卡儿坐标系相比，在高斯平面直角坐标系中，为了定向的方便，定义纵轴为 x 轴，横轴为 y 轴，象限按顺时针方向编号，如图 1-10 所示。目的是使数学上定义的各类三角函数可以在高斯平面坐标系中直接使用，不需做任何变更。

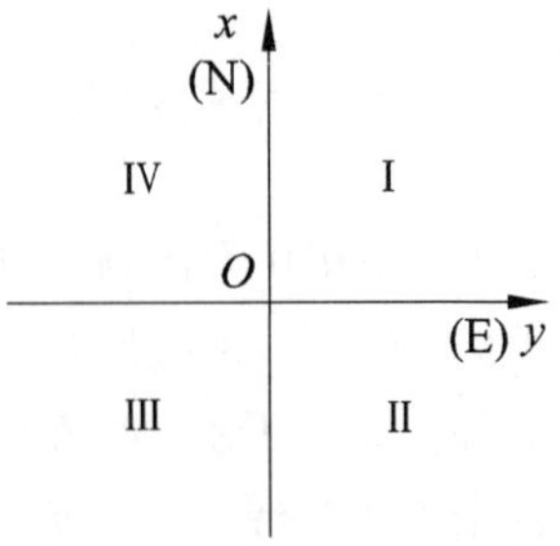

图 1-10 高斯平面直角坐标系

3. 独立平面直角坐标

大地水准面虽是曲面，但当测区范围较小时，可以将大地水准面当作平面看待，并在平面上建立独立平面直角坐标系，地面点在大地水准面上的投影位置就可以用平面直角坐标来确定。

如图 1-11 所示，一般将独立平面直角坐标系的原点选在测区西南角，以使测区内任意点的坐标均为正值。坐标系原点可以是假定坐标值。规定 x 轴向北为正，y 轴向东为正，坐标象限按顺时针编号。

拓展知识：2000 国家大地坐标系的原点为包括海洋和大气的整个地球的质量中心；2000 国家大地坐标系的 Z 轴由原点指向历元 2000.0 的地球参考极的方向，该历元的指向由国际时间局给定的历元为 1984.0 的初始指向推算，定向的时间演化保证相对于地壳不产生残余的全球旋转，X 轴由原点指向格林尼治参考子午线与地球赤道面（历元 2000.0）的交点，Y 轴与 Z 轴、X 轴构成右手正交坐标系。

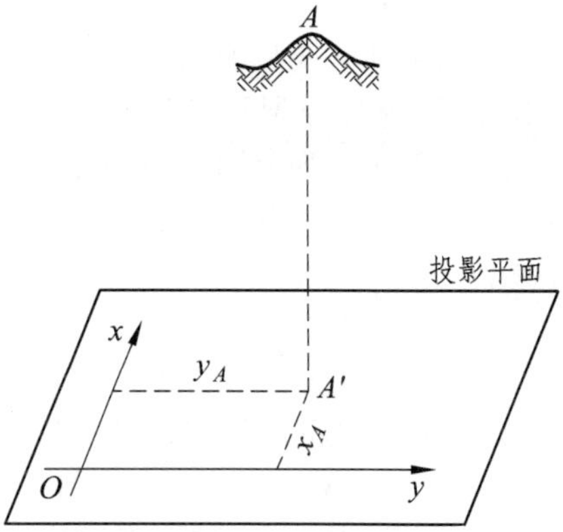

图 1-11　独立平面直角坐标系

1.2.3　地面点高程的确定

1. 绝对高程

地面点到大地水准面的铅垂距离称为该点的绝对高程，也称海拔或标高，用 H 表示。如图 1-12 所示，地面点 A、B 的高程分别为 H_A、H_B。高程值有正有负，在基准面以上的点其高程位为正，反之为负。两点间的高程差称为高差，用 h 表示。

高程的基准是大地水准面，由于海水面受潮汐、风浪等影响，它的高低时刻在变化。通常是在海边设立验潮站，进行长期观测，求得海水面的平均高度作为高程零点，以通过该点的大地水准面为高程基准面，也即大地水准面上的高程恒为零。

中华人民共和国成立后我国在青岛建立了验潮站，根据 1950—1956 年的验潮资料推算的黄海平均海水面作为我国的高程起算面，由此推求的青岛国家水准原点高程为 72.289 m，该系统简称 1956 年黄海高程系。20 世纪 80 年代初，我国根据 1952—1979 年的验潮资料重新推算黄海平均海水面，获得国家水准原点的高程为 72.260 m，该系统称为 1985 年国家高程基准，于 1985 年 1 月 1 日开始执行。1985 年国家高程基准的高程值等于 1956 年黄海高程系的高程值减去 0.029 m。

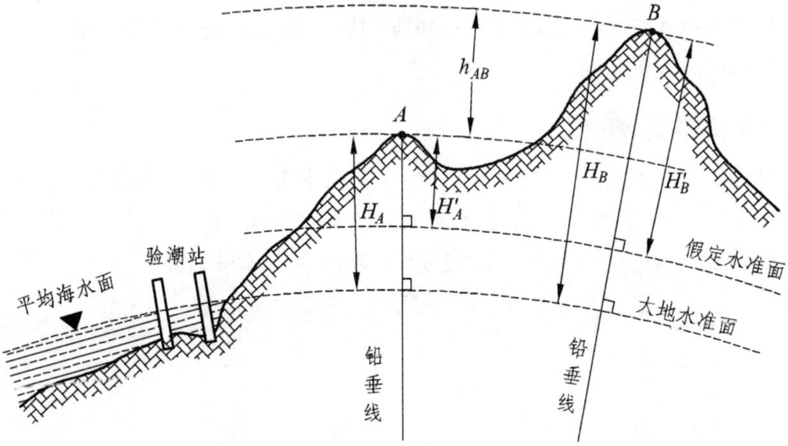

图 1-12　地面点高程的确定

2. 假定高程

在局部地区或某项工程建设中，当引测绝对高程有困难时，可以任意假定一个水准面为高程起算面。从某点到假定水准面的垂直距离称为该点的假定高程或相对高程。在图 1-12 中，A、B 两点的假定高程分别 H'_A 和 H'_B。采用假定高程时，应先在测区内选定一个高程基准点并确定其假定高程值，再以它为基准推算其他各点的假定高程。采用假定高程同样可得任意两点间的高差为：

$$h_{AB} = H_B - H_A = H'_B - H'_A \tag{1-3}$$

为了保证基准的统一、避免混淆，一个特定区域只能选择一个假定的水准面。

1.2.4 地球表面曲率对测量的影响

当测区范围小，用水平面代替水准面所产生的误差不超过测量误差的容许范围时，可以用水平面代替水准面。但是在多大面积范围才容许这种代替，有必要加以讨论。为讨论方便，假定大地水准面为圆球面。

1. 对高差的影响

在图 1-13 中，以大地水准面为基准的 B 点绝对高程 $H_B = Bb$，用水平面代替大地水准面时，B 点的高程 $H'_B = Bb'$，两者之差 Δh 就是绝对高程的影响，也称为地球曲率的影响。在 $\Delta Oab'$ 中，有：

$$\Delta h = \frac{D^2}{2R} \tag{1-4}$$

对于不同 D 值，产生的高程影响如表 1-2 所示。

表 1-2 水平面代替大地水准面的高程误差

D(km)	0.05	0.1	0.2	1	10
Δh(mm)	0.2	0.8	3.1	78.5	7850

可见用水平面代替水准面，地球曲率对高程的影响较大。进行高程测量时，即使距离很短，也应考虑地球曲率对高程的影响。

2. 对水平距离的影响

如图 1-13 所示，设地面上 A，B，C 三个点在大地水准面上的投影点是 a，b，c。用过 a 点的切平面代替大地水准面，则地面点在水平面上的投影点是 a，b'，c'。设 ab 的弧长为 D，ab' 的长度为 D'，球面半径为 R，D 所对的圆心角为 θ，则用水平长度 D' 代替弧长 D 所产生的误差为：

$$\Delta D = D' - D \tag{1-5}$$

经计算有

$$\frac{\Delta D}{D} = \frac{D^2}{3R^2} \tag{1-6}$$

取 $R = 6\,371$ km，用不同的 D 值代入上式得到表 1-3 的结果。当两点相距 10 km 时，用水平面代替大地水准面产生的长度误差为 0.8 cm，相对误差为 1/1 220 000，相当于精密测距精度的 1/1 000 000。所以在半径为 10 km 测区内进行距离测量时，可以用水平面代替大地水准面。

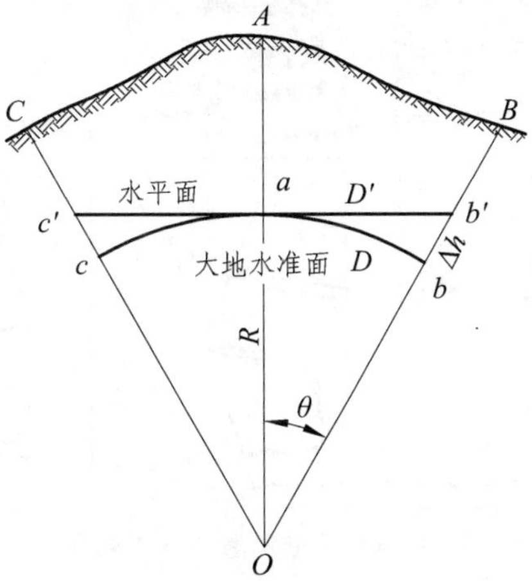

图 1-13　切平面代替大地水准面的影响

表 1-3　水平面代替大地水准面的距离误差及其相对误差

D(km)	ΔD(cm)	$\Delta D/D$
5	0.1	1/4 870 000
10	0.8	1/1 220 000
20	6.6	1/304 000
50	102.7	1/48 700

任务 1.3　测量的基本工作

测量的基本内容与基本原则

1.3.1　测量的基本内容

测量工作的主要任务是确定地面点与点之间的平面和高程位置的关系。测量工作也可分成测定和测设两大部分。测定是将地物和地貌按一定的比例尺缩小绘制成地形图；测设是将在图纸上设计好的建筑物和构筑物的位置在实地标定出来。

如图 1-14 所示，在测区内有耕地、房屋、河流、道路等。测量地形图的过程是先测出这些地物、地貌特征点的坐标，然后按一定的比例尺、规定的符号缩小展绘在图纸上。在测量工作中，确定地面点的平面位置可通过测定水平角和水平距离来实现。另外，通过高差测量可确定点的高程。因此，水平角、水平距离和高差是确定地面点位置关系的三个基本几何要素。

综上所述，高差测量、水平角测量、水平距离测量是测量工作的基本内容。

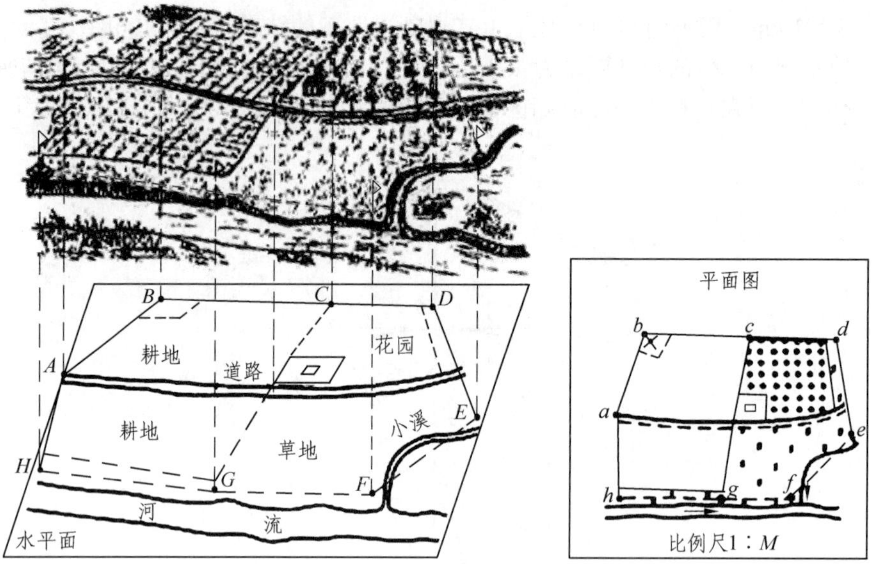

图 1-14　地形测量的基本原理

1.3.2　测量的基本原则

地表形态和建筑物形状是由许多特征点决定的，在进行测量时需要测定（或测设）这些特征点（也称碎部点）的平面位置或高程。如果从一个特征点开始逐点进行施测，虽然可得到欲测各点的位置，但由于测量工作中存在不可避免的误差，会导致前一点的测量误差传递到下一点，这样累积起来，最后可能使点位误差达到不可容许的程度。因此，测量工作必须按照一定的原则进行。在实际工作中，应遵循"从整体到局部、由高级到低级、先控制后碎部"的基本原则，也就是先在测区内选择一些有控制意义的点（控制点），把它们的平面位置和高程精确地测定出来（测定控制点的工作称为控制测量），然后再根据这些控制点测出附近其他碎部点的位置（这项工作称为碎部测量）。这种测量方法不仅可以减少误差累积，而且可以同时在几个控制点上进行测量，加快了工作进度。此外，测量工作必须重视检核，防止发生错误，避免错误的结果对后续测量工作产生影响。因此，"前一步测量工作未做检核，不进行下一步测量工作"是测量工作应遵循的又一个原则。

1.3.3　测量中的有效数字

在各项大宗数据计算（包括测量数据计算）工作中，要求既不影响数据的精度，又要减少不必要的计算工作量。在测量数据中，观测值除包括外业工作中所产生的误差外，还含有在内业计算时因数字取舍而产生的误差，这种误差称为凑整误差。所以在计算过程中，必须考虑这项误差。掌握数字运算凑整的规律，才能避免因位数取少了而损害外业成果的精度，位数取多了而增加不必要的计算工作量。因此，应合理地保留有效数字和认真地对待凑整问题。

1. 凑整误差

设某未知量的最或是值为 $\hat{L}$，其凑整值（近似值）为 L，则其凑整误差（ δ ）为：

$$\delta = \hat{L} - L \tag{1-7}$$

例如，某尺段丈量四次其最或是值 $\hat{L} = 28.454$ m，若其凑整值 $L = 28.45$ m，则其凑整误差为 $\delta = 28.454 - 28.45 = 0.004\ \text{m} = 4\ \text{mm}$。

2. 有效数字

如果一个近似数的最大凑整误差不超过该数最末位的 0.5 个单位，则从这个数字起一直到该数最左面第一个不是零的数字为止，称为该数的正确有效数字。简称有效数字。有效数字是用位数表示的，例如 280.85，有 5 位有效数字；0.007 02，有 3 位有效数字；8.004 020 0，有 8 位有效数字。最后一个数末尾的两个“0”都是有意义的，它说明该数已准确到 0.5×10^{-7}。

3. 计算中运用的凑整规则

为减少凑整误差积累，加快计算速度，在测量成果计算中常运用如下的凑整规则：

（1）当数值中被舍去部分的数值，大于保留的末位的 0.5 时，则末位加 1。例如，某数为 3.727 m，需取到厘米（即保留两位小数），则该数应凑整为 3.73 m。

（2）某数值中被舍去部分的数值，小于所保留的末位的 0.5 时，则其末位不变。例如，某数为 7.634 m，需取到厘米（即保留两位小数），则该数应凑整为 7.63 m。

（3）若数值中被舍去部分的数值，正好等于所保留的末位的 0.5，则应将末位数凑整成偶数。如果数为 3.555 m，需保留两位小数时，应凑整为 3.56。如某数为 4.545 m，需保留两位小数时，应凑整为 4.54 m。

从以上所举例子看出，数字的最大凑整误差是 $\pm0.5\times10^{-n}$，（n 是数字的小数位数）。

上述凑整规则可归纳为：大于 5 者进；小于 5 者舍；正好是 5 者，则看其前位数，奇数进、偶数舍。

4. 数字运算中的合理取位

在数字的运算中，往往需要运算一些带有凑整误差而小数位不同的数值，那么我们应怎样合理取小数位呢？

（1）加和减的合理取位

例如，有三个凑整后的不同小数位的数：5.6、34.74、－2.227 相加，这三个数的最大凑整误差各不相同，其和数为 38.113 应取小数几位才合理呢？

第一个数 5.6 中的小数位数为最少，它在小数后第二位已不可靠，进行代数和以后最多能正确到小数后第一位，小数后第二位已经不可靠了，为了使和数中避免带进新的凑整误差，通常在取诸数之和时，其小数的位数比加数中小数位数最少的多保留一位。在上例中，三个数字的代数和应为 38.11。

因此加和减的凑整规则是：在各数中，以小数位数最少的数为标准，其余各数均凑整成比该数多一位。这是为了不使因凑整而严重影响结果的精度，多保留的一位数字称为安全数字。

（2）乘和除的合理取位

如两数相乘，积的有效数字的个数，应与乘因子中的有效数字个数最少的相同。

例如：$2\ 818.43\times1.53 = 4\ 312.197\ 9$

在乘因子 1.53 中只有 3 个有效数字，故乘积也只有 3 个有效数字，即 4 310，这也可从下面的立式中看出（式中？号表示该数字已不准确）：

```
      2818.43?
×         1.53?
----------------
? ? ? ? ? ? ? ?
      845529?
    1409215?
    281843?
----------------
431? ? ? ? ? ? ? ?
```

因此，在相乘之前，可将 2 818.43 凑整至 2 820，也即

$$2\,820 \times 1.53 = 4\,310 = 4.31 \times 10^3$$

要注意的是，在乘因子中准确的数字例外，如 2 ×（2 818.43 × 1.53）= 8 620，数字 2 是一个准确的乘因子。

除法与乘法的情况相同。

1.3.4 角度的计量单位和相互换算

测量上常用的平面角单位有角度（°）、角分（′）、角秒（″）和弧度（rad）。

1. 360°制（DEG）

角度、角分、角秒一般简称度、分、秒，这种计量单位是将圆周分成 360 等份，每等份所对的圆心角值称为 1°，采用 60 进制，即

1 圆周角 = 360°（度）

1° = 60′（分）

1′ = 60″（秒）

2. 400°制（GRAD）

欧洲国家一部分仪器厂家，生产的一些测角仪器采用 400 度制，即将圆周分为 400 等份，每等份所对的圆心角称为 1°，单位符号记为 g，采用 100 进制，即：

1圆周角 = 400^g (度)

$1^g = 100^c$ (分)

$1^c = 100^{cc}$ (秒)

以上两种角度计量单位的换算关系为：

1 圆周角 = 360° = 400^g

$1^g = 0.9°$　　　　$1° = 1.111^g$

$1^c = 0.54'$　　　　$1' = 1.852^c$

$1^{cc} = 0.324''$　　　　$1'' = 3.086^{cc}$

3. 弧　度

在测量工作中，公式推导及计算常需应用弧度表示角度的大小。如图 1-15 所示，当弧长 l 等于半径 R 时所对的圆心角称为 1 个弧度，以 ρ 表示。

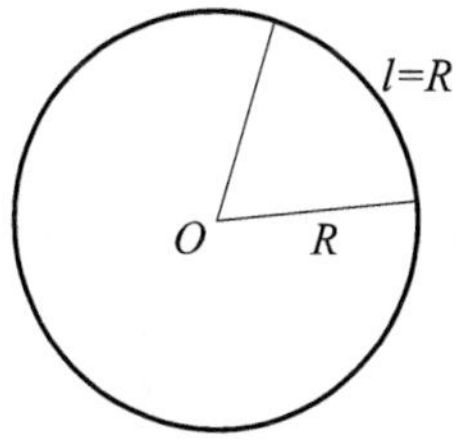

图 1-15　弧度表示法

弧度（rad）与 360°制（DEG）角度的关系为：已知圆周长为 $2\pi R$，其圆周角为 360°，当弧长 l 等于半径 R 时的圆心角为一个弧度 ρ，按比例关系得

$$\frac{2\pi R}{360^\circ}=\frac{l}{\rho} \qquad (1\text{-}8)$$

因为　$l=R$

所以　$\dfrac{2\pi R}{360^\circ}=\dfrac{R}{\rho}$

即　$\rho=\dfrac{180^\circ}{\pi}$

所以一弧度（ρ）相当于 360°制的角值为：

$$\rho^\circ \approx 57.296^\circ \approx 57.3^\circ$$

$$\rho' \approx 3\,437.747' \approx 3\,438'$$

$$\rho'' \approx 206\,264.808'' \approx 206.265''$$

知识小结

1. 基准面概念

（1）水准面：自由静止的海水面。

（2）大地水准面：通过平均海水面的水准面。

（3）高程基准面：地面点高程的起算面。

（4）参考椭球：测量计算起算面。

2. 测量坐标系统

（1）高斯平面直角坐标系：采用分带投影后，以中央子午线的投影线为 X 轴，向北为正，以赤道投影线为 Y 轴，向东为正，以两轴交点 O 为原点的坐标系统。

（2）平面直角坐标系：坐标纵轴为 X 轴，向北为正，坐标横轴为 Y 轴，向东为正，坐标原点可假定，也可选在测区的已知点上。象限按顺时针编号。

3. 高程系统

以高程基准面（大地水准面）或假定水准面为地面点高程起算的系统。

4. 测量工作的原则

测量工作遵循“从整体到局部、由高级到低级、先控制后碎部”的原则。

习题与作业

1. 何谓水准面?
2. 测量坐标系统与数学坐标系统有何区别?
3. 何谓绝对高程?
4. 何谓高斯平面直角坐标系?
5. 简述测量的基本工作。
6. 简述测量工作的基本原则。
7. 谈谈你对土木工程测量的理解。
8. 谈谈你对测量未来发展趋势的理解。

项目 2 水准测量

知识目标

- 掌握水准测量的基本原理。
- 掌握三、四等水准测量的实施方法及数据处理。
- 理解水准仪的基本构造和使用。
- 了解水准测量误差来源及其影响。

技能目标

- 能够描述水准仪各部件的构造和用途。
- 能够进行三、四等水准测量及其内业计算。
- 能够简单进行水准仪的基本检验和校正。

素养目标

- 培养规范应用习惯，能正确应用国家法律法规、国家和行业的相关规范，作风严谨。
- 培养团结协作精神，可以互相帮助、共同学习、共同达成目标。
- 培养劳动精神，吃苦耐劳，勇于开拓，积极进取的精神。

任务导航

- 任务 2.1　水准测量原理
- 任务 2.2　水准测量的仪器和工具
- 任务 2.3　水准测量及成果整理
- 任务 2.4　水准测量的误差来源及其影响
- 任务 2.5　水准仪认知实习
- 任务 2.6　普通水准测量实习
- 任务 2.7　四等水准测量实习

任务 2.1 水准测量原理

水准测量原理

高程是确定地面点位置的基本要素之一，高程测量也是测量基本工作之一。高程测量通常是指测量地面上各固定点高程的工作。根据使用仪器与方法的不同，高程测量大致可分为水准测量、三角高程测量、气压高程测量以及 GNSS 高程测量 4 种方法，见表 2-1。目前，水准测量在我国国家高程控制测量、工程勘测、施工等测量工作中被广泛使用，本项目重点介绍水准测量的原理、工具及使用方法、施测方法及成果整理等。

表 2-1　高程测量的方法

高程测量的方法	适用范围	测量仪器（工具）
水准测量	两地面点的落差小	水准仪
三角高程测量	两地面点的落差大	经纬仪
物理高程测量	物理方法	
GNSS 高程测量	卫星技术	

2.1.1　基本原理

如图 2-1 所示，在 A、B 两点上竖立带有刻划的标尺（此标尺通常称为水准尺），在 A、B 两点之间安置一台能够提供水平视线的仪器（此仪器称为水准仪），然后由水准仪提供的水平视线分别读出 A 点标尺上的读数 a 和 B 点标尺上的读数 b，若已知 A 点高程为 H_A，则 A、B 两点间高差为：

$$h_{AB} = a - b = H_B - H_A \tag{2-1}$$

则有：

$$H_B = H_A + h_{AB} \tag{2-2}$$

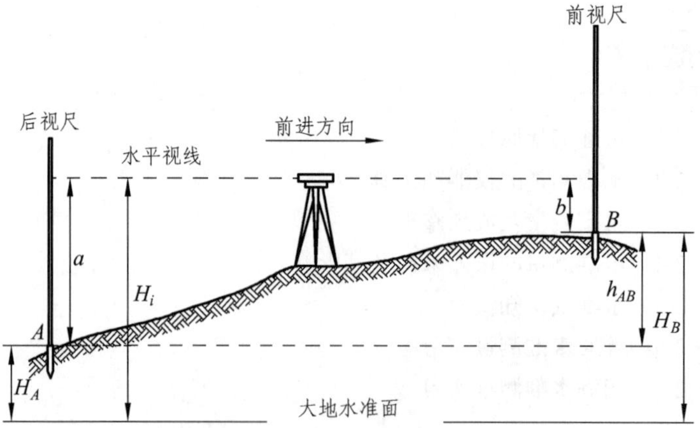

图 2-1　水准测量基本原理

后视点——已知点；

前视点——待测点；

后视读数——已知点上水准尺的读数，记为 a；

前视读数——待测点上水准尺的读数，记为 b。

测量前进的方向通常是从已知点 A 向未知点 B 方向前进的，所以前进方向是与其高差 h_{AB} 的下标 AB 的方向是一致的。通常我们把 h_{AB} 称为 A 点到 B 点的高差。因此图 2-1 中 a 为后视读数，A 为后视点；b 为前视读数，B 为前视点。

高差总是等于后视读数减去前视读数，所以有：

如果 $a > b$，$h_{AB} = a - b > 0$，后视读数大于前视读数，则表明 B 点高于 A 点，由 A 向 B 前进为上坡；

如果 $a<b$，$h_{AB} = a - b<0$，后视读数小于前视读数，则表明 B 点低于 A 点，由 A 向 B 前进为下坡。

因此，高差有正负之分，并且 $h_{AB} = -h_{BA}$。

一般来说，高程计算的方法有以下两种：

（1）高差法：直接由高差计算未知点高程的方法称为高差法，此时高程通过高差传递。测得两点间高差 h_{AB} 后，由已知的 A 点高程 H_A，则可求得 B 点的高程为：

$$H_B = H_A + h_{AB} \tag{2-3}$$

（2）视线高法：利用视线高程推算未知点高程的方法称为视线高法。当安置一次仪器要求出多个点高程时，视线高法比高差法方便，更显优势，此时高程通过视线高传递。

由图 2-1 可以知道，后视点 A 的高程加后视读数 a 就可以得到仪器的水平视线的高程，用 H_i 表示，即：

$$H_i = H_A + a \tag{2-4}$$

由此得到 B 点的高程等于视线高减去前视读数 b，则有：

$$H_B = H_i - b = H_A + a - b \tag{2-5}$$

我们还可以利用高程和水准尺上的读数可判断填挖，方法如下：

（1）用高程判断：A 点为已知点，若各点高程大于 A 点的高程，则应该挖；若各点高程小于 A 点的高程，则应该填。

（2）用读数判断：A 点为已知点，若各点的水准尺读数小于 A 点的水准尺读数，则应该挖；若各点的水准尺读数大于 A 点，则应该填。

2.1.2　连续水准测量

测量过程中，通常将安置仪器的地方称为测站。当地面上两点的距离较远，或两点间的高差太大时，仅放置一次仪器已不能测定其高差，此时就需增设若干个临时传递高程的立尺点，作为传递高程的过渡点，称为转点（简记为 TP），依次连续地在转点间安置水准仪以测定相邻转点间的高差，最后取各个高差的代数和，便可得到起终两点间的高差，这种方法称为连续水准测量。将连续水准测量所经过的路线称为水准测量路线，简称水准路线。

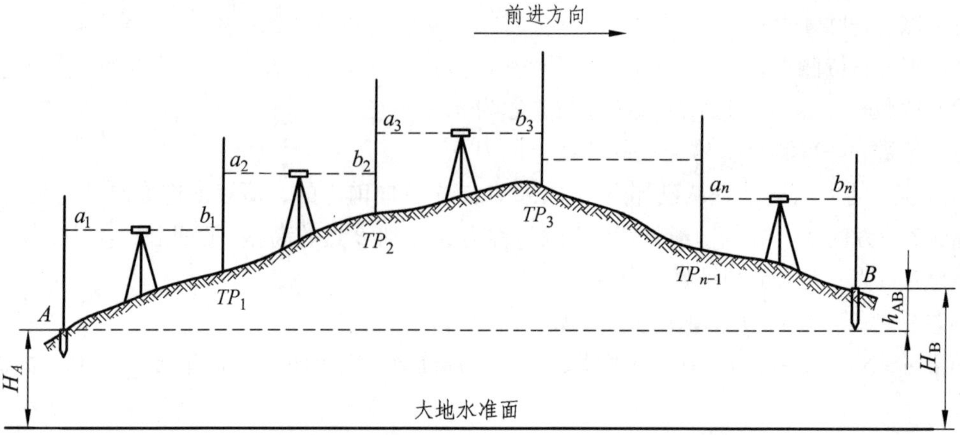

图 2-2　连续水准测量

如图 2-2 所示，在实际水准测量中，A、B 两点间高差较大或相距较远，安置一次水准仪不能测定两点之间的高差。此时则需要沿 A、B 的水准路线增设若干个必要的临时立尺点，即转点（用作传递高程）。根据水准测量的原理依次连续地在两个立尺点中间安置水准仪来测定相邻各点间高差，再求和得到 A、B 两点间的高差值，即：

$$h_1 = a_1 - b_1$$

$$h_2 = a_2 - b_2$$

……

$$h_n = a_n - b_n$$

则

$$h_{AB} = h_1 + h_2 + \cdots\cdots + h_n = \sum h = \sum a - \sum b$$

若两点间为 n 站，则 A、B 两点间的高差 h_{AB} 为：

$$h_{AB} = \sum_{i=1}^{n} h_i = \sum_{i=1}^{n} a_i - \sum_{i=1}^{n} b_i \tag{2-6}$$

所以，A、B 两点间的高差 h_{AB} 等于所有后视读数 a 之和减去所有前视读数 b 之和。由连续水准测量的过程可以知道，两个水准点之间设置的转点，是为了保证正确的传递高程，因此要求在相邻站的观测过程中，必须使转点保持稳定不动。

任务 2.2　水准测量的仪器和工具

水准测量的仪器和工具

水准测量所使用的仪器为水准仪，配套使用的工具有水准尺和尺垫。

目前，我国水准仪按其精度分为 DS_{05}，DS_1，DS_3 和 DS_{10} 等几个等级。“D”“S”分别表示为“大地测量”“水准仪”的汉语拼音第一个字母，下标 05、1、3 和 10 表示水准仪精度，即每千米水准测量高差中数偶然中误差。下标数字越小对应仪器精度越高。

在国产水准仪中，DS_{05}和 DS_1 属于精密水准仪，DS_3 及 DS_{10} 属于普通水准仪，其中 DS_3 水准仪应用较为广泛，如国家三等水准测量、四等水准测量、土木建筑工程测量和地形测量等。本书重点介绍 DS_3 型水准仪。

2.2.1　DS3 微倾式水准仪的构造

如图 2-3 所示，DS_3 主要由望远镜、水准器及基座三部分组成。仪器通过基座与三脚架链接，支承在三脚架上，基座装有三个脚较螺旋，用以粗略整平仪器。望远镜旁装有一个管水准器，转动望远镜上的微倾螺旋，可使望远镜作微小的上仰下俯，管水准器也随之上仰下俯，当管水准器的气泡居中时，则望远镜视线水平。仪器在水平方向的转动，是由水平制动螺旋和水平微动螺旋控制的。

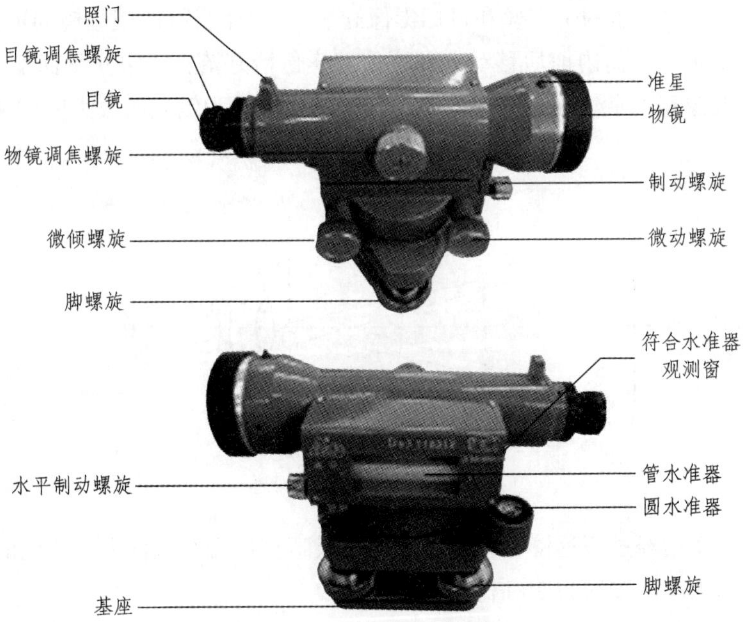

图 2-3　水准仪结构图

1. 望远镜

望远镜主要由物镜、目镜、对光透镜和十字丝分划板四部分组成，如图 2-4 所示。望远镜主要用来提供一条瞄准目标的视线，并将远处的目标放大，提高瞄准和读数的精度。

物镜和目镜多采用复合透镜组。物镜的作用是和调焦透镜一起将远处的目标在十字丝分划板上形成缩小而明亮的实像；目镜的作用是将物镜所形成的实像与十字丝一起放大成虚像。

十字丝：是用来瞄准日标和读数的，其形式一般如图 2-4 所示。一般在玻璃平板上刻有相互垂直的纵横细线，称为横丝（又叫中丝）和纵丝（又叫竖丝）。与横丝平行而距离相等的上下两根短细线，称为视距丝，用于测量视距。当十字丝分划线成像不清晰时，可以调节目镜调焦螺旋使其变清晰。

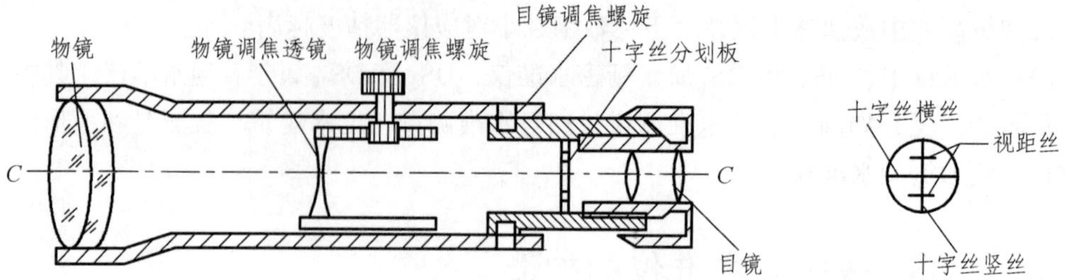

图 2-4　望远镜结构图

视准轴指十字丝的交点和物镜光心的连线通常称为视准轴，视准轴也是用以瞄准和读数的视线。水准测量就是在视准轴水平时，用十字丝的中丝在水准尺上截取读数的。

如图 2-5 所示，根据几何光学原理可知，目标经过物镜及对光透镜的作用，在十字丝附近成一倒立实像。物镜和目镜多采用复合透镜组，目标 *AB* 经过物镜成像后形成一个倒立而缩小的实像 *ab*，移动对光透镜，可使不同距离的目标均能清晰地成像在十字丝平面上。再通过目镜的作用，便可看清同时放大了的十字丝和目标影像 *a′*、*b′*。由于目标离望远镜的远近不同，借转动对光螺旋使对光透镜在镜筒内前后移动，即可使其实像恰好落在十字丝平面上，再经过目镜的作用，将倒立的实像和十字丝同时放大，这时倒立的实像成为倒立而放大的虚像。

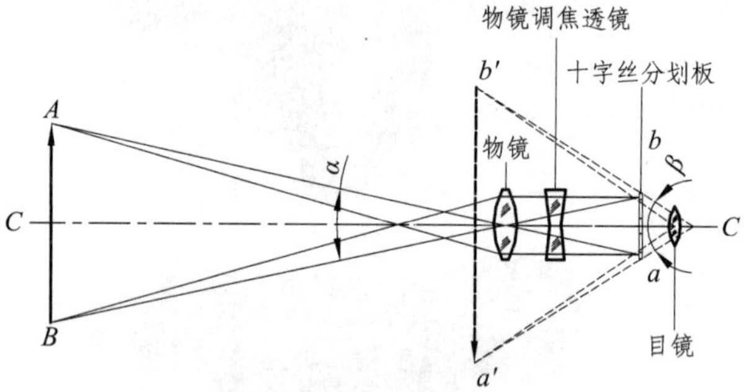

图 2-5　望远镜成像原理

望远镜的放大率指经过望远镜放大的虚像与用眼睛直接看到目标大小的比值。国产 DS_3 型水准仪望远镜的放大率一般约为 30 倍。

为了使不同视力的人都能看到落在十字丝分划板上的清晰影像，目镜上配有对光螺旋，旋转目镜对光螺旋，调节目镜与十字丝分划板的距离，以使不同视力的人看清十字丝。也就是旋转目镜看清十字丝，旋转对光螺旋，看清落在十字丝分划板上的清晰影像。

2. 水准器

水准器分为管水准器（水准管）和圆水准器两种。水准器是用以整平仪器的装置，使仪器竖轴竖直。

（1）管水准器

管水准器（亦称水准管）用于精确整平仪器，是用一个内表面磨成圆弧的玻璃管制成。它是一玻璃管，其纵剖面方向的内壁研磨成一定半径的圆弧形，水准管上一般刻有间隔为 2 mm 的分划线，分划线的中点 *O* 称为水准管零点，通过零点与圆弧相切的纵向切线 *LL* 称为水准管轴。水准管轴平行于视准轴。当气泡两端与零点对称时，即气泡中点与水准管零点重合时称为气泡居中，这时水准管轴 LL 一定处于水平位置，如图 2-6 所示。

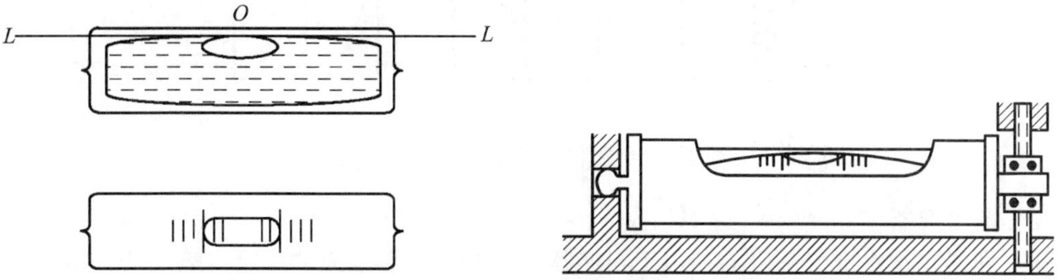

图 2-6　管水准器

水准管上气泡中心偏离零点 2 mm 所对的圆心角，称为水准管的分划值，用 τ 表示，即：

$$\tau = \frac{2}{R} \cdot \rho \tag{2-7}$$

式中　τ——水准管分化值，单位（″）；

R——水准管圆弧半径，单位（mm）；

ρ——一弧度的秒值，$\rho = 206\ 265''$。

水准管分化值与圆弧成反比，半径 R 越大，分化值 τ 越小，整平的精度越高，气泡移动也越灵活。所以一般把水准气泡移动到最高点的能力，称为水准器的灵敏度。因此水准管分划越小，水准管灵敏度越高，用其整平仪器的精度也越高。水准器的灵敏度还与水准管内壁面研磨质量、气泡长度、液体性质和温度等因素有关。DS_3 型水准仪的水准管分划值为 20″，记作 20″/2 mm。

为了提高水准管气泡居中的精度，水准仪很多采用符合水准器如图 2-8 所示。符合水准器是水准管上方设置的一组符合棱镜，三次反射气泡两端的半边影像，之后使其影像反映在望远镜的符合水准器的放大镜内，用于指示气泡是否居中。如果气泡不居中，在放大镜内看到的气泡两半边影像是错开的，如图 2-9（a）、（b）所示，当转动微倾螺旋使气泡两半边的影像吻合时，则气泡完全居中，如图 2-9（c）所示。

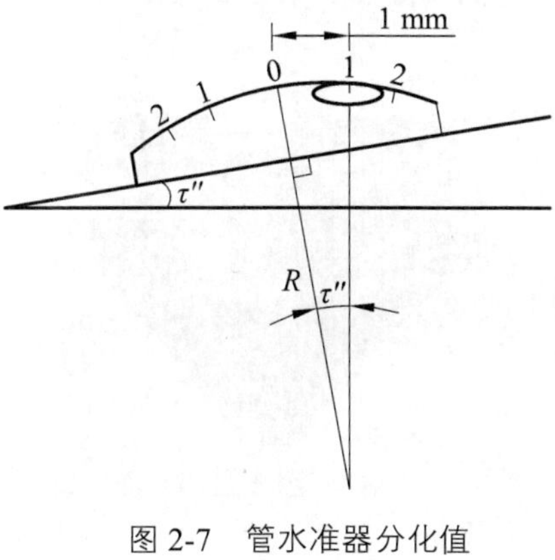

图 2-7　管水准器分化值

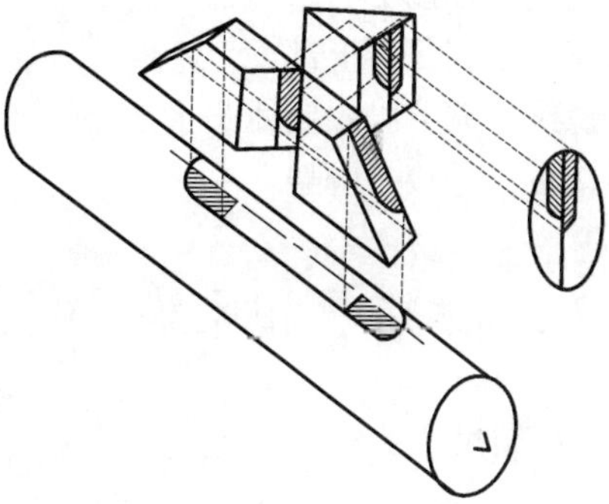

图 2-8　符合水准器

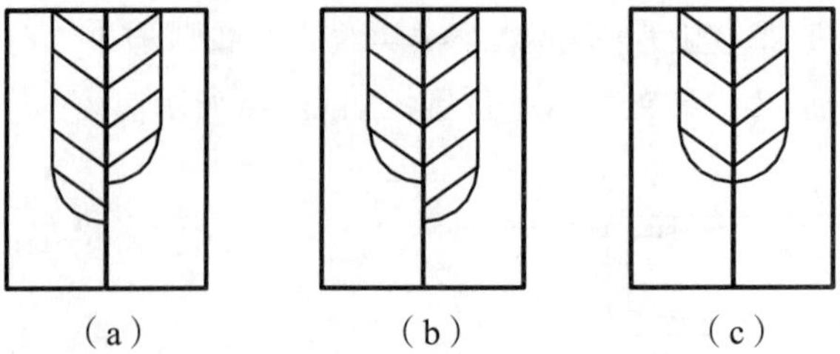

图 2-9　用微倾螺旋调平符合水准器

（2）圆水准器

圆水准器装在水准仪基座上，用于粗略整平。圆水准器顶面的玻璃内表面研磨成球面，其半径为 0.2 ~ 2 m，球面的正中刻有圆圈，其圆心称为圆水准器的零点。过零点的球面法线 $L'L'$，称为圆水准器轴。如图 2-10 所示，圆水准器轴 $L'L'$ 平行于仪器竖轴 VV。当圆水准气泡中心与水准器中心点重合时，则圆水准器轴就处于铅垂位置。

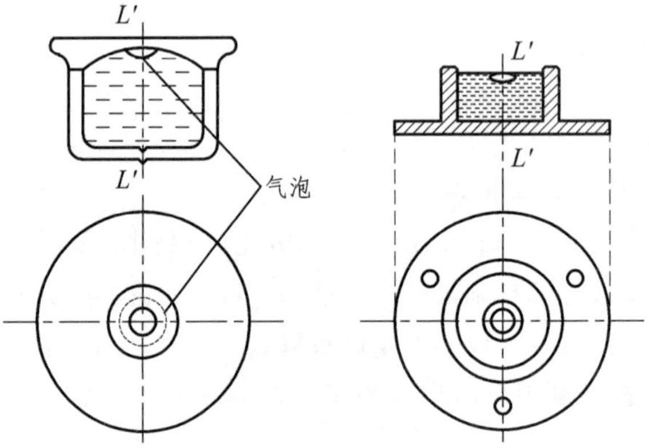

图 2-10　圆水准器

当气泡居中时，水准轴垂直，此时圆气泡地面即为水平面。气泡中心偏离零点 2 mm 时竖轴所倾斜的角值，称为圆水准器的分划值，一般为 8′ ~ 10′。由于圆气泡的半径小，精度较低，因此圆水准器只能用于粗略整平仪器。

3. 基　座

基座的作用是支撑仪器的上部，并通过连接螺旋与三脚架连接。基座主要由轴座、脚螺旋、连接板构成，如图 2-11 所示。

轴座：承托仪器上部。

脚螺旋：调节脚螺旋使圆水准器气泡居中。

连接板：连接三脚架。

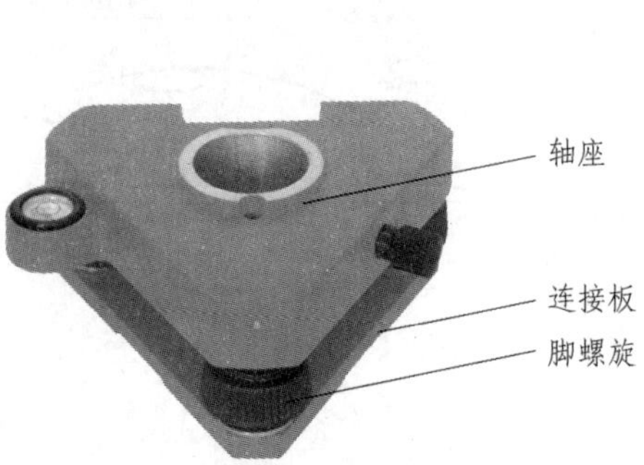

图 2-11　基座

2.2.2　水准尺和尺垫

1. 水准尺

水准尺是进行水准测量时与水准仪配合使用的标

尺，如图 2-12 所示。常用的水准尺有直尺（也称双面尺）和塔尺两种，一般由干燥优质木材、铝合金或玻璃钢制成。水准测量一般使用直尺，当精度要求不高时可以采用塔尺。

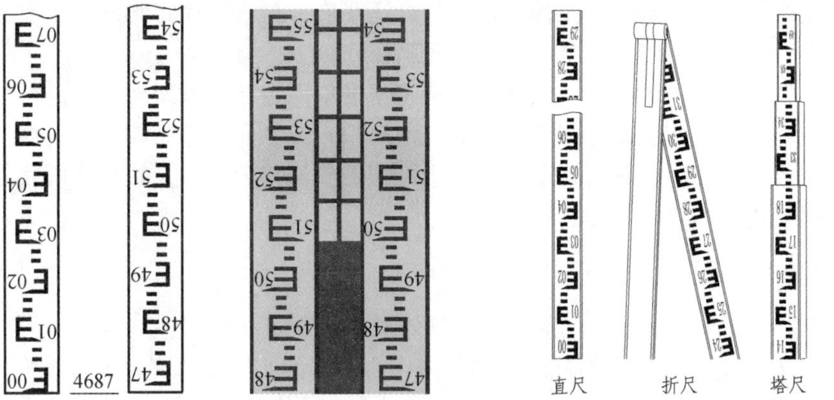

图 2-12　水准尺

（1）双面水准尺

双面水准尺，一般长 3 m，多用于三、四等水准测量，以两把尺为一对使用。尺的两面均有分划，一面为黑白相间称黑面尺；另一面为红白相间称红面尺，两面的最小分划均为 1 cm，分米处有注记。“E”的最长分划线为分米的起始。读数时直接读取米、分米、厘米，估读毫米，单位为米或毫米。两把尺的黑面均由零开始分划和注记。红面的分划和注记，一把尺由 4.687 m 开始分划和注记，另一把尺由 4.787 m 开始分划和注记，两把尺红面注记的零点差为 0.1 m。

（2）塔　尺

塔尺是一种逐节缩小的组合尺，其长度为 2 ~ 5 m，由有两节或三节连接在一起，尺的底部为零点，尺面上黑白格相间，每格宽度为 1 cm，有的为 0.5 cm，在米和分米处有数字注记。

塔尺各段接头处的磨损容易影响测量精度，故多用于普通水准测量。一般塔尺适用于铁路、公路、城市、矿山、水利、农田基本建设、国防等工程地形测量。

2. 尺　垫

尺垫又称尺台，由生铁铸成，如图 2-13 所示，一般为三角形板座，其下方有三个脚，可以踏入土中。尺垫上方有一突起的半球体，水准尺立于半球顶面。尺垫用于转点处，测量时为了防止标尺下沉，常常将尺垫放在地上踏稳，然后把水准尺竖立在尺垫的半圆球顶上。除三角形状外，也有圆形尺垫。

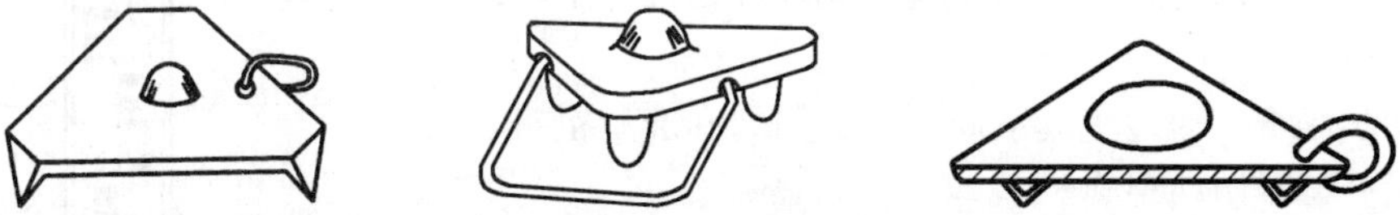

图 2-13　尺垫

2.2.3　水准仪的使用

微倾式水准仪的基本操作程序为：安置仪器—粗略整平—瞄准水准尺—精确整平—读数。

1. 安置仪器

（1）首先，选择便于安置水准仪的点，在测站上松开三脚架架腿的固定螺旋，考虑测量员身高与实地情况，支开三脚架，拉伸，使之为合适高度，再拧紧固定螺旋，并且使三脚架架头大致水平。

（2）从仪器箱中取出水准仪，用连接螺旋将水准仪固定在三脚架架头上，然后将三脚架的三个底脚踩实，并旋转脚螺旋使圆水准器的气泡居中；或者先踩实三脚架中的两个脚，然后稍微抬起第三个脚，并前后、左右摆动，使圆水准器的气泡接近居中，接下来踩实第三个脚，然后再旋转脚螺旋使圆水准器的气泡居中。

2. 粗略整平

通过调节脚螺旋使圆水准器气泡居中。具体操作步骤如下：

（1）如图 2-14 所示，气泡不再圆水准器的中心而偏到 a 位置，这表示脚螺旋 1 一侧偏高，此时可用两手按箭头所指的相对方向转动脚螺旋 1 和 2，使气泡沿着 1、2 连线方向移动，直到气泡由 a 移至 b 位置时为止。

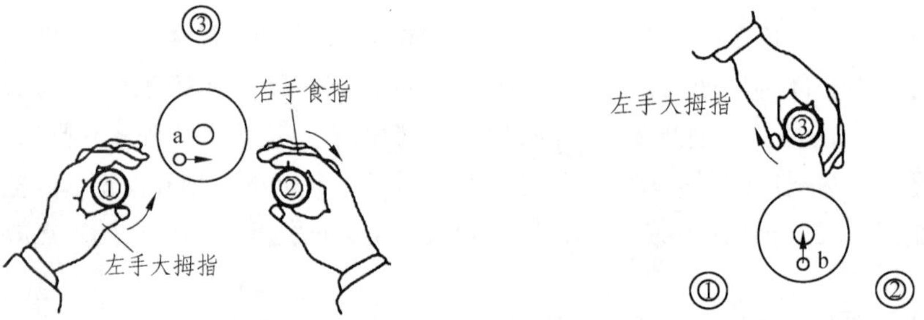

（a）气泡向左移动　　（b）气泡向上移动

图 2-14　圆水准器整平

（2）用左手按箭头所指方向转动脚螺旋 3，使气泡由 b 移至中心。

这时仪器的竖轴大致竖直，即仪器大致水平，视准轴粗略水平。

整平规律为：气泡移动的方向始终与左手大拇指旋转脚螺旋时的移动方向一致，左右手转动脚螺旋的方向对称。

3. 瞄准水准尺

（1）目镜调焦：当仪器粗略整平后，松开制动螺旋，将望远镜转向明亮的背景，转动目镜对光螺旋，使十字丝成像清晰。

（2）初步瞄准：通过望远镜筒上方的照门和准星粗略瞄准水准尺，旋紧制动螺旋。

（3）物镜调焦：转动物镜对光螺旋，使水准尺的成像清晰。

（4）精确瞄准：在望远镜内看到水准尺后，再转动微动螺旋，使十字丝的竖丝瞄准水准尺边缘或中央，如图 2-15 所示。

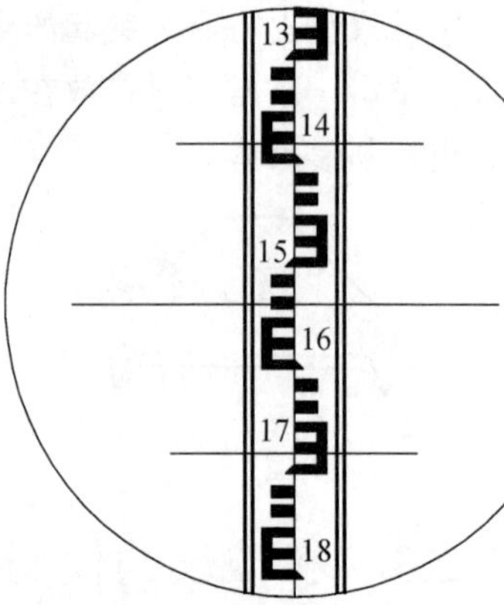

图 2-15　精确瞄准与读数

（5）消除视差：眼睛在目镜端上下移动，有时可看见十字丝的中丝与水准尺影像之间相对移动，这种现象叫视差。产生视差的原因是水准尺的尺像与十字丝平面不重合。视差的存在将影响读数的正确性，应予消除。消除视差的方法是仔细地转动物镜对光螺旋，直至尺像与十字丝平面重合，影像清晰，反复几次，直到十字丝和水准尺成像均清晰，眼睛上下晃动时读数不变为止，如图 2-16 所示。

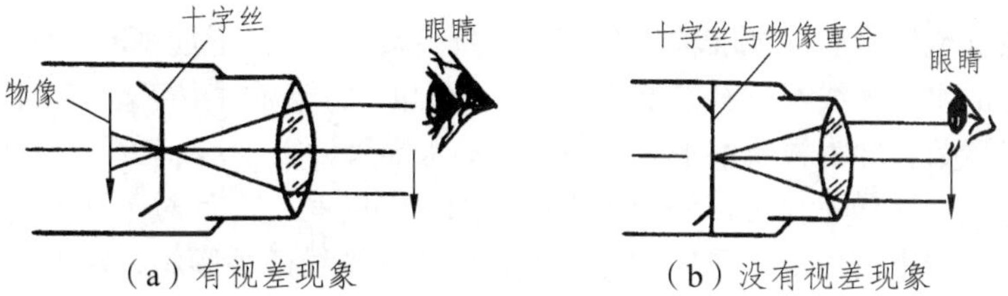

图 2-16　消除视差

4. 精确整平

精确整平简称精平。眼睛观察水准气泡观察窗内的气泡影像，用右手缓慢地转动微倾螺旋，使气泡两端的影像严密吻合，此时视线即为水平视线。微倾螺旋的转动方向与左侧半气泡影像的移动方向一致，如图 2-17 所示。

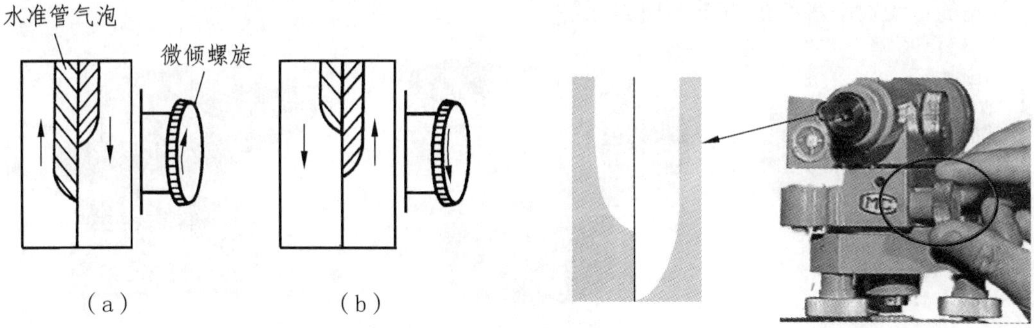

图 2-17　精确整平

5. 读　数

符合水准器气泡居中后，应立即用十字丝中丝在水准尺上读数。

读数时应从小数向大数读，读四位。米、分米看尺面上的注记，厘米数尺面上的格数，毫米估读。

对于望远镜成倒像的仪器，即从上往下读，望远镜成正像的仪器，即从下往上读。如图 2-15 所示，从望远镜中看到的水准尺影像是倒像，在尺上应从上向下读取。例如读数是 1.538 m，习惯上可以不读小数点，直接读出 1538 四位数字，默认单位为毫米。读数后再检查符合水准器气泡是否居中，若不居中，应再次精平，重新读数。

如果使用的是自动安平水准仪，仪器无微倾螺旋，故不需进行精平工作。

2.2.4　自动安平水准仪

自动安平水准仪与微倾式水准仪的区别在于：自动安平水准仪没有水准管和微倾螺旋，而是在望远镜的光学系统中装置了补偿器。使用时只要水准仪的圆水准气泡居中，使仪器粗平，然后用十字丝读数便是视准轴水平的读数。

自动安平水准仪的优点在于：无需精平、操作简单，因此可以大大加快水准测量的速度；另外减小了外界条件对测量成果的影像，提高了水准测量的精度。

1. 视线自动安平的原理

当圆水准器气泡居中后，视准轴仍存在一个微小倾角α，在望远镜的光路上安置一补偿器，使通过物镜光心的水平光线经过补偿器后偏转一个β角，仍能通过十字丝交点，这样十字丝交点上读出的水准尺读数，即为视线水平时应该读出的水准尺读数。

由于无需精平，这样不仅可以缩短水准测量的观测时间，而且对于施工场地地面的微小振动、松软土地的仪器下沉以及大风吹刮等原因，引起的视线微小倾斜，能迅速自动安平仪器，从而提高了水准测量的观测精度。

2. 自动安平水准仪的使用

使用自动安平水准仪时，首先将圆水准器气泡居中，然后瞄准水准尺，等待 2 ~ 4 s 后，即可进行读数。有的自动安平水准仪配有一个补偿器检查按钮，每次读数前按一下该按钮，确认补偿器能正常作用再读数。

常见的自动安平水准仪如图 2-18 所示。

图 2-18　常见自动安平水准仪

2.2.5　精密水准仪和数字水准仪

1. 精密水准仪

（1）精密水准仪

精密水准仪与一般水准仪比较，其特点是能够精密地整平视线和精确地读取读数。为此，在结构上应满足：

① 水准器具有较高的灵敏度，如 DS1 水准仪的管水准器τ值为 10″/2 mm。

② 望远镜具有良好的光学性能，如 DS1 水准仪望远镜的放大倍数为 38 倍，望远镜的有效孔径 47 mm，视场亮度较高。十字丝的中丝刻成楔形，能较精确地瞄准水准尺的分划。

③ 具有光学测微器装置。可直接读取水准尺一个分格（1 cm 或 0.5 cm）的 1/100 单位（0.1 mm 或 0.05 mm），提高读数精度。

④ 视准轴与水准轴之间的联系相对稳定。精密水准仪均采用钢构件，并且密封起来，受温度变化影响小。

常见的精密水准仪如图 2-19 所示。

图 2-19　常见精密水准仪

（2）精密水准尺

精密水准仪必须配有精密水准尺。这种尺一般是在木质尺身的槽内，安有一根铟瓦合金带。带上标有刻划，数字注在木尺上。精密水准尺须与精密水准仪配套使用，如图 2-20 所示。

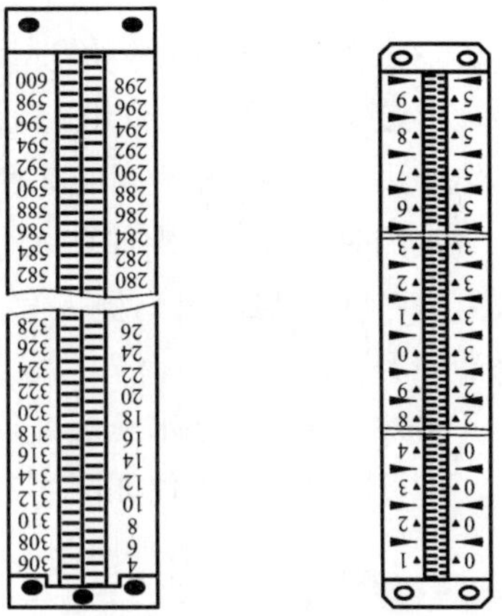

（a）　（b）

图 2-20　精密水准尺

精密水准尺上的分划注记形式一般有两种：

一种是尺身上刻有左右两排分划，右边为基本分划，左边为辅助分划。基本分划的注记从零开始，辅助分划的注记从某一常数 K 开始，K 称为基辅差。

另一种是尺身上两排均为基本划分，其最小分划为 10 mm，但彼此错开 5 mm。尺身一侧注记米数，另一种侧注记分米数。尺身标有大、小三角形，小三角形表示半分米处，大三角形表示分米的起始线。这种水准尺上的注记数字比实际长度增大了 1 倍，即 5 cm 注记为 1dm。因此使用这种水准尺进行测量时，要将观测高差除以 2 才是实际高差。

（3）精密水准仪的操作方法

精密水准仪的操作方法与一般水准仪基本相同，只是读数方法有些差异。在水准仪精平后，十字丝中丝往往不是恰好对准水准尺上某一整分划线，这时就要转动测微轮使视线上、下平行移动，十字丝的楔形丝正好夹住一个整分划线，被夹住的分划线读数为 m、dm、cm。此时视线上下平移的距离则由测微器读数窗中读出 mm。实际读数为全部读数的一半。

2. 数字水准仪

数字水准仪又称为电子水准仪，它是在自动安平水准仪的基础上发展起来的。于 1990 年首先由威特厂研制成功，标志着大地测量仪器已经完成了从精密光机仪器向光机电测一体化的高技术产品的过渡。

电子水准仪的主要优点是：

① 操作简捷，自动观测和记录，并立即用数字显示测量结果。

② 整个观测过程在几秒钟内即可完成，从而大大减少观测错误和误差。

③ 仪器还附有数据处理器及与之配套的软件，从而可将观测结果输入计算机后直接处理，实现测量工作的自动化和流水线作业，可大大提高工作效率。

目前的电子水准仪采用自动电子读数的原理有相位法、相关法和几何法三种。与电子水准仪配套使用的标尺为条码标尺，各厂家标尺编码的条码图案不相同，不能互换使用。照准标尺和调焦仍需目视进行。

（1）电子水准仪的观测精度

电子水准仪的观测精度高，如瑞士徕卡公司开发的 NA2000 型电子水准仪的分辨力为 0.1 mm，每千米往返测得高差中数的偶然中误差为 2.0 mm；NA3003 型电子水准仪的分辨力为 0.01 mm，每千米往返测得高差中数的偶然中误差为 0.4 mm。

（2）电子水准仪测量原理简述

与电子水准仪配套使用的水准尺为条形编码尺，通常由玻璃纤维或铟钢制成。在电子水准仪中装置有行阵传感器，它可识别水准标尺上的条形编码。电子水准仪摄入条形编码后，经处理器转变为相应的数字，在通过信号转换和数据化，在显示屏上直接显示中丝读数和视距。

（3）电子水准仪的使用

NA2000 电子水准仪用 15 个键的键盘和安装在侧面的测量键来操作。有两行 LCD 显示器显示给使用者，并显示测量结果和系统的状态。

观测时，电子水准仪在人工完成安置与粗平、瞄准目标（条形编码水准尺）后，按下测量键后 3 ~ 4 s 即显示出测量结果。其测量结果可储存在电子水准仪内或通过电缆连接存入机内记录器中。

另外，观测中如水准标尺条形编码被局部遮挡<30%，仍可进行观测。

常见的电子水准仪如图 2-21 所示。

图 2-21　常见电子水准仪

任务 2.3　水准测量及成果整理

2.3.1　水准测量

水准点和水准路线

1. 水准点

通过水准测量的方法获得其高程的固定点，称为水准点，简记为 *BM*。水准点有永久性和临时性两种。无论是科学研究或是经济建设对水准点的密度和水准点高程的精度要求，都随着具体任务的不同而不同。中国的国家水准网中水准点的高程是由一、二、三、四等水准测量测定的。一等水准测量精度最高，四等水准测量最低。一等水准路线全长约 93 000 km，包括 100 个闭合环，闭合环周长 1 000～1 500 km。在一等闭合环内由二等水准路线将其划分为周长 500～750 km 的小环。用三等水准路线将二等水准环分为若干个更小的环，再用四等水准路线进一步加密。我国水准点的高程是从青岛水准原点起算的，全国范围内国家等级水准点的高程都属于这个统一的高程系统。由黄海平均海面起算的高程称绝对高程或海拔高程，在一般应用中简称海拔或标高。

（1）永久性水准点

国家等级永久性水准点，如图 2-22 所示。有些永久性水准点的金属标志也可镶嵌在稳定的墙角上，称为墙上水准点，如图 2-23 所示。水准点标志如图 2-24 所示。建筑工地上的永久性水准点，其形式如图 2-25（a）所示。

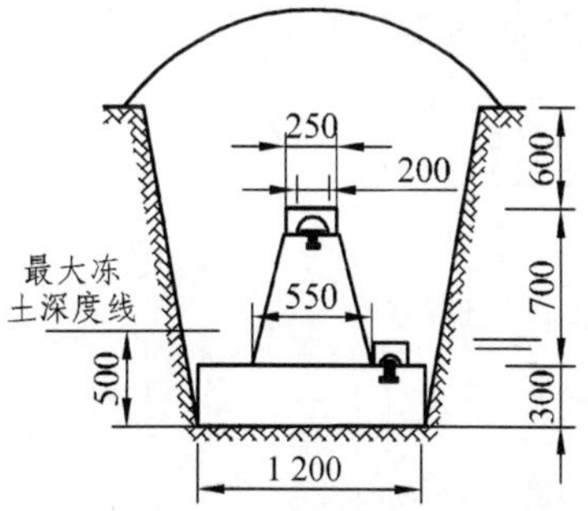

图 2-22　国家等级永久性水准点

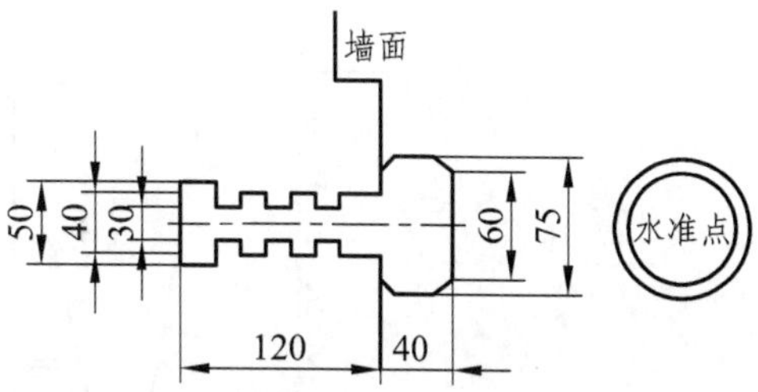

图 2-23　墙上水准点

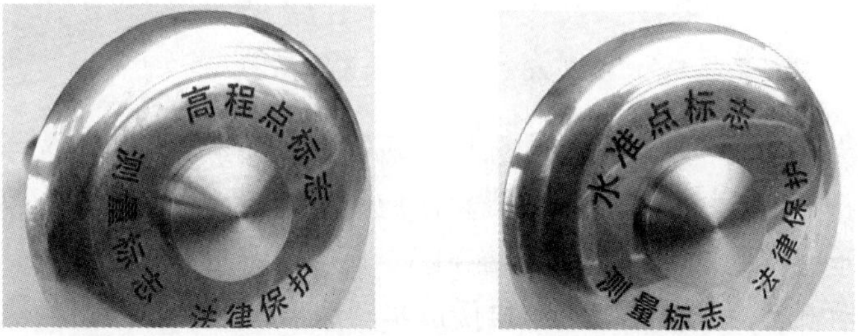

图 2-24　水准点标志

（2）临时性水准点

临时性的水准点可用地面上突出的坚硬岩石或用大木桩打入地下，桩顶钉以半球状铁钉，作为水准点的标志，如图 2-25（b）所示。

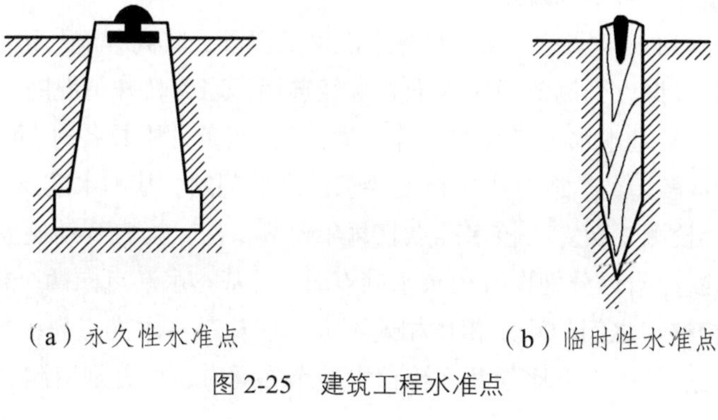

（a）永久性水准点　（b）临时性水准点

图 2-25　建筑工程水准点

（3）测站水准点的设置

测站水准点的设置，应符合下列规定：

① 基本水准点应设在测站附近历年最高水位以上，地形稳定、便于引测保护的地点。当测站附近设有国家水准点时，可设置一个基本水准点；当测站与国家水准点连测困难时，应在不同的位置设置三个基本水准点，并应选择其中一个为常用水准点。

② 当基本水准点离水尺断面较远时，校核水准点应设在便于引测和稳定的地点。当基本水准点离水尺断面较近时，可不设置。

③ 测站水准点应统一编号，保持不变。

基本水准点的底层最小入土埋深，不冻地区宜为 1.2 ~ 1.5 m，冻土层厚度小于 1.5 m 地区宜为 2.0 m，冻土层厚度大于 1.5 m 地区宜在冻土层以下 1.0 m，如图 2-26 所示。

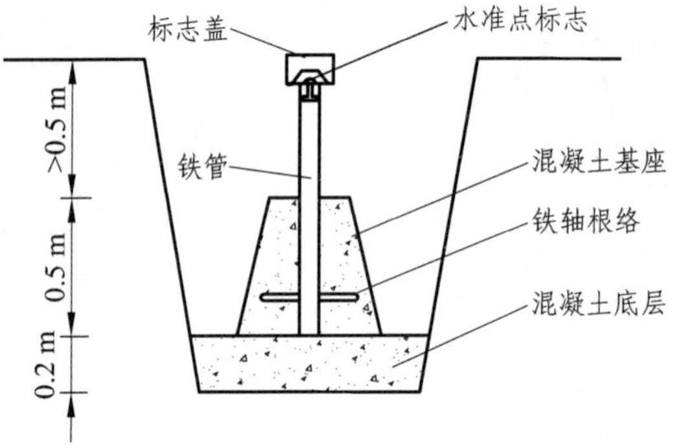

图 2-26　水准点埋设示意图

水准点可直接浇注在基岩或稳定的永久性建筑物上。在基岩时，应先予以清除；当基岩露出地面时，可在岩石上凿孔槽，将金属或磁料制成的标志浇注在孔槽中。当基岩在距地面不深处，应先将带混凝土底座的铁管或钢轨固结在基岩上，再将水准点标志浇注在灌有水泥砂浆的铁管顶端；当采用钢轨时，应在其上端直接旋成半圆球形作为水准标志。

校核水准点可用长柱形石料、混凝土桩或钢筋混凝土桩制成，上端凿成或浇注成半圆球形的标志，下端浇注混凝土底座。或在坚固的岩石上凿刻或在稳定的永久性建筑物上浇注而成。

校核水准点埋设的最小入土深度可按基本水准点的规定执行。

（4）水准点高程测量

水准点高程测量应符合下列规定：

① 基本水准点除列入国家一、二、三等水准网的以外，其高程应从国家二、三等水准点用不低于三等水准接测。据以引测的国家水准点一经选用，当无特殊情况时不得随意更换。

② 校核水准点应从基本水准点采用三等水准接测。当条件不具备时，可采用四等水准接测。

③ 水准点稳定性较差的，或对水位精度要求较高的测站，基本水准点宜 3 ~ 5 年校测 1 次；其他测站宜 5 ~ 10 年校测 1 次。校核水准点宜每年校测 1 次。当有变动迹象时，应及时校测。

④ 当上下比降断面附近分别设有校核水准点时，且基本水准点向两个校核水准点分别引测的测距之和与两个校核点之间的测距相比相差不大，应从基本水准点先引测其中一个，再连测另一个。当基本水准点处于上下比降断面校核水准点之间时，可分别引测。

2. 水准路线

在水准点间进行水准测量所经过的路线，称为水准路线。相邻两水准点间的路线称为测段。水准路线的布设分为单一水准路线和水准网。若干条单一水准路线相互连接构成的图形称为水准网。

在一般的工程测量中，单一水准路线布设形式主要有闭合水准路线、附合水准路线和支水准路线三种形式：

（1）闭合水准路线

由已知点 BM_A 到已知点 BM_A。

① 闭合水准路线的布设方法。

如图 2-27 所示，从已知高程的水准点 BM_A 出发，沿各待定高程的水准点 1、2、3、4 进行水准测量，最后又回到原出发点 BM_A 的环形路线，称为闭合水准路线。

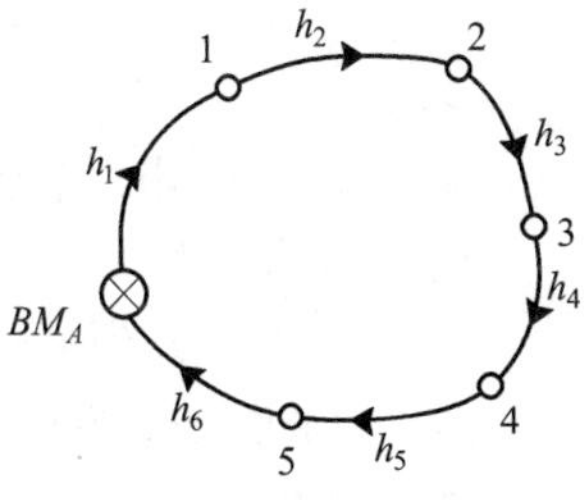

图 2-27　闭合水准路线

② 成果检核。

从理论上讲，闭合水准路线各测段高差代数和应等于零，即：

$$\sum h_{理} = 0$$

各测段高差代数和 $\sum h_{测}$ 与其理论值 $\sum h_{理}$ 的差值，称为高差闭合差 f_h，即：

$$f_h = \sum h_{测} - \sum h_{理} \tag{2-8}$$

如果各测段高差代数和不等于零，则高差闭合差为：

$$f_h = \sum h_{测} \tag{2-9}$$

高差闭合差 f_h 的大小反映了测量成果的质量，闭合差的允许值 $f_{h_{允}}$ 视水准测量的等级不同而异，对于等外水准测量有：

平地：
$$f_{h_{允}} = \pm 40\sqrt{L}\ (\text{mm}) \tag{2-10}$$

山地：
$$f_{h_{允}} = \pm 12\sqrt{N}\ (\text{mm}) \tag{2-11}$$

式中　L——路线长度，km，即为所有测站前后视距离之和；

N——水准路线测站总数；

山地一般指每千米测站数在 15 个测站以上的地形。

若高差闭合差的绝对值大于 $f_{h_{允}}$，说明测量成果不符合要求，应予重测。

（2）附合水准路线

由已知点 BM_A 到另一已知点 BM_B。

① 附合水准路线的布设方法。

如图 2-28 所示，从已知高程的水准点 BM_A 出发，沿待定高程的水准点 1、2、3 进行水准测量，最后附合到另一已知高程的水准点 BM_B 所构成的水准路线，称为附合水准路线。

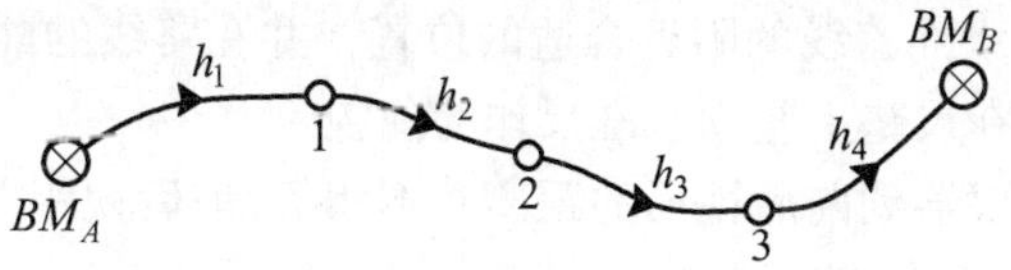

图 2-28　附合水准路线

② 成果检核。

从理论上讲，附合水准路线各测段高差代数和应等于两个已知高程的水准点之间的高差，即

$$\sum h_{测} = H_B - H_A \tag{2-12}$$

实际上，两者往往不相等，其差值即为高差闭合差，即：

$$f_h = \sum h_{测} - (H_B - H_A) \tag{2-13}$$

高差允许值同闭合导线。

（3）支水准路线

由已知点 BM_1 到某一待定水准点 1。

① 支水准路线的布设方法。

如图 2-29 所示，从已知高程的水准点 BM_A 出发，沿待定高程的水准点 1 进行水准测量，这种既不闭合又不附合的水准路线，称为支水准路线。支水准路线要进行往返测量，以资检核。

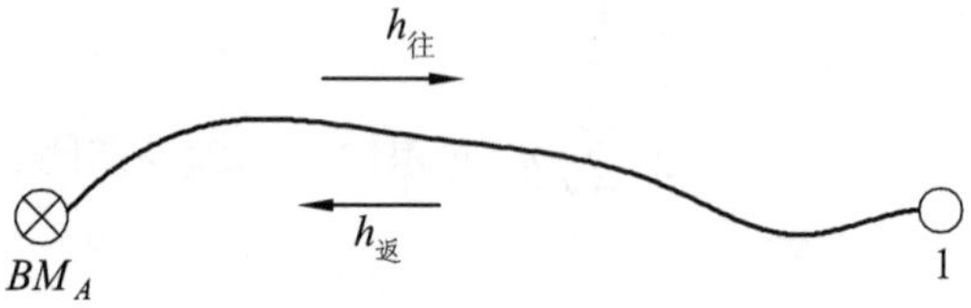

图 2-29　支水准路线

② 成果检核。

从理论上讲，支水准路线往测高差与返测高差的代数和应等于零。

$$h_{往} + h_{返} = 0 \tag{2-14}$$

如果不等于零，则高差闭合差为：

$$f_h = h_{往} + h_{返} \tag{2-15}$$

各种路线形式的水准测量，其高差闭合差均不应超过容许值，否则即认为观测结果不符合要求。

2.3.2　水准测量的方法

水准测量的方法

实际测量中，当欲测的高程点与已知的水准点之间相距较远、高差较大或者遇到障碍物使得视线受阻、不能安置一次水准仪完成观测任务时，则需采用分段、连续设站的方法施测。

1. 普通水准测量的实施

（1）将水准尺立于已知高程的水准点上，作为后视。

（2）将水准仪安置于水准路线的附近合适的位置，并在路线的前进方向上取仪器至后视大致相等的距离放置尺垫，在尺垫上竖立水准尺作为前视。

这里应该注意尽量使仪器到前后视尺的距离基本相等，前后视距差的绝对值不得大于 20 m，最大视距不大于 150 m。

（3）将仪器粗略整平，照准后视尺，消除视差，用微倾螺旋调节水准管气泡使其居中，再用中丝读取后视读数，记入手簿，见表 2-2。

（4）转动水准仪照准部，照准前视尺，消除视差，此时水准管气泡一般将会偏离少许，将水准管气泡居中，再用中丝读取前视读数，也记入手簿，并立即计算高差。

以上为第一个测站的全部工作。

（5）第一站结束之后，将仪器迁站至第二站，此时，第一站的前视尺不动，并变成第二站的后视尺，第一站的后视尺移动到前面合适的位置变为第二站的前视尺，重复前面的工作进行第二站测量。

（6）继续沿着前进方向观测直到结束。

表 2-2　水准测量记录手簿

测自　　点至　　点　　天气：　　成像：　　日期：

仪器号码：　　观测者：　　记录者：

<table>
<tr><th>测站</th><th>测点</th><th>上丝读数（m）</th><th>下丝读数（m）</th><th>视距（m）</th><th>后视读数 a（m）</th><th>前视读数 b（m）</th><th>高差 h（m）</th><th>高程（m）</th><th>备注</th></tr>
<tr><td rowspan="2">1</td><td>A</td><td>2.010</td><td>1.486</td><td>52.4</td><td>1.748</td><td></td><td rowspan="2">+0.112</td><td>72.500</td><td></td></tr>
<tr><td rowspan="2">转点 1</td><td>1.911</td><td>1.361</td><td>55.0</td><td></td><td>1.636</td><td></td><td></td></tr>
<tr><td rowspan="2">2</td><td>2.021</td><td>1.355</td><td>66.6</td><td>1.688</td><td></td><td rowspan="2">−0.109</td><td></td><td></td></tr>
<tr><td rowspan="2">转点 2</td><td>2.139</td><td>1.455</td><td>68.4</td><td></td><td>1.797</td><td></td><td></td></tr>
<tr><td rowspan="2">3</td><td>1.727</td><td>1.341</td><td>38.6</td><td>1.534</td><td></td><td rowspan="2">−0.212</td><td></td><td></td></tr>
<tr><td rowspan="2">转点 3</td><td>1.936</td><td>1.556</td><td>38.0</td><td></td><td>1.746</td><td></td><td></td></tr>
<tr><td rowspan="2">4</td><td>2.054</td><td>1.320</td><td>73.4</td><td>1.687</td><td></td><td rowspan="2">+0.180</td><td></td><td></td></tr>
<tr><td>B</td><td>1.869</td><td>1.145</td><td>72.4</td><td></td><td>1.507</td><td>72.471</td><td></td></tr>
<tr><td>$\sum$</td><td></td><td></td><td></td><td>464.8</td><td>6.657</td><td>6.686</td><td>−0.029</td><td></td><td></td></tr>
<tr><td>校核计算</td><td colspan="9">$\sum_{视距}=464.8$，$\sum_{后视读数a}=6.657$，$\sum_{前视读数b}=6.686$
$\sum_{后视读数a}-\sum_{前视读数b}=\sum_{高差h}=H_B-H_A=-0.029$
计算一致，说明计算过程没有错误</td></tr>
</table>

2. 两次仪器高法进行水准测量

上面所述的普通水准测量方法，通常只能检查计算过程中的错误，并不能及时发现读错和记错等观测过程中的错误，如果等到整个路线都观测完成计算时才发现是观测中有错误就会带来很大麻烦。因此在观测过程中，可以采用两次仪器高法进行水准测量，以检查每站观测过程中是否存在错误，从而保证全路线的观测正确，提高工作效率，减少出现错误的几率。

两次仪器高法是在同一个测站位置，用两次不同的仪器高度，来观测同一测段前后视读数，测得的两次高差相互比较检核。在测得第一次高差后，重新安置仪器，一般改变仪器高度要超过 10 cm，再观测一次高差，两次观测的高差差量不超过允许值（这里选定 6 mm），则认为观测符合要求，再取其平均值作为最后成果，如果超过允许值必须重新观测。

两次仪器高法水准测量的记录和计算见表 2-3 水准测量记录手簿。

表 2-3　水准测量记录手簿

测自　　点至　　点　　　　　　　天气：　　　　　　　成像：　　　　　　　日期：

仪器号码：　　　　　　　　　　　观测者：　　　　　　　　　　　　　　　　记录者：

测站	测点	后视读数 a（mm）	前视读数 b（mm）	高差 h（m）	平均高差（m）	高程（m）	备注
1	A	2 405 2 253		+1 549 +1 551	+1 550	100.123	
	转点 1		0 856 0 703				
2	转点 1	1 453 1 568		+0 176 +0 171	+0 174		
	转点 2		1 277 1 396				
3	转点 2	1 240 1 100		−0 749 −0 745	−0 747		
	1 号点		1 989 1 845			101.100	
4	1 号点	0 812 1 093		−1 103 −1 107	−1 105		
	转点 3		1 915 2 200				
5	转点 3	0 767 0 872		+0 098 +0 102	+0 100		
	A		0 668 0 770			100.095	
计算检核	$\sum$	13 563	13 619	−0 057	−0 028	−0.028	
	$\frac{1}{2}(\sum_a-\sum_b)=-0.028\ \text{m}$			$\frac{\sum h}{2}=-0.028\ \text{m}$			

3. 三、四等水准测量

小区域地形图或施工测量中，多采用三、四等水准测量作为高程控制测量的首级控制。三、四等水准网是在一、二等水准网的基础上进一步加密，根据需要在高等级水准网内布设附合路线、环线或结点网，直接提供地形测图和各种工程建设所必需的高程控制点。

（1）准测量的主要技术要求（见表 2-4）

表 2-4　水准测量的主要技术要求

等级	水准仪型号	水准尺	路线长度（km）	观测次数		每千米高差中误差（mm）	往返较差、附合或环线闭合差	
				与已知点联测	附合或环线		平地（mm）	山地（mm）
三	DS_1	单面	≤50	往返各一次	往一次	6	$12\sqrt{L}$	$4\sqrt{N}$ 或 $15\sqrt{L}$
	DS_3	双面			往返各一次			
四	DS_3	双面	≤16	往返各一次	往一次	10	$20\sqrt{L}$	$6\sqrt{N}$ 或 $25\sqrt{L}$
五	DS_3	单面	–	往返各一次	往一次	15	$30\sqrt{L}$	—
图根	DS_{10}	单面	≤5	往返各一次	往一次	20	$40\sqrt{L}$	$12\sqrt{N}$
山区指高程超过 1 000 m 或路线中最大高差超过 400 m 的地区								

（2）置测站的要求（见表 2-5）

表 2-5　设置测站的要求

等级	类型	视线长度（m）	前后视距差（m）	任一测站上前后视距累计差（m）	视线高度
三等	DS_3	≤75	≤2.0	≤5.0	三丝能读数
	DS_1、DS_{05}	≤100			
四等	DS_3	≤100	≤3.0	≤10.0	三丝能读数
	DS_1、DS_{05}	≤150			

（3）站观测限差要求（见表 2-6）

表 2-6　测站观测限差要求

等级	观测方法	基辅分化读数之差（mm）	基辅分化所测高差之差（mm）	单程双转点法观测时左右路线转点差	检测间歇点高差之差（mm）
三等	中丝读数法	2.0	3.0	—	3.0
	光学测微法	1.0	1.5	1.5	
四等	中丝读数法	3.0	5.0	4.0	5.0

使用双摆位自动安平水准仪观测时，不计算基辅分划读数之差。对于数字水准仪，同一标尺两次观测所测高差的差执行基辅分划所测高差之差的限差。

三、四等水准测量一般采用双面尺法，且应该采用一对水准尺，其每一站的技术要求见表 2-4、2-5、2-6。

（4）三等水准测量的观测

三等水准测量的观测顺序为：后—前—前—后。

① 水准仪照准后视标尺的黑面，粗平后分别读取上丝、下丝数据，记入表 2-7 的（1）、（2）栏内。

② 旋转微倾螺旋，使符合水准器严格居中，完成精平，待长水准管居中稳定后读取中丝读数，记入表 2-7 的（3）栏内。

③ 转动望远镜，照准前视标尺的黑面，确认符合水准气泡居中，再读取前视黑面中丝读数，记入表 2-7 的（4）栏内。

④ 读取前视黑面上、下丝读数，分别记入表 2-7 的（5）、（6）栏内。

⑤ 转动标尺，照准前视标尺的红面，读取红面中丝读数，记入表 2-7 的（7）栏内。

⑥ 转动望远镜，照准后视标尺的红面，确认符合气泡居中后，读取红面中丝读数，记入表 2-7 中的（8）栏内。

（5）四等水准测量的观测

四等水准测量的观测顺序为：后—后—前—前。

① 水准仪照准后视标尺的黑面，粗平后分别读取上丝、下丝数据，记入表 2-7 的（1）、（2）栏内。

② 旋转微倾螺旋，使符合水准器严格居中，完成精平，待长水准管居中稳定后读取中丝读数，记入表 2-7 的（3）栏内。

表 2-7　三、四等水准测量原理观测手簿

测自________至________　　　　________年________月________日

开始时间：______时______分　　　　天气：

结束时间：______时______分　　　　成像：

测站编号	后尺 上丝 / 下丝 / 后距 / 视距差 d	前尺 上丝 / 下丝 / 前距 / $\sum d$	方向及尺号	标尺读数 黑面	标尺读数 红面	K+黑－红	高差中数	备注
	(1)	(5)	后	(3)	(8)	(10)		
	(2)	(6)	前	(4)	(7)	(9)		
	(12)	(13)	后－前	(16)	(17)	(11)	(18)	
	(14)	(15)						
1	1.754	1.102	后 1	1.540	6.225	+2		
	1.326	0.674	前 2	0.888	5.675	0		
	42.8	42.8	后－前	+0.652	+0.550	+2	+0.651 0	
	0.0	0.0						
2	0.625	1.034	后 2	0.366	5.151	+2		
	0.062	0.460	前 1	0.747	5.434	0		
	56.3	57.4	后－前	−0.381	−0.283	+2	−0.382 0	
	−1.1	−1.1						
3	1.975	2.151	后 1	1.842	6.529	0		
	1.710	1.884	前 2	2.017	6.803	+1		
	26.5	26.7	后－前	−0.175	−0.274	−1	−0.174 5	
	−0.2	−1.3						
4	1.472	1.507	后 2	1.232	6.020	−1		
	1.001	1.042	前 1	1.275	5.962	0		
	47.1	46.5	后－前	−0.043	+0.058	−1	−0.042 5	
	+0.6	−0.7						
Σ								

注：（a）标尺参数为 $K_1=4687$；$K_2=4787$；

（b）手簿最后一格中的每一栏是用来统计前面各格中的对应栏数据之和。

③ 后视标尺转为红面，确认符合水准气泡居中，读取红面中丝读数，记入表 2-7 的（8）栏内。

④ 转动望远镜，照准前视标尺，重复上述①、②、③步骤读取前视黑面上、下丝，前视黑面中丝读数和红面中丝读数，分别记入表 2-7 的（5）、（6）、（4）、（7）栏内。

⑤ 转动标尺，照准前视标尺的红面，读取红面中丝读数，记入表 2-7 的（7）栏内。

⑥ 转动望远镜，照准后视标尺的红面，确认符合气泡居中后，读取红面中丝读数，记入表 2-7 中的（8）栏内。

（6）三、四等水准测量测站上的计算及检核

① 前后视距、前后视距差、视距累积差计算及检核。

后视距离：（12）=｜（1）－（2）｜×100=｜后视上丝－后视下丝｜×100

前视距离：（13）=｜（5）－（6）｜×100=｜前视上丝－前视下丝｜×100

视距差：（14）=（12）－（13）= 后视距离 － 前视距离

视距累积差：（15）= 本站的（14）+ 前站的（15）

② 高差计算及检核。

红黑面读数之差：（9）=（4）+ K －（7）= 前视黑面中丝 + K － 红面中丝

考虑到 K 值的参与计算影响计算速度，因此对（9）和（10）的计算可用如下方法：

（9）=（4）的后两位尾数 － [（7）的后两位尾数 + 13]

（10）=（3）的后两位尾数 － [（8）的后两位尾数 + 13]

红黑面高差：

（16）=（3）－（4）= 后视黑面中丝 － 前视黑面中丝

（17）=（8）－（7）= 后视红面中丝 － 前视红面中丝

红、黑面高差之差：（11）=（10）－（9）

高差中数：（18）= $\frac{1}{2}$[（16）+（17）± 100]

高差中数取位到 0.1 mm。

（7）迁站注意事项

① 只有当记录者经过以上计算，并却确认各项指标合格之后，才可以通知观测者和立尺员移到下一站进行观测。

② 只有仪器移动，后尺尺垫才可以移动。

4. 四等水准测量应该遵守的原则

① 数据计算的取位，见表 2-8。

表 2-8　数据计算的取位

等级	往返测距离总和（km）	测段距离中数（km）	各测站高差（mm）	往返测高差总和（mm）	测段高差中数（mm）	高程（mm）
三	0.01	0.1	0.1	0.1	1	1
四	0.01	0.1	0.1	0.1	1	1

② 观测时必须为仪器撑伞遮阳。

③ 除路线转弯外，每一站上仪器和前后尺的位置可尽量接近一条直线。

④ 同一测站观测，一般不能调焦两次。

⑤ 每测段的往测与返测，其测站数均应为偶数。

⑥ 每一测站上，前后视距离要保持大致相等，可采用“步测”方法完成。

在外业结束后，便应计算水准路线上各待定点的高程，完成三、四等水准测量的内业计算。在计算之前，必须认真全部检查外业观测手簿，确认没有错误后，相关责任人签字确认后，方可计算。

5. 水准测量注意事项

① 尺垫只放在转点处，已知点和待测点均不得安放尺垫。

② 每一测站中，仪器至前后视尺距离应该基本相等，可步测确定。

③ 观测者迁站前，后视点尺垫不能动。

④ 立尺员在竖立水准尺时一定要扶稳、扶直，不能前后左右倾斜或摆动。

⑤ 数据记录要规范，原始数据不得涂改，读错或者记错的数据应该划去（厘米、毫米位数数据除外），再将正确数据写在上方，并在相应的备注栏内注明修改原因，记录不得连笔书写，记录手簿要干净整洁。

⑥ 原始数据记录过程中一般使用铅笔记录，但不允许使用橡皮修改。

⑦ 为提高数据的准确性，记录员在听到观测者报数后应复述该数据，等到观测者认可后方可记入手簿，以免听错、记错。

2.3.3 水准测量的成果整理

水准测量内业计算

当水准测量外业结束后即可进行内业计算，即成果整理。计算前，必须对外业数据进行检查，没有错误才可以进行成果计算。

1. 计算高差闭合差及其允许值

高差闭合差计算总公式：$f_h=\sum h_{测}-\sum h_{理}$，则三种不同水准路线的高差闭合差计算公式为：

闭合导线：$f_h=\sum h_{测}$ （2-16）

附合导线：$f_h=\sum h_{测}-(H_{终}-H_{始})$ （2-17）

支导线：$f_h=h_{往}+h_{返}$ （2-18）

式中 f_h——高差闭合差，m；

$\sum h_{测}$——实测高差总和，m；

$H_{终}$——路线终点已知高程，m；

$H_{始}$——路线起点已知高程，m。

高差闭合差 f_h 的大小反映了测量成果的质量，闭合差的允许值 $f_{h_{允}}$ 视水准测量的等级不同而异，对于等外水准测量，高差闭合差允许值计算公式为：

平地： $f_{h_{允}}=\pm 40\sqrt{L}$ （mm） （2-19）

山地： $f_{h_{允}}=\pm 12\sqrt{N}$ （mm） （2-20）

式中　L——路线长度，km，即为所有测站前后视距离之和；

N——水准路线测站总数。

山地一般指每千米测站数在 15 个以上的地形。

判断高差闭合差与高差闭合差允许值的大小，若高差闭合差的绝对值大于 $f_{h_{允}}$ ，说明测量成果不符合要求，应予重测；如果高差闭合差小于高差闭合差允许值，则成果符合要求，可以进行闭合差的调整。

2. 高差闭合差的调整

（1）计算高差改正数

经过判断，高差闭合差在允许范围内，可进行闭合差的调整。闭合水准路线或者附合水准路线的高差闭合差分配原则是将闭合差按距离或者测站数成正比例反符号改正到各测段高差中。高差改正数计算公式为：

$$V_i = -\frac{f_h}{\sum L}\cdot L_i \tag{2-21}$$

或者

$$V_i = -\frac{f_h}{\sum N}\cdot n_i \tag{2-22}$$

式中　V_i——测段高差的改正数，m；

f_h——高差闭合差，m；

$\sum L$——水准路线总长度，m；

L_i——测段长度，m；

$\sum N$——水准路线测站数总和；

n_i——测段测站数。

（2）计算检核

高差改正数直到总和应该与高差闭合差的大小相等，符号相反，即：

$$\sum V_i = -f_h \tag{2-23}$$

3. 计算高程

（1）计算改正后高差

将各测段高差观测值加上对应的高差改正数，求得各测段改正后的高差，即：

$$h_i = h_{i测} + V_i \tag{2-24}$$

对于支水准路线，高差取与往测时符号相同，所以当闭合差符合要求时，各测段平均高差为：

$$h = \frac{1}{2}(h_{往} - h_{返}) \tag{2-25}$$

式中　h——平均高差，m；

$h_{往}$——往测高差，m；

$h_{返}$——返测高差，m。

（2）计算各点高程

根据改正后的高差，由已知高程逐步推算其他各点的高程。

4. 算　例

【算例 2-1】 附合导线计算：图 2-30 所示为一附合水准路线，BM_1、BM_2 为已知水准点。用普通水准测量的方法，测定 A、B、C 三个水准点的高程，各水准点间的距离及高差注明如图 2-30 中。高差闭合差的调整及高程计算见表 2-9。

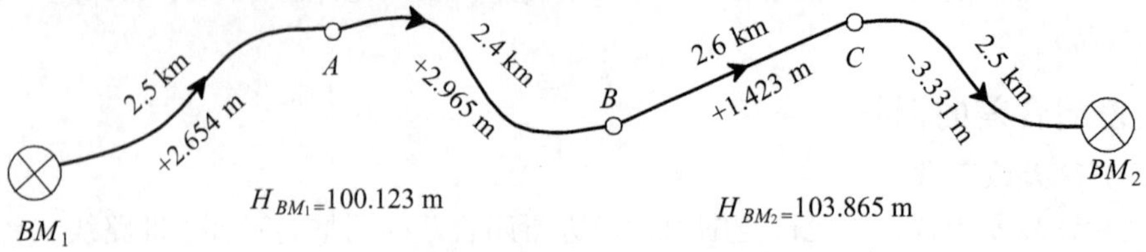

图 2-30　附合水准路线

表 2-9　附合水准测量成果计算表

测段编号	点名	距离 L（km）	测站数 N（站）	实测高差（m）	改正数（m）	改正后的高差（m）	高程（m）	备注
1	2	3	4	5	6	7	8	9
	BM_1						100.123	已知
1		2.5		+2.654	+0.008	+2.662		
	A						102.785	
2		2.4		+2.965	+0.007	+2.972		
	B						105.757	
3		2.6		+1.423	+0.008	+1.431		
	C						107.188	
4		2.5		−3.331	+0.008	−3.323		
	BM_2						103.865	已知
Σ		10.0		+3.711	+0.031	+3.742		
辅助计算	① $f_h=\sum h_{测}-(H_{终}-H_{始})=+3.711-(103.865-100.123)=-0.031$ m； ② $f_{h_{允}}=\pm 40\sqrt{L}$ mm $=\pm 126$（mm）判定 $\lvert f_h\rvert<\lvert f_{h_{允}}\rvert$，精度合格； ③ $\sum L=10.0$（km），$\dfrac{-f_h}{\sum L}=+3.1$（mm/km）							

【算例 2-2】 闭合导线计算：图 2-31 所示为一闭合水准路线，BM_1 为已知水准点。用普通水准测量的方法，测定 A、B、C 三个水准点的高程，各水准点间的距离及高差注明如图 2-31 所示。高差闭合差的调整及高程计算，见表 2-10。

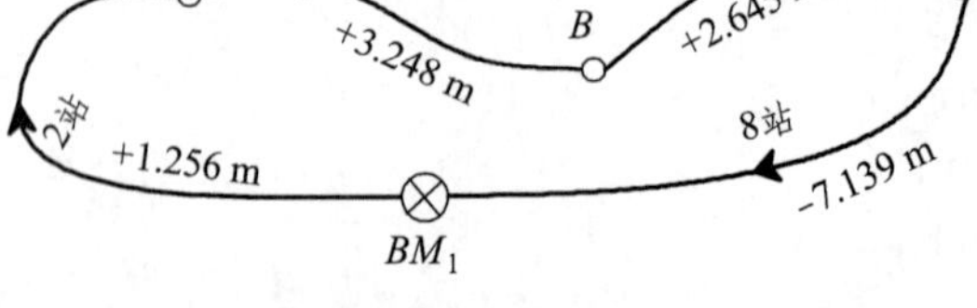

图 2-31　闭合水准路线

表 2-10 闭合水准测量成果计算表

测段编号	点名	距离 L（km）	测站数 N（站）	实测高差（m）	改正数（m）	改正后的高差（m）	高程（m）	备注
1	2	3	4	5	6	7	8	9
	BM_1						100.123	已知
1			2	+1.256	−0.001	+1.255		
	A						101.378	
2			4	+3.248	−0.002	+3.246		
	B						104.624	
3			6	+2.645	−0.003	+2.642		
	C						107.266	
4			8	−7.139	−0.004	−7.143		
	BM_1						100.123	已知
$\sum$			20	+0.010	−0.010	0		
辅助计算	① $f_h=\sum h_{测}=+0.010$ m； ② $f_{h_{允}}=\pm 12\sqrt{N}=\pm 54$（mm） 判定 $\lvert f_h\rvert<\lvert f_{h_{允}}\rvert$，精度合格； ③ $\sum N=20$（站），$\dfrac{-f_h}{\sum N}=-0.5$（mm/km）							

【算例 2-3】 支线水准路线计算：图 2-32 所示为一支线水准路线等外水准测量，A 为已知高程的水准点，其高程 H_A 为 45.276 m，1 点为待定高程的水准点，h_f 和 h_b 为往返测量的观测高差。n_f 和 n_b 为往、返测的测站数，共 16 站，则 1 点的高程计算如下：

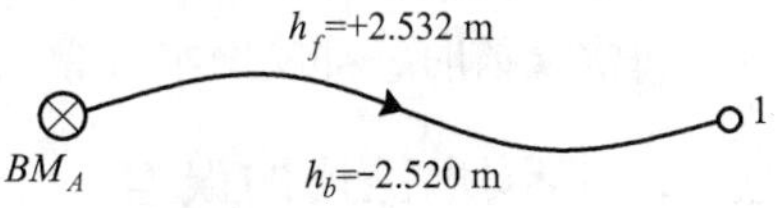

图 2-32 支线水准路线

（1）计算高差闭合差

$$f_h=h_f+h_b=+2.532\ \text{m}+(-2.520\ \text{m})=+0.012\ \text{m}=+12\ (\text{mm})$$

（2）计算高差允许闭合差

测站数：$n=(n_f+n_b)/2=16$ 站$/2=8$（站）

$$f_{h_{允}}=\pm 12\sqrt{N}=\pm 12\sqrt{8}=\pm 34\ (\text{mm})$$

判断：因为 $\lvert f_h\rvert<\lvert f_{h_{允}}\rvert$，所以精确度符合要求。

（3）计算改正后高差

取往测和返测的高差绝对值的平均值作为 A 和 1 两点间的高差，其符号和往测高差符号相同，即

$$h_{A1}=(+2.532+2.520)/2=+2.526$$

（4）计算待定点高程

$$H_1=H_A+h_{A1}=45.276\ \text{m}+2.526\ \text{m}=47.802\ (\text{m})$$

任务 2.4 水准测量的误差来源及其影响

水准测量的误差主要来源于仪器误差、观测误差、外界条件的影响误差三方面。

2.4.1 仪器误差

1. 水准管轴与视准轴不平行误差

水准管轴与视准轴不平行，虽然经过校正，仍然可存在少量的残余误差。这种误差的影响与距离成正比，只要观测时注意使前、后视距离相等，便可消除此项误差对测量结果的影响。

2. 水准尺误差

由于水准尺刻划不准确、尺长变化、弯曲等原因，会影响水准测量的精度。因此，水准尺要经过检核才能使用。

2.4.2 观测误差

1. 水准管气泡的居中误差

由于气泡居中存在误差，致使视线偏离水平位置，从而带来读数误差。为减小此误差的影响，每次读数时，都要使水准管气泡严格居中。

2. 估读水准尺的误差

水准尺估读毫米数的误差大小与望远镜的放大倍率以及视线长度有关。在测量作业中，应遵循不同等级的水准测量对望远镜放大倍率和最大视线长度的规定，以保证估读精度。

3. 视差的影响误差

当存在视差时，由于十字丝平面与水准尺影像不重合，若眼睛的位置不同，便读出不同的读数，而产生读数误差。因此，观测时要仔细调焦，严格消除视差。

4. 水准尺倾斜的影响误差

水准尺倾斜，将使尺上读数增大，从而带来误差。如水准尺倾斜 3°30′，在水准尺上 1 m 处读数时，将产生 2 mm 的误差。为了减少这种误差的影响，水准尺必须扶直。

2.4.3 外界条件的影响误差

1. 水准仪下沉误差

由于水准仪下沉，使视线降低，而引起高差误差。如采用“后、前、前、后”的观测程序，可减弱其影响。

2. 尺垫下沉误差

如果在转点发生尺垫下沉，将使下一站的后视读数增加，也将引起高差的误差。采用往返观测的方法，取成果的中数，可减弱其影响。

为了防止水准仪和尺垫下沉，测站和转点应选在土质实处，并踩实三脚架和尺垫，使其稳定。

3. 地球曲率及大气折光的影响

地球弯曲差简称为球差。大气垂直折光差简称为气差。球差和气差的联合影响称为球气差。

如图 2-33 所示，A、B 为地面上两点，大地水准面是一个曲面，如果水准仪的视线 $a'b'$ 平行于大地水准面，则 A、B 两点的正确高差为：

$$h_{AB} = a' - b'$$

但是，水平视线在水准尺上的读数分别为 a''、b''。a'、a''之差与 b'、b''之差，就是地球曲率对读数的影响，用 c 表示。则 c 的计算如下：

$$c = \frac{D^2}{2R} \tag{2-26}$$

式中　D——水准仪到水准尺的距离，km；

　　R——地球的平均半径，$R = 6\ 371$ km。

由于大气折光的影响，视线是一条曲线，在水准尺上的读数分别为 a、b。a、a''之差与 b、b''之差，就是大气折光对读数的影响，用 r 表示。在稳定的气象条件下，r 约为 c 的 1/7，即：

$$r = c/7 = 0.07\frac{D^2}{R} \tag{2-27}$$

地球曲率和大气折光的共同影响为：

$$f = c - r = 0.43\frac{D^2}{R} \tag{2-28}$$

地球曲率和大气折光的影响，可采用使前、后视距离相等的方法来消除。

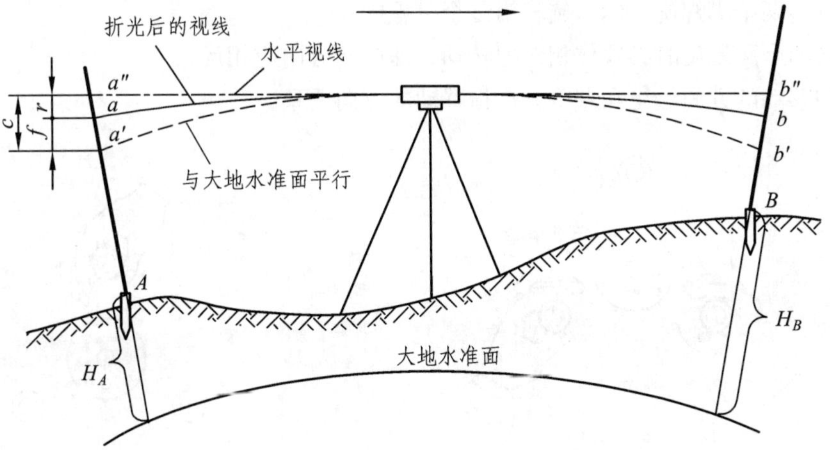

图 2-33　地球曲率及大气折光的影响

4. **温度的影响误差**

温度的变化不仅会引起大气折光的变化，而且当烈日照射水准管时，由于水准管本身和管内液体温度的升高，气泡向着温度高的方向移动，从而影响了水准管轴的水平，产生了气泡居中误差。所以，测量中应随时注意为仪器打伞遮阳。

任务 2.5 水准仪认知实习

2.5.1 目 的

了解水准仪的构造，熟悉水准仪的技术操作方法。

2.5.2 仪器工具

水准仪、水准尺、尺垫、记录板。

2.5.3 步 骤

（1）熟悉 DS_3 型水准仪各部件名称及作用。

（2）安置和粗平水准仪。

仪器的粗略整平是用脚螺旋使圆水准器的气泡居中。不论圆水准器在任何位置，先用任意两个脚螺旋使气泡移到通过圆水准器零点并垂直于这两个脚螺旋连线的方向上，如此可使仪器在这两个脚螺旋连线的方向处于水平位置。然后单独用第三个脚螺旋使气泡居中，如此使原两个脚螺旋连线的垂线方向亦处于水平位置，从而使整个仪器置平，如仍有偏差可重复进行，如图 2-34 所示。操作时必须记住以下 3 条要领：

① 先旋转两个脚螺旋，然后旋转第三个脚螺旋；

② 旋转两个脚螺旋时必须作相对地转动，即旋转方向应相反；

③ 气泡移动的方向始终和左手大拇指移动的方向一致。

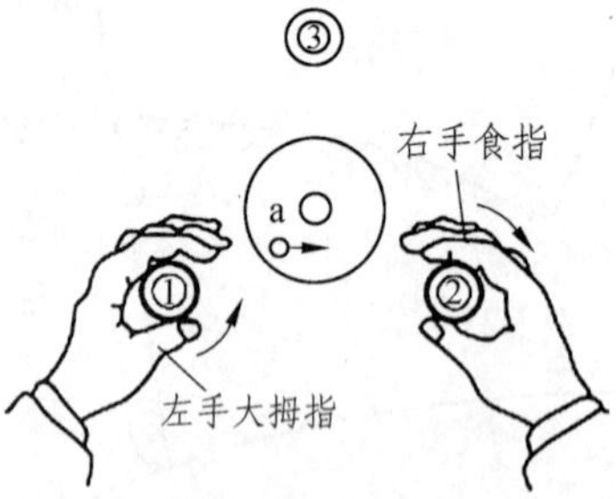

（a）气泡向左移动

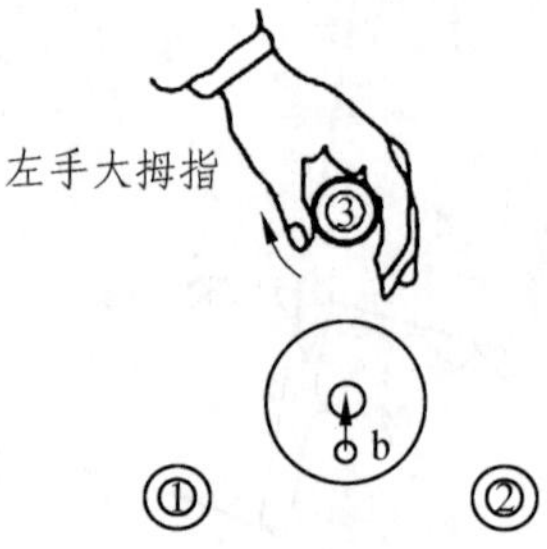

（b）气泡向上移动

图 2-34 整平

（3）用望远镜照准水准尺，并且消除视差。

首先用望远镜对着明亮背景，转动目镜对光螺旋，使十字丝清晰可见。然后松开制动螺旋，转动望远镜，利用镜筒上的准星和照门照准水准尺，旋紧制动螺旋。再转动物镜对光螺旋，使尺像清晰。此时如果眼睛上、下晃动，十字丝交点总是指在标尺物像的一个固定位置，即无视差现象。如果眼睛上、下晃动，十字丝横丝在标尺上错动就是有视差，说明标尺物像没有呈现在十字丝平面上。若有视差将影响读数的准确性。消除视差时要仔细进行物镜对光使水准尺看得最清楚，这时如十字丝不清楚或出现重影，再旋转目镜对光螺旋，直至完全消除视差为止，最后利用微动螺旋使十字丝精确照准水准尺。

（4）精确整平水准仪。

转动微倾螺旋使管水准器的符合水准气泡两端的影像符合。转动微倾螺旋要稳重，慢慢地调节，避免气泡上下不停错动。由于圆水准器的灵敏度较低，所以用圆水准器只能使水准仪粗略地整平。因此在每次读数前还必须用微倾螺旋使水准管气泡符合，使视线精确整平。由于微倾螺旋旋转时，经常在改变望远镜和竖轴的关系，当望远镜由一个方向转变到另一个方向时，水准管气泡一般不再符合。所以望远镜每次变动方向后，也就是在每次读数前，都需要用微倾螺旋重新使气泡符合。

（5）读数。

如图 2-35 所示，用十字丝中间的横丝读取水准尺的读数。从尺上可直接读出米、分米和厘米数，并估读出毫米数，所以每个读数必须有四位数。如果某一位数是零，也必须读出并记录。不可省略。有时望远镜为倒像，所以从望远镜内读数时应由上向下读，即由小数向大数读。读数前应先认清水准尺的分划特点，特别应注意与注字相对应的分米分划线的位置。为了保证得出正确的水平视线读数，在读数前和读数后都应该检查气泡是否符合。

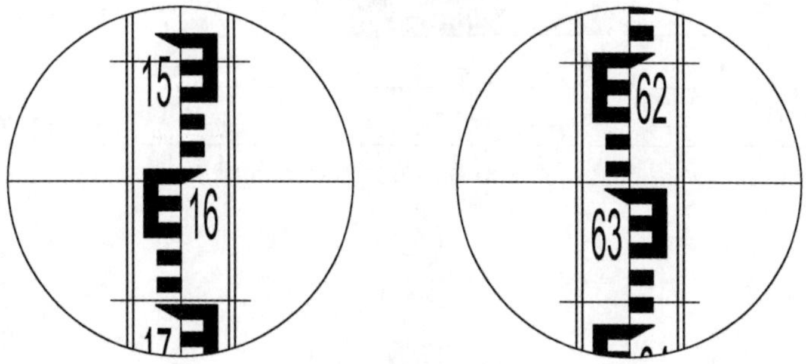

图 2-35　读数

（6）注意事项。

① 安置仪器时应将仪器中心连接螺旋拧紧，防止仪器从脚架上脱落下来。

② 水准仪为精密光学仪器，在使用中要按照操作规程作业，各个螺旋要正确使用。

③ 在读数前务必将水准器的符合水准气泡严格符合，读数后应复查气泡符合情况，现气泡错开，应立即重新将气泡符合后再读数。

④ 转动各螺旋时要稳、轻、慢，不能用力太大。

⑤ 发现问题，及时向指导教师汇报，不能自行处理。

⑥ 水准尺必须要有人扶着，决不能立在墙边或靠在电杆上，以防摔坏水准尺。

⑦ 螺旋转到头要返转回来少许，切勿继续再转，以防脱扣。

（7）记录计算。

实 习 报 告

日期：　　　　　　班级：　　　　　　组别：　　　　　　姓名：　　　　　　学号：

实习题目	水准仪的认识与操作	成　绩	
实习技能目标			
主要仪器及工具			

1. 在下图引出的标线上标明仪器该部件的名称。

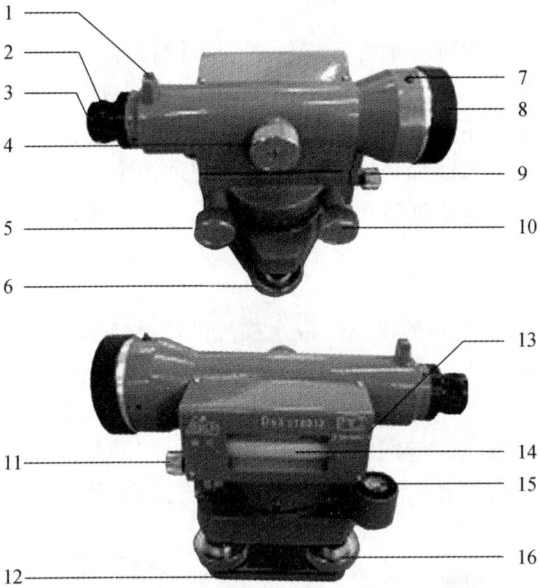

1—______；2—______；3—______；4—______；5—______；6—______；7—______；8—______；9—______；10—______；11—______；12—______；13—______；14—______；15—______；16—______。

2. 用箭头标明如何转动三只脚螺旋，使下图所示的圆水准器气泡居中。

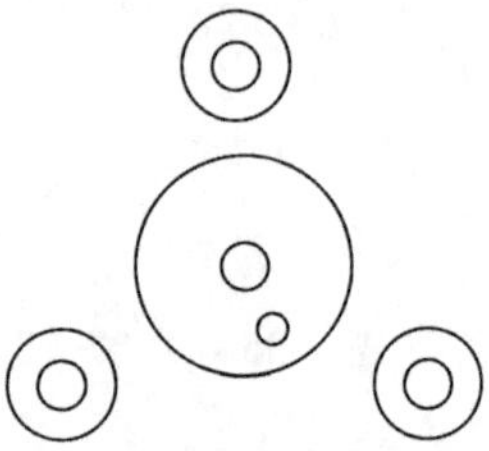

3. 用微倾式水准仪进行水准测量时，除了使____________________气泡居中外，读数前还必须转动螺旋，使_________________气泡居中，才能读数。

若使下图气泡影像符合，请用箭头标出操作螺旋的转动方向。

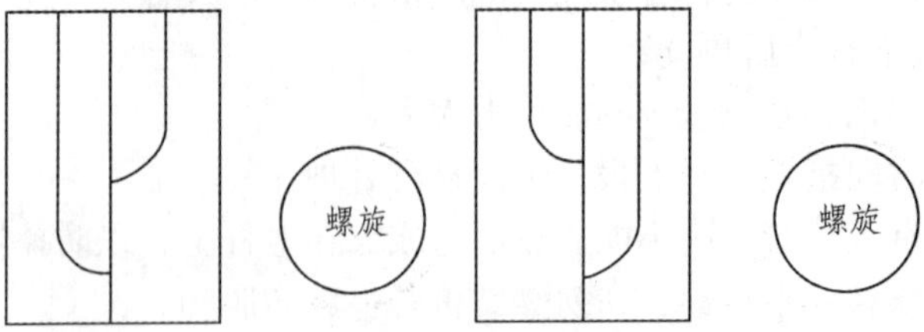

任务 2.6 普通水准测量实习

2.6.1 目　的

掌握普通水准测量方法，熟悉记录、计算和检核方法。

2.6.2 仪器工具

水准仪、水准尺、尺垫、记录板。

2.6.3 步　骤

（1）做闭合的水准路线测量（即由某一已知水准点开始，经过若干转点、临时水准点再回到原来的水准点）或附合水准路线测量（即由某一已知水准点开始，经过若干转点、临时水准点后到达另一已知水准点），全组共同施测一条闭合水准路线，其长度以安置 4~6 个测站为宜。确定起始点及水准路线的前进方向。人员分工是：两人扶尺，一人记录，一人观测。施测 1~2 站后轮换工作。在每一站上，观测者首先应整平仪器，然后照准后视尺，对光、调焦、消除视差。慢慢转动微倾螺旋，将管水准器的气泡严格符合后，读取中丝读数，记录员将读数记入记录表中。读完后视读数，紧接着照准前视尺，用同样的方法读取前视读数。

（2）记录员把前、后视读数记好后，应立即计算本站高差。观测精度符合要求后，根据观测结果进行水准路线高差闭合差的调整和高程计算。

2.6.4 注意事项

（1）计算沿途各转点高差和各观测点高程（可假设起点高程为 500.000 m）。

（2）视线长度不得超过 100 m。

（3）前后视距应大致相等。

（4）闭合差的允许值为：

$$f_{h允}=\pm 40\sqrt{L}\ \text{（mm）}$$

$$f_{h允}=\pm 12\sqrt{N}\ \text{（mm）}$$

式中　L——准路线长度，km；

　　　N——测站数。

2.6.5 记录计算

表 2-11 水准路线高差调整与高程计算表

点 号	距离 L（m）	测站数 N（个）	测得高差（m）	高差改正数（mm）	改正后高差（m）	高 程（m）	备 注
$\sum$							
$\Delta h=$ $\Delta h_{允}=$							

表 2-12 水准测量记录表

自 点 至 点 仪器号码：			天气： 成像： 日期：		班级组别： 观 测 者： 记 录 者：	
测 点	后视读数（m）	前视读数（m）	高 差（m）		高 程（m）	备 注
			+	−		
校核计算	$\sum a=$ $-)\ \sum b=$		$\sum h=$		末点高程 = −）起点高程 =	

$\Delta h=$　　$\Delta h_{允}=\pm\sqrt{n}=$

任务 2.7 四等水准测量实习

2.7.1 目　的

掌握四等水准测量的观测方法。

2.7.2 仪器工具

水准仪、双面水准尺、尺垫、计算器、记录板。

2.7.3 步　骤

（1）用四等水准测量方法观测一闭合路线。

选定一条闭合或附合水准路线，其长度以安置 4~6 个测站为宜。沿线标定待定点的地面标志。在起点与第一个立尺点之间设站，安置好水准仪后，按以下顺序观测：

后视黑面尺，读取上、下丝读数；精平，读取中丝读数；分别记入记录表 2-15 中（1）、（2）、（3）顺序栏；

前视黑面尺，读取上、下丝读数；精平，读取中丝读数；分别记入记录表 2-15 中（4）、（5）、（6）顺序栏；

前视红面尺，精平，读取中丝读数；记入记录表 2-15 中（7）顺序栏；

后视红面尺，精平，读取中丝读数；记入记录表 2-15 中（8）顺序栏。

这种观测顺序简称“后—前—前—后”，也可采用“后—后—前—前”的观测顺序。

（2）各种观测记录完毕应随即计算。

① 黑、红面分划读数差（即同一水准尺的黑面读数 + 常数 K—红面读数）填入记录表 2-15 中（13）、（14）顺序栏；

② 黑、红面分划所测高差之差填入记录表 2-15 中（15）顺序栏；

③ 高差中数填入记录表 2-15 中（18）顺序栏；

④ 前、后视距（即上、下丝读数差乘以 100，单位为 m）填入记录表 2-15 中（9）、（10）顺序栏中；

⑤ 前、后视距差填入记录表 2-15 中（11）顺序栏；

⑥ 前、后视距累积差填入记录表 2-15 中（12）顺序栏；

⑦ 检查各项计算值是否满足限差要求。

（3）进行高差闭合差的调整与高程计算。

2.7.4 注意事项

① 视线长度、前后视距差、前后视距差的累积差、视线高度、黑红面读数差、黑红面高差之差均按四等水准规定要求，见表 2-13。

表 2-13

等级	视线高度（m）	视距长度（m）	前 后 视觉差（m）	前后视距累积差（m）	黑、红面分划读数 差（mm）	黑、红面分划所测高差之差（mm）	路线闭合差（mm）
四	>0.2	≤80	≤3.0	≤10.0	3.0	5.0	$\pm 20\sqrt{L}$

② 每组至少观测 6 个站，组成一个闭合路线。

2.7.5 记录计算

表 2-14 水准路线高差闭合差调整与高程计算

点 号	距离 L（m）	测站数 N（个）	测得高差（m）	高差改正数（mm）	改正后高差（m）	高 程（m）	备 注
Σ							

$\Delta h =$

$\Delta h_{允} =$

表 2-15　四等水准测量记录表

测自　　至　　　　仪器型号：　　　　观测者：
年　月　日　　　　天　　气：　　　　记录者：

测站编号	后尺 上丝 / 下丝	前尺 上丝 / 下丝	方向及尺号	水准尺读数（m）		K+黑－红（mm）	高差中数（m）	备注
	后距（m）	前距（m）		黑色面	红色面			
	前后视距离差（m）	累积差（m）						
	（1）	（4）	后	（3）	（8）	（13）	（18）	
	（2）	（5）	前	（6）	（7）	（14）		K_1= K_2=
	（9）	（10）	后－前	（16）	（17）	（15）		
	（11）	（12）						
校核								

知识小结

本项目讲述了水准测量的原理。重点学习了水准测量的施测方法（闭合水准路线的测量）以及成果整理的计算过程。通过把水准仪放在课堂上的演示使学生对水准仪的操作更加熟练。通过实习实训使学生理论联系实际，学会了操作水准仪原理，完成了成果整理及计算，达到了使学生对水准测量的仪器和工具有所认识，并掌握水准测量的外业观测和水准测量的内业成果计算的教学目的。通过本项目的学习，学生应当掌握以下知识内容：

（1）水准测量原理。

（2）水准测量仪器使用方法。

（3）单一水准路线三种布设形式的外业施测及内业成果整理。

（4）等级水准测量的方法。

（5）水准测量的注意事项。

（6）水准测量的误差知识。

习题与作业

1. 水准测量路线布设形式有哪几种？
2. 绘图说明水准测量的原理。
3. 用三、四等水准测量建立高程控制时，怎样观测、记录和计算？
4. 何谓视差？如何消除视差？
5. 何谓导线闭合差？
6. 三、四等水准测量的注意事项有哪些？
7. 何谓视准轴？
8. 水准仪各轴线之间应该满足些什么几何条件？
9. 完成表 2-16 的内业计算，已知数据已经填写在表格中。

表 2-16　附合导线内业计算

测段编号	点名	测站数（个）	实测高差（m）	改正数（m）	改正后高差（m）	高程（m）
1	2	3	4	5	6	7
	BM_1					68.441
1		18	+8.450			
	A					
2		8	−5.311			
	B					
3		14	−6.277			
	C					

续表

测段编号	点名	测站数（个）	实测高差（m）	改正数（m）	改正后高差（m）	高程（m）
4		16	+7.001			
	BM_2					72.300
∑						
辅助计算						

10. 有一附合水准路线，已知首尾起算点 BM_1、BM_2 的高程为 $H_{BM1}=63.697$ m，$H_{BM2}=62.887$ m，路线上依次有 A、B、C 三个未知点，其观测成果为：$h_{1A}=+0.752$ m，$h_{AB}=-0.820$ m，$h_{BC}=+0.643$ m。$h_{c2}=-1.465$ m，各测段的测站数分别为 $n_{1A}=16$，$n_{AB}=10$，$n_{BC}=8$，$n_{c2}=16$，推算 A、B、C 个点的高程。

11. 图 2-36 所示为其闭合水准路线的观测成果，距离单位为 km，已知 $H_{BM}=39.999$ m，试求 A、B、C 各点的高程。

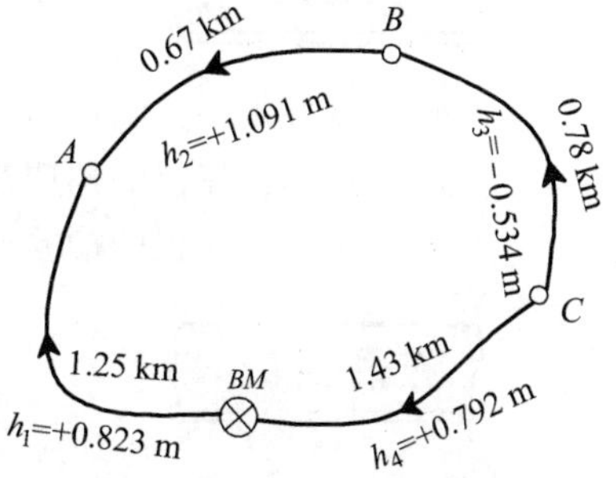

图 2-36　某闭合水准路线

12. 完成表格 2-17 中空白处的计算。

表 2-17　四等水准测量原理观测手簿

测自________至________　　　　　　_______年______月_______日

开始时间：_____时____分　　　　　　天气：

结束时间：_____时____分　　　　　　成像：

测站编号	后尺 下丝 / 上丝	前尺 下丝 / 上丝	方向及尺号	标尺读数		K+黑−红	高差中数	备注
	后距	前距		黑面	红面			
	视距差 d	$\sum d$						
1	1 403	1 344	后 1	1 290	6 074			
	1 174	1 101	前 2	1 222	5 911			
			后—前					
2	1 461	1 952	后 2	1 261	5 951			
	1 051	1 562	前 1	1 762	6 550			
			后—前					
3	1 662	1 796	后 1	1 413	6 201			
	1 162	1 296	前 2	1 541	6 226			
			后—前					

注：标尺参数为 $K_1=4\,787$；$K_2=4\,687$。

项目 3 角度测量

知识目标

- 掌握水平角测量与竖直角测量原理和观测方法。
- 理解经纬仪的构造及各部件的作用。
- 了解经纬仪的检验与校正、角度测量主要误差的来源问题。

技能目标

- 能够利用经纬仪进行水平角测量并计算。
- 能够利用经纬仪进行竖直角测量并计算。

素养目标

- 培养刻苦学习精神，听课专注，思维积极，作业独立完成。
- 培养规范应用习惯，能正确应用国家法律法规、国家和行业的相关规范，作风严谨。
- 培养团结协作精神，可以互相帮助、共同学习、共同达成目标。
- 培养工匠精神，养成“怀匠心、铸匠魂、守匠情、践匠行”精神，促进学生生成“匠意、匠思、匠智”。

任务导航

- 任务 3.1　角度测量原理
- 任务 3.2　经纬仪
- 任务 3.3　角度观测方法
- 任务 3.4　DJ6 型光学经纬仪的检验与校正
- 任务 3.5　角度测量的误差
- 任务 3.6　经纬仪角度测量实训

角度测量包括水平角测量和竖直角测量，它是测量的基本工作之一。常用的角度测量仪器是光学经纬仪、电子经纬仪和全站型电子速测仪，经纬仪器既能测量水平角，又能测量竖直角，水平角用于求算地面点的平面位置，竖直角用于求算高差或将倾斜距离换算成水平距离。

任务 3.1 角度测量原理

角度测量原理

3.1.1 水平角测量原理

水平角指地面上某点到两目标的方向线铅垂投影在水平面上所成的角度。如图 3-1 所示，由地面点 A 到 B、C 两个目标的方向线 AB 和 AC，在水平面 P 上的投影为 A_1B_1 和 A_1C_1，其夹角 β 即为所述水平角，其取值范围为 0° ~ 360°。

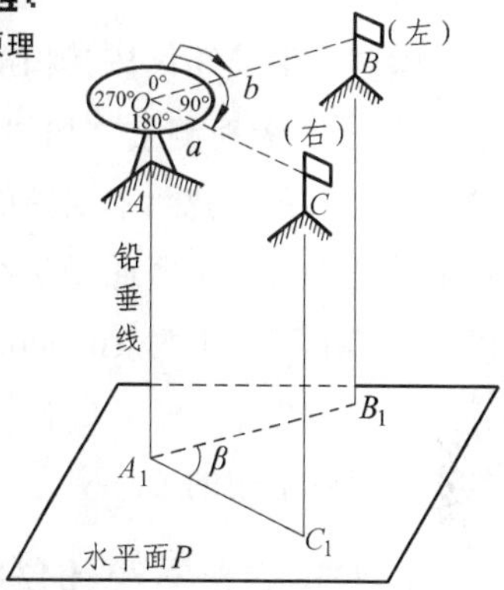

图 3-1　水平角测量原理

若在角顶 A 的铅垂线上，水平地放置一个带有顺时针刻划的圆盘，称为水平度盘，使圆盘中心 O 位于 A 点的铅垂线上，通过 AB 和 AC 两方向线的竖直面在度盘上的读数分别为 a 和 b，则两读数之差即为两方向线间的水平角值，即：

$$\beta = b - a \tag{3-1}$$

3.1.2 竖直角测量原理

竖直角（垂直角）指在同一竖直面内，地面某点至目标的方向线与水平视线间的夹角。如图 3-2 所示，竖直角用 α 表示，当目标点的方向线在水平视线的上方时，竖直角为正 $(\alpha > 0)$，称为仰角；当目标的方向线在水平视线的下方时，竖直角为负 $(\alpha < 0)$，称为俯角。所以竖直角的取值范围是 − 90° ~ + 90°。

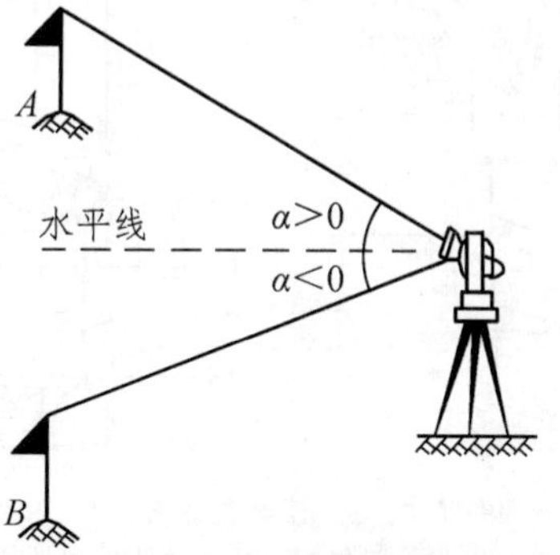

图 3-2　竖直角测量原理

在竖直面内安置带有均匀刻划的竖直度盘，竖直角的角值也是两个方向的读数之差，其中一个方向是水平线方向，水平方向的读数可以通过竖盘指标水准器或竖盘指标自动装置来确定。对经纬仪而言，水平视线方向的竖直度盘读数一般设置为 0°或 90°的整倍数，因此测量竖直角时，只要瞄准目标读取竖直度盘读数就可以计算出视线方向的竖直角。

任务 3.2 经纬仪

认识经纬仪

3.2.1 光学经纬仪

国产光学经纬仪按其精度等级划分的型号有：DJ_{07}、DJ_1、DJ_2 及 DJ_6 等几种，其中，字母 DJ 分别为“大地测量”和“经纬仪”的汉字拼音第一个字母，下标数字 07、1、2、6 分别为该仪器一测回方向观测中误差的秒数。DJ_{07}、DJ_1、DJ_2 型光学经纬仪属于精密光学经纬仪，DJ_6 型光学经纬仪属于普通光学经纬仪。国外的某些光学经纬仪（如瑞士徕卡公司）的型号有 T_3、T_2 和 T_1，其中字母 T 为 Theodolite（经纬仪）的第一个字母，仪器一测回方向观测中误差的秒数分别为 ±1″，±2″，±6″。尽管仪器的精度等级或生产厂家不同，但它们的基本结构是大致相同的。本节介绍最常用的 DJ_6 型光学经纬仪的基本构造及其操作。

1. DJ_6 型光学经纬仪的构造

各种型号的 DJ_6 型光学经纬仪的构造是基本相同的，图 3-3 所示为北京光学仪器厂生产的 DJ_6 型光学经纬仪构造图，各部件名称如图上所注，它主要由基座、水平度盘和照准部三部分组成。

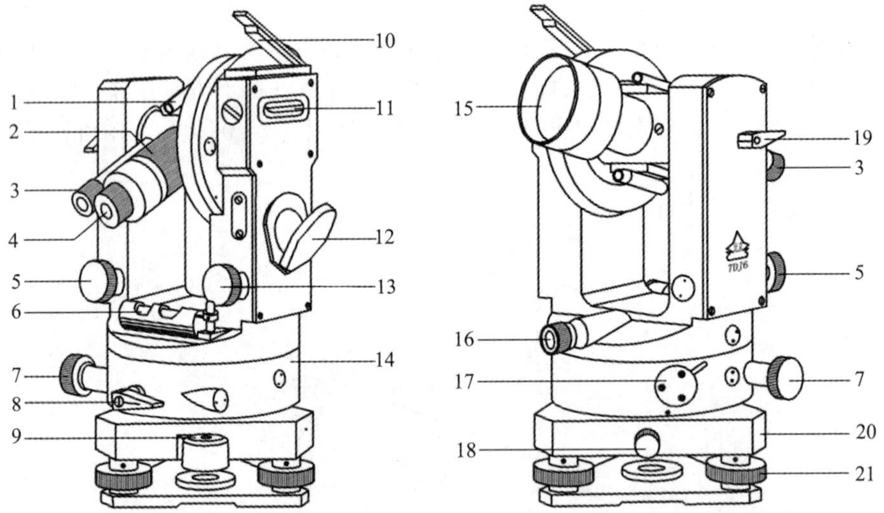

1—光学瞄准器；2—物镜调焦螺旋；3—读数显微镜；4—目镜；5—望远镜微动螺旋；
6—照准部管水准器；7—水平微动螺旋；8—水平制动螺旋；9—基座圆水准器；
10—竖盘指标水准器反射镜；11—竖盘指标管水准器；12—反光镜；
13—竖盘指标管水准器微动螺旋；14—水平度盘；15—物镜；
16—光学对中器；17—水平度盘变换螺旋与保护卡；
18—轴套固定螺旋；19—望远镜制动螺旋；
20—基座；21—脚螺旋。

图 3-3　DJ_6 型光学经纬仪

（1）基　座

基座是支撑整个仪器的底座，并借助基座的中心螺母和三脚架上的中心连接螺旋将仪器与三脚架固连在一起。基座上有 3 个脚螺旋，1 个圆水准器，用来整平仪器。水平度盘的旋转轴套套在竖轴轴套外面，拧紧轴套固定螺旋，可将仪器固定在基座上，松开该固定螺旋，可将仪器从基座中提出，便于置换觇牌。但平时务必将基座上的固定螺旋拧紧，不得随意松动。

（2）水平度盘

水平度盘是一个由光学玻璃制成的圆环。圆环上刻有从 0°～360°的顺时针方向注记的等间隔分划线，有的经纬仪在度盘两刻度线正中间加刻一短分划线。两相邻分划间的弧长所对圆心角，称为度盘分划值，通常为 1°或 30′。度盘通过外轴装在基座中心的轴套内，并用螺旋固紧。转动时，水平度盘并不随之转动；若需要水平度盘安置在某一读数的位置，可拨动图 3-3 中 14 的度盘变换手轮：先按下度盘变换手轮下的保险手柄，将手轮推压进去并转动，就可将水平度盘转到需要的读数值之上。然后将手松开，手轮退出，让保险手柄倒回。有的经纬仪装有一小轮叫位置轮与水平度盘相连，使用时先打开位置轮护盖，转动位置轮，度盘也随之转动（照准部不动），转到需要的水平度盘读数位置为止，最后盖上护盖。

（3）照准部

在水平度盘以上能绕其旋转轴旋转的全部部件称为照准部，主要由望远镜、竖直度盘、照准部水准管、读数设备及支架等组成。

望远镜由物镜、目镜、十字丝分划板及调焦透镜组成，其作用与水准仪的望远镜相同。望远镜的旋转轴称为横轴。望远镜通过横轴安装在支架上，通过调节望远镜制动螺旋和微动螺旋使它绕横轴在竖直面内上下转动。

竖直度盘固定在横轴的一端，随望远镜一起转动，与竖盘配套的竖盘水准管和竖盘水准管微动螺旋。

照准部水准管用来精确整平仪器，使水平度盘处于水平位置。一般的经纬仪除照准部水准管外，还装有圆水准器，用来粗略整平仪器。

读数设备包括，度盘、光路系统及测微器。读数设备的光路图如图 3-4 所示，外来的光线经反光镜 1 进入毛玻璃 2 分为两路，一路经转向棱镜 3 折射后通过聚光透镜 4 及棱镜 6，照亮水平度盘 5 的分划线。水平度盘分划线经复合物镜 7 转向棱镜 8 成像于凸透镜 9 的平面上。另一路光线经棱镜 13 折射后照亮了竖直度盘 14，经转向棱镜 15 折射，竖直度盘分划线通过复合物镜组 16 转向棱镜 17 及梭形棱镜 18，也成像于凸透镜 9 的平面上。这个平面上有两条测微尺，两个度盘分划线的像连同相应测微尺上的刻划一起经棱镜 10 折射后经聚光透镜 11 传到读数显微镜 12，在目镜读数窗内便可读取度盘读数。

照准部的旋转轴称为竖轴，竖轴插入基座内的竖轴套中，照准部在水平方向上旋转，由照准部水平微动螺旋 7 和水平制动螺旋 8 控制，如图 3-3 所示。

2. DJ_6 型光学经纬仪的读数装置

各种 DJ6 型光学经纬仪的读数装置不完全相同，主要分为分微尺读数和单平板玻璃测微器读数两大类。

（1）分微尺读数装置

显微镜读数窗与物镜上设置一个带有分微尺的分划板，度盘上的分划线经读数显微镜物镜放大后成像于分微尺上。分微尺 1°的分划间隔长度正好等于度盘的一格。图 3-5 所示的是读数显微镜内看到的度盘和分微尺的影像，上面注有“水平”（或 H）的窗口为水平度盘读数窗，下面注有“竖直”（或 V）的窗口为竖直度盘读数窗，其中长线和大号数字为度盘上分划线影像及其注记，短线和小号数字为分微尺上的分划线及其注记。读数窗内的分微尺 60 小格，每小格代表 1′，每 10 小格注有小号数字，为 10′的倍数。因此，分微尺可直接读到 1′，估读到 0.1′或 6″。

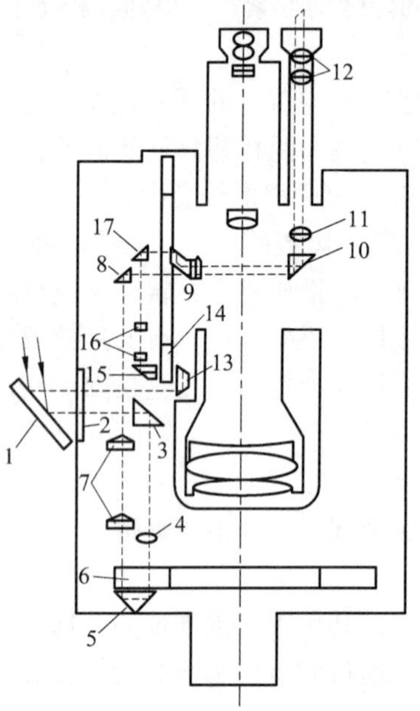

图 3-4　经纬仪读数设备光路图

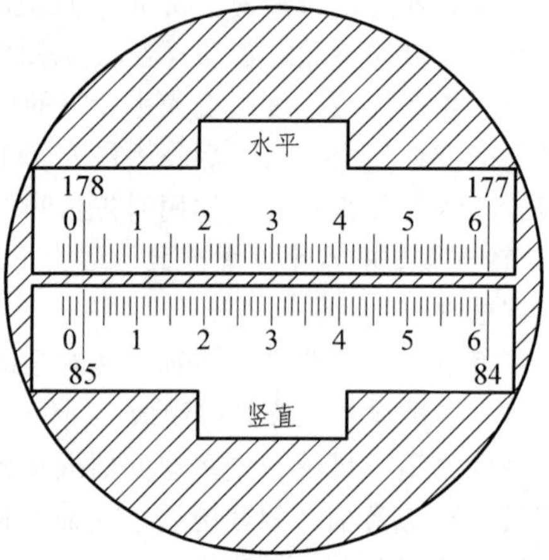

图 3-5　分微尺读数装置

读数方法是：以分微尺上的 0 分划线为读数指标线，“度”由度盘分划线在分微尺上的影像注记直接读出，不足整度数可以在分微尺上读出。图 3-5 中水平度盘整个读数为：178°＋0.5′，在记录和计算时写为178°05′00″。同理，竖直度盘整个读数为 85°＋06.3′＝85°06.3′，记录和计算时写为 85°06′18″。实际读数时，只要看哪根度盘分划线位于分微尺刻划线内，则读数中的度数就是此度盘分划线的注记数，读数中的分数就是这根分划线所指的分微尺上的数值。可见分微尺读数装置的作用就是读出小于度盘最小分划值的尾数值，它的读数精度受显微镜放大率与分微尺长度的限制。

（2）单平板玻璃测微器读数装置

单平板玻璃测微器装置主要由平板玻璃、测微尺、测微轮及传动装置组成。单平板玻璃与测微尺用金属机构连在一起，当转动测微轮时，单平板玻璃与测微尺一起绕同一轴转动。从读数显微镜中看到，当单平板玻璃转动时，度盘分划线的影像也随之移动，当读数窗上的双指标线精确地夹准度盘某分划线像时，其分划线移动的角值可在测微尺上根据单指标线读出，如图 3-6 所示的读数窗。上部为测微尺像，中部为竖直度盘分划像，下部为水平度盘分划像。读数窗中单指标线为测微器指标线，双指标线为度盘指标线。度盘最小分划值为 30′，测微尺共有 30 大格，一大格分划值为 1′，一大格又分为 3 小分格，则一小格分划值为 30″。

读数时先转动测微轮，使度盘双指标线夹准（平分）某一度盘分划线，读出度数和整 30′的分数。在图 3-6（a）中，双指标线夹准水平度盘 15°的分划线像，读出 15°00′再读出测微尺窗中单指标线所指出的测微尺上的读数为 12°00′，两者合起来就是整个水平度盘读数为 15°00′＋12′00″＝15°12′00″。同理，在图 3-6（b）中，读出竖直度盘读数为 91°00′＋18′04″＝91°18′04″。

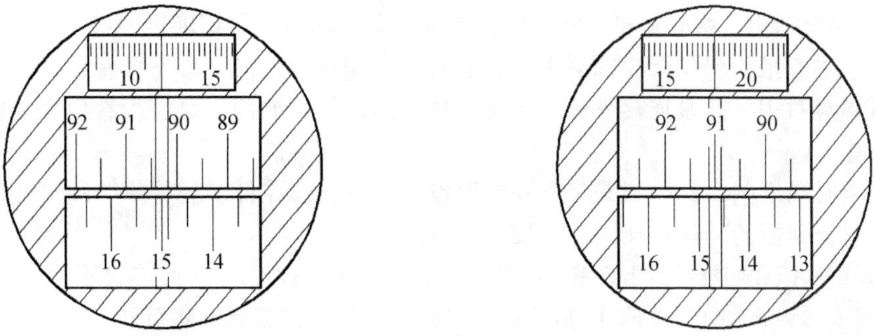

（a）　　　　　　　　（b）

图 3-6　测微器读数装置

3. DJ_6 型光学经纬仪的基本操作

经纬仪的基本操作

在进行角度观测之前，必须把经纬仪安置在测站上。经纬仪的安置包括对中和整平两项操作。对中的目的是使仪器的水平度盘中心与测站点标志中心处于同一铅垂线上，对中的方法中目前较多采用光学对中。整平的目的是使仪器的竖轴竖直，使水平度盘处于水平位置。整平分粗平和精平两部分。具体操作方法如下：

打开三脚架，安置在测站点上，使架头大致水平，架头的中心大致对准测站标志，注意使脚架高度适中。踩紧三脚架，装上仪器，旋紧中心连接螺旋。然后旋转光学对中器的目镜，使对中标志的分划板清晰，再转动物镜调焦螺旋使测站标志的影像清晰（有的仪器的物镜调焦是拉伸结构）。

① 粗略对中。三脚架一腿支在地面上，双手握紧另外两腿，一边移动一边通过光学对中器的目镜观察，当对中标志的分划板和测站点标志中心基本对准时，将脚架的脚尖踩紧。

② 精确对中。转动脚螺旋，使标志中心影像位于对中器分划线中心，对中误差应该小于 1 mm。

③ 粗略整平。伸缩脚架使圆气泡居中，但要注意脚架位置不得移动。

④ 精确整平。先转动照准部，使照准部水准管大致平行于任意两个脚螺旋的连线，转动这两个脚螺旋使水准管气泡精确居中。然后再使照准部转动 90°，转动第三个脚螺旋使水准管气泡精确居中，如图 3-7 所示。

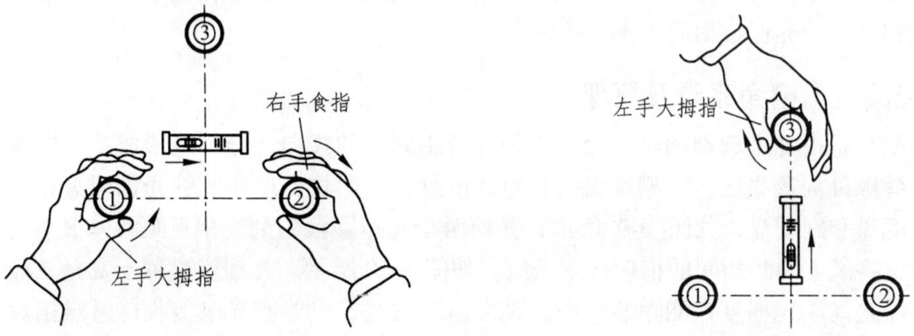

（a）　　　　　　　　（b）

图 3-7　照准部水准管精确整平方法

⑤ 再次精确对中，精确整平。整平的操作可能会破坏前面的精确对中成果，因此最后还要检查一下标志中心是否仍位于小圆圈中心，若有很小偏差可稍松中心连接螺旋，在架头上移动仪器，使其精确对中，拧紧连接螺旋。再重复精平的操作，如此重复进行直到完全精确对中和精确整平为止。

角度测量时瞄准的目标一般是竖立在地面点上的测钎、花杆、觇牌等。测水平角时，要用望远镜十字丝分划板的竖丝对准标志。操作程序如下：

① 松开望远镜和照准部的制动螺旋，将望远镜对向明亮背景，进行目镜调焦，使十字丝清晰；

② 通过望远镜镜筒上方的缺口和准星粗略瞄准目标，拧紧制动螺旋；

③ 进行物镜调焦，在望远镜内能最清晰地看清目标，注意消除视差；

④ 转动望远镜和照准部的微动螺旋，使十字丝分划板的竖丝精确地瞄准（夹准）目标，如图 3-8 所示。注意尽可能瞄准目标的下部。

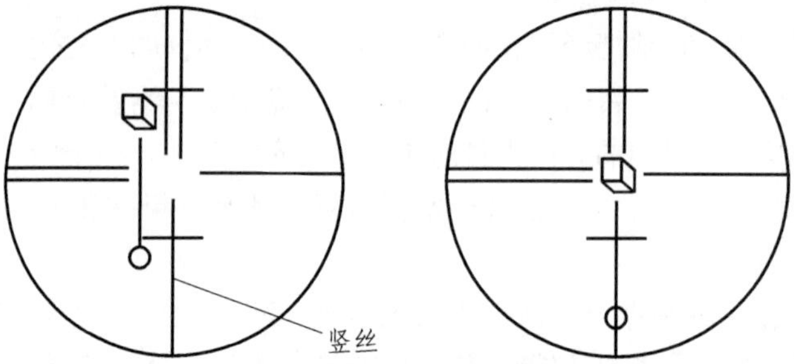

图 3-8　水平角测量时瞄准标志的方法

读数时，先将反光照明镜打开到适当位置，调整镜面朝向光源，使读数窗亮度均匀，调节读数显微镜的目镜使刻划线清晰，然后读数。

3.2.2　电子经纬仪

电子经纬仪自 1968 年问世以来，发展很快，它标志着经纬仪已发展到了一个新阶段，为测量工作自动化创造了有利条件。电子经纬仪在结构与外观上与光学经纬仪相类似，其主要区别在于它用微机控制的电子测角系统代替了光学读数系统。

电子经纬仪与光学经纬仪主要的区别在于其采用了光电扫描度盘自动计数和读数自动显示系统。目前，电子经纬仪采用的光电扫描测角系统大致有三类：光栅度盘测角系统、编码度盘测角系统和动态（光栅或编码）测角系统。

1. 光栅度盘测角系统及原理

光栅度盘是由光学玻璃圆盘上径向均匀等角距刻线的径向光栅刻线形成，光栅线条处为不透光区，缝隙处为透光区。光栅度盘为相对式度盘，由两块密度相同的光栅圆盘相叠构成，分别称为主度盘和副度盘，如图 3-9 所示，并使两个光栅圆盘的刻线相互倾斜一很小角度。当光线通过时，将产生明暗相间的衍射莫尔条纹，如图 3-10 所示。光栅度盘置于发光二极管和光电接收传感器之间。光栅度盘测角装置中，副度盘、发光二极管和光电接收传感器相对固定，主度盘随照准部望远镜转动。测角时，发光二极管发出光信号，通过光栅度盘产生莫尔干涉条纹，并映射到光电接收传感器上。主度盘每转动一条光栅，莫尔条纹就在接收传感器上垂直向上移动一周，流经接收传感器的电流相应变化一周，形成正弦波，将其转变成矩形脉冲信号，对脉冲信号进行计数，便可求出度盘旋转的角度。当望远镜瞄准初始方向时，让计数器处于初始零位。而当主度盘随望远镜照准另一目标时，流经接收机传感器电流的累积周数就是两方向之间所夹的光栅数。即计数器所计电流周数经过微处理器就可在液晶显示器上显示出角度值。

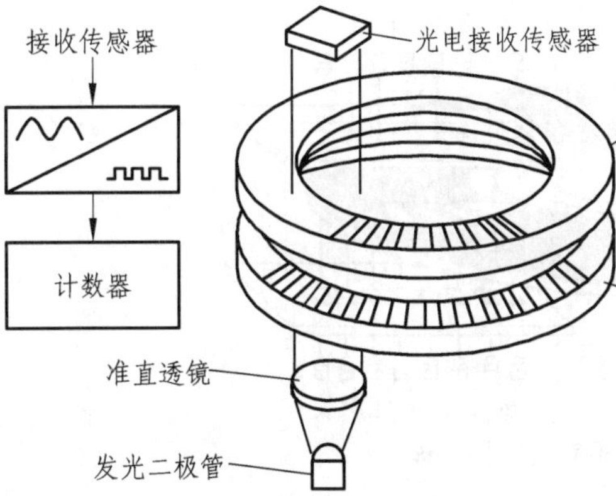

图 3-9　光栅度盘结构原理

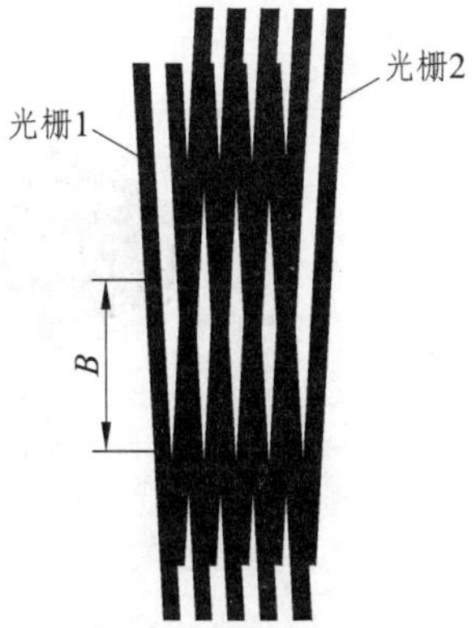

图 3-10　莫尔条纹

2. 光学编码测角系统及原理

光学编码度盘是电子经纬仪采用的另一种光电扫描读数系统。光学编码度盘为绝对式度盘，在直径约 80 mm 的光学玻璃圆盘上，采用纯二进制计数编码，把圆盘由里向外划分成若干个同心圆环（称为码道）和将圆周划分若干区间，如图 3-11 所示。用逆光（白色）和不透光（黑色）两种状态表示二进制代码“0”和“1”。度盘的每一个位置对应一个唯一的二进制码的度、分、秒数值。编码度盘的分辨率与码道和码区的划分相关，假定某码盘直接分辨 2″的角度，则需码道数 n 为 $360° \times 60' \times 60''=2' \times 2^n$，即需要 20 条码道的编码度盘。

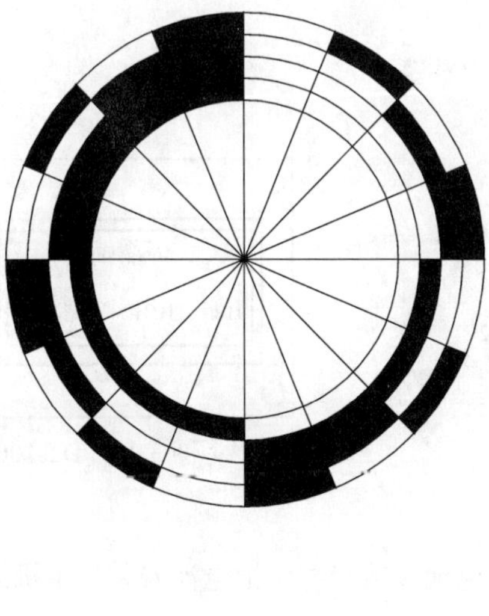

十进制	循环码					码道展开
0	0	0	0	0	0	
1	0	0	0	0	1	
2	1	0	0	1	1	
3	0	0	0	1	0	
4	0	0	1	1	0	
5	0	0	1	1	1	
6	0	0	1	0	1	
7	0	0	1	0	0	
8	0	1	1	0	0	
9	0	1	1	0	1	
10	0	1	1	1	1	
11	0	1	1	1	0	
12	0	1	0	1	0	
13	0	1	0	1	1	
14	0	1	0	0	1	
15	0	1	0	0	0	
16	1	1	0	0	0	
17	1	1	0	0	1	
18	1	1	0	1	1	
19	1	1	0	1	0	
20	0	1	1	1	0	
21	1	1	1	1	1	
22	1	1	1	0	1	
23	1	1	1	0	0	
24	1	0	1	0	0	
25	1	0	1	1	0	
26	1	0	1	1	1	
27	1	0	1	1	0	
28	1	0	0	1	0	
29	1	0	0	1	1	
30	1	0	0	0	1	
31	1	0	0	0	0	

图 3-11　光学编码度盘结构

光学编码度盘测角装置中，编码度盘置于沿径向排列，并对应于各码道的一组发光二极管和光电接收传感器阵列之间，如图 3-12 所示。发光二极管阵列发出光信号，通过码盘产生透光或不透光信号，被光电接收传感器接收，并将光信号转换成“0”或“1”的电信号。某一径向码盘的读数即为各码道对应的传感器输出的二进制数的合成。

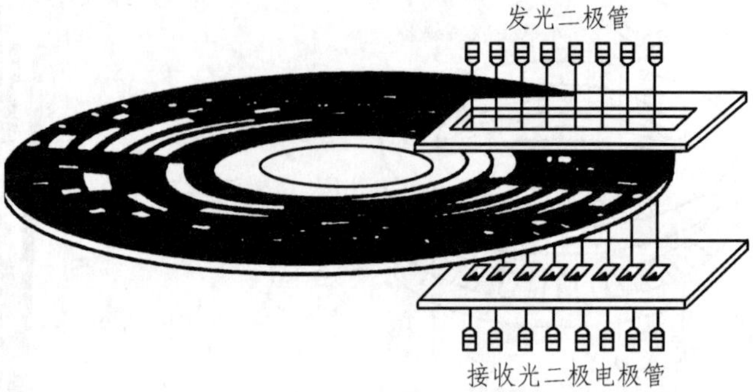

图 3-12　光学编码度盘结构原理

测角时，发光二极管和接收传感器一同与照准部望远镜相对于码盘旋转。接收传感器在始、终两个码区上所获得不同状态的二进制径向读数，即反映了该两区的夹角。将这两组的二进制编码送入微处理器，直接换算成角度值在液晶显示器上显示出来。

3.2.3　拓普康（Topcon）DT-100 电子经纬仪的使用

图 3-13 为拓普康（Topcon）DT-100 电子经纬仪，其各部件名称如图 3-13 所示标记。其键盘功能如图 3-14 所示。电子经纬仪使用方法如下：

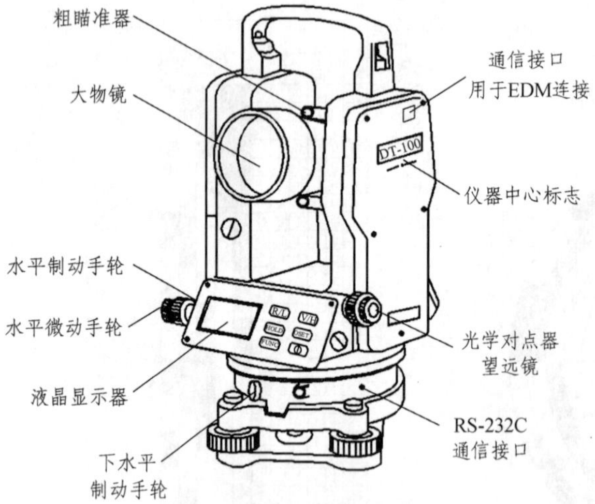

图 3-13　DT-100 电子经纬仪

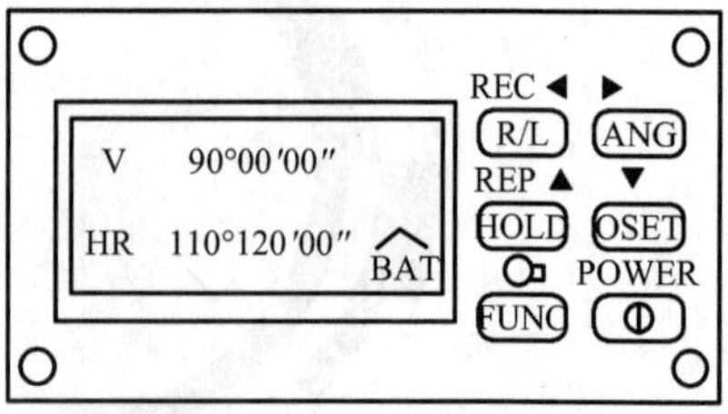

图 3-14　DT-100 键盘

观测前准备工作如下：

① 电池装载。首先关掉仪器电源，取下电池盒或盖板，把电池安装到主机或电池盒内，注意（+）（-）极位置，如图 3-15 所示。

② 电压检查。打开仪器电源开关，仪器即发出短促音，显示窗显示全部符号片刻，仪器进行自检，显示电池信息，电量充足时，可进行测量。

③ 水平角初始化设置。电子经纬仪具有多种功能供选择，以适应更加广泛的不同作业性质对成果的需要。因此，在作业之前，均应对仪器采用的功能进行初始化设置。设置项目主要有：角度测量单位：360°；自动断电关机时间：30 min 或 10 min；角度最小显示单位：1″或 5″；水平角读数经过 0°、90°、180°、270°象限时蜂鸣或不蜂鸣；输出数据类型：REC-A、B。

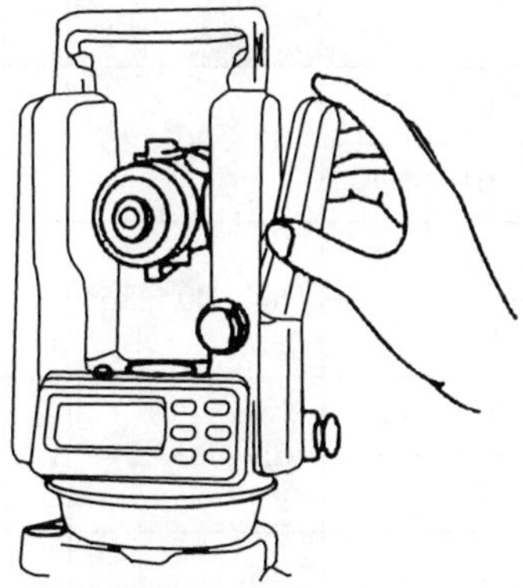

图 3-15　电池装卸

任务 3.3　角度观测方法

3.3.1　水平角观测

观测水平角的方法，应根据测量工作要求的精度、使用的仪器、观测目标的多少而定。目前常用的观测水平角的作业方法为测回法和方向观测法。

1. 测回法

测回法是测水平角的基本方法，用于两个目标方向之间的水平角观测。如图 3-16 所示，设 O 为测站点，A、B 为观测目标，用测回法观测 $\angle AOB$ 的具体步骤如下：

测回法

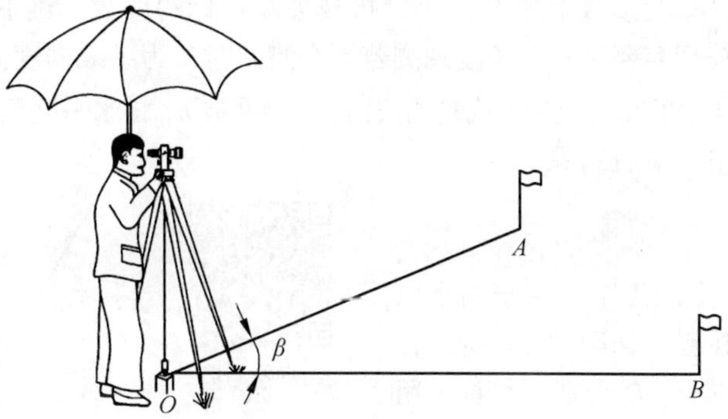

图 3-16　测回法水平角观测

（1）安置仪器于测站 O 点，对中整平，在 A、B 两点设置目标标志，如竖立测钎或花杆。

（2）将竖直度盘置于观测者左侧，称为盘左位置或正镜，瞄准目标 A，调节度盘变换手轮使水平度盘读数配置在 0°左右或直接读数，例如，水平度盘读数 L_A 为 0°01′12″记入表 3-1 中相应栏内，A 点一般称为零方向。

表 3-1　水平角读数观测记录（测回法）

测站	目标	度盘位置	水平度盘读数（°　′　″）	半测回角值（°　′　″）	一测回平均角值（°　′　″）	各测回平均角值（°　′　″）
O 一测回	A	左	00　01　12	62　00　30	62　00　33	62　00　34
	B		62　01　42			
	A	右	180　01　18	62　00　36		
	B		242　01　54			
O 二测回	A	左	90　06　00	62　00　24	62　00　36	
	B		152　06　24			
	A	右	270　06　06	62　00　48		
	B		332　06　54			

（3）松开照准部水平制动螺旋，顺时针旋转照准部瞄准目标 B，得水平度盘读数 L_B 为 62°01′42″记入记录表相应栏内。

步骤（2）（3）称为上半测回，其盘左位置水平角值为：$\beta_{左} = L_B - L_A = 62°00'30''$。

（4）纵转望远镜，使竖直度盘位于观测者右侧（称为盘右位置或倒镜）先瞄准目标 B，得水平度盘读数为 R_B 为 242°01′54″记入表 3-1 相应栏内。

（5）松开照准部制动螺旋，逆时针转动照准部，同法瞄准目标 A，得水平度盘读数 R_A 为 180°01′18″，记入表 3-1 相应栏内。

步骤（4）（5）称为下半测回，其盘右位置角值为：$\beta_{右} = R_B - R_A = 62°00'36''$。

（6）计算上、下两个半测回水平角值之差为 6″，因小于城市测量规范规定的限差值 ± 40″，则取上、下两个半测回角值的平均值为一个测回角值。

表 3-1 为测回法观测水平角记录，在记录计算中应注意由于水平度盘是顺时针刻划注记，故计算水平角是以右目标（见图 3-16 中 B）的读数减去左目标（见图 3-16 中 A）的读数，如遇到不够减，则应在右目标的读数上加上 360°，再减去左目标的读数，绝不可倒过来减。

当测角精度要求较高需要对一个角度观测若干个测回时，为了减弱度盘分划不均匀误差的影响，在各测回之间，应使用度盘变换手轮或复测按钮，按测回数 n，将水平度盘位置依次变换 $180° / n$。最后取各测回平均值作为最后结果。

2. 方向观测法

方向观测法

方向观测法又称全圆测回法，用于两个以上目标方向的水平角观测。如图 3-17 所示，设 O 为测站点，A、B、C、D 为观测目标，用方向观测法观测各方向间的水平角，其操作和计算步骤如下：

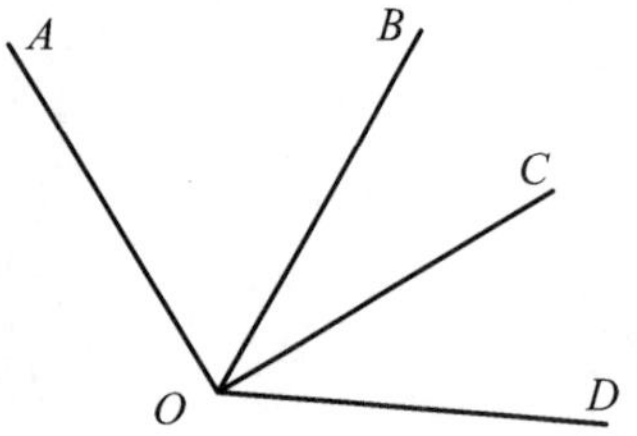

图 3-17　方向观测法观测水平角

（1）将经纬仪安置于测站 O 点，对中整平，在 A、B、C、D 等观测目标处竖立标志。

（2）盘左位置瞄准方向 A，水平度盘读数配置在稍大于 0°处（称 A 方向为零方向），读取水平度盘读数，记入表 3-2 第 4 栏内，顺时针转动照准部依次瞄准 B、C、D 各目标，分别读取水平度盘读数，由上向下记入表 3-2 第 4 栏，为了检查观测过程中度盘位置有无变动，最后再观测零方向 A，称为上半测回归零，其水平度盘读数也记入表 3-2 第 4 栏，以上称为上半测回。

（3）纵转望远镜。盘右位置先瞄准零方向 A，读取水平度盘读数记入表 3-2 第 5 栏中，接着逆时针旋转照准部，分别瞄准 D、C、B 各目标方向，读取水平度盘读数，由下向上记入表 3-2 第 5 栏。最后再观测零方向 A，称为下半测回归零。

上、下半测回合称一测回。为了提高精度，有时需要观测 n 个测回，则各测回间起始方向水平度盘读数应变换 $180°/n$。

（4）方向观测法的计算过程：

第 1 步：计算上、下半测回归零差（两次瞄准零方向 A 的读数之差）。表 3-2 中第 1 测回上、下半测回归零差分别为12″和12″，符合表 3-3 要求。

第 2 步：计算 2 倍视准轴误差 $2C$ 值。

表 3-2　方向观测法观测手簿

测站	测回数	目标	水平度盘读数 盘左	水平度盘读数 盘右	2C＝左＋（右±180°）	平均读数＝$\frac{1}{2}$[左＋（右±180°）]	归零后方向值	各测回归零方向值的平均值
			（° ′ ″）	（° ′ ″）	（° ′ ″）	（° ′ ″）	（° ′ ″）	（° ′ ″）
1	2	3	4	5	6	7	8	9
O	1	A	0 01 06	180 01 00	＋6	（0 01 09） 0 01 03	0 00 00	0 00 00
		B	47 43 24	227 43 24	0	47 43 24	47 42 15	47 42 13
		C	125 28 06	305 28 00	＋6	125 28 03	125 26 54	125 27 02
		D	166 13 48	346 13 36	＋12	166 13 42	166 12 33	166 12 40
		A	0 01 18	180 01 12	＋6	0 01 15		
	2	A	90 02 12	270 02 12	0	（90 02 10） 90 02 12	0 00 00	
		B	137 44 24	317 44 18	＋6	137 44 21	47 42 11	
		C	215 29 18	35 29 24	－6	215 29 21	125 27 11	
		D	256 14 54	76 15 00	－6	256 14 57	166 12 47	
		A	90 02 12	270 02 06	＋6	90 02 09		

理论上同一目标盘左读数和盘右读数应该相差 180°，如果不是，其偏差值称为 $2C$ 值，

$$2C = 盘左读数-(盘右读数\pm180°) \quad （3-2）$$

式中，当盘右读数大于 180°时取“－”号，反之取“＋号。

第 3 步：计算各方向的平均读数。

$$平均读数=\frac{1}{2}[盘左读数+(盘右读数\pm180°)] \quad （3-3）$$

由于零方向 A 有两个平均读数，故应再取平均值，填入表 3-2 第 7 栏上方小括号内。

第 4 步：计算各方向归零后的方向值。将各方向的平均读数减去零方向最后平均值（括号内数值），即得各方向归零后的方向值，填入表 3-2 第 8 栏。

第 5 步：计算各测回归零方向值的平均值。取各个测回归零后方向值的平均值作为各方向最后成果，填入表 3-2 第 9 栏。

第 6 步：计算各目标间的水平夹角。根据第 9 栏的各测回归零方向值的平均值，可以计算出任意两个方向之间的水平夹角。

（5）方向观测法的限差要求：按照《城市测量规范》的规定，方向观测法的限差见表 3-3。

表 3-3　方向观测法的限差要求

经纬仪型号	半测回归零差	一测回内 $2C$ 互差	同一方向值各测回较差
DJ_2	12″	18″	9″
DJ_6	18″		24″

由表 3-3 可以知道，表 3-2 中各项计算均符合限差要求。

竖直角观测

3.3.2　竖直角观测

1. 竖盘构造

图 3-18 所示为 DJ_6 型光学经纬仪竖直度盘的构造示意图。竖直度盘固定在望远镜横轴的一端，随着望远镜在竖直面内转动而带动竖盘一起转动。竖盘指标是同竖盘水准管连接在一起，不随望远镜转动而转动，只有通过调节竖盘水准管微动螺旋，才能使竖盘指标与竖盘水准管（气泡）一起作微小移动。在正常情况下，当竖盘水准管气泡居中时，竖盘指标就处于正确的位置。所以每次竖盘读数前，应先调节竖盘水准管气泡居中。

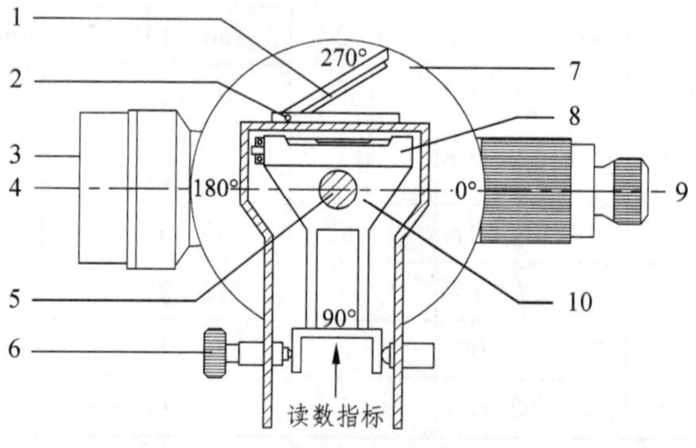

1—竖盘指标水准管反光镜；2—竖盘指标水准管校正螺丝；3—物镜；4—望远镜视准轴；5—横轴；6—竖盘指标水准管微动螺旋；7—竖盘；8—竖盘指标水准管；10—竖盘指标水准管支架。

图 3-18　经纬仪竖直度盘的构造

竖直度盘也是玻璃度盘，分划与水平度盘相似，注记范围为 0° ~ 360°。但其注记形式较多，对于 DJ_6 型光学经纬仪，竖盘刻度通常有顺时针和逆时针注记两种形式，如图 3-19 所示。当视线水平（视准轴水平），竖盘水准管气泡居中时，竖盘盘左位置竖盘指标正确读数为 90°。同理，当视线水平且竖盘水准管气泡居中时，竖盘盘右位置竖盘指标正确读数为 270°。

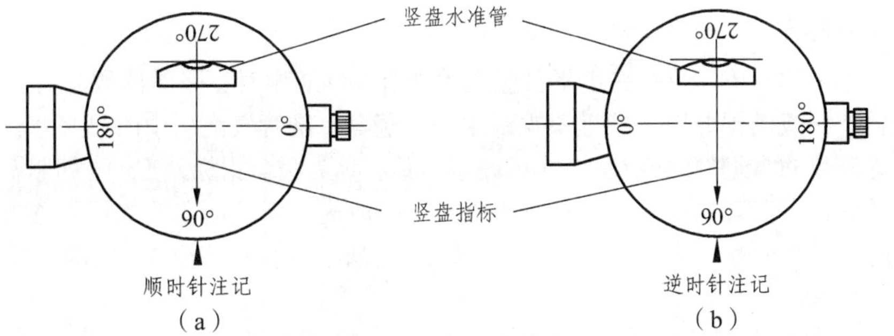

图 3-19　竖盘注记形式（盘左位置）

2. 竖直角计算

竖盘注记形式不同，其计算公式也不同，现以顺时针注记为例进行说明。

如图 3-20（a）所示，对于盘左位置，当望远镜视线向上（仰角）瞄准目标，竖盘水准管气泡居中时，其竖盘正确读数为 L，根据竖直角测量原理，则盘左位置时竖直角为：

$$\delta_L = 90° - L \tag{3-4}$$

同理，对于盘右位置，如图 3-20（b）所示，竖盘水准管气泡居中，竖盘正确读数为 R，则盘右位置时竖直角为：

$$\delta_R = R - 270° \tag{3-5}$$

将盘左、盘右位置的两个竖直角取平均，即得竖直角 δ 的计算公式为：

$$\delta = \frac{1}{2}(\delta_L + \delta_R) = \frac{1}{2}[(R - L) - 180°] \tag{3-6}$$

当视线向下（俯角）时，仍然可以用式（3-4）、式（3-5）和式（3-6）计算，此时竖直角 δ 为负。

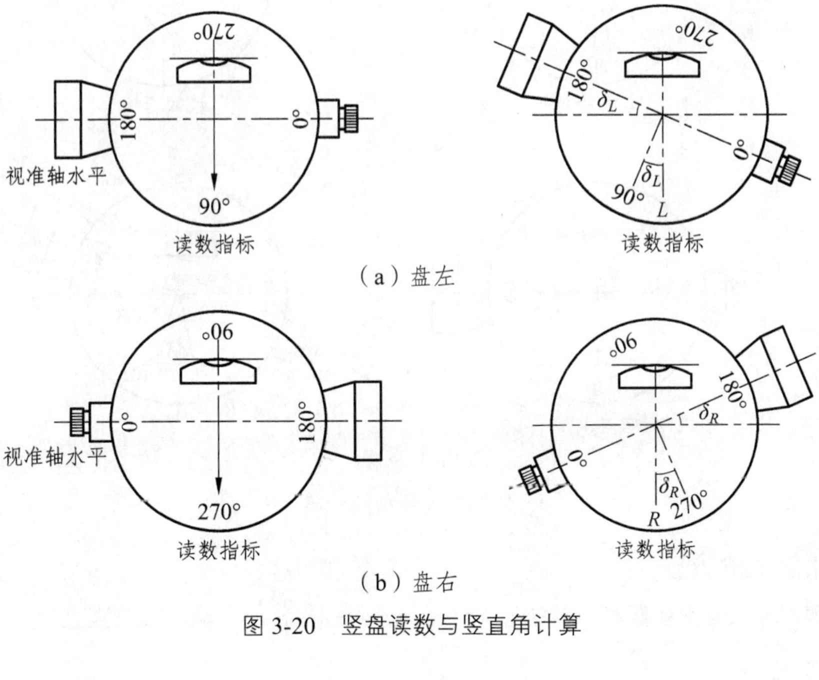

图 3-20　竖盘读数与竖直角计算

3. 竖盘指标差

由上面讨论可知，望远镜视线水平且竖盘水准管气泡居中时，竖盘读数应为 90°的整倍数。但是由于仪器本身或其他原因，望远镜视线水平且竖盘水准管气泡居中时，竖盘读数与应有的竖盘指标正确读数 90°的整倍数有一个小的角度差值，称为竖盘指标差（x），即竖盘指标偏离正确位置引起的差值。竖盘指标差 x 本身有正负号，一般规定当竖盘读数指标偏移方向与竖盘注记方向一致时，x 取正号，反之 x 取负号。如图 3-21 所示的竖盘注记与指标偏移方向一致，则竖盘指标差 x 取正号。

由图 3-21 计算竖盘指标差时，式（3-4）和式（3-5）就改为：

$$\delta_L = 90° - L + x \tag{3-7}$$

$$\delta_R = R - 270° - x \tag{3-8}$$

将上面两式相加取平均，即得此时竖直角 δ 的计算公式为：

$$\delta = \frac{1}{2}(\delta_L + \delta_R) = \frac{1}{2}[(R-L) - 180°] \tag{3-9}$$

可见，式（3-6）和式（3-9）完全相同。说明在采用式（3-6）计算竖直角时不受竖盘指标差的影响。

若将式（3-7）和式（3-8）相减，便可得到竖盘指标差的计算公式为：

$$x = \frac{1}{2}[(L+R) - 360°] \tag{3-10}$$

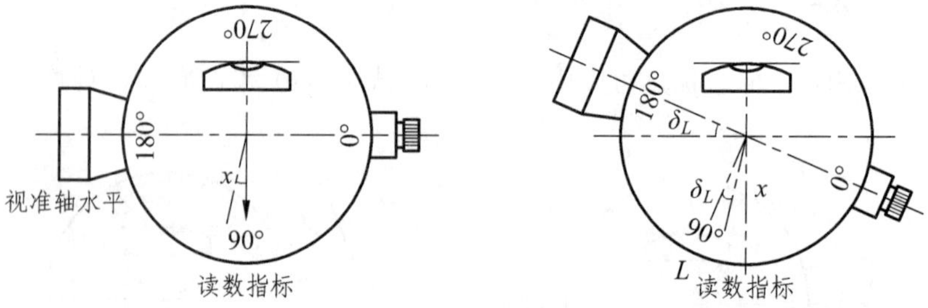

（a）盘左

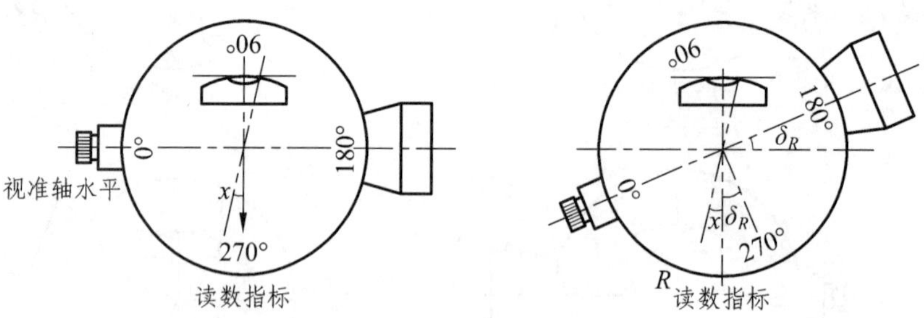

（b）盘右

图 3-21　竖盘指标差

4. 竖直角观测方法

竖直角观测方法有中丝法和三丝法。DJ_6 型光学经纬仪常用中丝法观测竖直角，其方法如下：

① 在测站点安置仪器，对中、整平。

② 望远镜盘左位置瞄准目标，用十字丝的中丝切于目标 *A* 某一位置，如测钎或花杆顶部或水准尺某一分划刻度线，转动竖盘水准管微动螺旋使竖盘水准管气泡居中，读取竖盘读数 *L*。

③ 望远镜盘右位置瞄准目标，用十字丝的中丝切于目标同一位置，转动竖盘水准管微动螺旋使竖盘水准管气泡居中，选取竖盘读数 *R*。

④ 根据竖盘注记形式以及竖直角和指标差的计算公式，数据记录格式计算结果见表 3-4。

表 3-4　竖直角观测手簿

测站	目标	竖盘位置	竖盘读数 (°　′　″)	半测回竖直角 (°　′　″)	指标差 (″)	一测回角值 (°　′　″)
O	*A*	盘左	82　12　30	+7　47　30	−3	+7　47　27
		盘右	277　47　24	+7　47　24		
	B	盘左	110　30　12	−20　30　12	+3	−20　30　09
		盘右	249　29　54	−20　30　06		

竖盘指标差 *x* 值对同一台仪器在某一段时间内连续观测的变化应该很少，可以视为固定值。但由于仪器误差、观测误差及外界条件的影响，使计算出竖盘指标差发生变化。通常规范规定了指标差变化的容许范围，如城市测量规范规定 DJ_6 型仪器观测竖直角竖盘指标差变化范围的限差为 25″，同方向各测回竖直角互差的限差为 25″，若超限，则应重测。

目前，新型光学经纬仪多采用自动归零装置代替竖盘指标水准管结构和功能，它能自动调整光路，使竖盘及其指标满足正确关系，仪器整平后瞄准目标可以直接读取竖盘读数。

任务 3.4　DJ_6 型光学经纬仪的检验与校正

如图 3-22 所示，经纬仪的主要轴线有竖轴、横轴、望远镜视准轴和照准部水准管轴。为了保证测角的正确性，各轴线之间应该满足以下的几何关系：

① 照准部水准管轴 *LL* 应该垂直于竖轴 *VV*；

② 十字丝竖丝应该垂直于横轴 *HH*；

③ 视准轴 *CC* 应该垂直于横轴 *HH*；

④ 横轴 *HH* 应该垂直于竖轴 *VV*：

⑤ 竖盘指标差 *x* 应为零；

⑥ 光学对中器的视准轴应该与竖轴重合。

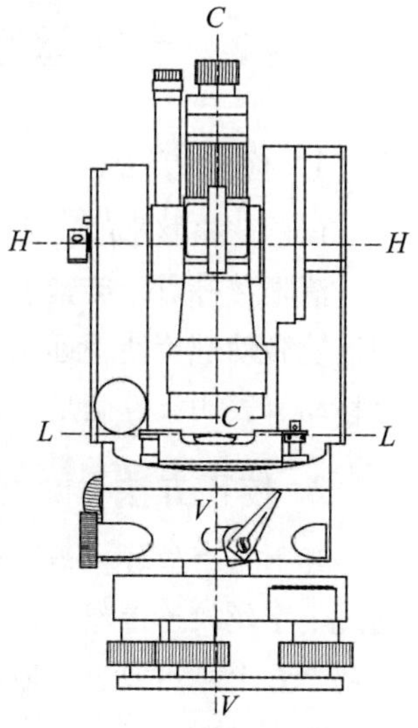

图 3-22　经纬仪轴线

在使用经纬仪测角前需要检查仪器是否满足以上各几何关系，如果不满足则要进行仪器的校正。

一般来讲，仪器轴线间的关系在仪器出厂时是保证的，但经过长途运输的震动和颠簸，轴线间关系可能会发生变动；同时仪器在使用过程中，轴线间的关系也会发生变动。因此，每期作业前，应对所用仪器进行检验与校正。

3.4.1 照准部水准管的检验校正

1. 检验方法

安置仪器，转动照准部位水准管大致平行于任意两个脚螺旋，使水准管气泡居中，然后将照准部旋转 180°后，如果气泡仍居中，则说明照准部水准管轴 *LL* 垂直于竖轴 *VV*，否则需要校正，如图 3-23 所示。

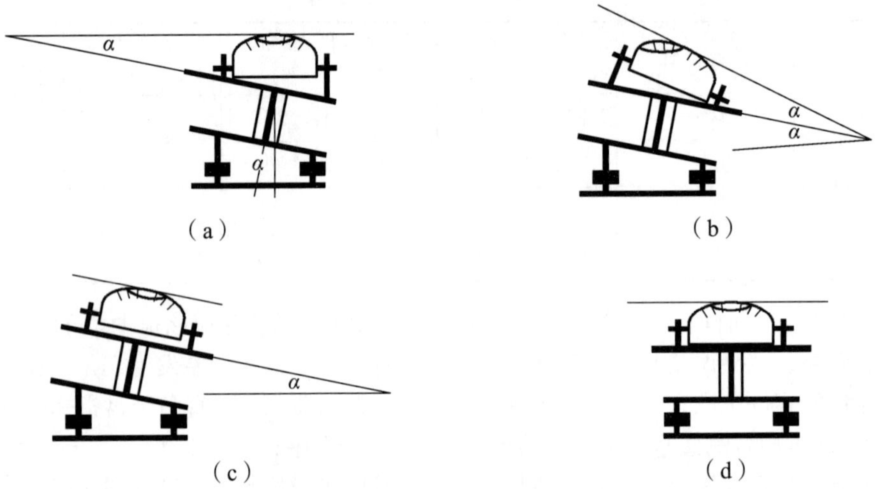

图 3-23 水准管的检验校正原理

2. 校正方法

若将照准部旋转 180°后气泡不居中，则旋转与水准管平行的这两个脚螺旋，使气泡向中心移动偏离值的一半，然后用校正针拨动水准管一端的校正螺丝，使气泡居中。此项校正工作需要反复进行几次，直至气泡居中后，转动照准部 180°时，气泡的偏离在一格以内。

3.4.2 十字丝竖丝垂直于横轴的检验校正

1. 检验方法

仪器严格整平后，用十字丝竖丝的上端或下端精确照准一清晰目标点，旋紧水平制动和望远镜制动螺旋，再用望远镜微动螺旋使望远镜上下转动，若目标点始终在竖丝上移动，表明条件满足，否则就需要进行校正。

2. 校正方法

卸下十字丝环护盖，松开十字丝环的四个固定螺丝，通过十字丝校正螺丝，按竖丝偏离的反方向微微转动十字丝环，直至满足要求，最后旋紧固定螺丝，旋上护盖，如图 3-24 所示。

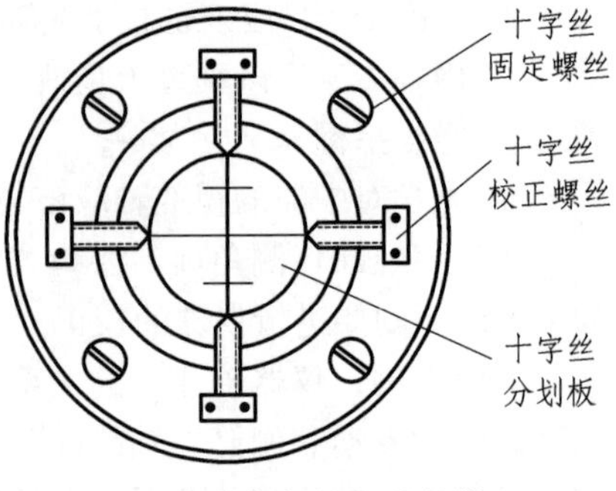

图 3-24 十字丝竖丝的校正

3.4.3 视准轴垂直于横轴的检验校正

如图 3-25 所示，视准轴不垂直于横轴，其偏离正确位置的角度 C 称为视准误差，它是由于十字丝交点的位置不正确而产生的。

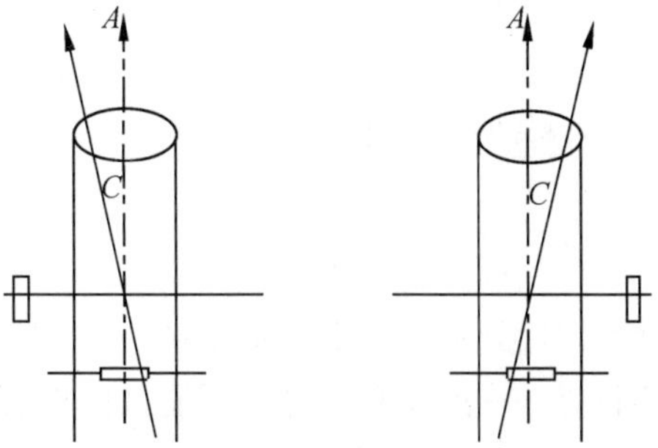

图 3-25 视准轴垂直于横轴的检验

1. 检验方法

整平仪器，盘左照准一个与仪器高度大致相同的远处目标 A，读取水平度盘的读数 L；再用盘右位置照准原目标并读取水平度盘读数 R，计算 c 值，即：

$$c = [L + (R \pm 180°)]/2 \tag{3-11}$$

当 c 的绝对值大于 1′时，则需校正。

2. 校正方法

校正通常在盘右位置进行，即不改变检验时的盘右位置，计算出盘右正确的水平度盘读数 $R_{正}$：

$$R_{正} = R + c \tag{3-12}$$

转动水平微动螺旋使水平度盘的读数为 $R_{正}$，此时十字丝交点已偏离目标点 A。取下十字丝环的保护罩，调节十字丝环的左右两个校正螺丝，使十字丝交点重新照准目标点。检校应反复进行，直到 c 值不大于 1′为止。

3.4.4 横轴垂直于竖轴的检验校正

1. 检验方法

如图 3-26 所示，在距高墙 20 ~ 30 m 处安置经纬仪，在墙上选一仰角大于 30°的目标点 P，先以盘左照准 P 点，然后将望远镜放平，在墙上定出一点 P_1；倒转望远镜以盘右位置再次照准 P 点，再将望远镜放平，在墙上又定出一点 P_2。如果 P_1 和 P_2 两点重合，表明仪器横轴垂直于竖轴，否则应进行校正。

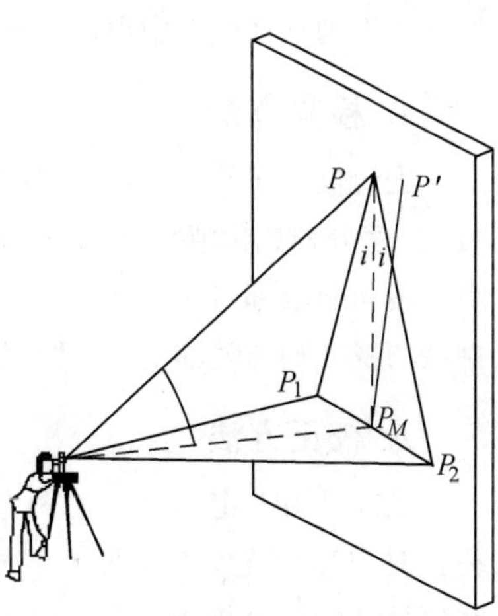

图 3-26 横轴垂直于竖轴的检验

2. **校正方法**

在墙上定出 P_1P_2 的中点 P_M，转动水平微动螺旋使十字丝交点照准 P_M 点，然后抬高望远镜，此时十字丝交点必然偏离 P 点。打开支架处横轴一端的护盖，调整支承横轴的偏心轴环，抬高或降低横轴一端，直至十字丝交点照准 P 点为止。此项校正难度较大，通常由专业仪器检修人员进行。一般来讲，仪器在制造时此项条件是满足的，故通常情况下无需检校。

3.4.5 竖盘指标差的检验校正

1. **检验方法**

仪器整平后，以盘左、盘右位置分别用十字丝交点瞄准一个明显目标，一测回测出竖直角，按竖盘指标差计算公式求得指标差。一般要观测另一明显目标验证上述求得指标差 x 是否正确，若两者相差很小，证明检验无误，对于 DJ_6 型经纬仪，x 值一般不超过 ± 60″可不校正，否则应进行校正。

2. **校正方法**

校正时一般以盘右位置进行，照准目标后获得盘右读数 R 及计算的竖盘指标差 x，则盘右位置竖盘正确读数为 $R-x$，转动竖盘水准管微动螺旋，使竖盘读数为 R 正确值，这时竖盘水准管气泡肯定不再居中，用校正针拨动竖盘水准管校正螺丝，使气泡居中。此项检校需反复进行，直至竖盘指标差 x 为零或在限差要求以内。具有自动归零装置的仪器，竖盘指标差的检验方法与上述相同，但校正宜送仪器专门检修部门进行。

3.4.6 光学对中器的检验校正

光学对中器由物镜、分划板和目镜等组成。分划板刻划中心与物镜光学中心的连线是光学对中器的视准轴。光学对中器的视准轴由转向棱镜折射 90°后，应与仪器的竖轴重合，如图 3-27 所示，否则将产生对中误差，影响测角精度。

1. **检验方法**

安置仪器于平坦地面，严格整平仪器，在脚架中央的地面上固定一张白纸板，调节对中器目镜，使分划成像清晰，然后调节物镜看清地面上的白纸板。根据分划圈中心在白纸板上标记 A_1 点，转动照准部 180°，按分划圈中心在白纸板上标记 A_2 点。若 A_1 与 A_2 两点重合，说明光学对中器的视准轴与竖轴重合，否则应进行校正，如图 3-28 所示。

2. **校正方法**

在白纸板上定出 A_1、A_2 两点连线的中点 A，调节对中器校正螺丝使分划圈中心对准 A 点。校正时应注意光学对中器上的校正螺丝随仪器类型而异，有些仪器是校正直角棱镜位置，有些仪器是校正分划板。光学对中器本身安装部位也有不同（基座或照准部），其校正方法有所不同。

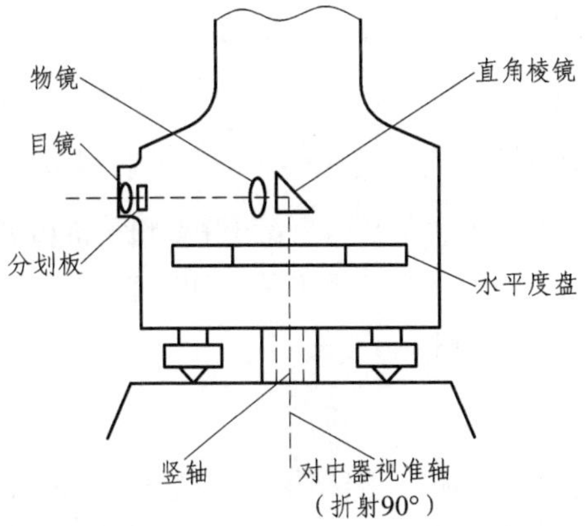

图 3-27　光学对中器结构

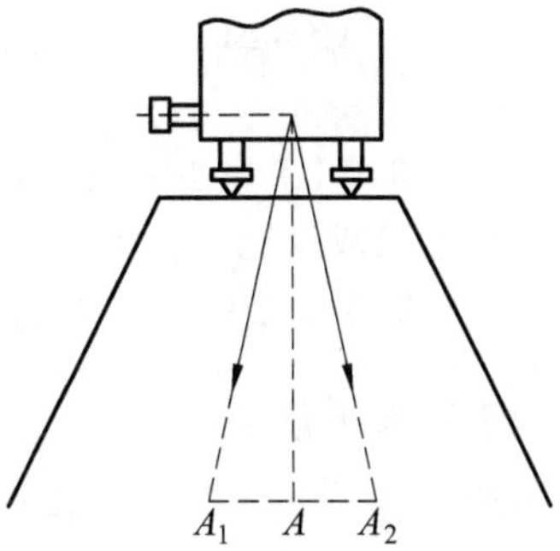

图 3-28　光学对中器检验

任务 3.5 角度测量的误差

角度测量误差主要包括仪器误差、仪器对中误差、目标偏心误差、观测误差和外界环境的影响等几个方面。

3.5.1　仪器误差

仪器误差主要包括两个方面：一方面是由于仪器的检验校正不完善而引起的误差，如视准轴不垂直于横轴的误差（视准轴误差）、横轴不垂直于竖轴的误差（横轴不水平误差）和竖轴误差等；另一方面是由于仪器制造与加工不完善而引起的误差，如照准部偏心误差、度盘刻划不均匀误差等。

1. 视准轴误差

如图 3-29 所示，理论上视准轴 OM 应垂直于横轴 HH。由于存在视准轴误差 C，视准轴实际瞄准了 M'点，其竖直角为 δ，其中 M、M'两点同高，m、m'为 M、M'点在水平位置上的投影，则 $\angle mOm' = \Delta C$ 就是视准轴误差 C 对目标 M 的水平方向观测值的影响。

由图 3-29 中的几何关系可以推出以下公式：

$$\Delta C = \frac{C}{\cos\delta} \tag{3-13}$$

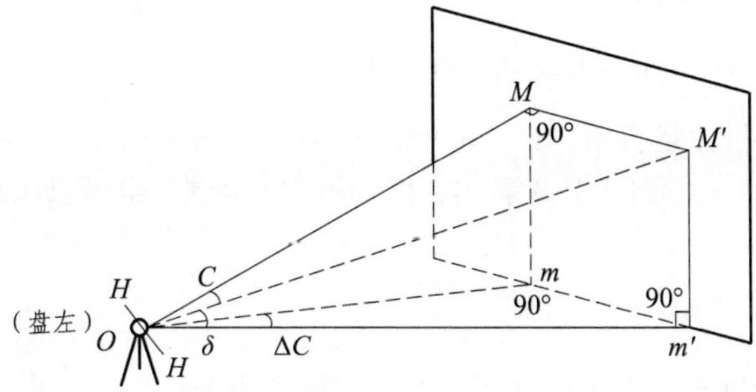

图 3-29　视准轴误差的影响

由于水平角是两个方向观测值的差，因此视准轴误差 C 对水平角的影响为：

$$\Delta\beta = \Delta C_2 - \Delta C_1 = C\left(\frac{1}{\cos\delta_2} - \frac{1}{\cos\delta_1}\right) \tag{3-14}$$

式（3-13）和式（3-14）中的 δ 为目标的竖直角。由式（3-13）和式（3-14）可以看出，ΔC 和竖直角 δ 的余弦成反比，当 $\delta = 0$ 时，$\Delta C = C$，$\Delta\beta = 0$，说明水平观测时影响最小。当采用盘左、盘右观测取平均值时，可以消除视准轴误差的影响。

2. 横轴不水平误差

如图 3-30 所示，当横轴 HH 水平时，则视准面为 OMm；当横轴 HH 倾斜了 i 角时，视准面 OMm 也倾斜了一个 i 角，成为倾斜面 $OM'm$，此时对水平方向观测值的影响为 Δi。

由图 3-30 可以得出：

$$i \approx \tan i \approx \frac{MM'}{mM}\rho''$$

$$\Delta i \approx \sin\Delta i \approx \frac{mm'}{Om'}\rho''$$

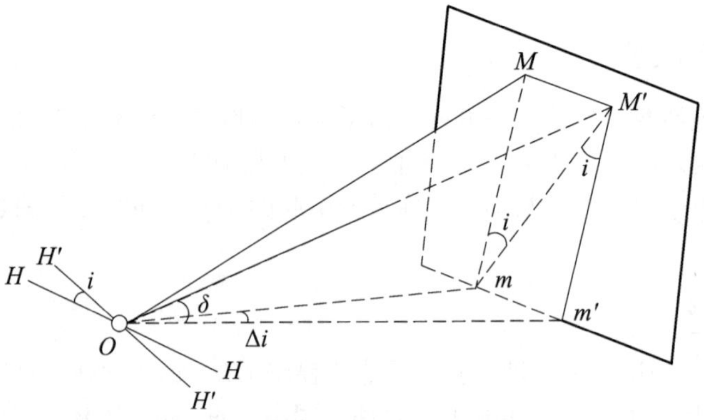

图 3-30　横轴不水平误差的影响

因 $mm' = MM'$，$Om' = m'M'/\tan\delta$，$m'M' = mM$ 则水平方向上的 Δi 为：

$$\Delta i = i \cdot \tan\delta \tag{3-15}$$

则横轴不水平误差 i 对水平角的影响为：

$$\Delta\beta = \Delta i_2 - \Delta i_1 = i(\tan\delta_2 - \tan\delta_1) \tag{3-16}$$

式（3-16）中 δ 为目标竖直角，当 $\delta = 0$ 时 $\Delta i = 0$，说明在视线水平时横轴不水平误差对水平方向观测值没有影响。由式（3-16）看出，横轴不水平误差 i 也可以用盘左、盘右观测消除横轴不水平误差的影响。

3. 竖轴误差

竖轴误差是由于竖轴不垂直于照准部水准管轴而产生的误差，当水准管轴水平时，竖轴偏离铅垂线，因此照准部旋转时实际上是绕着一个倾斜的竖轴旋转，无论盘左、盘右，其倾斜方向是一致的，所以竖轴误差不能用盘左、盘右的观测方法来消除，只能通过观测前的详细检校或加以竖轴倾斜改正数的方法来减小此项误差。

4. 其他仪器误差

照准部偏心误差是指照准部旋转中心与水平度盘刻划中心不重合而产生的测量误差，可以采用盘左、盘右取平均的方法来消除。水平度盘刻划不均匀误差可以采用多测回变换度盘位置观测的方法来减小误差。竖盘指标差经过检校后的残余误差可以采用盘左盘右取平均的方法来消除。

3.5.2 仪器对中误差和目标偏心误差

1. 仪器对中误差

如图 3-31 所示，O 为测站点中心，O' 为仪器中心，由于对中不精确，使 O 、O' 不在同一铅垂线上，偏心距为 e，偏心角为 θ，即后视观测方向与偏心距 e 方向的夹角。O 点的正确水平角应为 β，但实际观测的水平角为 β' 。则仪器对中误差的影响 $\Delta\beta$ 为：

$$\Delta\beta = \beta' - \beta = \beta_1 + \beta_2 \tag{3-17}$$

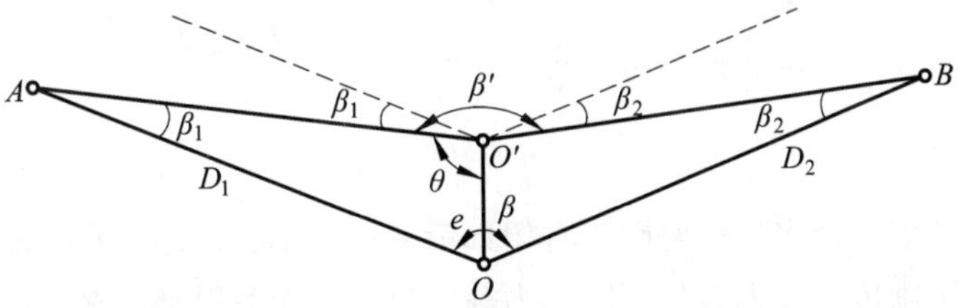

图 3-31 仪器对中误差对水平角观测的影响

考虑到 β_1 和 β_2 均为很小值，则：

$$\beta_1 = \frac{e\sin\theta}{D_1}\rho'' \tag{3-18}$$

$$\beta_2 = -\frac{e\sin(\beta' + \theta)}{D_2}\rho'' \tag{3-19}$$

$$\Delta\beta = e\rho'\left[\frac{\sin\theta}{D_1} - \frac{\sin(\beta' + \theta)}{D_2}\right] \tag{3-20}$$

由上面各式可知，A_1 和 A_2 与偏心距 e 成正比，即偏心距越大，对中误差 $\Delta\beta$ 影响越大；与测角的边长 D_1 、D_2 成反比，即边长越短，对中误差影响 $\Delta\beta$ 越大，因此在边长很短的情况下更要注意仪器的对中。

2. 目标偏心误差

目标偏心误差的影响是由于目标照准点上所竖立的标志与地面点的标志中心不在同一条铅

垂线上所引起的测角误差。如图 3-32 所示，O 为测站点，A 、B 为照准点的标志中心 A' 、B' 为目标照准点的中心，e_1 和 e_2 为目标的偏心距，θ 为观测方向与偏心距的水平夹角。则目标偏心对方向观测值的影响为：

$$\Delta\beta = \beta' - \beta = \beta_1 - \beta_2 = \rho''\left(\frac{e_1 \sin\theta_1}{D_1} - \frac{e_2 \sin\theta_2}{D_2}\right) \tag{3-21}$$

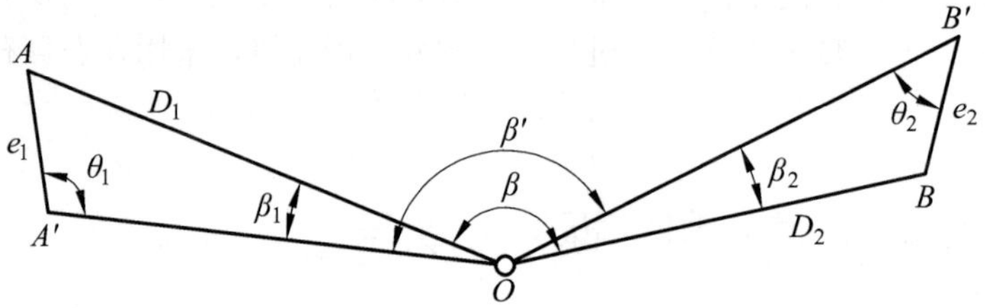

图 3-32　目标偏心误差对水平角观测的影响

由此可知，目标偏心误差对水平方向观测值的影响与偏心距 e 成正比，与相应边长 D 成反比；当目标偏心垂直于瞄准视线方向时，目标偏心对水平方向观测值的影响最大。

3.5.3　观测误差

观测误差主要包括照准误差和读数误差。

1. 照准误差

影响照准精度的因素很多，主要因素有望远镜的放大率、目标或照准标志的形状及大小，目标影像的亮度和清晰度以及人眼的判断能力等。故此项误差很难消除，只能通过改善影响照准精度、仔细完成照准操作等方法来减小此项误差的影响。

2. 读数误差

读数误差主要取决于仪器的读数设备。对于 DJ_6 型光学经纬仪其估读的误差一般不超过测微器最小格值的 1/10。如分微尺读数装置的读数误差为 ± 6″，单平板玻璃测微器的读数误差为 ± 2″。

3.5.4　外界条件的影响

外界条件的影响因素很多，也比较复杂。其主要影响有：

（1）温度变化会影响仪器的正常状态，因此在强光下观测应打遮阳伞，读数时应快速果断。

（2）大风会影响仪器和目标的稳定，应尽可能选择无风时观测。

（3）大气折光及大气透明度会导致视线改变方向，影响照准精度。观测时尽可能离地面高一些，注意靠近河面或建筑物时的折光影响，选择有利的时间进行观测。

（4）地面的土质坚实情况以及周围的震动也会对测角产生误差，观测时要稳定好仪器，脚架要踩实。

任务 3.6 经纬仪角度测量实训

3.6.1 目　的

掌握测回法观测水平角的观测顺序及记录和计算方法。掌握方向法观测水平角的操作顺序及记录、计算方法。弄清归零、归零差、归零方向、2*C* 变化值的概念以及各项限差的规定。

3.6.2 仪器工具

DJ_6 型电子经纬仪，脚架，记录板，测钎。

3.6.3 步　骤

1. 测回法

在指定的地面点 *O* 安置仪器，对经纬仪行对中、整平并进行度盘配置，并在测站周围安置 2 个标杆；一测回观测。盘左：瞄准左标杆 *A*，读取读数记 a_1；顺时针方向转动照准部，瞄准右标杆 *B*，读取读数记 b_1；计算上半测回角值 $\beta_{左}=b_1-a_1$。盘右：倒转望远镜变为盘右状态，瞄准右标杆 *B*，读取读数记 b_2；逆时针方向转动照准部，瞄准左目标 *A*，读取读数记 a_2；计算下半测回角值 $\beta_{右}=b_2-a_1$，检查上、下半测回角互差是否超限。计算一测回角值 $\beta=\frac{1}{2}(\beta_{左}+\beta_{右})$；计算测站测完毕后，当即检查各测回角值互差是否超限，计算平均角值。

2. 方向法

在指定的地面点 *O* 安置仪器，对经纬仪行对中、整平并进行度盘配置，并用粉笔在测站周围确定 3 个十字点作为观测对象，分别记为 *A*、*B*、*C*。盘左：瞄准起始方向目标读数，顺时针方向依次瞄准各方向目标读数，转回至起始方向仍瞄准目标读数。检查归零差是否超限；盘右：瞄准起始方向目标读数，逆时针方向依次瞄准各方向目标读数，转回至起始方向仍瞄准目标读数。检查归零差是否超限，计算同一方向两倍视准误差 2*C* = 盘左读数 –（盘右读数 ± 180°），各方向的平均读数 = 1/2 [盘左读数+（盘右读数 ± 180°）]，归零后的方向值；测完各测回后，计算各测回同一方向的平均值，并检查同一方向值各测回互差是否超限。

3.6.4 注意事项

测回法和方向法测角时的限差要求若超限，则应立即重测。

3.6.5 记录计算

表 3-5 测回法观测水平角记录表

测回	竖盘位置	目标	水平度盘读数 (° ′ ″)	半测回角值 (° ′ ″)	较差 (″)	一测回值 (° ′ ″)
A	左	1				
		2				
	右	1				
		2				

表 3-6 方向观测法观测水平角记录

测站	目标	水平度盘读数		左－右 2*C* (″)	$\frac{左+右}{2}$ (″)	归零后方向值 (° ′ ″)	各测回平均方向值 (° ′ ″)
		盘左 (° ′ ″)	盘右 (° ′ ″)				
1							
2							

知识小结

在确定地面点的位置时，常常需要角度测量。角度测量最常用的仪器是经纬仪。角度测量分为水平角测量与竖直角测量。水平角测量用于求算点的平面位置，竖直角测量用于测定高差或将倾斜距离改化成水平距离。本项目讲述了角度测量的原理及施测方法，重点介绍了测回法和方向法施测水平角的方法，同时介绍了经纬仪的构造及工作原理。

习题与作业

1. 什么是水平角？什么是竖直角？照准同一竖直面上高度不同的点，经纬仪水平度盘读数是否相同？竖直度盘是否相同？

2. 经纬仪的安置包括哪些内容？其目的如何？

3. 简述测回法观测水平角的操作步骤。在什么情况下采用方向观测法观测？

4. 测量水平角时，盘左盘右观测有什么作用？

5. 完成表 3-7 中测回法观测水平角的各项计算。

表 3-7　水平角观测记录手簿（测回法）

测站	目标	竖盘位置	水平度盘读数（° ′ ″）	半测回角值（° ′ ″）	一测回平均角值（° ′ ″）	各测回平均角值（° ′ ″）
一测回 *B*	*A*	左	00 05 18			
	B		46 30 24			
	A	右	180 05 12			
	B		226 30 30			
二测回 *B*	*A*	左	90 01 24			
	B		136 26 24			
	A	右	270 01 30			
	B		316 26 24			

6. 测量竖直角时，在每次读数之前为什么要调节竖盘水准管气泡居中？

7. 什么是竖盘指标差？如何消除竖盘指标差？

8. 经纬仪主要有哪些轴线？它们应该满足什么条件。

9. 角度测量有哪些误差影响？如何消除和减弱这些误差的影响？

10. 完成表 3-8 中竖直角观测的各项计算（竖盘为顺时针注记）。

表 3-8　竖直角观测手簿

测站	目标	竖盘位置	竖盘读数（° ′ ″）	半测回竖直角（° ′ ″）	指标差（″）	一测回角值（° ′ ″）
O	*A*	左	79 20 24			
		右	280 40 00			
	B	左	98 32 18			
		右	261 27 30			

项目 4 距离测量与直线定向

知识目标

- 掌握钢尺量距和直线定线的基本工作方法。
- 掌握坐标方位角及坐标正、反算的计算。
- 理解直线定向的概念。
- 了解光电测距仪的原理、使用方法及注意事项。

技能目标

- 能够进行钢尺量距并对观测成果进行整理。
- 能够进行普通视距测量并完成成果计算。
- 能够利用全站仪完成距离测量任务。

素养目标

- 培养规范应用习惯，能正确应用国家法律法规、国家和行业的相关规范，作风严谨。
- 培养团结协作精神，可以互相帮助、共同学习、共同达成目标。
- 培养劳动精神，吃苦耐劳，勇于开拓，积极进取的精神。

任务导航

- 任务 4.1　钢尺量距
- 任务 4.2　视距测量
- 任务 4.3　电磁波测距
- 任务 4.4　直线定向
- 任务 4.5　坐标正反算
- 任务 4.6　钢尺一般量距实训
- 任务 4.7　视距测量实训

任务 4.1 钢尺量距

钢尺量距就是用钢卷尺沿地面直接丈量距离。钢尺量距具有较高的精度，但易受地形限制，且丈量长距离时工作量大，因此，它适合于平坦地区较短距离的测量。

4.1.1 钢尺量距的工具

钢尺量距所用的工具有：钢尺、测钎、标杆、弹簧秤、温度计、垂球等。

1. 钢　尺

钢尺又叫钢卷尺，由薄钢带制成，宽 1 ~ 1.5 cm，厚约 0.4 mm，尺长有 20 m、30 m 和 50 m 等几种。钢尺有盒装和架装两种形式，如图 4-1 所示。钢尺的最小刻划为毫米，每厘米、每分米及每米处都刻有数字注记。

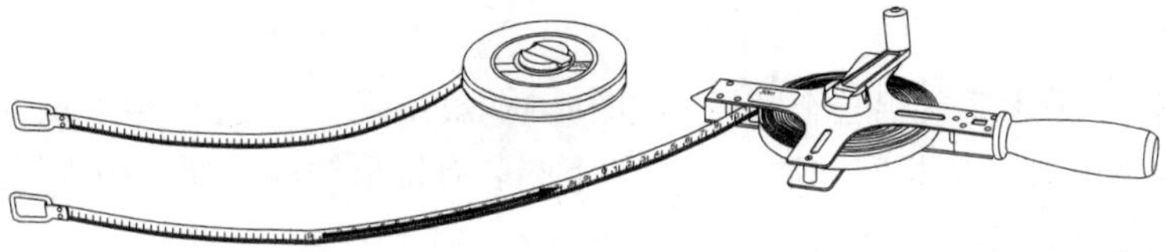

图 4-1　钢尺

钢尺的零分划位置有两种形式：一种是零点位于尺的最外端（拉环的外缘），这种尺子称为端点尺，如图 4-2（a）所示；另一种是零分划线在靠近尺端的某一位置，这种尺称为刻线尺，如图 4-2（b）所示。钢尺大都属于刻线尺。

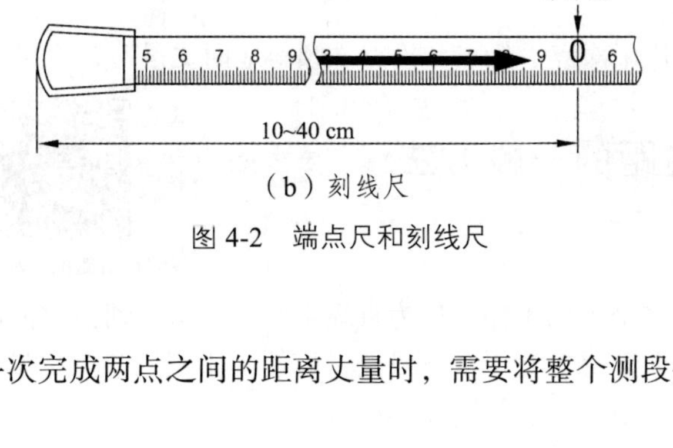

（a）端点尺

（b）刻线尺

图 4-2　端点尺和刻线尺

2. 测　钎

当一把整尺无法一次完成两点之间的距离丈量时，需要将整个测段分成若干尺段丈量，用测钎标记尺段的端点。测钎用粗铁丝或细钢筋制成，长约 30 ~ 40 cm，如图 4-3（a）所示，一般 10 根为一组，套在一个圆环上。测钎主要用来标定尺段端点位置和计算尺段数。

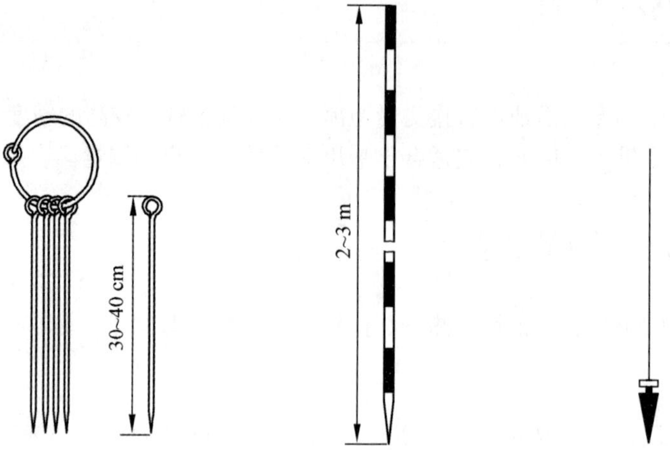

（a）测钎　（b）标杆　（c）垂球

图 4-3　测钎和标杆

3. 标　杆

标杆又称花杆，为木质或铝合金圆杆，如图 4-3（b）所示，一般长 2 ~ 3 m，直径为 3 ~ 4 cm。杆身每隔 20 cm 涂有红、白相间的油漆。杆的下端装有锥形铁脚，便于插入泥土中。量距时花杆主要是用来标点和定线。

4. 弹簧秤和温度计

弹簧秤和温度计，如图 4-4 所示，一般是在精密量距中用来测定钢尺的拉力和温度。

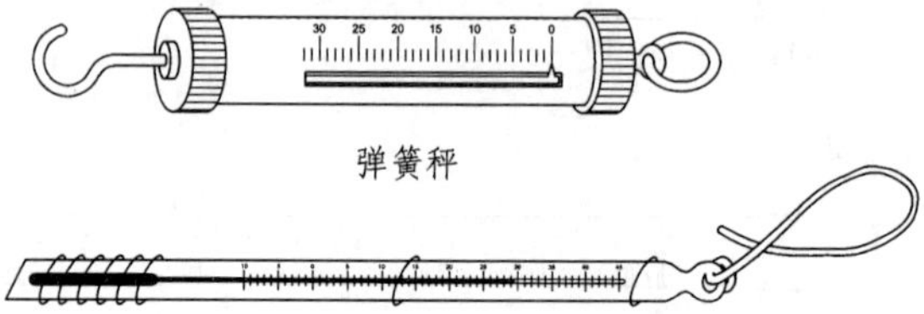

弹簧秤

温度计

图 4-4　弹簧秤和温度计

5. 垂　球

垂球的作用主要是用来对点、标点和投点。倾斜地面丈量时，将尺段的终点投影到地面。

4.1.2　钢尺量距的一般方法

钢尺量距的一般方法

1. 直线定线

在一条直线上标定多个点的工作，称为直线定线。当地面两点之间的距离大于钢尺的一个尺段，就需要在直线方向上标定若干个测段点，以便于用钢尺分段丈量。直线定线的目的就是使这些分段点位于待测直线两端点的连线上。一般量距中，直线定线通常采用目测定线的方法进行。

如图 4-5 所示，设 *A*、*B* 为待测直线的两端点，要在 *A*、*B* 两点的连线上标出分段点 1、2。先在 *A*、*B* 点上竖立标杆，甲站在 *A* 点标杆后约 1 m 处，指挥乙左右移动标杆，直到甲沿标杆的同一侧看到 *A*、2、*B* 三支标杆成一条线时为止。同法可以定出直线上的 1 点。两点间定线，一般应由远到近，即先定 1 点，再定 2 点。定线时，乙所持标杆应竖直，利用食指和拇指夹住标杆的上部，稍微提起，利用重力使标杆自然竖直。此外，为了不遮挡甲的视线，乙应持标杆站立在直线方向的左侧或右侧。

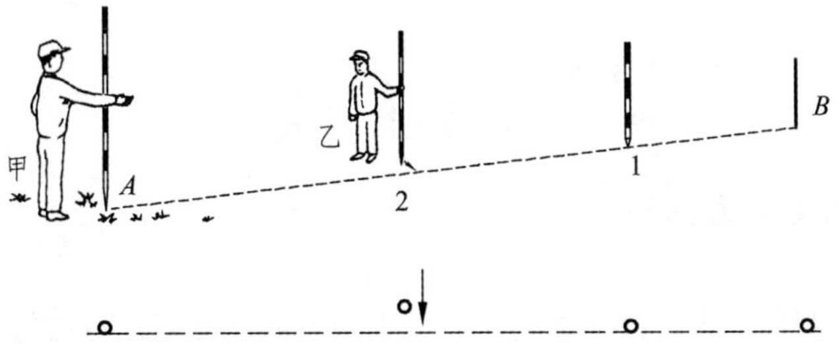

图 4-5　目测定线

2. 平坦地面的丈量方法

丈量工作一般由两人进行。如图 4-6 所示，先清除待量直线上的障碍物，在直线两端点 *A*、*B* 竖立标杆，后尺手持钢尺的零端位于 *B* 点，前尺手持钢尺的末端和一组测钎沿 *BA* 方向前进，行至一个尺段处停下。后尺手用目测方法指挥前尺手将钢尺拉在 *AB* 直线上，然后后尺手将钢尺的零点对准 *B* 点，当两人同时把钢尺拉紧后，前尺手在钢尺末端的整尺段分划处竖直插下一根测钎（如果在水泥地面上丈量，也可以用记号笔在地面上划线做记号）得到 1 点，即完成第一个尺段的丈量。前、后尺手抬尺前进，当后尺手到达插测钎（或划记号）处时停住，重复上述操作，完成第二尺段丈量。随后后尺手拔起地上的测钎，依次前进，直到量完 *AB* 直线的最后一个尺段为止。最后一段距离一般不会是整尺段的长度，称为余长，丈量余长时，前尺手直接在钢尺上读取余长值。则最后 *A*、*B* 两点间的水平距离 *D* 为：

$$D = nl + q \tag{4-1}$$

式中　l——钢尺一整尺的长度；

n——整尺段数；

q——不足一整尺的余长。

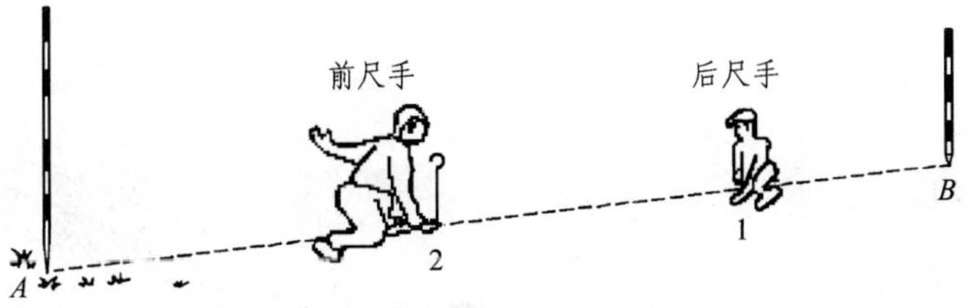

图 4-6　平坦地面距离丈量

为了检核并提高丈量结果的精度，一般要往、返各丈量一次，取平均值作为最后结果。距离丈量的精度通常用相对误差 *K* 来衡量，即：

$$K=\frac{|D_{往}-D_{返}|}{D_{均}}=\frac{1}{\dfrac{D_{均}}{|D_{往}-D_{返}|}} \tag{4-2}$$

式中，$D_{均}=(D_{往}+D_{返})/2$。

相对误差 K 是衡量丈量结果精度的指标，常用一个分子为 1 的分数表示。相对误差的分母越大，说明量距的精度高。

一般情况下，平坦地区丈量的精度应不低于 1/3 000，在困难地区，也不应不低于 1/1 000。

【例】 AB 的往测距离为 213.41 m，返测距离为 213.35 m，平均值为 213.38 m，计算相对误差 K。

$$K=\frac{|213.41-213.35|}{213.38}\approx\frac{1}{3\,556}$$

3. 倾斜地面的丈量方法

（1）平量法

在倾斜地面丈量距离，当尺段两端的高差不大但地面坡度变化不均匀时，一般都将钢尺拉平丈量，如图 4-7 所示。丈量时由 A 点向 B 点进行，甲立于 A 点，指挥乙将尺拉在 AB 方向线上。甲将尺的零端对准 A 点，乙将钢尺抬高，并且目估使钢尺水平，然后用垂球尖将尺段的末端投影到地面上，插上测钎。

若地面倾斜较大，将钢尺抬平有困难时，可将一个尺段分成几个小段来平量，如图 4-7 中的 ij 段。

应当注意：

第 1 点：每一尺段的长短不一定一样，由地面坡度的大小来决定。一般前尺员（低处的拉尺员）的拉尺高度应保持在腰部以下，这样既能用上力将钢尺拉平，又能看清垂球线所处的尺面分划读数。

第 2 点：倾斜地面的平量法不能由低处向高处量，只能从高处点向低处点丈量，因此可从高处向低处丈量两次代替往返测。

（2）斜量法

如图 4-8 所示，当倾斜地面的坡度比较均匀时，可以采用平地量距的方法沿着斜坡丈量出 A、B 两点间的斜距 L，再用经纬仪测出地面的倾角 α 或用水准仪测出两点间高差 h，然后按下式计算出 A、B 间的水平距离 D 为：

$$D=L\cos\alpha=\sqrt{L^2-h^2} \tag{4-3}$$

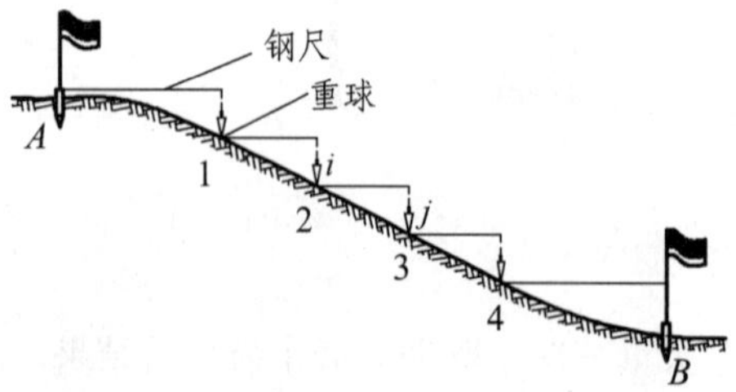

图 4-7 平量法示意图

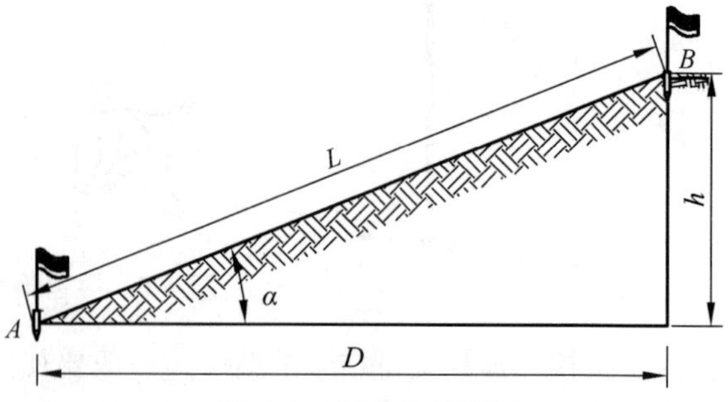

图 4-8 斜量法示意图

4.1.3 钢尺量距的精密方法

1. 经纬仪定线

如图 4-9 所示，将经纬仪安置在 A 点，用望远镜纵丝瞄准 B 点，制动照准部，望远镜上下转动，指挥助手在望远镜视线方向上比一整尺短 1 dm 左右的地面上打一木桩，然后在望远镜指挥下由助手在木桩顶面上精确标定一点，通过该点用铅笔画一个“+”号，十字线的一条短线和直线方向一致，另一短线作为量距时的指标线。至此 1 号尺段桩定位完毕，仿此定位其他各尺段桩。应当注意，在整个定线过程中，望远镜在水平方向内切不可转动；另外，相邻两尺段桩间的距离均应比一整尺短 1 dm 左右。

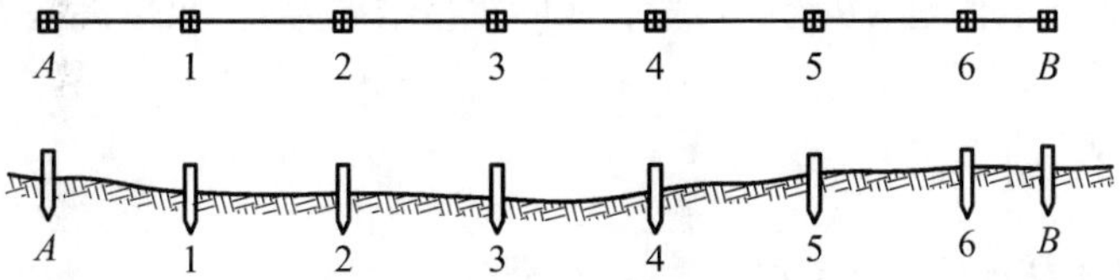

图 4-9　精密量距

2. 精密丈量

用检定过的钢尺丈量相邻两木桩间的距离。丈量时，将钢尺首尾紧贴桩顶“+”号中心，并用弹簧秤施以钢尺检定时相同的拉力，同时根据两桩顶的“+”标记的指标线读数，读至 mm；读完一次后，将钢尺前后移动 1 ~ 2 cm，仿照同样的方法进行第二次读数；再前后移动 1 ~ 2 cm，进行第三次读数，并对三次丈量的结果进行比较，若三个长度间最大和最小的差值不超过 3 mm 时，则取其平均值作为该段的丈量结果。每量完一尺段应测定温度一次，估读至 0.1 °C，以便进行温度改正计算。仿此逐段丈量至终点，即为往测。往测完毕，调转尺头立即进行返测。

3. 测定桩顶间的高差

用水准仪测定各相邻桩顶之间的高差，以便计算倾斜改正。

4. 成果整理

（1）计算尺段的尺长改正数

一般来讲，钢尺的实际长度和它的名义长度是不相等的，因此必须对所量距离加入尺长改正。

设所用钢尺的尺长方程式（可通过钢尺检定得到）为：

$$l_t = l_0 + \Delta l + \alpha \times (t - t_0) \times l_0$$

式中：l_t 为钢尺在温度 t（°C）时的实际长度；l_0 为钢尺的名义长度；Δl 为整尺的尺长改正数（即钢尺在 t_0 的温度下它的实际长度和名义长度的差值）；α 为钢尺的线膨胀系数，其值为 1.25×10^{-5}/°C；t_0 为钢尺检定时的温度；t 为钢尺在量距时的温度。

从尺长方程式中可以得知在 t_0 的温度下整尺的尺长改正数 Δl，于是不难求得所量尺段长度 l_s 在 t_0 温度下的尺长改正数 Δl_d 为：

$$\Delta l_d = \frac{\Delta l}{l_0} \times l_s \tag{4-4}$$

（2）计算尺段的温度改正数

钢尺受温度变化的影响也会引起尺长变化，因此对所量距离也必须加入这一变化引起的改正，即温度改正。同样从尺长方程式中可以得知所量尺段长度在丈量时温度 t 下的尺长改正数，即温度改正数Δl_t为：

$$\Delta l_t = \alpha \times (t - t_0) \times l_s \tag{4-5}$$

（3）计算尺段的倾斜改正数

实际量距时，钢尺是位于尺段桩顶上的，量出来的距离是倾斜距离，还必须将它化算为水平距离。如图 4-10 所示，假定 AB 为一尺段，实际丈量结果为 L，尺段高差为 h，尺段的平距为 D，则有：

$$L^2 - D^2 = h^2$$

即：

$$(L + D) \times (L - D) = h^2$$

$$L - D = \frac{h^2}{L + D}$$

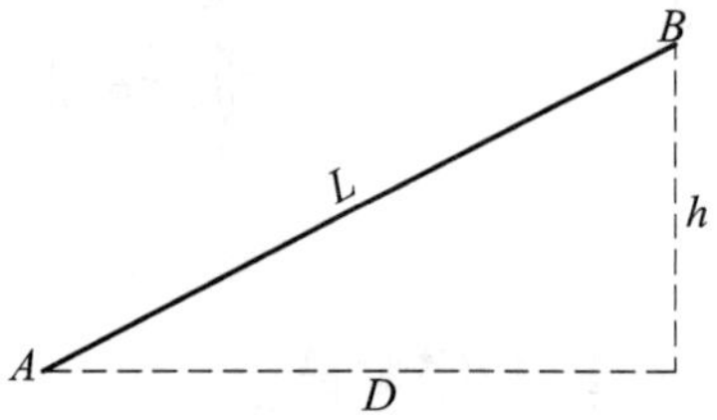

图 4-10　倾斜改正数的计算

$L - D$ 实际上就是斜距化归为平距应当施加的改正值，以ΔL_h表示；同时由于斜距 L 和平距 D 相差很小，近似的用 L 代替 D；因为平距总是比斜距短，所以改正数应取负值，于是上式成为：

$$\Delta L_h = -\frac{h^2}{2L}$$

采用前述相同的符号，尺段倾斜改正数的计算公式可以表述为：

$$\Delta l_h = -\frac{h^2}{2l_s} \tag{4-6}$$

（4）计算尺段平距

将以上三项改正数加到丈量的尺段长度上，即得改正后的尺段平距，即：

$$D = l_s + \Delta l_d + \Delta l_t + \Delta l_h \tag{4-7}$$

（5）汇总出全线平距

将各尺段的平距相加即得全线平距。精密量距的精度一般不应低于 $\frac{1}{7\,500}$。

4.1.4　钢尺量距的误差来源及削减措施

1. 尺长误差

如果钢尺的名义长度和实际长度不符，则产生尺长误差。尺长误差具有累积性，量的距离越长，误差就越大。因此量距前必须对钢尺进行检定，以求得尺长改正值。

2. 温度误差

钢尺受温度变化的影响，将产生线性胀缩，所以量距时，应测定钢尺的温度，进行温度改正。

3. 定线误差

量距时若尺子偏离了直线方向，所量的距离不是直线而是一条折线，因此总的丈量结果将会偏大，这种误差叫作定线误差。为了减小这种误差的影响，对于精度要求较高的量距要用经纬仪来定线。

4. 丈量误差

一般量距时，零刻度线没有对准地面标志，或者测钎没有对准尺子末端的刻度线；精密量距时，前、后司尺员对点不准确、没有同时读数或读数不准确，都会引起丈量误差。这种误差属于偶然误差，无法消除，只有通过丈量时严格操作来减弱它。

5. 拉力误差

丈量时钢尺所受拉力应与检定时所受拉力相同，否则将会产生拉力误差，因此量距要用弹簧秤控制拉力。

6. 钢尺的倾斜和垂曲误差

量距时，尺子没有拉平（水平法量距）或尺子中间下垂而成曲线时，将使量得的长度增大。因此，水平法量距时，必须注意使尺子水平，若钢尺悬空丈量，中间应有人托一下尺子，以减小钢尺垂曲的影响；对于精密量距，必要时可加入垂曲改正。

任务 4.2 视距测量

视距测量是利用经纬仪望远镜中的视距丝（上、下丝）及视距标尺按几何光学原理进行测距的一种方法。视距测量不仅能测定地面两点间的水平距离，而且还能测定地面两点间的高差。视距测量的精度较低，一般认为最高精度只能达到 1/300，但由于操作简便，且能满足碎部测量的精度要求，所以广泛应用于地形测量中。

4.2.1 视线水平时的视距公式

如图 4-11 所示，欲测定 A、B 两点间的水平距离 D 及高差 h。将经纬仪安置在 A 点，照准 B 点上竖立的视距尺。当望远镜视线水平时，视线与视距尺面垂直。对光后视距尺成像在十字丝平面上，视距尺上 M 点和 N 点的像与视距丝 m 和 n 重合。即下、上视距丝 m、n，可以在视距尺上读取 M、N 两点的读数，其读数差用 l（l = 下丝读数 − 上丝读数）表示，称其为视距间隔。

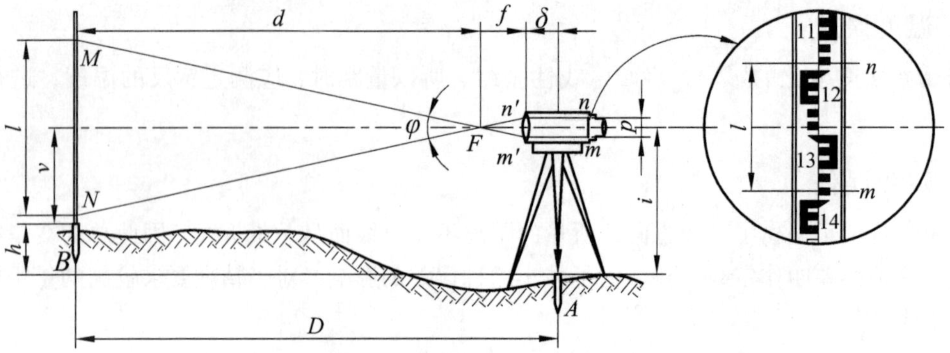

图 4-11 视线水平时的视距原理

设物镜焦点到视距尺之间的距离为 d，用 P 代表十字丝平面上两视距丝之间的固定间距，用 f 代表物镜焦距，由相似三角形 MNF 与 $m'n'F$ 中可得：

$$\frac{MN}{m'n'}=\frac{d}{f}$$

故

$$d=\frac{MN\times f}{m'n'}=\frac{f}{p}l$$

仪器中心距物镜焦点的距离是$(\delta+f)$，其中δ是仪器中心到物镜光心的距离，故仪器中心至视距尺的距离为：

$$D=d+(\delta+f)=\frac{f}{p}l+(\delta+f)$$

用 k 代表$\dfrac{f}{p}$，用 C 代表$(\delta+f)$，则

$$D=kl+C \tag{4-8}$$

上式中的 K 称为视距乘常数，C 称为视距加常数。在仪器设计时，通过选择适当焦距的物镜和适当的视距丝间距，可使 $K=100$。对于内对光望远镜来讲，$C\approx0$，视距加常数 C 可忽略不计。于是视线水平时的视距公式成为：

$$D=kl \tag{4-9}$$

如图 4-11 所示，当视线水平时，十字丝中丝在视距尺上的读数为 v，设仪器高为 i，则测站点 A 到立尺点 B 间的高差为：

$$h=i-v \tag{4-10}$$

4.2.2 视线倾斜时的视距公式

在地面倾斜较大的地区进行测量时，往往需要上仰或下府望远镜才能看到视距尺，这时视线是倾斜的，它和视距尺不垂直，所以不能直接应用式（4-9）计算视距。

如图 4-12 所示，在 A 点上安置经纬仪，照准 B 点上竖立的视距尺。当望远镜视线向上倾斜

一个α角时，上、下视距丝在标尺上截得的尺间隔为l。假定视距尺绕O点转动一个α角，这时视线和视距尺垂直，设此时对应的尺间隔为l'。于是仪器中心到照准位置的倾斜距离D'为：

$$D' = k\,l'$$

则A、B两点间的水平距离D为：

$$D = D'\cos\alpha = k\,l'\cos\alpha \tag{4-11}$$

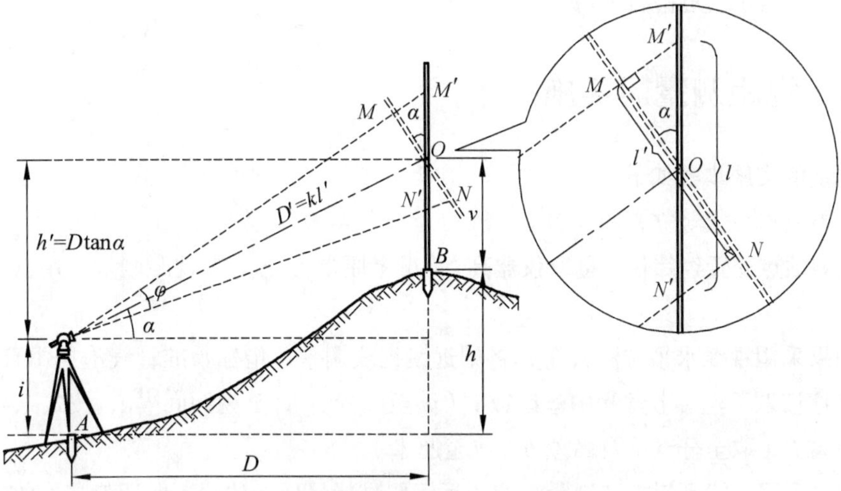

图 4-12　视线倾斜时的视距原理

在三角形$MM'O$和三角形$NN'O$中：

$$\angle MOM' = \angle NON' = \alpha$$

$$\angle M'MO = 90° + \frac{1}{2}\varphi$$

$$\angle N'NO = 90° - \frac{1}{2}\varphi$$

由于$\varphi/2$（$\varphi \approx 34'$）很小，故可以把$\angle M'MO$和$\angle N'NO$都看成为直角，因此在$\Delta MM'O$和$\Delta NN'O$中：

$$MO = M'O\cos\alpha$$

$$NO = N'O\cos\alpha$$

于是　$$MN = M'N'\cos\alpha$$

即　$$l' = l\cos\alpha$$

将上式代入式（4-11），得视线倾斜时的视距公式为：

$$D = k\,l\cos^2\alpha \tag{4-12}$$

从图 4-12 不难看出，仪器中心到B点间的高差为h'为：

$$h' = D\tan\alpha = kl\cos^2\alpha\tan\alpha = kl\sin\alpha\cos\alpha = \frac{1}{2}kl\sin 2\alpha$$

设仪器高为 i，十字丝中丝在视距尺上的读数为 v，则 A、B 两点间的高差 h 为：

$$h = h' + i - v$$

即

$$h = \frac{1}{2}\ kl\sin 2\alpha + i - v \tag{4-13}$$

或

$$h = D\tan\alpha + i - v \tag{4-14}$$

4.2.3 视距测量的实施

视距测量的实施步骤如下：

（1）在被测点位上竖立视距尺。

（2）在测站点安置经纬仪，量取仪器高 i（量至厘米）；盘左（视距测量只用盘左一个盘位）照准标尺。

（3）如果采用视线水平方法视距，将望远镜视线调平（指标水准管气泡居中且竖盘读数等于 90°），依序读取下丝、上丝和中丝读数 v（读至厘米），计算视距间隔 l，按式（4-9）、（4-10）计算水平距离 D（取至分米）及高差 h（取至厘米）。

（4）如果采用视线倾斜方法视距，使望远镜照准标尺任一位置（保证上、下丝能读数），依序读取下丝、上丝和中丝读数 v，调整指标水准管气泡居中，读取竖盘读数（读至分），计算视距间隔 l 和竖直角 α，然后按式（4-12）、（4-13）或式（4-14）计算水平距离 D 及高差 h。

视距测量的算例见表 4-1，例中所示为视线倾斜方法视距。

表 4-1　视距测量记录、计算手簿

测站：A　　测站高程：26.58 m　　仪器高 i = 1.45 m　　指标差 x = 0

点　号	kl (m)	中丝读数（m）	竖盘读数 (°　′)	竖直角 (°　′)	平　距 (m)	高　差 (m)
1	124.0	1.45	90　26	−0　34	124.0	−0.94
2	145.0	1.45	88　34	+1　26	144.9	+3.63
3	86.5	2.45	91　14	−1　14	86.5	−2.86
4	66.8	2.00	92　06	−2　06	66.7	−3.00

4.2.4 视距测量的误差来源及消减方法

1. 仪器误差

一般认为视距乘常数 $k = 100$，但由于观测时温度和气压的变化或由于仪器制造工艺上的原因导致 k 值不一定恰好等于 100；这将给视距带来系统性的影响。因此测量前应视距乘常数 k 进行检验，采用检验后的常数值。

2. 视距尺分划误差

视距尺上的分划不准确，将给视距带来误差。这项误差可通过检定来确定它的大小，尽可能选用合格的尺子。

3. 读数误差

视距间隔是由上、下视距丝在标尺上的读数相减而求得的。由于视距丝本身具有一定的粗细，它将压盖标尺上一定宽度的分划，使读数产生误差，视距越远，误差也误差大。为了减弱这项误差的影响，测量时应对最大视距作出控制；同时在观测时尽可能使上丝或下丝截取整分划值，以减少一次估读误差。

4. 视距尺倾斜的误差

视距公式是在标尺竖直的情况下得到的，实际工作中，如果标尺没有扶直，将给视距带来误差。这种误差随着视线竖直角的增大而增大，实践表明，当距离为 100 m，若标尺倾斜 2°，竖直角为 5°时，所引起的距离误差将达到 0.3 m。因此，为减弱此项误差的影响，立尺时应尽可能扶直，读取竖盘读数时一定要使指标水准管气泡严格居中。

5. 外界条件的影响

外界条件对视距的影响是多方面的，如大气的垂直折光，使视线产生弯曲；温度的变化，会使仪器的 K 值发生变化；风力较大时会使仪器和标尺不稳定；尘雾弥漫使标尺看不清等。为减弱外界不利因素的影响，应选择有利观测时间；特别是折光的影响，越近地面，影响越大，因此视线应离开地面有一定的高度。

任务 4.3 电磁波测距

电磁波测距是用电磁波（光波或微波）作为载波传输测距信号，以测定两点间距离的一种方法。世界上第一台电磁波测距仪于 1953 年由瑞典 AGA 公司（现在合并到美国 Trinble 公司）研制成功，仪器采用 5 mw 氦-氖激光器发射的激光作为载波，白天测程为 40 km，夜间测程为 60 km，测距精度 ±（5 mm + 1 ppm），主机重 23 kg。

电磁波测距仪按所采用的载波可分为：

（1）用微波段的无线电波作为载波的微波测距仪；

（2）用激光作为载波的激光测距仪；

（3）用红外光作为载波的红外测距仪。

后两者又统称为光电测距仪。微波和激光测距仪多属于长程测距，测程可达 60 km，一般用于大地测量；而红外测距仪属于中、短程测距仪（测程为 15 km 以下），一般用于小地区控制测量、地形测量、地籍测量和工程测量等。

与钢尺量距及视距测量相比，电磁波测距具有测程长、精度高、作业速度快、工作强度低，几乎不受地形限制等优点，因此在现代测量中得到了广泛的应用。本任务主要介绍光电测距仪的基本原理和测距方法。

4.3.1 光电测距的基本原理

如图 4-13 所示，光电测距仪是通过测量光波在待测距离 D 上往、返传播一次所需要的时间 t_{2D}，计算待测距离 D 为：

$$D=\frac{1}{2}ct_{2D} \tag{4-15}$$

式中，$c=\frac{c_0}{n}$ 为光在大气中的传播速度；c_0 为光在真空中的传播速度，迄今为止，人类所测得 c_0 的精确值为（299 792 458 ± 1.2）m/s；n 为大气折射率（$n \geqslant 1$），它是光的波长 λ、大气温度 t 和气压 p 的函数，即：

$$n=f(\lambda,\ t,\ p) \tag{4-16}$$

由于 $n \geqslant 1$，所以 $c \leqslant c_0$，亦即光在大气中的传播速度要小于其在真空中的传播速度。

对一台测距仪来讲，发射光波的波长 λ 是一个常数（例如红外测距仪一般采用 CaAs（砷化镓）发光二极管发出的红外光作为光源，其波长 $\lambda=0.85 \sim 0.93\ \mu\text{m}$。由式（4-16）可知，影响光速的大气折射率 n 只随大气的温度 t、气压 p 而变化，这就要求我们在测距作业中，必须实时测定现场的大气温度和气压，并对所测距离施加气象改正。

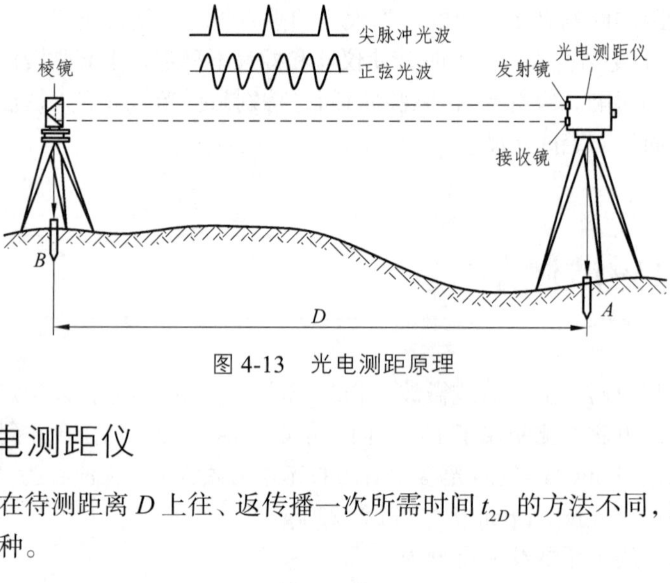

图 4-13　光电测距原理

4.3.2 光电测距仪

根据测定光波在待测距离 D 上往、返传播一次所需时间 t_{2D} 的方法不同，光电测距仪可分为脉冲式和相位式两种。

1. 脉冲式光电测距仪

脉冲式光电测距仪是将发射光波的光强调制成一定频率的尖脉冲，通过测定发射的脉冲在待测距离上往返传播的时间来计算距离。如图 4-14 所示，在尖脉冲光波离开测距仪发射镜的瞬间，触发打开电子门，此时，时钟脉冲进入电子门填充，计数器开始计数。在仪器接收镜接收到由棱镜反射回来的尖脉冲光波的瞬间，关闭电子门，计数器停止计数。设时钟脉冲的振荡频率为 f_0，周期为 $T_0=1/f_0$，计数器计得的时钟脉冲个数为 q，则：

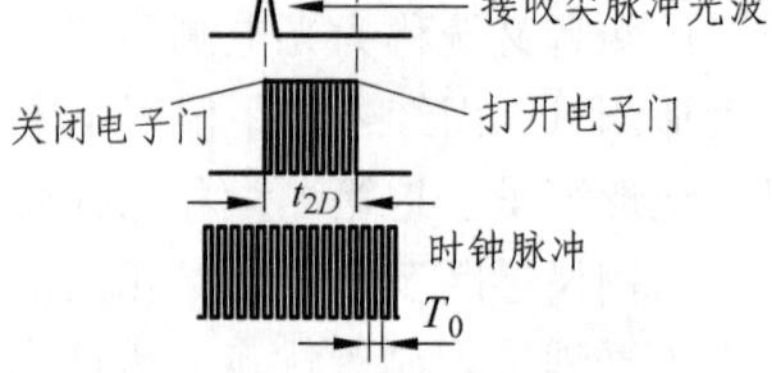

图 4-14　脉冲测距原理图

$$t_{2D}=qT_0=\frac{q}{f_0} \tag{4-17}$$

2. 相位式光电测距仪

相位式光电测距仪是将发射光波的光强调制成一定频率的调制光（测距信号光），通过测定发射的调制光在待测距离上往返传播的相位差来间接地计算时间和距离。设仪器发射的光波为一正弦曲线，将光波往返于被测距离上的图形展开，如图 4-15 所示，光波成为一连续的正弦曲线。其中光波一周期的相位变化为 2π，设调制光波的频率为 f，则光波从 A 到 B 再返回 A 的相位差 Φ 可由下式求得：

$$\varphi=2\pi ft_{2D}$$

即

$$t_{2D}=\frac{\Phi}{2\pi f} \tag{4-18}$$

如图 4-15 所示，相位差 Φ 不管有多大，均可视为两部分组成：一部分是 2π的整倍数 N，另一部分是小于 2π的角度值 φ，即：

$$\Phi=N\times2\pi+\varphi \tag{4-19}$$

相位差 Φ 可通过仪器的相位计测定，但是相位计只能测定不足一整周期的相位差尾数 φ，而不能确定整周期的倍数 N。为此，仪器上同时设置了可以发射多种频率调制光的装置，使相位差 Φ 分别成为不足一整周期的相位，以较低频率的调制光测定相位差大数，以较高频率的调制光测定相位差小数，从而解决 N 值的确定问题。

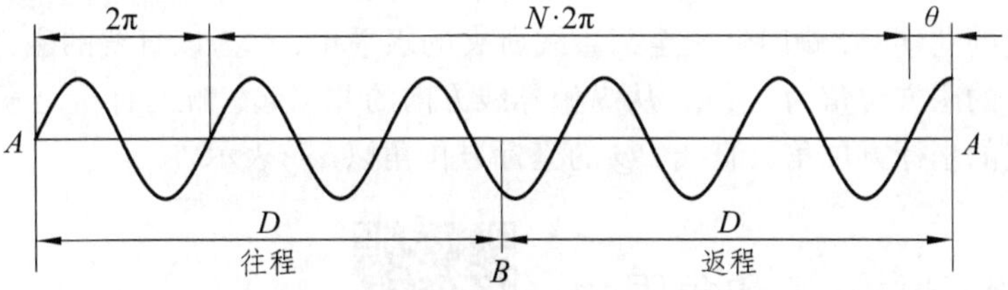

图 4-15　相位测距原理

任务 4.4　直线定向

直线定向

4.4.1　标准方向

测量工作中常用的标准方向有以下 3 种：

1. 真子午线方向

如图 4-16 所示，地表任一点 P 与地球旋转轴所组成的平面与地球表面的交线称为 P 点的真子午线。真子午线在 P 点的切线方向称为 P 点的真子午线方向。真子午线方向可用天文观测的方法或采用陀螺经纬仪来测定。

2. 磁子午线方向

如图 4-16 所示，地表任一点与地球磁场南北极连线所组成的平面与地球表面交线称为该点的磁子午线。磁子午线在该点的切线方向称为该点的磁子午线方向。磁子午线方向可以用罗盘仪来测定。

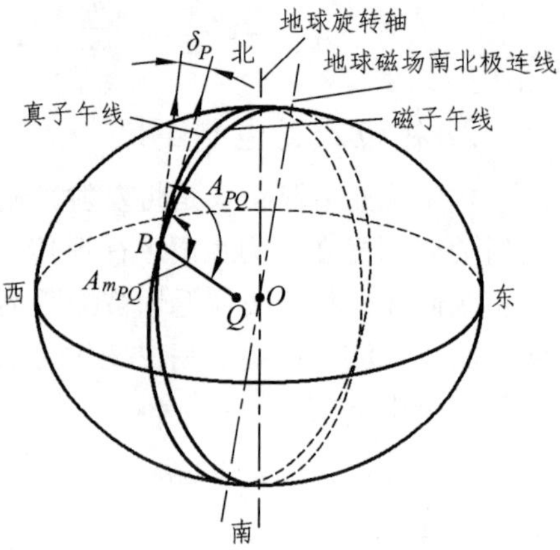

图 4-16　标准方向

3. 纵坐标线方向

平面直角坐标系或高斯平面直角坐标系中平行于纵坐标轴的直线方向称为纵坐标线方向。过地面上任一点在相应坐标系中的位置都可以作一条纵坐标线。

一般情况下，通过地面同一点的真子午线方向、磁子午线方向和纵坐标线方向是不一致的。真子午线方向和磁子午线方向的夹角称为磁偏角，如图 4-16 所示的δ_P；真子午线方向和纵坐标线方向的夹角称为子午线收敛角；磁子午线方向和纵坐标线方向的夹角称为磁坐偏角。

4.4.2　直线方向的表示方法

测量中，常用方位角来表示直线的方向。方位角定义为：由标准方向的北端起，顺时针方向旋至某直线所夹的水平角，称为该直线的方位角。方位角的取值范围是 0° ~ 360°。

和标准方向相对应，地表任一直线都具有三种方位角：从真子午线方向的北端起，顺时针旋至某直线所夹的水平角，称为该直线的真方位角，如图 4-16 所示，直线 PQ 的真方位角为 A_{PQ}；从磁子午线方向的北端起，顺时针旋至某直线所夹的水平角，称为该直线的磁方位角，如图 4-16 所示，直线 PQ 的磁方位角为 A_{mPQ}；从纵坐标线方向的北端起，顺时针旋至某直线所夹的水平角，称为该直线的坐标方位角，直线 PQ 的坐标方位角以 α_{PQ} 表示。

4.4.3　坐标方位角和象限角

坐标方位角

1. 坐标方位角

普通测量中，应用最多的是坐标方位角。在以后的讨论中，若无特别说明，所提到的方位角均指坐标方位角。

坐标方位角是以纵坐标线指北方向为准，顺时针方向旋至某直线的夹角，通常以α表示。

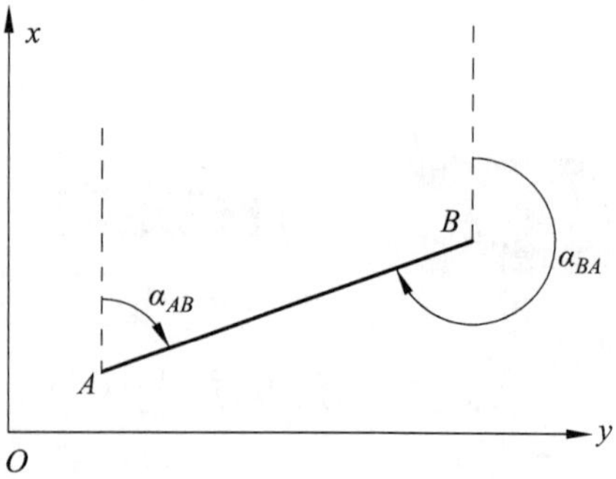

图 4-17　直线正、反坐标方位角

如图 4-17 所示，直线 AB 有两个方向，从 A 到 B 的方向为正方向，则从 B 到 A 的方向为反方向，故直线 AB 有两个方位角α_{AB}和α_{BA}，α_{AB}称为正方位角，α_{BA}称为反方位角。从图中可知，α_{AB}与α_{BA}存在下述关系：

$$\alpha_{BA} = \alpha_{AB} \pm 180° \tag{4-20}$$

应当指出，通过 A 点、B 点的真子午线是向两极收敛的，故直线 AB 的正、反真方位角不存在上述关系。同样，直线 AB 的正、反磁发方位角也不存在上述关系。

2. 象限角

直线与纵坐标线所夹的锐角，称为象限角，以 R 表示。直线的方向也可以用象限角来表示。显然，象限角的变化范围是 0°～90°。

如图 4-18 所示，通过直线起点 O 的纵坐标线和横坐标线将平面划分为四个象限。直线 OA，位于第Ⅰ象限，象限角是 R_1；直线 OB，位于第Ⅱ象限，象限角是 R_2；直线 OC，位于第Ⅲ象限，象限角是 R_3；直线 OD 位于第Ⅳ象限，象限角是 R_4。

用象限角表示直线的方向，必须注明直线所处的象限，第Ⅰ象限用“北东” 表示，第Ⅱ象限用“南东” 表示，第Ⅲ象限用“南西” 表示，第Ⅳ象限用“北西” 表示。例如，R_{AB} = 南东 78°24′36″，表示直线 AB 位于第Ⅱ象限，象限角是 78°24′36″。

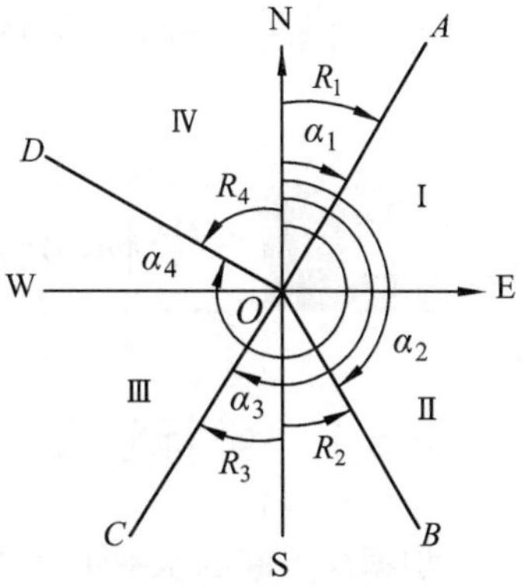

图 4-18　方位角与象限角的关系

3. 直线的坐标方位角与象限角的关系

从图 4-18 中不难看出，直线的方位角与象限角存在如表 4-2 所示的关系。

表 4-2　直线的坐标方位角与象限角的关系

直线所在的象限	方位角与象限角的关系
Ⅰ	$R_1 = \alpha_1$
Ⅱ	$R_2 = 180° - \alpha_2$
Ⅲ	$R_3 = \alpha_3 - 180°$
Ⅳ	$R_4 = 360° - \alpha_4$

4.4.4　坐标方位角的推算

实际工作中，常常根据已知边的方位角和观测的水平角来推算未知边的方位角。

如图 4-19 所示，从 A 到 D 是一条折线，假定 α_{AB} 已知，在转折点 B、C 上分别设站观测了水平角 β_B、β_C，由于观测了推算路线左侧的角度，故称为左角。现在来推算 BC、CD 边的方位角。由图中可以看出：

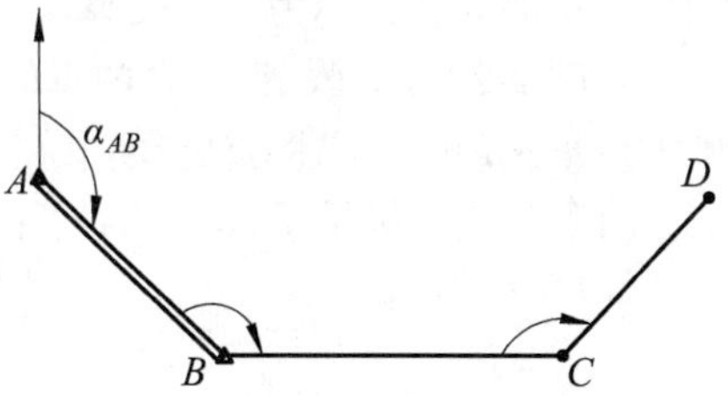

图 4-19　坐标方位角的推算

$$\alpha_{BC} = \alpha_{AB} + 180° + \beta_B$$

$$\alpha_{CD} = \alpha_{BC} + 180° + \beta_C$$

一般公式（即左角公式）为：

$$\alpha_{前} = \alpha_{后} + 180° + \beta_{左} \qquad (4\text{-}21)$$

即前一边的方位角等于后一边的方位角加上 180°再加上观测的左角。

如果观测了推算路线右侧的角度，称为右角。不难得到用右角推算未知边方位角的公式为：

$$\alpha_{前} = \alpha_{后} + 180° - \beta_{右} \tag{4-22}$$

即前一边的方位角等于后一边的方位角加上 180°减去观测的右角。

在式（4-21）和式（4-22）中，若算得的方位角超过 360°，则应减去 360°或若干个 360°。

任务 4.5 坐标正反算

坐标正反算

4.5.1 坐标正算

根据两点间的水平距离和方位角来计算待定点平面直角坐标的方法称为坐标正算。

如图 4-20 所示，设 A 点的坐标已知，测得 AB 两点间的水平距离为 D_{AB}，方位角为 α_{AB}，则 B 点的坐标可用下述公式计算：

$$\left.\begin{aligned}\Delta x_{AB} &= D_{AB} \cdot \cos\alpha_{AB} \\ \Delta y_{AB} &= D_{AB} \cdot \sin\alpha_{AB}\end{aligned}\right\} \tag{4-23}$$

$$\left.\begin{aligned}x_B &= x_A + \Delta x_{AB} \\ y_B &= y_A + \Delta y_{AB}\end{aligned}\right\} \tag{4-24}$$

式中，Δx_{AB}、Δy_{AB} 分别为 A 点到 B 点的纵、横坐标增量。Δx_{AB}、Δy_{AB} 的符号分别由 α_{AB} 的余弦、正弦函数确定。

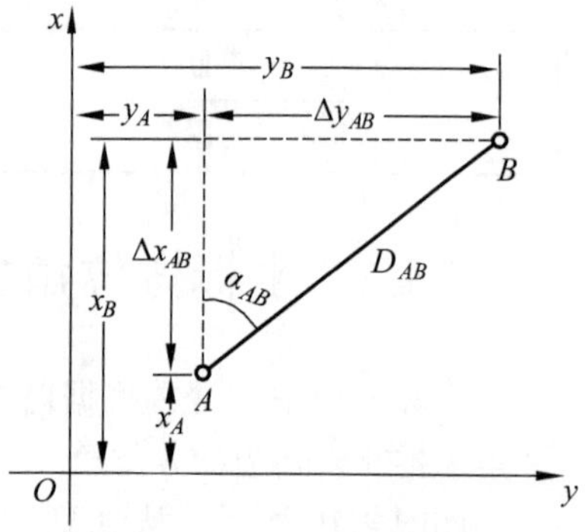

图 4-20 坐标正、反算

4.5.2 坐标反算

根据两点的平面直角坐标，反过来计算它们之间水平距离和方位角的方法，称为坐标反算。

在图 4-20 中，假定 A、B 两点的坐标 x_A、y_A，x_B、y_B 已知，则方位角 α_{AB} 可按下述方法计算。

（1）计算坐标增量 Δx_{AB}、Δy_{AB}：

$$\left.\begin{aligned}\Delta x_{AB} &= x_B - x_A \\ \Delta y_{AB} &= y_B - y_A\end{aligned}\right\} \tag{4-25}$$

（2）计算象限角：

$$R_{AB} = arctg\frac{|\Delta y_{AB}|}{|\Delta x_{AB}|} \tag{4-26}$$

（3）根据 Δx_{AB}、Δy_{AB} 的符号，按表 4-3 中所列，确定 R_{AB} 所在的象限，并以相应公式计算方位角 α_{AB}。

表 4-3　方位角计算公式

Δx_{AB}	Δy_{AB}	R_{AB} 所在象限	α_{AB} 计算公式
+	+	Ⅰ	$\alpha_{AB}=R_{AB}$
−	+	Ⅱ	$\alpha_{AB}=180°-R_{AB}$
−	−	Ⅲ	$\alpha_{AB}=180°+R_{AB}$
+	−	Ⅳ	$\alpha_{AB}=360°-R_{AB}$

应当注意，有几种特殊情况，可根据Δx_{AB}、Δy_{AB}的符号直接写出 AB 边的方位角值，即：

当Δx_{AB}为零，Δy_{AB}为正时，$\alpha_{AB}=90°$；Δy_{AB}为负时，$\alpha_{AB}=270°$。

当Δy_{AB}为零，Δx_{AB}为正时，$\alpha_{AB}=0°$；Δx_{AB}为负时，$\alpha_{AB}=180°$。

A、B 两点间的水平距离 D_{AB} 可按下列任一公式计算：

$$\left.\begin{aligned}D_{AB}&=\frac{\Delta x_{AB}}{\cos\alpha_{AB}}\\D_{AB}&=\frac{\Delta y_{AB}}{\sin\alpha_{AB}}\\D_{AB}&=\sqrt{\Delta x_{AB}^2+\Delta y_{AB}^2}\end{aligned}\right\}\tag{4-27}$$

任务 4.6　钢尺一般量距实训

4.6.1　目　的

学会直线定线，掌握用钢尺丈量距离的一般方法。

4.6.2　仪器工具

钢尺 1 支，皮尺 1 支，标杆 3 支，记录本。

4.6.3　步　骤

（1）在大操场上根据地形的高低，选择有代表性的相距 50 ~ 100 m 的两个点 A、B（要求有一定的高差），并做好记号，这样构成一条 AB 直线。

（2）设 A 点为起点，B 点为终点，分别竖立标杆。

（3）在 A 点后 2 m 左右有一人甲，用眼瞄准 AB 两点的标杆，有一人乙在距离 B 点大约 30 m 以内，在甲的指挥下左右移动标杆，使之在 AB 直线上，作为定点号 1 点，然后在地面做好记号，再依此类推，做出 2、3…点，直到可以用尺子进行一尺长的丈量为止，这样直线定线就完成了。

（4）从 A 点出发，一人拿尺的终点为前尺手，在前边，一人拿尺的零点为后尺手，在 A 点处，一起拉直、平，确定 30 m 的终点位置，做好记号作为第一尺长，进行 3 次读数，长度为 p，再一起往前走，直到后尺手到记号的位置再进行第二尺长的丈量，依此类推，得出 n 个整尺长，最后量出零尺段的长度 $q_{往}$。完成往测的距离丈量，根据公式：$D_{往}=np+q_{往}$ 得出往测的距离。

（5）再以 B 点为后，A 点为前，进行返测，根据 $D_{返}=np+q_{返}$ 得出 $D_{返}$。

（6）根据钢尺丈量距离相对误差 $K\leqslant 1/3\ 000$ 的标准，确定测量结果的可行性，然后再取其平均值为该段距离的长度。

4.6.4 注意事项

（1）爱护仪器工具。

（2）要正确进行仪器操作，尤其是要做到尺子的直、平、准要求。

（3）要仔细读数，防止“四错”的产生；要耐心细致地进行成果的计算。

4.6.5 记录计算

按表 4-4 进行距离丈量成果计算结果，完成实习报告。

表 4-4 钢尺量距记录计算表

天气：　　前司尺员：　　后司尺员：　　记录员：　　日期：

线段编号	尺段编号	实测次数	前尺读数（m）	后尺读数（m）	尺段长度（m）	尺段距离 d'/m	线段距离 D/m
A—B 往测	A—1	1					
		2					
		3					
		平均					
	1—2	1					
		2					
		3					
		平均					
	2—3	1					
		2					
		3					
		平均					
	3—B	1					
		2					
		3					
		平均					

续表

天气：　　　前司尺员：　　　后司尺员：　　　记录员：　　　日期：

线段编号	尺段编号	实测次数	前尺读数（m）	后尺读数（m）	尺段长度（m）	尺段距离 d'/m	线段距离 D/m
B—A 返测	B—3	1					
		2					
		3					
		平均					
	3—2	1					
		2					
		3					
		平均					
	2—1	1					
		2					
		3					
		平均					
	1—A	1					
		2					
		3					
		平均					

任务 4.7 视距测量实训

4.7.1 目　的

学会视距测量的观测、记录和计算。

4.7.2 仪器工具

经纬仪 1 台，水准尺 1 根，小钢尺 1 把，记录板 1 块。

4.7.3 步　骤

（1）在测站上安置经纬仪，对中、整平后，量取仪器高 i（精确到厘米），设测站点地面高程为 H。

（2）选择若干个地形点，在每个点上立水准尺，读取上、下丝读数，中丝读数 v（可取与仪器高相等，即 $v=i$），竖盘读数 L 并分别记入视距测量手簿。竖盘读数时，竖盘指标水准管气泡应居中。

（3）用公式 $D=kl\sin^2L$ 及 $h=D/\tan L+i-v$ 计算平距和高差。

用公式 $H_i=H_0+D/\tan L+i-v$ 计算高程。

4.7.4 注意事项

（1）视距测量前应校正竖盘指标差。

（2）标尺应严格竖直。

（3）仪器高度、中丝读数和高差计算精确到厘米，平距精确到分米。

（4）一般用上丝对准尺上整米读数，读取下丝在尺上的读数，计算出视距。

4.7.5 记录计算

按表 4-5 进行视距计算，完成实习报告。

表 4-5 视距测量记录表

测站名称： 测站高程： 仪器高：

点号	视距读数		视距（m）	中丝读数（m）	竖盘读数（° ′ ″）	平距（m）	高差（m）	高程（m）
	上丝	下丝						

知识小结

本项目讲述了三种距离测量的方法，钢尺量距重点掌握一般量距和精密量距方法；视距测量应熟记视距公式，掌握视距测量；电磁波测距应弄清测距原理，掌握测距方法。直线定向应掌握坐标方位角和象限角的概念及其关系，学会推算方位角；坐标正反算应熟练掌握。

习题与作业

1. 什么叫直线定线？一般量距和精密量距中如何对直线进行定线？

2. 简述一般量距和精密量距的方法。

3. 精密量距中，对量距结果为什么要进行三项改正？

4. 影响视距测量精度的因素主要有哪些？在山丘区进行视距测量时，应特别注意什么问题？

5. 什么叫直线定向？测量工作中常用的标准方向有哪几种？

6. 直线的方向是如何表示的？

7. 什么叫方位角、坐标方位角、象限角？坐标方位角和象限角是什么关系？

8. 用钢尺丈量了 *AB*、*CD* 两段距离，*AB* 的往测值为 206.32 m 返测值为 206.17 m；*CD* 的往测值为 102.83 m，返测值为 102.74 m。问这两段距离丈量的精度是否相同？为什么？

9. 一根名义长度为 30 m 的钢尺，在 10 kg 拉力和 20 °C 温度时它的实际长度为 29.994 m。现用它在 10 kg 拉力下，温度是 26 °C 时量得一段距离的水平长度为 129.412 m，求该段距离的实际长度。

10. 将经纬仪安置在测站 *A* 上（已知 $H_A = 21.246$ m），量得仪器高 $i = 1.25$ m。盘左，望远镜照准立在 *B* 点上的视距尺，下、上、中三丝读数分别为 1.460 m、0.640 m、1.050 m，竖盘读数为 86°36′（设指标差 $x = 0$）。试求：D_{AB} 和 H_B。

11. 已知 $\alpha_{AB} = 145°30'$，*B*、*C* 点上观测的水平角值如图 4-21 所示，试推算 *CD* 边的方位角。

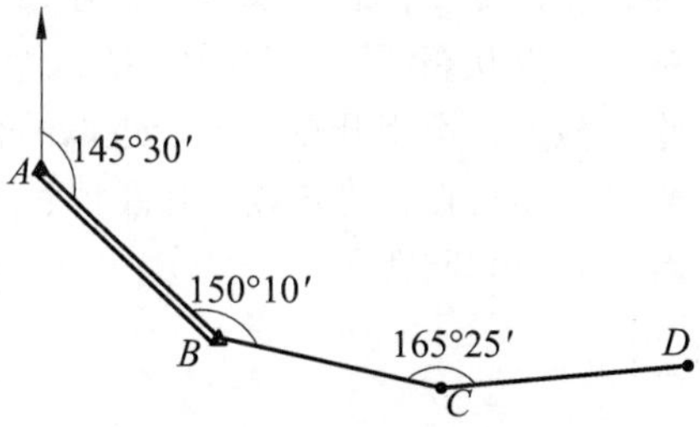

图 4-21　计算题 11

12. 已知 $x_A = 123.631$ m，$y_A = 330.215$ m，$\alpha_{AB} = 145°35'25''$，$D_{AB} = 130.265$ m。试求 *B* 点的坐标。

13. 已知 $x_A = 323.646$ m，$y_A = 369.361$ m；$x_B = 503.442$ m，$y_B = 220.7311$ m。试计算 α_{AB} 及 D_{AB}。

项目 5 全站仪的使用

知识目标

- 掌握全站仪的基本操作。
- 理解全站仪程序测量的用途。
- 了解全站仪的特点及使用注意事项。

技能目标

- 能够运用全站仪进行高程、角度、距离、坐标测量。

素养目标

- 培养刻苦学习精神，听课专注，思维积极，作业独立完成。
- 培养团结协作精神，可以互相帮助、共同学习、共同达成目标。
- 培养劳动精神，吃苦耐劳，勇于开拓，积极进取的精神。
- 培养工匠精神，养成“怀匠心、铸匠魂、守匠情、践匠行”精神，促进学生生成“匠意、匠思、匠智”。

任务导航

- 任务 5.1　全站仪及其基本操作
- 任务 5.2　全站仪测量操作
- 任务 5.3　程序测量
- 任务 5.4　全站仪数据采集
- 任务 5.5　全站仪内存管理与数据通信
- 任务 5.6　全站仪特点及使用注意事项
- 任务 5.7　全站仪操作使用实训

随着测量技术的发展，在土木工程测量中，使用全站仪进行坐标放样，轴线测设已成为主力。高效、高精度的测量方法逐渐取代了传统测量方法。

任务 5.1 全站仪及其基本操作

全站仪概述

5.1.1 概　述

全站仪又称全站型电子速测仪，是一种可以同时进行角度测量和距离测量，由机械、光学、电子元件组合而成的测量仪器。全站仪是由电子测距仪、电子经纬仪和电子记录装置三部分组成。从结构上分，全站仪可分为组合式和整体式两种。整体式全站仪是在一个仪器内装配测距、测角和电子记录三部分。测距和测角共用一个光学望远镜，方向和距离测量只需一次照准，使用十分方便。

全站仪的电子记录装置是由存储器、微处理器、输入和输出部分组成。由微处理器对获取的斜距、水平角、竖直角等信息进行处理，可以获得各种改正后的数据。在只读存储器中固化了一些常用的测量程序，如坐标测量、导线测量、放样测量等，只要进入相应的测量程序模式，输入已知数据，便可依据程序进行测量过程，获取观测数据。通过输入/输出设备，可以与计算机交互通信，将测量数据直接传输给计算机，在软件的支持下，进行计算、编辑和绘图。

全站仪的应用可归纳为四个方面：一是在地形测量中，可将控制测量和碎部测量同时进行；二是可用于施工放样测量，将设计好的管线、道路、工程建设中的建筑物、构筑物等的位置按图纸设计数据测设到地面上；三是可用全站仪进行导线测量、前方交会、后方交会等，不但操作简便且速度快、精度高；四是通过数据输入/输出接口设备，将全站仪与计算机、绘图仪连接在一起，形成一套完整的测绘系统，从而大大提高测绘工作的质量和效率。

5.1.2 全站仪的基本结构及功能

南方 NTS-370 全站仪各部件名称如图 5-1 所示，其操作面板如图 5-2 所示。操作板面上各操作键名称及功能见表 5-1，功能键的显示符号及内容见表 5-2 所示。

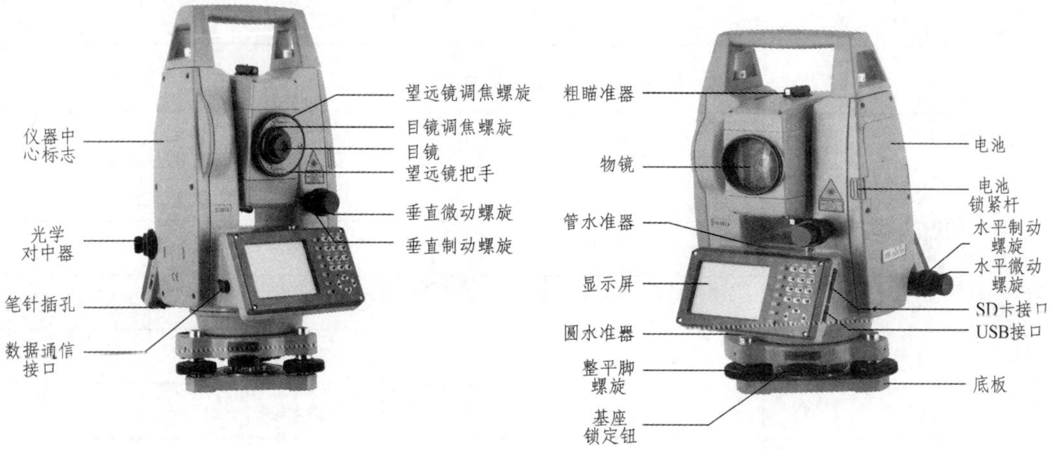

图 5-1　南方 NTS-370 全站仪

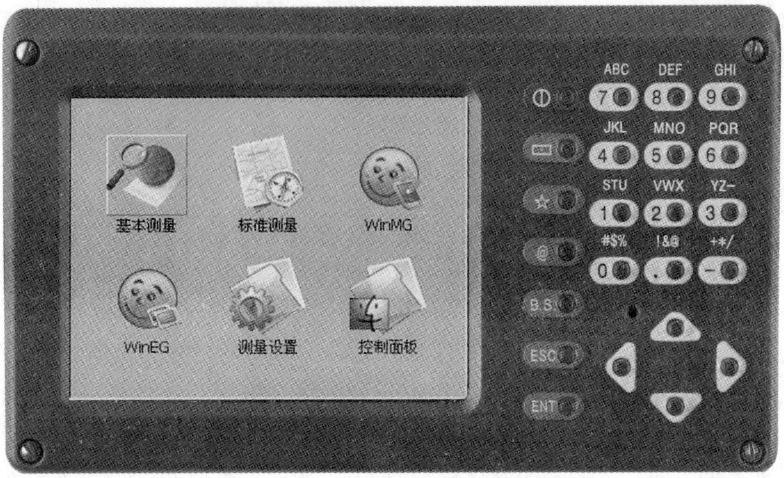

图 5-2　NTS-370 全站仪的操作板面

表 5-1　操作键名称及功能

按　键	名　称	功　能
⏀	电源键	控制电源的开/关
0～9	数字键	输入数字，用于欲置数值
A～/	字母键	输入字母
⊡	输入面板键	显示输入面板
★	星　键	用于仪器若干常用功能的操作
@	字母切换键	切换到字母输入模式
B.S	后退键	输入数字或字母时，光标向左删除一位
ESC	退出键	退回到前一个显示屏或前一个模式
ENT	回车键	数据输入结束并认可时按此键
◀▲▼▶	光标键	上下左右移动光标

表 5-2　功能键显示符号及内容

模　式	显　示	软　键	功　能
测角	置零	1	水平角置零
	置角	2	预置一个水平角
	锁角	3	水平角锁定
	复测	4	水平角重复测量
	V%	5	垂直角/百分度的转换
	左/右角	6	水平角左角/右角的转换

续表

模　式	显　示	软　键	功　能
测距	模式	1	设置单次精测/*N*次精测/连续精测/跟踪测量模式
	m/ft	2	距离（单位：米/国际英尺/美国英尺的转换）
	放样	3	放样测量模式
	悬高	4	启动悬高测量功能
	对边	5	启动对边测量功能
	线高	6	启动线高测量功能
坐标	模式	1	设置单次精测/*N*次精测/连续精测/跟踪测量模式
	设站	2	预置仪器测站点坐标
	后视	3	预置后视点坐标
	设置	4	预置仪器高度和目标高度
	导线	5	启动导线测量功能
	偏心	6	启动偏心测量（角度偏心/距离偏心/圆柱偏心/屏幕偏心）功能

任务 5.2　全站仪测量操作

全站仪测量操作

5.2.1　测量前的准备

1. 仪器开箱和存放

（1）开箱：轻轻地放下箱子，让其盖朝上，打开箱子的锁栓，开箱盖，取出仪器。

（2）存放：盖好望远镜镜盖，使照准部的垂直制动手轮和基座的水准器朝上，将仪器平卧（望远镜物镜端朝下）放入箱中，轻轻旋紧垂直制动手轮，盖好箱盖，并关上锁栓。

2. 安置仪器

（1）架设三角架。

（2）安置仪器和对点。

（3）利用圆水准器粗平仪器。

（4）利用管水准器精平仪器。

（5）精确对中与整平；此项操作重复至仪器精确对准测站点为止。

3. 电池电量信息

注意外业测量出发前先检查一下电池状况。观测模式改变时电池电量图表不一定会立刻显示电量的减小或增加。电池电量指示系统是用来显示电池电量的总体情况，它不能反映瞬间电池电量的变化。

4. 角度检查

全站仪的垂直角和水平角以及测距系统的常规检查；确保全站仪测量数据的可靠性。

5.2.2 角度测量

1. 测角参数设置

角度测量的主要误差是仪器的三轴误差（视准轴、水平轴、垂直轴），对观测数据的改正可按设置由仪器自动完成。

（1）视准轴改正：仪器的视准轴和水平轴误差采用正、倒镜观测可以消除，也可由仪器检验后通过内置程序计算改正数自动加入改正。

（2）双轴倾斜补偿改正：仪器垂直轴倾斜误差对测量角度的影响可由仪器补偿器检测后通过内置程序计算改正数自动加入改正。

（3）曲率与折射改正：地球曲率与大气折射改正，可设置改正系数，通过内置程序计算改正数自动加入改正。

2. 角度测量

角度测量是测定测站点至两个目标点之间的水平夹角，同时可以测定相应目标的天顶距。观测方法与电子经纬仪相同。

3. 水平角重复测量

用于累计角度重复观测值，显示角度总和以及全部观测角的平均值，同时记录观测次数。如图 5-3 所示，水平角重复测量的操作步骤为：

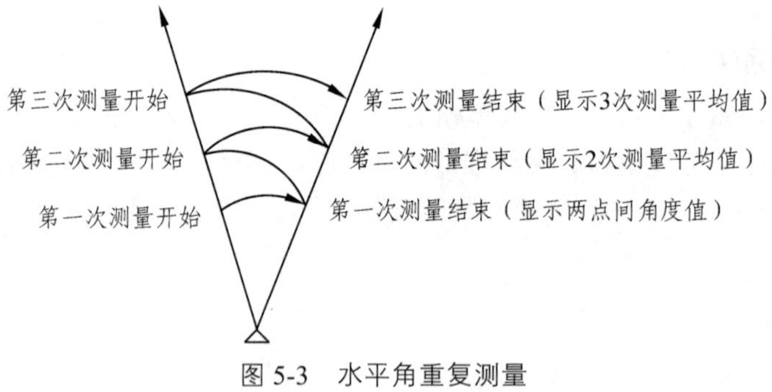

图 5-3　水平角重复测量

（1）单击【复测】键，进入角度复测功能。

（2）瞄准第 1 个目标 A。

（3）单击【置零】键，将水平角置零。

（4）用水平制动和微动螺旋照准第 2 个目标点 B。

（5）单击【锁定】键。

（6）用水平制动和微动螺旋重新照准第 1 个目标 A。

（7）单击【解锁】键。

（8）用水平制动和微动螺旋重新照准第 2 个目标 B。

（9）单击【锁定】键。屏幕显示角度总和与平均角度。

（10）根据需要重复步骤（6）~（9），进行角度复测。

5.2.3 距离测量

距离测量必须选用与全站仪配套的合作目标，即反光棱镜。由于电子测距为仪器中心到棱镜中心的倾斜距离，因此仪器站和棱镜站均需要精确对中、整平。在距离测量前应进行气象改正、棱镜类型选择、棱镜常数改正、测距模式的设置和测距回光信号的检查，然后才能进行距离测量。仪器的各项改正是按设置仪器参数，经微处理器对原始观测数据计算并改正后，显示观测数据和计算数据的。只有合理设置仪器参数，才能得到高精度的观测成果。

1. 大气改正的计算

大气改正值是由大气温度、大气压力、海拔高度、空气湿度推算出来的。改正值与空气中的气压或温度有关。计算方式如下（计算单位：米）：

$$PPM = 273.8 - \frac{0.290\,0 \times \text{气压值(hPa)}}{1 + 0.003\,66 \times \text{温度值(°C)}}$$

若使用的气压单位是 mmHg 时，按：1 hPa = 0.75 mmHg 进行换算。

南方 NTS-370 系列全站仪标准气象条件（即仪器气象改正值为 0 时的气象条件）：

气压：1 013 hPa

温度：20 °C

因此，在不考虑大气改正时，可将 *PPM* 值设为零。操作步骤：

（1）在全站仪功能主菜单界面中点击“测量设置”，在系统设置菜单栏单击“气象参数”。

（2）屏幕显示当前使用的气象参数。用笔针将光标移到需设置的参数栏，输入新的数据。例如温度设置为 26 °C。

（3）按照同样的方法，输入气压值。设置完毕，单击【保存】键。

（4）单击【OK】，设置被保存，系统根据输入的温度值和气压值计算出 *PPM* 值。

当然也可直接输入大气改正值，其操作步骤为：

（1）在全站仪功能主菜单界面中点击“测量设置”，在系统设置菜单栏单击“气象参数”。

（2）清除已有的 *PPM* 值，输入新值。

（3）单击【保存】键。

注：在星（★）键模式下也可以设置大气改正值。

2. 大气折光和地球曲率改正

仪器在进行平距测量和高差测量时，可对大气折光和地球曲率的影响进行自动改正。

注：南方 NTS-370 全站仪的大气折光系数出厂时已将 *K* 设置为 0.14。*K* 值有 0.14 和 0.2 可选，也可选择关闭。

3. 设置目标类型

南方 NTS-370 全站仪可设置为红色激光测距和不可见光红外测距，可选用的反射体有棱镜、无棱镜及反射片。用户可根据作业需要自行设置。使用时所用的棱镜需与棱镜常数匹配。当用棱镜作为反射体时，需在测量前设置好棱镜常数。一旦设置了棱镜常数，关机后该常数将被保存。

4. 距离测量（连续测量）

操作步骤：

（1）在角度测量模式下照准棱镜中心

（2）单击【测距】键进入距离测量模式。系统根据上次设置的测距模式开始测量。

（3）单击【模式】键进入测距模式设置功能。这里以“连续精测”为例。

（4）显示测量结果，如图 5-4 所示。

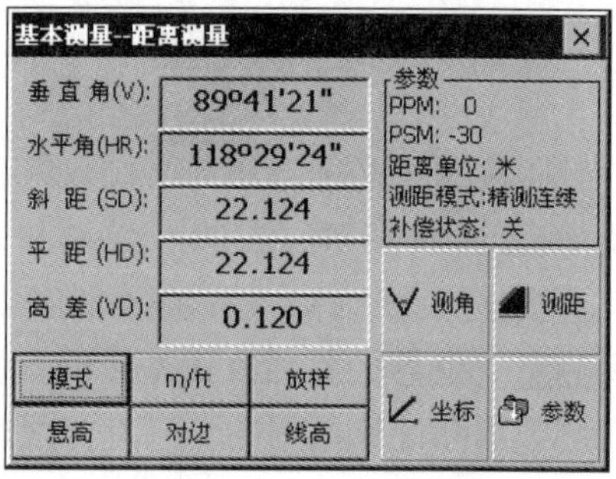

图 5-4　距离测量界面

5.2.4　坐标测量

设置好测站点（仪器位置）相对于原点的坐标后，仪器便可求出显示未知点（棱镜位置）的坐标，如图 5-5 所示。

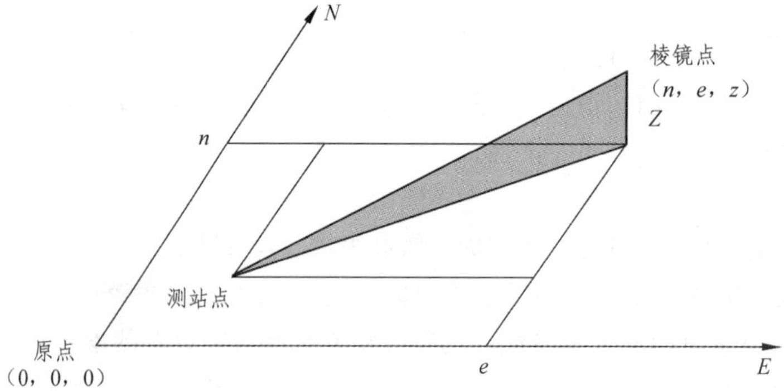

图 5-5　坐标测量

操作步骤：

（1）设置测站坐标和仪器高/棱镜高。

（2）设置后视方位角。

（3）单击【坐标】键。测量结束，显示结果如图 5-6 所示。

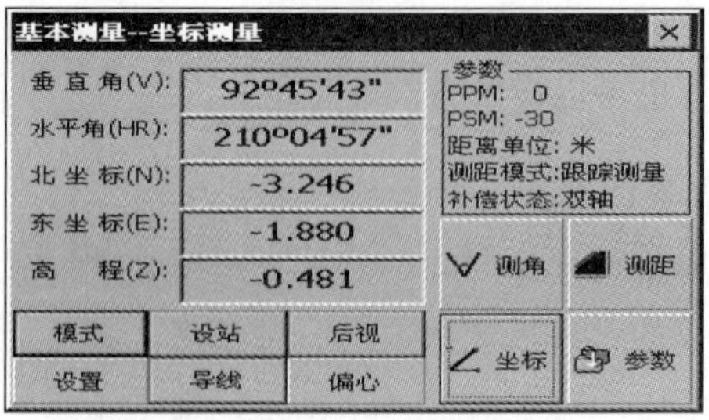

图 5-6　坐标测量显示结果

5.2.5 放样测量

该功能可显示测量的距离与预置距离之差。显示值 = 观测值 – 标准（预置）距离，可进行各种距离测量模式如斜距、平距或高差的放样 。

操作步骤：

（1）在距离测量模式下，单击【放样】键。

（2）选择待放样的距离测量模式（斜距/平距/高差），输入待放样的数据后，单击【确定】或按【ENT】键。

（3）开始放样；使得实测的值与欲放样的理论值相一致。

任务 5.3 程序测量

程序测量

5.3.1 悬高测量

悬高测量程序用于测定遥测目标相对于棱镜的垂直距离（高度）及其离开地面的高度（无需棱镜的高度）。使用棱镜高时，悬高测量以棱镜作为基点，不使用棱镜时则以测定垂直角的地面点作为基点，上述两种情况下基准点均位于目标点的铅垂线上。

操作步骤：

（1）在距离测量模式下，单击【悬高】键进入悬高测量功能。

（2）输入棱镜高；照准目标棱镜中心 P。

（3）单击【测距】键；显示仪器至棱镜之间的水平距离（平距）。

（4）单击【继续】键；棱镜位置即被确定。

（5）照准目标 K。如图 5-7 所示，界面显示垂直距离（高差）。

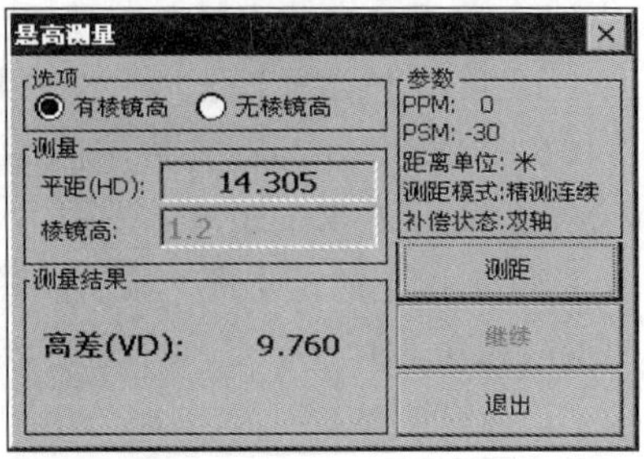

图 5-7 悬高测量界面

5.3.2 对边测量

对边测量可测量两个棱镜之间的水平距离（d_{HD}），斜距（d_{SD}）和高差（d_{VD}）。对边测量模式具有如图 5-8 和图 5-9 所示的两个功能。

（1）（A—B，A—C）：测量 A—B，A—C，A—D，…

（2）（A—B，B—C）：测量 A—B，B—C，C—D，…

操作步骤：

（1）在距离测量模式下，单击【对边】键进入对边测量功能。

（2）选择 A—B，A—C。

（3）照准棱镜 A，单击【测距】键。显示仪器和棱镜 A 之间的平距。

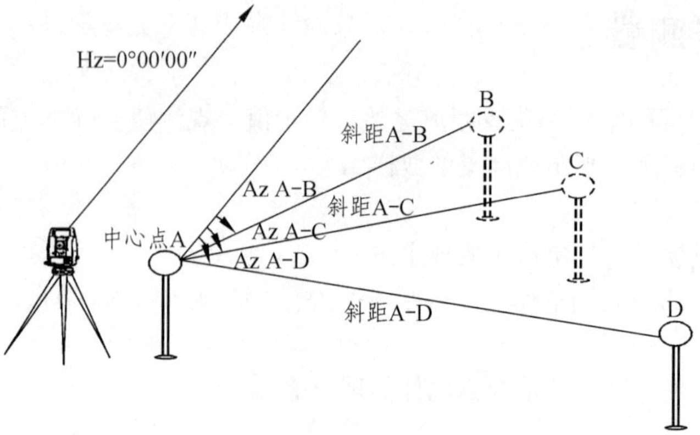

图 5-8　对边测量（1）

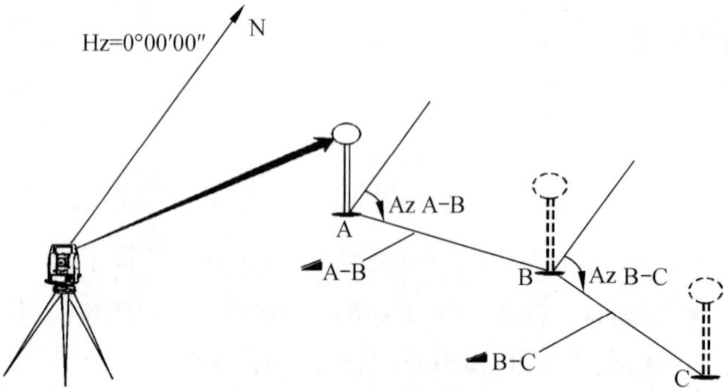

图 5-9　对边测量（2）

（4）单击【继续】键。照准棱镜 B，单击【测距】键。

（5）单击【继续】键，显示棱镜 A 与棱镜 B 之间的平距（d_{HD}），高差（d_{VD}）和斜距（d_{SD}）。

（6）要测定 A 与 C 两点之间的距离，可照准棱镜 C，再单击【测距】键。测量结束，显示仪器至棱镜 C 的水平距离（平距）。

（7）单击【继续】键，显示棱镜 A 与棱镜 C 之间的平距（d_{HD}），高差（d_{VD}）和斜距（d_{SD}）。

注:（A—B，B—C）的观测步骤与（A—B，A—C）完全相同，在这就不作详细介绍。

5.3.3　偏心测量

偏心测量共有四种模式：角度偏心测量、距离偏心测量、平面偏心测量、圆柱偏心测量。下面以角度偏心为例进行介绍。

当棱镜直接架设有困难时，此模式是十分有用的，如在树木的中心。在这种模式下，仪器到点 P（即棱镜点）的平距应与仪器到目标点的平距相同。在设置好仪器高/棱镜高后进行偏心测量，即可得到被测物中心位置的坐标。如图 5-10 所示，当测量 A_0 的投影（地面点 A_1 的坐标）时，

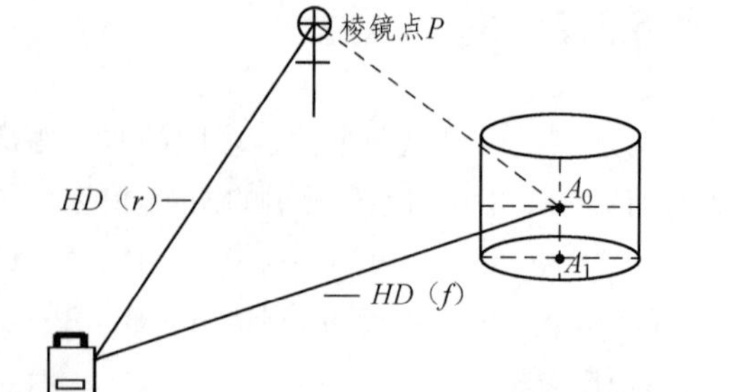

图 5-10　偏心测量

设置仪器高、棱镜高。当测量 A_0 点的坐标时，只设置仪器高（棱镜高设置为 0）。

角度偏心测量模式中，垂直角有两种设置方法：

（1）自由垂直角：垂直角随望远镜的上下转动而变化。

（2）锁定垂直角：垂直角被锁定，不会因望远镜的转动而变化。

因此，若用第一种方法照准 A_0，垂直角随望远镜的上下转动而变化，斜距（S_D）和高差（V_D）也将会改变；若用第二种方法照准 A_0，垂直角被锁定到棱镜位置，不会因望远镜的转动而变化。

操作步骤：

（1）单击【偏心】键；在弹出的对话框中单击【角度偏心】键，进入角度偏心测量。

（2）选择“自由垂直角”（或“锁定垂直角”）开始角度偏心测量。（用户可根据作业需要选择垂直角设置方式）

（3）照准棱镜 P，单击【测量】键进行测量；用水平制动和微动螺旋照准目标点 A_0。

（4）单击【继续】键，如图 5-11 显示仪器到 A_0 点的斜距、平距、高差及坐标。

不同的仪器，程序测量有所不同，总之，程序测量为我们测量的应用提供了快速、简便的测量方法，提高了工作效率。

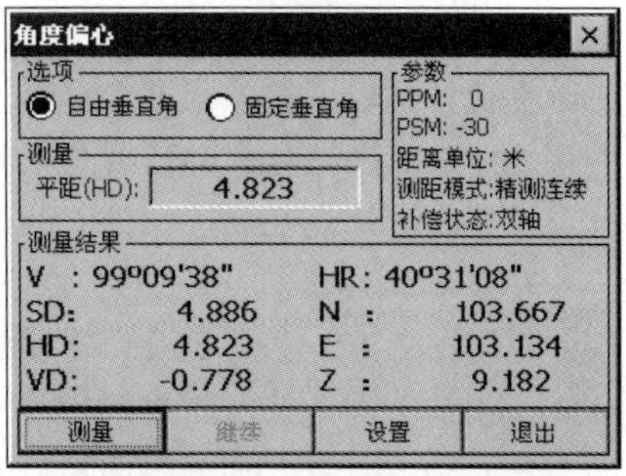

图 5-11　偏心测量界面

任务 5.4　全站仪数据采集

全站仪数据采集

5.4.1　设置采集参数

进行数据采集之前，应该进行全站仪的有关参数设置。常见参数有温度、气压、气象改正数，仪器的加常数、乘常数、棱镜常数、测距模式等。对地形测量来说，则主要注意棱镜常数、测距模式、气象改正等方面的设置。同时，还应检查全站仪内存空间的大小，删除无用的文件。如全部文件无用，可将内存初始化。对于已有的控制点（GNSS 控制点、图根点）成果，应提前导入全站仪中，以供采集数据时调用。

根据测图需要，选择一已知点作为测站点，选择另一已知点作为后视，在测站点安置全站仪（对中、整平），并量取仪器高 i，并进行记录。输入采集数据文件名（可以地名或施测日期命名），下面以南方 NTS-330R 为例讲述数据采集的操作步骤。

5.4.2　数据采集文件的选择

在菜单界面下按【F1】（数据采集）键，进入如图 5-12（a）所示的“选择文件”界面。这里选择的文件是作为保存碎部点测量数据与坐标数据的，如果要将本次测量的数据存入已有的测量文件，则按【F2】（调用）键从已有测量文件列表中选择；输入文件名，如果输入的文件名与内存中已有的测量文件不重名，则新建该测量文件，按【ENT】键进入如图 5-12（b）所示的“数据采集 1/2”菜单。

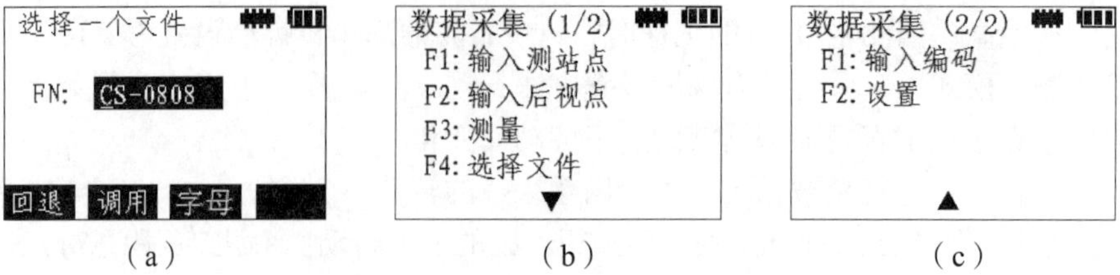

图 5-12　数据采集

5.4.3　设置测站点与后视点

1. 输入测站点

在执行“输入测站点”命令前，应先选择测站点坐标所在的坐标文件，仪器允许测站点和后视点的坐标在内存中的任意坐标文件中，在图 5-13（b）界面下按【F4】(选择文件）键进行设置。假设测站点在坐标文件 CS-0810 中。下面的操作是将测站点设置为 CS-0810 中的 *ZD*。

在如图 5-13（b）所示的界面下按【F4】(选择文件）键，在其后的操作中选择 CS-0810 文件并返回图 5-12。按【F1】(输入测站点）键，进入如图 5-13（a）所示的测站点输入界面，按【F3】(测站）键，进入如图 5-13（b）所示的界面，按【F2】(调用）键进入如图 5-13（c）所示的文件 CS-0810 点名列表界面，按▲或▼键将光标移到 *ZD* 上，按【ENT】键，屏幕显示 *ZD* 点的坐标，如图 5-13（d）所示，按【F4】(是）键，进入如图 5-13（e）所示的界面，按▼键将光标移动到“编码”栏，它要求输入测站点的编码，可以按【F2】(调用）键从编码库中选择一个编码，或按【F1】(输入）键进入如图 5-13（f）所示的界面，可以直接输入编码或按【F4】(编码）键，进入如图 5-13（g）所示的界面，输入编码的序号。完成操作后光标移动到“仪高”栏，输入仪器高后按【F4】(记录）键，进入如图 5-13（h）所示的界面，按【F4】(是）键保存，即完成测站点设置操作。

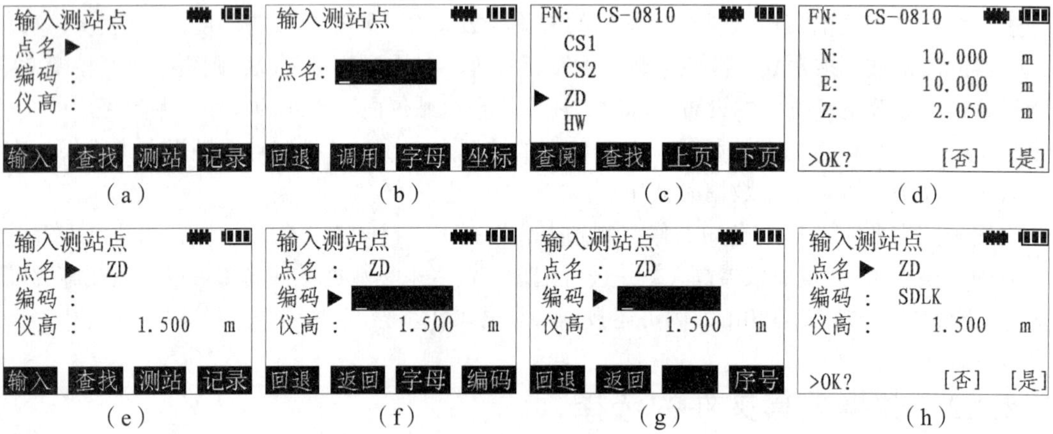

图 5-13　设置测站点

2. 输入后视点

与执行“输入测站点”命令一样，执行“输入后视点”命令前，应先在如图 5-12（b）所示的界面下按【F4】(选择文件）键设置后视点坐标所在的文件，仪器允许测站点和后视点的坐标分别位于不同的坐标文件中。下面的操作是将后视点设置为 CS-0811 中的 JD21。

在如图 5-12（b）所示的界面下按【F2】(输入后视点）键，进入如图 5-14（a）所示的后视点输入界面，按【F3】(后视）键进入如图 5-14（b）所示的界面，按【F2】(调用）键进入如图 5-14（c）所示的文件 CS-0811 点名列表界面，按▲或▼键将光标移到 JD21 上，按【ENT】键，屏幕显示 *ZD* 点的坐标，如图 5-14（d）所示，按【F4】(是）键，进入如图 5-14（e）所示的照准界面，转动照准部瞄准后视点 JD21，按【F4】(是）键，此时后视方位角计算好并且仪器水平角自动设置为方位角，进入如图 5-14（f）所示的界面，可以输入后视点的编码和镜高，和测站点输入时一样。按【F4】(测量）键，进入如图 5-14（g）所示的界面，可以执行“角度”“斜距”和“坐标”三个命令，执行任意一个命令会把测量结果保存到测量文件中，完成定向操作后屏幕返回如图 5-12（b）所示的界面。

如果不知道后视点的坐标，仅已知后视点的方位角，则在如图 5-14（b）所示的界面下按【F4】(坐标）键，在其后的界面中按【F4】(角度）键后进入输入后视角度界面，输入已知方位角后按【ENT】键确认，转动照准部照准后视点，按【F4】(是）键设置后视方位角。

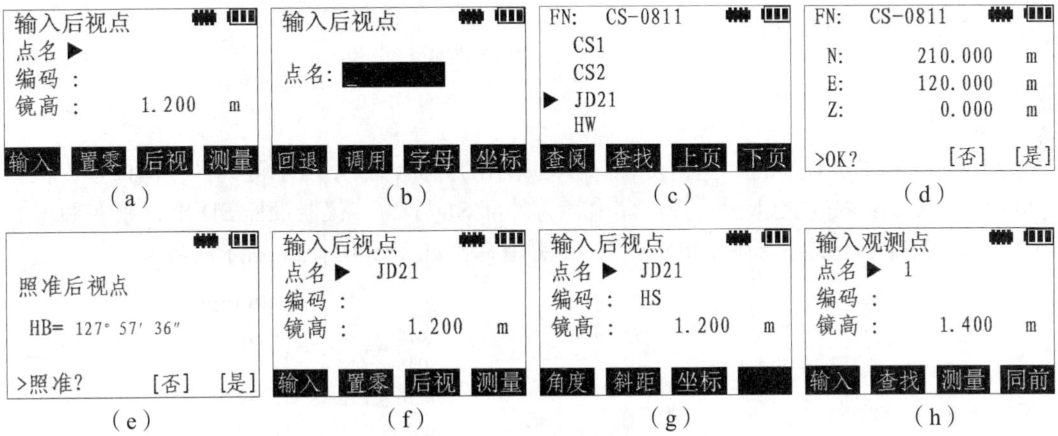

图 5-14 设置后视点

5.4.4 数据采集

测量并保存碎部点的观测数据与坐标计算数据。在如图 5-12（b）所示的界面下按【F3】(测量）键，进入如图 5-14（h）所示的界面。按【F1】(输入）键，要求输入碎部点的点号、编码和镜高，转动照准部瞄准碎部点目标，按【F3】(测量）键，再按【F3】(测量）键，仪器开始测量并显示碎部点的坐标测量结果，若测量模式为单次测量，则自动保存测量结果并返回如图 5-14（h）所示的界面，点号自动增加 1，若测量模式为连续测量或跟踪测量，则需按【F4】(记录）键保存测量结果，返回如图 5-14（h）所示的界面，此时再次测量时可以按【F4】(记录）键进行测量。

任务 5.5 全站仪内存管理与数据通信

随着计算机在测量工作中的广泛应用，全站仪的内存也在增大，这样就省去了烦琐的记录工作，大大提高了工作效率，通过全站仪内存的测点数据可实现仪器与计算机之间的双向数据通信。下面以南方 NTS-330R 为例进行讲述。

5.5.1 存储管理

在菜单模式界面下按【F3】(内存管理)键，进入如图 5-15 所示的“内存管理”菜单，它有 1/3，2/3，3/3 三页菜单，按▲、▼键可以循环切换。

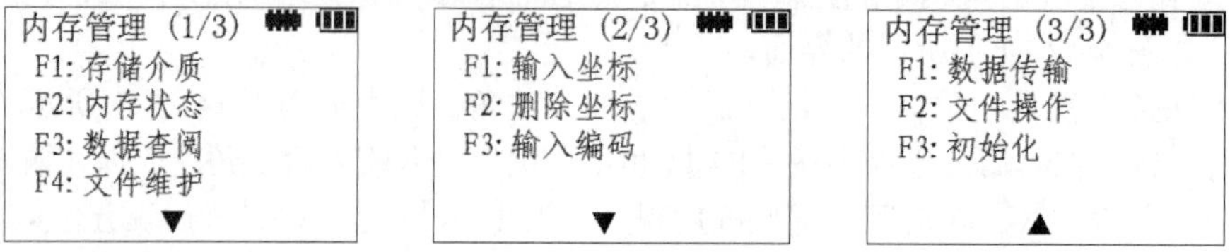

(a)　(b)　(c)

图 5-15　存储管理

1. 存储介质

按【F1】(存储介质)键，进入如图 5-16 所示的界面，按【F1】键选择存储内存为仪器内部自带的 FLASH；按【F2】键选择存储内存为外部 SD 卡，若仪器没插 SD 卡，则在如图 5-16(b)所示的界面下方显示“没有 SD 卡!”，屏幕退回到如图 5-16(a)所示的界面。

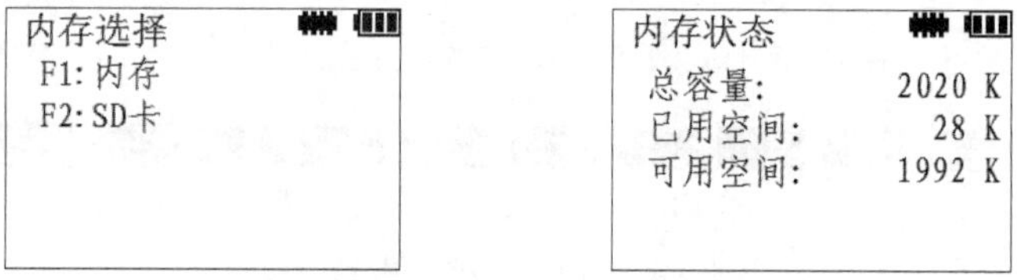

(a)　(b)

图 5-16　存储介质

2. 内存状态

按【F2】(内存状态)键，进入到如图 5-16 所示的界面，显示当前内存的总容量、已经使用的空间和未用的空间(内部存储容量为 2020K)。

3. 数据查阅

按【F3】(数据查阅)键，进入如图 5-17(a)所示界面，可以在测量数据、坐标数据和编码数据中查找指定的数据。在测量数据与坐标数据中查找点的数据时，需选择文件。下面介绍查找坐标数据的操作方法，假设仪器内存中有名称为 CS-0810 的坐标文件。

在如图 5-17(a)所示的菜单下，按【F2】(坐标数据)键，进入如图 5-17(b)所示的“选择文件”界面，可以直接输入文件名“CS-0810”，也可以按【F2】(调用)键，进入如图 5-17(c)所示的内存坐标文件列表界面，按▲、▼键选择需要的坐标文件，文件名左边的符号▶表示当前选择的坐标文件，按【F4】或【ENT】键，进入如图 5-17(d)所示的“数据查找”界面，按【F1】(第一个数据)键，屏幕显示文件 CS-0810 的第一点的坐标，如图 5-17(e)所示；按

【F3】(按点名查找)键，进入如图 5-17(f)所示的输入查找点号界面，输入点号 8 后按【ENT】键，屏幕显示点号为 8 的点的坐标，如图 5-17(g)所示。

在如图 5-17(a)所示的菜单下，按【F4】(展点)键，或在如图 5-17(e)所示的界面下按【F4】(展点)键，屏幕显示如图 5-17(h)所示，图中黑点表示点号为 1 的当前点，十字表示其他点。

在如图 5-17(h)所示的界面下各个按键的功能为:【ANG】键——连线功能；⊖键——显示当前点的坐标；【F1】键——当前点前移一个；【F2】键——当前点后移一个；【F3】键——缩小；【F4】键——放大；◀键——右移；▶键——左移；▲键——下移；▼键——上移。

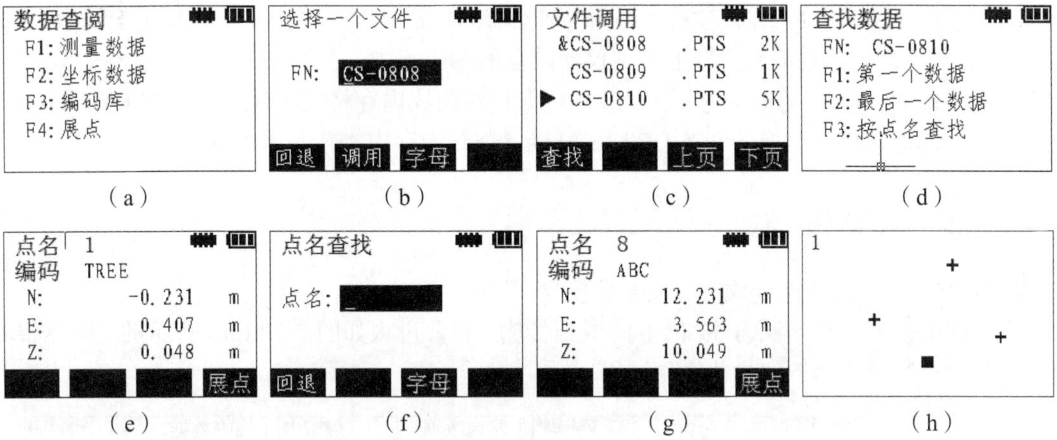

图 5-17　数据查阅

4. 文件维护

对内存中的文件进行改名和删除操作。

按【F4】(文件维护)键，进入如图 5-18 所示的界面，显示文件列表，按▲、▼键移动光标符号“▶”选择文件为当前文件，按【F1】(改名)键位修改当前文件名，按【F2】(删除)键为删除当前文件。

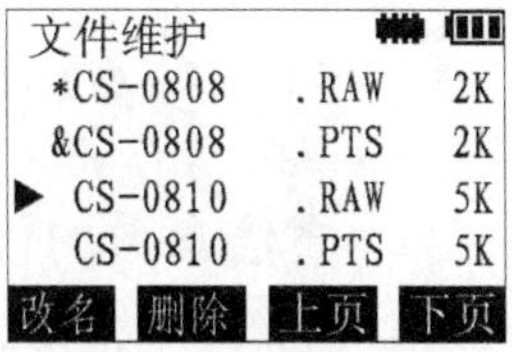

图 5-18　文件维护界面

5. 输入坐标

在指定坐标文件中添加输入的坐标，当输入的点号与文件中已有点重号时将覆盖已有坐标数据。

在“内存管理 2/3”菜单下按【F1】(输入坐标)键，进入如图 5-19(a)所示的“选择文件”界面，它要求选择输入坐标存储的文件，完成后按【ENT】键进入如图 5-19(b)所示的“输入坐标数据”界面。输完点名和编码后按【ENT】键进入如图 5-19(c)所示的“输入坐标”界面，完成输入后按【ENT】键即将坐标存入坐标文件。

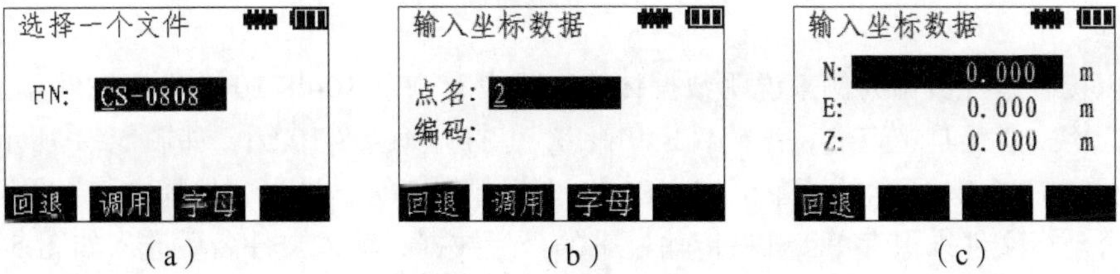

图 5-19　输入坐标界面

6. 输入编码

编码是为了数字测图软件从全站仪中读入野外采集的碎部点坐标并自动描绘地物时使用。

仪器在内存中开辟了一个区作为编码库用于保存最多 500 个编码数据，编号为 001 ~ 500，该命令可以将编码输入编码库中指定的编号位置。每个编码最多允许 10 位，可以由字母、数字或其混合组成，编码的赋值可以由用户定义。例如为 001 号编码赋值“KZD”表示控制点，为 002 号编码赋值“FW”表示为房屋等。集中输入编码的目的是，在数据采集时，可以从编码库中调用某个编码作为碎部点的编码。可以在 NTS_TRANSFER.exe 通信软件中编辑一个编码文件方式如下：

（1）通过 RS232 口：在该软件中执行“通信/计算机→NTS310/350 全站仪（定线数据或编码）”下拉菜单命令，将编码文件上传到仪器内存的编码库中；

（2）通过 USB 口：在软件中执行“USB 操作/转换成内存格式文件/*.txt→PCODE.LIB”下拉菜单命令，把转换后生成的 PCODE.LIB 直接复制到内存中，覆盖原来的文件。

5.5.2 数据传输

通过 RS232 通信口进行数据的发送和接收。

在“存储管理 3/3”菜单下按【F1】(数据传输）键，进入如图 5-20（a）所示的“数据传输”菜单，下面介绍该菜单下的具体操作。

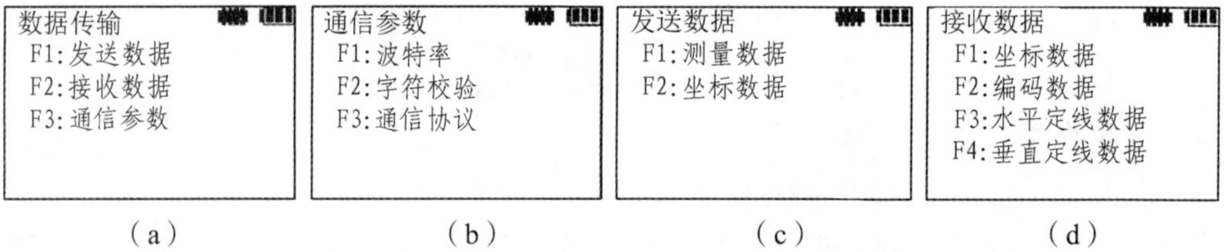

图 5-20　数据传输界面

1. 通信参数的设置

按【F3】(通信参数）键，进入图 5-20（b）的通信参数菜单，可以设置波特率、字符校验和通信协议等。通信参数应与 PC 机上通信软件的参数设置一致。

2. 发送数据

发送数据菜单如图 5-20（c）所示，可以选择发送测量数据和坐标数据。

3. 接收数据

接收数据菜单如图 5-20（d）所示，可以选择接收坐标数据、编码数据、水平定线数据和垂直定线数据。

下面以接收坐标数据为例来说明数据传输，假设有一个 10-08-10 的坐标文件需上传到全站仪里，坐标格式必须是“点名，编码，E，N，Z”，打开 10-08-10.txt，如图 5-21 所示。

在如图 5-20（d）所示的菜单下按【F1】(坐标数据）键，进入“选择文件”界面，此时必须新建一个坐标文件来保存 PC 机将传输过来的坐标数据，输入文件名后进入如图 5-22（a）所示的“接收坐标数据”界面，按【F4】(是）键进入如图 5-22（b）所示的等待数据界面。

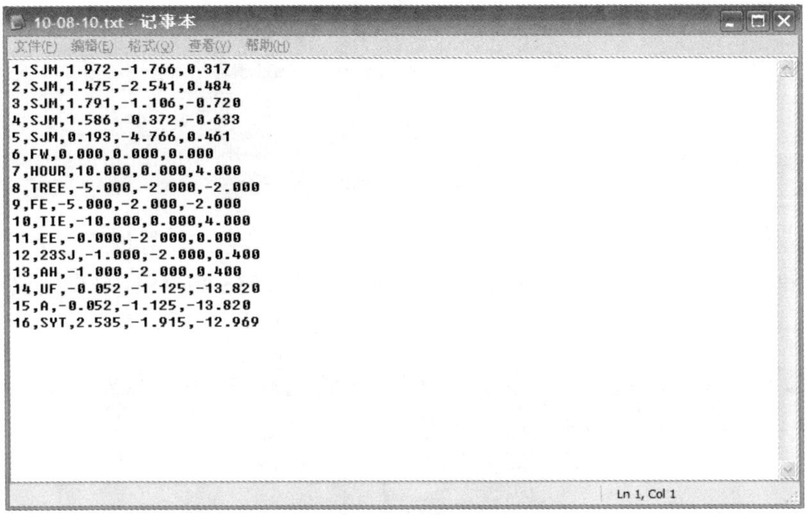

图 5-21　数据显示

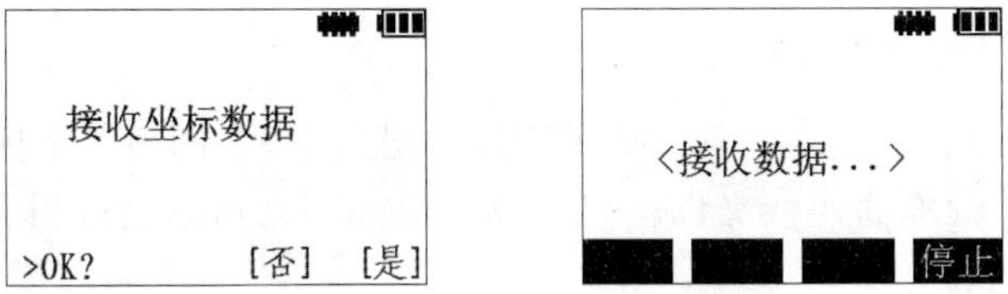

（a）　　（b）

图 5-22　接收数据界面

运行 NTS_TRANSFER.exe，打开坐标文件“10-08-10”，如图 5-23 所示，通信参数配置成和全站仪上一致。运行“通信/计算机→NTS-310/350 全站仪（坐标）”下拉菜单命令，在弹出如图 5-24 所示的确认提示框中单击【确定】按钮，开始逐行上传坐标数据。

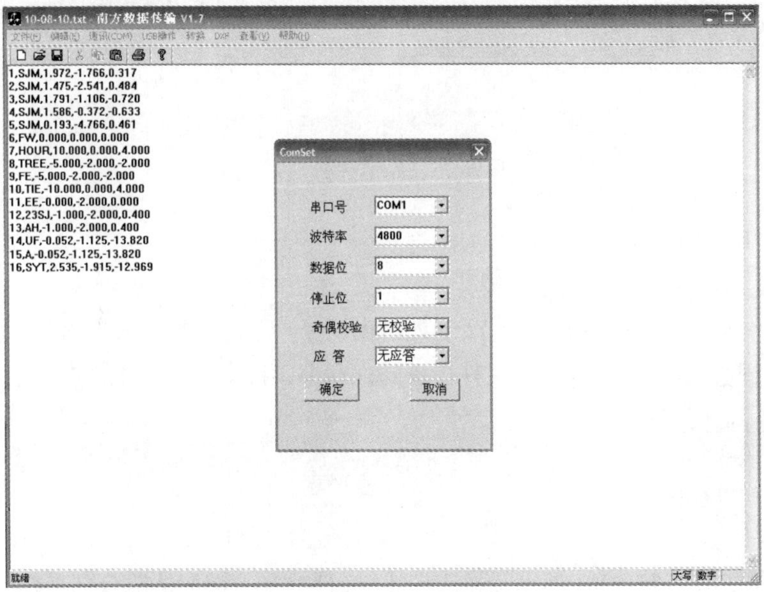

图 5-23　显示界面（1）

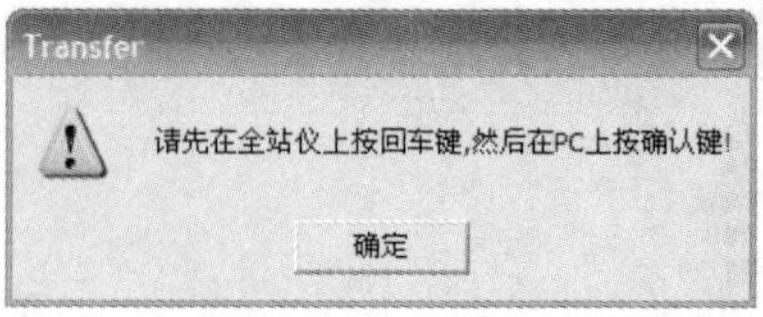

图 5-24　显示界面（2）

NTS-330R 系列全站仪还可以通过 USB 接口传输文件，用 USB 数据线把全站仪和 PC 机连接后，在 PC 机上可以看到 TS-FLASH 和 TS-SD 两个盘符，TS-FLASH 是全站仪内部存储器，TS-SD 是 SD 卡。运行 NTS_TRANSFER.exe，如图 5-25 所示。

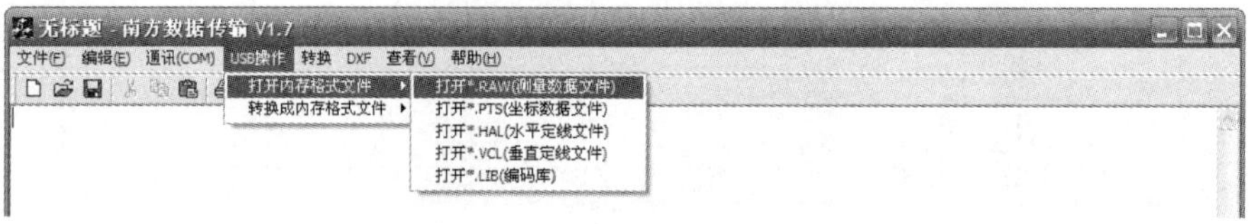

图 5-25　显示界面（3）

4. 数据文件导出到 PC 机

全站仪内存中的文件有 5 种：*.RAW 是测量数据文件，*.PTS 是坐标数据文件，*.HAL 是水平定线文件，*.VCL 是垂直定线文件，*.LIB 是编码文件。可以通过相应的操作打开需要的文件，然后保存到 PC 机。

5. 把 PC 机上的文件导入到全站仪

全站仪内部的文件是以机器码存储的，所以必须把相应的文件转换成全站仪能识别的格式，用如图 5-26 所示的操作可以把数据转换成*.PTS、*.HAL、*.VCL 和 PCODE.LIB 文件，然后复制到全站仪内存中。

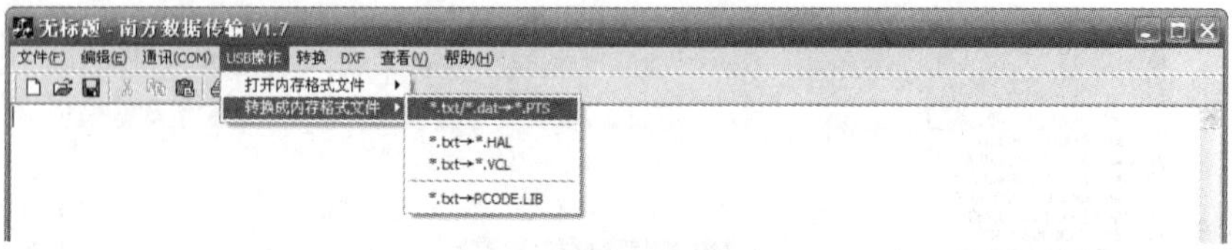

图 5-26　显示界面（4）

5.5.3　文件操作

在“存储管理 3/3”菜单下按【F2】（文件操作）键，进入如图 5-27（a）所示的“文件操作”菜单，按【F1】键可以把 SD 卡上的文件拷贝到内存中，按【F2】键把内存中的文件拷贝到 SD 卡中。

5.5.4　初始化

初始化菜单如图 5-27（b）所示，按【F1】（文件数据）键为清除全部坐标数据文件、测量数据文件和定线数据文件中的数据；按【F2】（所有文件）键为清除所有文件；按【F3】（编码数据）键为清除全部编码数据。无论选择何种初始化命令，测站点的坐标、仪器高和镜高不会被清除。

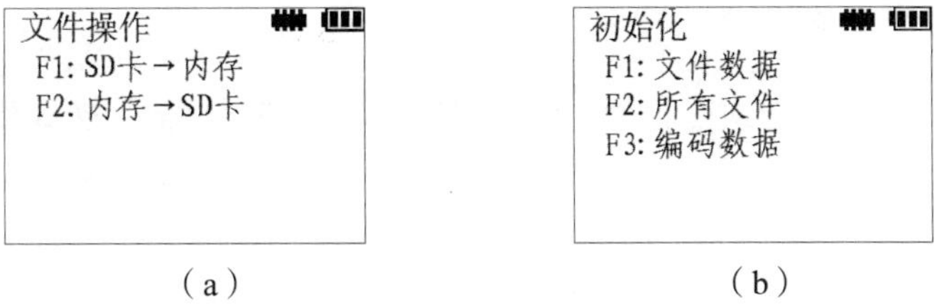

图 5-27　文件操作

任务 5.6　全站仪特点及使用注意事项

5.6.1　全站仪应用范围及特点

1. 全站仪应用范围

全站仪的应用范围已不仅局限于测绘工程、建筑工程、交通与水利工程、地籍与房地产测量，而且在大型工业生产设备和构件的安装调试、船体设计施工、大桥水坝的变形观测、地质灾害监测及体育竞技等领域中都得到了广泛应用。

2. 全站仪的应用特点

（1）在地形测量过程中，可以将控制测量和地形测量同时进行。

（2）在施工放样测量中，可以将设计好的管线、道路、工程建筑物的位置测设到地面上，实现三维坐标快速施工放样。

（3）在变形观测中，可以对建筑（构筑）物的变形、地质灾害等进行实时动态监测。

（4）在控制测量中，导线测量、前方交会、后方交会等程序功能，操作简单、速度快、精度高；其他程序测量功能方便、实用且应用广泛。

（5）在同一个测站点，可以完成全部测量的基本内容，包括角度测量、距离测量、高差测量，实现数据的存储和传输。

（6）通过传输设备，可以将全站仪与计算机、绘图机相连，形成内外一体的测绘系统，从而大大提高地形图测绘的质量和效率。

5.6.2　全站仪使用注意事项

为确保安全操作，避免造成人员伤害或财产损失，在全站仪操作过程中应注意如下几个方面。

1. 一般情况

禁止在高粉尘、无通风、易燃物附近等环境下使用仪器，自行拆卸和重装仪器，用望远镜观察经棱镜或其他反光物体反射的阳光；禁止坐在仪器箱上或使用锁扣、背带、手提柄损坏的仪器箱；严禁直接用望远镜观测太阳；确保仪器提柄固定螺栓和三角基座制动控制杆紧固可靠。

2. 电源系统

禁止使用电压不符的电源或受损的电线、插座等；严禁给电池加热或将电池扔入火中，用湿手插拔电源插头，以免爆炸伤人或造成触电事故；确保使用指定的充电器为电池充电。

3. 三脚架

禁止将三脚架的脚尖对准他人；确保脚架的固定螺旋、三角基座制动控制杆和中心螺旋紧固可靠。

4. 防尘防水

务必正确地关上电池护盖，套好数据输出和外接电源插口的护套；禁止电池护盖和插口进水或受潮，保持电池护盖和插口内部干燥、无尘；确保装箱前仪器和箱内干燥。

5. 其　他

严禁将仪器直接放置于地面上；防止仪器受强烈的冲击或振动；观测者不能远离仪器，务必在取出电池前关闭电源，仪器装箱前取出电池。

仪器长期不用时，至少每三个月通电检查一次，以防电路板受潮。为确保仪器的观测精度，应定期对仪器进行检验和校正。

任务 5.7 全站仪操作使用实训

5.7.1 实训目的

（1）掌握全站仪的常规设置和基本操作。

（2）熟悉一种全站仪的测距、测角、坐标测量等功能。

5.7.2 仪器工具

全站仪 1 台，棱镜 2 个，木桩 2 个，斧头 1 把，记录板 1 块，测伞 1 把。

5.7.3 步　骤

1. 开　机

按（电源）键开机显示以前设置的温度和气压。上下转动望远镜进入基本测量状态（绝对编码度盘不需此项操作）。

2. 角度测量

角度测量是测定测站到两目标间的水平夹角，同时可测定相应视线的天顶距，设地面上有 *A*、*B*、*C* 三点，*A* 为测站点，测定角 ∠*BAC* 的步骤为：

（1）在测站点安置仪器，开机进入基本测量模式；

（2）将仪器望远镜瞄准起始目标点 *B*；

（3）按（角度）键全站仪显示角度测量菜单，将起始方向值置为零；

（4）将全站仪望远镜瞄准目标点 *C*，全站仪屏幕即显示所测角度；

（5）在水平角测量时可以将起始方向置为零，也可以将起始方向设置成所需的方向值，其方法是在照准第一目标后，在基本测量模式下按（角度）键全站仪显示角度测量菜单，输入所需的方向值后按回车键即可。输入格式：例如角度值为 90°03′06″时就输入 90.030 6。

3. 距离测量

在进行距离测量之前就应进行目标高输入、气象改正、棱镜类型设定、棱镜常数化值设定、测距模式设置并观察返回信号的大小，然后才能进行距离测量。

（1）目标高输入和气象改正。

（2）测距。

4. 建　站

（1）已知点建站：是将全站仪所在已知点的数据和后视点的数据输入全站仪（要求输入测站点点号、坐标、代码、仪器高），以便全站仪调用内部坐标测量和施工放样程序，进行坐标测量和施工放样。当全站仪在已知点上架设时必须选择第一进行建站，否则全站仪默认上一个已知点的数据，测出的坐标和放样数据都是错误的。

（2）快速建站：选择快速项，是将全站仪架设在未知点上，默认 $X=0$、$Y=0$、$Z=0$；也可将全站仪架设在已知点上进行建站。对于后视可有可无，方位角也可假定，是一种独立坐标系的建站方法。

（3）坐标测量：将全站仪所在已知点的数据和后视点的数据输入全站仪（要求输入测站点点号、坐标、代码、仪器高、棱镜高、棱镜常数、大气改正值或温度、气压值），以便全站仪调用内部坐标测量程序，进行坐标测量。

（4）坐标放样（*XYZ*）：选择坐标放样 *XYZ* 项，要求输入放样点点号。然后要求输入放样点 *X*、*Y*、*Z* 坐标。输入放样点 *X*、*Y*、*Z* 坐标后，当量测完成后，则显示目标点与放样点的差值。按照屏幕上指示移动棱镜，再按【测量】键进行测量，直至放样结束。

5.7.4　注意事项

观测时，应仔细检查仪器的各项参数设置，禁止将望远镜照准太阳。

5.7.5　记录成果表

每人上交全站仪观测记录表一份。

知识小结

全站仪，即全站型电子速测仪，是一种集光、机、电为一体的高技术测量仪器，是集水平角、垂直角、距离（斜距、平距）、高差测量功能于一体的测绘仪器系统。因其一次安置仪器就可完成该测站上全部测量工作，所以称之为全站仪。

全站仪由电源部分、测角系统、测距系统、数据处理部分、通信接口、显示屏、键盘等组成，具有角度测量、距离（斜距、平距、高差）测量、三维坐标测量、导线测量、交会定点测量和放样测量等多种用途。内置专用软件后，功能还可进一步拓展。

习题与作业

1. 全站仪有哪些常见的功能？
2. 简述全站仪进行角度测量的操作步骤。
3. 简述全站仪距离测量的操作步骤。
4. 简述全站仪坐标测量的操作步骤。
5. 简述全站仪悬高测量与对边测量的操作步骤。
6. 简述利用全站仪进行数据采集的操作步骤。

项目 6 测量误差基本知识

知识目标

- 掌握测量误差的分类和特性。
- 掌握误差传播定律及其应用。
- 理解误差产生的原因。
- 了解等精度直接观测平差的方法。

技能目标

- 能够应用相关概念衡量测量精度。
- 能够分析误差产生的原因。

素养目标

- 培养刻苦学习精神，听课专注，思维积极，作业独立完成。
- 培养团结协作精神，可以互相帮助、共同学习、共同达成目标。
- 培养工匠精神，养成“怀匠心、铸匠魂、守匠情、践匠行”精神，促进学生生成“匠意、匠思、匠智”。

任务导航

- 任务 6.1　测量误差概述
- 任务 6.2　偶然误差的特性
- 任务 6.3　衡量精度的标准
- 任务 6.4　误差传播定律
- 任务 6.5　等精度直接观测平差

任务 6.1 测量误差概述

测量误差概述

任何一个观测对象，客观上都存在一个反映其真正大小的数值，这个数值称为真值。每次观测所得到的数值，称为观测值。设观测对象的真值为 X，观测值为 L_i（$i=1$、2、…、n），则差值：

$$\Delta_i = L_i - X \tag{6-1}$$

称为真误差。

6.1.1 测量误差产生的原因

产生测量误差的原因有多种，但归纳起来，其来源可概括为测量仪器（工具）、观测者和外界条件三个方面，这三方面的因素综合起来，合称为观测条件。显然，观测条件的好坏与观测成果的质量密切相关。一般情况下，观测条件好，观测时产生的误差可能就小，因而观测质量就高；相反，如果观测条件差，观测时产生的误差可能就大，因而观测质量就低。

1. 测量仪器

测量仪器（工具）的误差主要由以下三个原因引起的。

（1）构造不完善。经纬仪的度盘偏心、度盘刻划不匀、塔尺各尺节之间连接处的刻画不匀、钢尺的实际长度与名义长度不符等。

（2）仪器（工具）的精密度。在只有厘米分划的水准尺上估读毫米，在分微尺测微器的经纬仪上估读秒位，望远镜的放大倍数不高等。

（3）校正不完善。仪器校正不完善引起的误差有：水准仪 i 角误差、经纬仪视准轴误差 c 和横轴误差等。

仪器（工具）误差的消减方法：使用前对测量仪器和工具进行检验和校正；操作时采用对称的观测方法。如水准测量中的前后视距相等、角度测量中的盘左、盘右观测取平均值。

2. 观测者

观测者及前点人员在观测过程中产生的误差称为观测误差。

观测误差的产生有两个方面的原因：一是观测者本身的感官鉴别能力，这是普遍性因素；二是观测者的技术水平、工作态度、身体状况等个性化因素。

（1）水准测量中的观测误差，包括水准管气泡居中的误差、读数误差、水准尺竖立不直的误差等。

（2）角度测量中的观测误差，包括对中误差、整平误差、瞄准误差、读数误差、目标竖立不直的误差等。

（3）钢尺量距中的观测误差，包括定线误差、读数误差、拉力误差、钢尺垂曲和不水平的误差、丈量时测钎插不准及端点对不准的误差等。

观测误差的消减方法：认真按规程操作。

3. 外界条件

外界条件的影响主要有两个方面：一个是自然条件的影响，另一个是施工环境的影响。

（1）自然条件的影响，包括地球曲率和大气折光的影响（可采用前后视距相等的方法消除）、空气透明度、空气对流、目标背景不良、阳光直晒、温度变化及风力的影响等。

（2）施工环境的影响，包括施工机械振动及施工过程中的其他影响。

针对不同的外界条件影响，选择有利的观测时间，采取不同的措施。如对于施工机械的影响，可以在施工机械不工作的时候测量；风大的时候，可以不进行测量的外业工作；阳光直晒时，可以给仪器打伞或在避开阳光直晒的时候观测等。

6.1.2 测量误差的分类

测量误差按其性质可分为系统误差和偶然误差两类。

1. 系统误差

在相同的观测条件下做一系列的观测，如果误差在大小、符号上表现出系统性，或者按一定的规律变化，或者保持某一常数，这种误差称为系统误差。产生系统误差的原因很多，主要是由于使用的仪器不够完善以及外界条件所引起的。例如，量距时所用钢尺的长度比标准尺略长或略短，则每量一整尺即存在一尺长误差，它的大小和正负号是一定的，量的整尺数越多，误差就越大，具有累积性。因此，必须尽可能地全部或部分地消除系统误差的影响。

消除系统误差的影响，可以采用改正的方法，例如在量距前将所用钢尺与标准长度比较，得出差数，进行尺长改正。也可采用适当的观测方法，例如进行水准测量时，仪器安置在离两水准尺等距离的地方，可以消除水准仪视准轴不平行于水准管轴的误差、大气折光以及地球曲率引起的误差；又如用盘左、盘右两个盘位观测水平角，可以消除经纬仪视准轴不垂直于横轴的误差以及横轴不垂直于竖轴的误差等。

2. 偶然误差

在相同的观测条件下做一系列的观测，如果误差在大小和符号上都表现出偶然性，即误差的大小不等，符号不同，这种误差称为偶然误差。

偶然误差是由于人的感觉器官和仪器的性能受到一定的限制，以及观测时受到外界条件的影响等造成的。例如，用望远镜照准目标时，由于观测者眼睛的分辨能力和望远镜的放大倍数有一定限度，观测时光线强弱的影响，致使照准位置不可能绝对正确，可能偏左一些，也可能偏右一些。又如，在水准尺上估读毫米时，每次估读也不会绝对相同，可能大一点，也可能小一点。偶然误差的影响可大可小，可正可负，纯属偶然性，数学上称为随机性，所以偶然误差也称随机误差。单个偶然误差的出现没有规律性，但在相同条件下重复观测某一量，出现的大量偶然误差却具有一定的规律性，这种规律性称为统计规律性。

在测量工作中，除了上述两类性质的误差外，还可能发生错误，例如，测错、记错、算错等。错误的发生是由于观测中粗心大意所造成的。错误又称粗差。凡含有粗差的观测值应舍去不用，并需重测，为此应加强责任心，认真操作。一般来讲，错误不算作观测误差。

为了提高观测成果的质量，同时也为了发现和消除错误，在测量工作中，一般都要进行多于实际需要的观测，称为多余观测。例如，确定一平面三角形的形状，只需要观测其中两个内角即可，但实际上也要观测第三个角，以便检校内角和，从而判断观测结果的正确性。

粗差可以通过有效的检核方法加以防止，系统误差可以在作业中采取一定的措施或施加改正的方法予以消除，所以观测结果中通常我们只认为包含偶然误差。

任务 6.2 偶然误差的特性

偶然误差的产生纯系随机性的，只有通过大量观测才能揭示其内在的规律，这种规律具有重要的实用价值。现通过一个实例来阐述偶然误差的统计规律。

在相同的观测条件下，独立地观测了 358 个三角形的全部内角，每个三角形三内角之和应等于它的真值 180°，由于观测值存在误差，使得三内角之和往往不等于其真值。根据式（6-1），各三角形内角和的真误差为：

$$\Delta_i = (L_1 + L_2 + L_3)_i - 180° \tag{6-2}$$

式中 $(L_1 + L_2 + L_3)_i$——第 i 个三角形三内角观测值之和。

现取误差区间的间隔 $d_\Delta = 5''$，将这一组误差按其正负号与误差值的大小排列。出现在某区间内误差的个数称为误差出现在该区间内的频数，用 k 表示；频数除以误差的总个数 n 即 k/n，称为误差出现在该区间内的频率。统计结果列于表 6-1，此表称为误差频率分布表。

表 6-1　误差频率分布表

误差区间 d_Δ	$-\Delta$			$+\Delta$		
	k	k/n	$\frac{k/n}{d_\Delta}$	k	k/n	$\frac{k/n}{d_\Delta}$
0 ~ 5″	45	0.126	0.025 2	46	0.128	0.025 6
5″ ~ 10″	40	0.112	0.022 4	41	0.115	0.023 0
10″ ~ 15″	33	0.092	0.018 4	33	0.092	0.018 4
15″ ~ 20″	23	0.064	0.012 8	21	0.059	0.118
20″ ~ 25″	17	0.047	0.009 4	16	0.045	0.009 0
25″ ~ 30″	13	0.036	0.007 2	13	0.036	0.007 2
30″ ~ 35″	6	0.017	0.003 4	5	0.014	0.002 8
35″ ~ 40″	4	0.011	0.002 2	2	0.006	0.001 2
40″以上	0	0	0	0	0	0
和	181	0.505	0.101	177	0.495	0.099

为更加直观，根据表 6-1 的数据画出如图 6-1 的图形，图中横坐标Δ表示误差的大小，纵坐标 y 为各区间内误差出现的频率除以区间的间隔，即 $\frac{k/n}{d_\Delta}$。这样，图 6-1 中每一误差区间上的长方条面积就代表误差出现在该区间内的频率。例如，图中画有斜线的长方条面积就是误差出现在 $+10'' \sim +15''$区间内的频率，其值为 $\frac{k/n}{d_\Delta} \times d_\Delta = 0.092$。这种图在统计学上称为直方图。

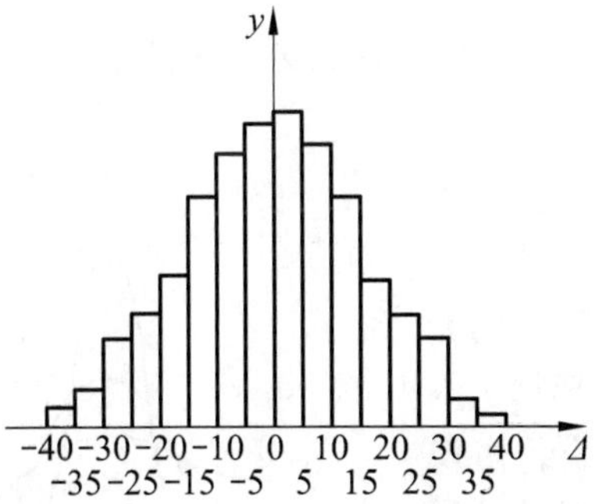

图 6-1　误差直方图

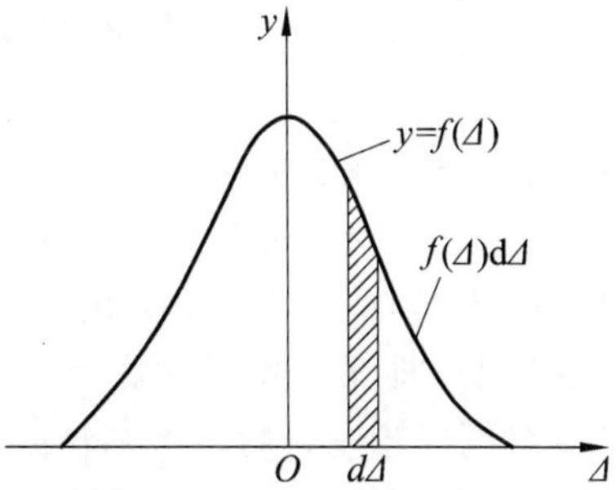

图 6-2　误差分布曲线

通过上面的实例，可以概括出偶然误差的特性如下：

（1）在一定条件下的有限观测值中，其误差的绝对值不会超过一定的界限。或者说，超过一定限值的误差，其出现的概率为零。

（2）绝对值较小的误差比绝对值较大的误差出现的次数多。或者说，小误差出现的概率大，大误差出现的概率小。

（3）绝对值相等的正误差与负误差出现的次数大致相等。或者说，它们出现的概率相等。

（4）当观测次数无限增多时，偶然误差的算术平均值趋近于零，即：

$$\lim_{n\to\infty}\frac{\sum_{i=1}^{n}\Delta_i}{n}=\lim_{n\to\infty}\frac{[\Delta]}{n}=0 \tag{6-3}$$

式中，$[\Delta]$为误差总和的符号。换言之，偶然误差的理论均值为零。

特性（1）说明误差出现的范围，即误差的有界性；特性（2）说明小误差出现的密集性，或称为误差的聚中性；特性（3）说明正负误差的方向性，或称为误差的对称性；特性（4）是由特性（3）导出的，它说明该列误差的抵偿性。抵偿性是偶然误差最本质的统计特性，换言之，凡具有抵偿性的误差，原则上都可按偶然误差处理。

如果继续观测更多的三角形，即增加误差的个数，当 $n\to\infty$ 时，各误差出现的频率也就趋近于一个完全确定的值，这个数值就是误差出现在各区间内的概率。此时如将误差区间无限缩小，那么图 6-1 中各长方条顶边所形成的折线将成为一条光滑的连续曲线，如图 6-2 所示，这条曲线称为误差分布曲线，也称正态分布曲线。曲线上任一点的纵坐标 y 均为横坐标 Δ 的函数，其函数形式为：

$$y=f(\Delta)=\frac{1}{\sqrt{2\pi}\sigma}e^{-\frac{\Delta^2}{2\sigma^2}} \tag{6-4}$$

式中　e——自然对数的底，$e = 2.718\,3$；

σ——观测值的标准差，其平方 σ^2 称为方差。

图 6-2 中小长方条的面积 $f(\Delta)d_\Delta$，代表误差出现在该区间内的概率，即：

$$P = f(\Delta)d_\Delta \tag{6-5}$$

由上式可知，当函数 $f(\Delta)$ 较大时，误差出现在该区间的概率也大，反之则较小。因此，称函数 $f(\Delta)$ 为概率密度函数，简称密度函数。图中分布曲线与横坐标轴所包围的面积为 $\int_{-\infty}^{+\infty} f(\Delta)d_\Delta = 1$（直方图中所有长方条面积总和也等于 1），即偶然误差出现的概率为 1，是必然事件。

在图 6-3 中，有三条误差分布曲线 y^{I}、y^{II} 及 y^{III}，代表不同标准差 σ_1、σ_2 及 σ_3 的三组观测。从图中可以看出，曲线Ⅰ较高而陡峭，表明绝对值较小的误差出现的概率大，误差的分布较密集；曲线Ⅱ、Ⅲ都较低而平缓，误差的分布较离散。因此，前者的观测精度较高，后两者则较低。这就是说，由误差分布的密集和离散程度，可以判断观测的精度。但是求误差分布曲线的函数式比较困难，因此可以由分布曲线的标准差来比较精度。当 $\Delta = 0$ 时，y 的最大值分别为 $y^{\text{I}} = \dfrac{1}{\sqrt{2\pi}\sigma_1}$、$y^{\text{II}} = \dfrac{1}{\sqrt{2\pi}\sigma_2}$、$y^{\text{III}} = \dfrac{1}{\sqrt{2\pi}\sigma_3}$，由于 $y^{\text{I}} > y^{\text{II}} > y^{\text{III}}$，则 $\sigma_1 < \sigma_2 < \sigma_3$，表明标准差越小，误差分布越密集，观测精度越高，所以观测质量的好坏常用标准差来衡量。标准差在分布图上的几何意义是分布曲线拐点的横坐标，即 $\sigma = \pm\Delta_{拐}$，σ 可以由 $f(\Delta)$ 的二阶导数等于零求得。

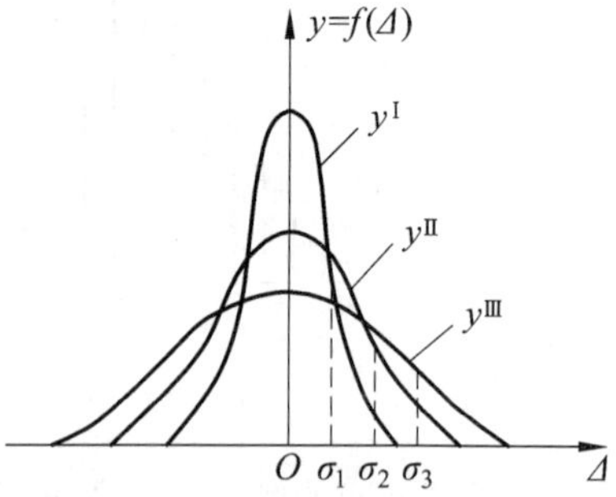

图 6-3　三组观测的误差分布曲线

任务 6.3　衡量精度的标准

衡量精度的标准

在相同的观测条件下，对某量进行多次观测，为了评定观测结果的精确程度，必须有一个衡量精度的标准。常用的衡量精度的标准有下列几种。

6.3.1　中误差

上节已述及，标准差的大小反映了观测质量的好坏，标准差越小，说明观测精度越高；标准差越大，说明观测精度越低。所以观测结果的精度可以用标准差来衡量。由数理统计可知，标准差 σ 的定义为：

$$\sigma^2 = \lim_{n\to\infty}\frac{[\Delta\Delta]}{n} \tag{6-6}$$

用上式求 σ 值要求观测数 n 趋近无穷大，实际上是很难办到的。在实际测量工作中，观测数总是有限的，为了评定精度，一般采用下述公式：

$$m = \pm\sqrt{\frac{[\varDelta\varDelta]}{n}} \tag{6-7}$$

式中　m——中误差；

$[\varDelta\varDelta]$——组同精度观测误差 $\varDelta_i$ 自乘的总和；

n——观测数。

比较式（6-6）与（6-7）可以看出，标准差 σ 与中误差 m 的不同之处就在于观测个数的区别，标准差为理论上的观测精度指标，而中误差则是观测数 n 为有限时的观测精度指标。所以，中误差实际上是标准差的近似值，统计学上称为估值，随着 n 的增加，m 将趋近 σ 。

必须指出，在相同的观测条件下进行的一组观测，测得的每一个观测值都为同精度观测值，也称为等精度观测值。由于它们对应着同一个误差分布，具有同一个标准差，其估值为中误差，因此，同精度观测值具有相同的中误差。但是同精度观测值的真误差彼此并不一定相等，有的差异还比较大，这是由于真误差具有偶然误差的性质。

【例 6–1】　设有甲、乙两组观测值，其真误差分别为：

甲组：$-4''$、$-2''$、0、$-4''$、$+3''$

乙组：$+6''$、$-5''$、0、$+1''$、$-1''$

则两组观测值的中误差分别为：

$$m_{甲} = \sqrt{\frac{(-4)^2+(-2)^2+0^2+(-4)^2+3^2}{5}} = \pm 3''.0$$

$$m_{乙} = \sqrt{\frac{6^2+(-5)^2+0^2+1^2+(-1)^2}{5}} = \pm 3''.5$$

由此可以看出甲组观测值比乙组观测值的精度要高，因为乙组观测值中有较大的误差，用平方能反映较大误差的影响。因此，测量工作中采用中误差作为衡量精度的标准。

应该再次指出，中误差 m 是表示一组观测值的精度。例如，$m_{甲}$ 是表示甲组观测值中每一观测值的精度，而不能用每次观测所得的真误差（$-4''$、$-2''$、0、$-4''$、$+3''$）与中误差（$\pm 3''$）相比较，来说明一组中哪一次观测值的精度高或低。

6.3.2　相对误差

测量工作中，有时以中误差还不能完全表达观测结果的精度。例如，分别丈量了 $D_1 =$ 1 000 m、$D_2 = 50$ m 两段距离，其中误差均为 $m = \pm 0.1$ m，并不能说明丈量距离的精度，因为量距时其误差的大小与距离的长短有关，所以应采用另一种衡量精度的方法，这就是相对中误差或相对误差，它是中误差的绝对值与观测值的比值，通常用分子为 1 的分数形式表示。例如上例中前者的相对误差为 $K_1 = \frac{0.1}{1\,000} = \frac{1}{10\,000}$，后者则为 $K_2 = \frac{0.1}{50} = \frac{1}{500}$，前者分母大比值小，丈量精度高；后者分母小比值大，丈量精度低。

在一般距离丈量中，通常取往返丈量距离之差的绝对值与往返丈量距离的平均值之比，并将分子化为 1，分母取整数的形式来评定丈量的精度，这是相对误差的另一种表现形式。相对误差不能用于评定角度的精度，因为角度观测的误差与角值的大小无关。相对误差是个无名数。

6.3.3 极限误差

中误差是反映误差分布的密集或离散程度的，它并不代表个别误差的大小，因此，要衡量某一观测值的质量，决定其取舍，还要引入极限误差的概念。极限误差又称允许误差，简称限差。偶然误差的第一特性说明，在一定的观测条件下，偶然误差的绝对值不会超过一定的限值。根据误差理论可知，在等精度观测的一组误差中，误差落在区间 $(-\sigma,+\sigma)$ 、$(-2\sigma,+2\sigma)$ 、$(-3\sigma,+3\sigma)$ 的概率分别为：

$$\left.\begin{array}{l} P(-\sigma<\Delta<+\sigma)\approx 68.3\% \\ P(-2\sigma<\Delta<+2\sigma)\approx 95.4\% \\ P(-3\sigma<\Delta<+3\sigma)\approx 99.7\% \end{array}\right\} \quad (6\text{-}8)$$

其概率分布曲线如图 6-4 所示。

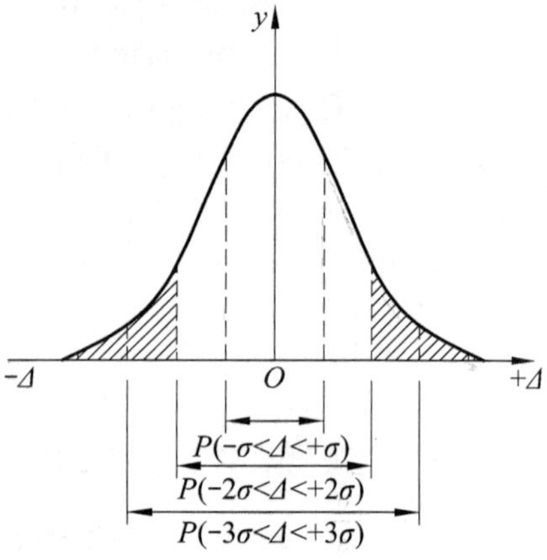

图 6-4　概率分布曲线

式（6-8）说明，绝对值大于 2 倍中误差的误差，其出现的概率为 4.6%，绝对值大于 3 倍中误差的误差，其出现的概率仅为 0.3%，已经是概率接近于零的小概率事件，或者说实际上的不可能事件。因此在测量规范中，为确保观测成果的质量，通常规定以 3 倍或 2 倍中误差为偶然误差的允许误差，即：

$$\varDelta_{允} = 3m \text{ 或 } \varDelta_{允} = 2m \quad (6\text{-}9)$$

超过上述限差的观测值应舍去不用，或返工重测。

任务 6.4 误差传播定律

有些未知量往往不能直接测得，而是由某些直接观测值通过一定的函数关系间接计算而得。例如水准测量中，测站的高差是由读得的前、后视读数求得的，即 $h=a-b$ 。又如两点间的坐标增量是由直接测得的边长 D 及方位角 α ，通过函数关系 $(\Delta x = D\cos\alpha, \Delta y = D\sin\alpha)$ 间接算得的。前者的函数形式为线性函数，后者为非线性函数。

由于直接观测值含有误差，受其影响它的函数也必然存在误差。阐述观测值中误差与函数中误差之间关系的定律，称为误差传播定律。现就线性与非线性两种函数形式分别讨论如下。

6.4.1 线性函数

线性函数的一般形式为：

$$Z = k_1x_1 \pm k_2x_2 \pm \cdots\cdots \pm k_nx_n \quad (6\text{-}10)$$

式中，x_1、x_2、…、x_n 为独立观测值，其中误差分别为 m_1、m_2、…、m_n，k_1、k_2、…、k_n 为常数。

设函数 Z 的中误差为 m_z，下面来推导两者中误差的关系式。为推导简便，先以两个独立观测值进行讨论，则式（6-10）为：

$$Z = k_1x_1 \pm k_2x_2 \tag{6-11}$$

若 x_1 和 x_2 的真误差为 Δx_1 和 Δx_2，则函数 Z 必有真误差 ΔZ，即：

$$Z + \Delta Z = k_1(x_1 + \Delta x_1) \pm k_2(x_2 + \Delta x_2) \tag{6-12}$$

式（6-12）减式（6-11）得真误差的关系式为：

$$\Delta Z = k_1\Delta x_1 \pm k_2\Delta x_2 \tag{6-13}$$

若对 x_1 及 x_2 均进行了 n 次观测，可得：

$$\left.\begin{aligned} \Delta Z_1 &= k_1(\Delta x_1)_1 \pm k_2(\Delta x_2)_1 \\ \Delta Z_2 &= k_1(\Delta x_1)_2 \pm k_2(\Delta x_2)_2 \\ &\cdots \\ &\cdots \\ \Delta Z_n &= k_1(\Delta x_1)_n \pm k_2(\Delta x_2)_n \end{aligned}\right\} \tag{6-14}$$

式（6-14）等号两边平方求和，并除以 n，则得：

$$\frac{[\Delta Z^2]}{n} = \frac{k_1^2[\Delta x_1^2]}{n} + \frac{k_2^2[\Delta x_2^2]}{n} \pm 2\frac{k_1k_2[\Delta x_1 \cdot \Delta x_2]}{n} \tag{6-15}$$

由于 Δx_1、Δx_2 均为偶然误差，因此乘积 $\Delta x_1 \cdot \Delta x_2$ 也必然呈偶然性，根据偶然误差的第（4）特性，有

$$\lim_{n\to\infty}\frac{k_1k_2[\Delta x_1 \cdot \Delta x_2]}{n} = 0 \tag{6-16}$$

根据中误差的定义，得中误差的关系式：

$$m_Z^2 = k_1^2m_1^2 + k_2^2m_2^2 \tag{6-17}$$

推广之，可得线性函数中误差的关系式为：

$$m_Z^2 = k_1^2m_1^2 + k_2^2m_2^2 + \cdots\cdots + k_n^2m_n^2 \tag{6-18}$$

根据式（6-18）不难写出下列两种特殊线性函数及其中误差关系式：

（1）倍数函数

函数式：$z = kx$ （6-19）

中误差关系式：$m_z = \pm km_x$ （6-20）

（2）和差函数

函数式：$z = x_1 \pm x_2 \pm \cdots \pm x_n$ （6-21）

中误差关系式：$m_z^2 = m_1^2 + m_2^2 + \cdots + m_n^2$ （6-22）

当观测值等精度时，即当 $m_1 = m_2 = \cdots = m_n = m$ 时，有：

$$m_z = \pm m \cdot \sqrt{n} \tag{6-23}$$

6.4.2 非线性函数

非线性函数即一般函数，其形式为：

$$Z = f(x_1、x_2、\cdots、x_n) \tag{6-24}$$

式中，x_1、x_2、…、x_n 为独立观测值，Z 为函数。

为推导中误差关系式，对上式取全微分，得：

$$\mathrm{d}Z = \frac{\partial f}{\partial x_1}\mathrm{d}x_1 + \frac{\partial f}{\partial x_2}\mathrm{d}x_2 + \cdots + \frac{\partial f}{\partial x_n}\mathrm{d}x_n \tag{6-25}$$

因为真误差均很小，用其代替上式中的 $\mathrm{d}Z$、$\mathrm{d}x_1$、$\mathrm{d}x_2$、…、$\mathrm{d}x_n$，得真误差关系式：

$$\Delta Z = \frac{\partial f}{\partial x_1}\Delta x_1 + \frac{\partial f}{\partial x_2}\Delta x_2 + \cdots + \frac{\partial f}{\partial x_n}\Delta x_n \tag{6-26}$$

式中，$\dfrac{\partial f}{\partial x_i}(i = 1、2、\cdots、n)$ 是函数对各变量所取的偏导数，以观测值代入，所得的值为常数，因此，式（6-26）是线性函数的真误差关系式，仿式（6-18），得函数 Z 的中误差为：

$$m_Z^2 = \left(\frac{\partial f}{\partial x_1}\right)^2 m_1^2 + \left(\frac{\partial f}{\partial x_2}\right)^2 m_2^2 + \cdots + \left(\frac{\partial f}{\partial x_n}\right)^2 m_n^2 \tag{6-27}$$

事实上，线性函数的中误差关系式也可通过求函数全微分的方法导出，因此线性函数可以认为是非线性函数的一种特殊形式。

应用误差传播定律求函数中误差时，首先应根据问题的性质列出正确的函数关系式，对于线性函数，可直接采用相应的中误差公式来求；对于非线性函数，应先对函数进行全微分，获得真误差关系式后，再求函数的中误差。应当注意，观测值必须是独立的观测值，即函数式中各自变量必须是互相独立的，不包含相同的误差，否则应作并项或分项处理，使其均为独立观测值为止，否则将会得出错误的结果。

6.4.3 测量精度分析举例

1. 水准测量的精度分析

（1）在水准尺上读一个数的中误差

影响在水准尺上读数的因素很多，其中产生较大影响的有：整平误差、照准误差及估读误差。

等外水准测量可用 DS_{10} 水准仪施测，DS_{10} 水准仪望远镜放大倍率 v 不应小于 25 倍，符合水准器水准管分划值为 $\tau = 20''/2\,\mathrm{mm}$，视距 D 不超过 100 m。则

整平误差：$m_{平} = \pm\dfrac{0.075\tau}{\rho''}\cdot D = \pm\dfrac{0.075\cdot 20''}{206\ 265''}\times 100\times 1\ 000 = \pm 0.7$（mm）

照准误差：$m_{照} = \dfrac{60''}{v\rho''}\cdot D = \dfrac{60''}{25\times 206\ 265''}\times 100\times 1\ 000 = \pm 1.2$（mm）

估读误差：$m_{估} = \pm 1.5$（mm）

综合上述影响，在水准尺上读一个数的中误差 $m_{读}$ 为：

$$m_{读}=\pm\sqrt{m_{平}^2+m_{照}^2+m_{估}^2}=\pm\sqrt{0.7^2+1.2^2+1.5^2}=\pm2.0\text{（mm）}$$

（2）一个测站高差的中误差

一个测站上测得的高差等于后视读数减前视读数，根据式（6-23），则一个测站的高差中误差为 $m_{站}=\pm\sqrt{2}m_{读}$，以 $m_{读}=\pm2.0$ mm 代入，得：

$$m_{站}=\pm2.9\text{ mm（可近似地取 }\pm3.0\text{ mm）}$$

（3）水准路线的高差中误差及允许误差

设在两点间进行水准测量，共测了 n 个测站，则两点间的高差为：

$$h=h_1+h_2+\cdots+h_n \tag{6-28}$$

设每站观测高差的中误差为 $m_{站}$，根据式（6-23），h 的中误差为：

$$m_h=\pm m_{站}\sqrt{n} \tag{6-29}$$

以 $m_{站}=\pm3$ mm 代入，得：

$$m_h=\pm3\sqrt{n}\text{ mm} \tag{6-30}$$

对于平坦地区，一般 1 km 水准路线不超过 15 站，如用公里（千米）数 L 代替测站数 n，则：

$$m_h=\pm3\sqrt{15L}=\pm12\sqrt{L}\text{ mm} \tag{6-31}$$

以 3 倍中误差作为限差，并考虑其他因素的影响，规范规定等外水准测量高差闭合差的允许值为：

$$f_{允}=\pm10\sqrt{n}\text{ mm} \tag{6-32}$$

或

$$f_{允}=\pm40\sqrt{L}\text{ mm} \tag{6-33}$$

式中，L 以公里（千米）为单位。

2. 水平角观测的精度分析

用 DJ_6 型经纬仪观测水平角，一测回方向值的中误差为 ±6″。设望远镜在盘左（或盘右）位置观测该方向的中误差为 $m_{方}$，根据算术平均值中误差的计算公式，则有 $6''=\dfrac{m_{方}}{\sqrt{2}}$，于是

$$m_{方}=\pm\sqrt{2}\times6''=\pm8.''5$$

（1）半测回角值的中误差

半测回角值等于两方向值之差，故半测回角值的中误差为

$$m_{\beta半}=\pm m_{方}\sqrt{2}=\pm8''.5\sqrt{2}=\pm12''$$

（2）上、下两个半测回的限差

上、下两个半测回的限差是以两个半测回角值之差来衡量的。两个半测回角值之差 $\Delta\beta$ 的中误差为：

$$m_{\Delta\beta} = \pm m_{\beta半}\sqrt{2} = \pm 12\sqrt{2} = \pm 17''$$

取两倍中误差为允许误差，则：

$$f_{\Delta\beta允} = 2 \times 17'' = 34''$$（规范规定为36″）

（3）测角中误差

因为一个水平角是取上、下两个半测回的平均值，故测角中误差为：

$$m_{\beta} = \pm\frac{m_{\beta半}}{\sqrt{2}} = \pm\frac{12''}{\sqrt{2}} = \pm 8.''5$$

（4）测回差的限差

两个测回角值之差为测回差，它的中误差为：

$$m_{\beta测回差} = \pm m_{\beta}\sqrt{2} = \pm 8.''5\sqrt{2} = \pm 12''$$

取两倍中误差作为允许误差，则测回差的限差为：

$$f_{\beta测回差} = 2 \times 12'' = \pm 24''$$

任务 6.5 等精度直接观测平差

在相同的观测条件（人员、仪器设备、观测时的外界条件）下进行的观测，称为等精度观测。在不同的观测条件下进行的观测，称为非等精度观测。无论哪一种观测，为确定一个未知量的大小，一般都要对未知量进行多余观测，于是观测值之间便出现了矛盾。平差的目的，就是对观测数据进行处理，消除观测值之间的矛盾，求得未知量的最或是值（或最可靠值），同时评定观测值及最或是值的精度。如何进行平差，下面先举一个例子来说明平差应遵循的原则。

一个三角形的三内角分别为α、β、γ，只要观测其中任意两个，三角形的形状就可以确定，因此，必要观测数为两个。一般三个角都要观测，就有一个多余观测。所测三个角之和应满足三角形内角和条件（称为图形条件），但一般$\alpha+\beta+\gamma \neq 180°$，则产生的闭合差$f$为：

$$f = \alpha + \beta + \gamma - 180°$$

为了消除闭合差以满足图形条件，求得各角的最或是值，就必须在每一角上加一改正数。

设v_{α}、v_{β}、v_{γ}分别为三内角的改正数，则：

$$(\alpha + v_{\alpha}) + (\beta + v_{\beta}) + (\gamma + v_{\gamma}) = 180°$$

或

$$v_{\alpha} + v_{\beta} + v_{\gamma} = 180° - (\alpha + \beta + \gamma) = -f$$

一个方程有三个未知数，有很多组解，因而需要确定v_{α}、v_{β}、v_{γ}的一组最佳值。

设L_1、L_2、…、L_n为一组相互独立的观测值；$\hat{L}_1$、$\hat{L}_2$、…、$\hat{L}_n$为各观测值的最或是值（经平差后的值，也称平差值），其值为$\hat{L}_i = L_i + v_i$，v_i为观测值上所加的改正数；各观测值的中误差为m_1、m_2、…、m_n。由式（6-4）可知，未知数的概率密度函数为

$$G=\frac{1}{m_1 m_2 \cdots m_n (2\pi)^{n/2}} e^{-\frac{1}{2}\left(\frac{v_1^2}{m_1^2}+\frac{v_2^2}{m_2^2}+\cdots+\frac{v_n^2}{m_n^2}\right)} \quad (6\text{-}34)$$

密度函数越大，误差出现的概率就越大。式（6-34）中当 $\frac{v_1^2}{m_1^2}+\frac{v_2^2}{m_2^2}+\cdots+\frac{v_n^2}{m_n^2}=$ 最小时，函数 G 的值为最大。因此，选择的改正数应当是 $\frac{v_1^2}{m_1^2}+\frac{v_2^2}{m_2^2}+\cdots+\frac{v_n^2}{m_n^2}=$ 最小的一组。

在等精度观测时，$m_1=m_2=\cdots=m_n=m$，则有：

$$v_1^2+v_2^2+\cdots+v_n^2=\text{最小}$$

写作

$$[vv]=\text{最小} \quad (6\text{-}35)$$

由于平方是一个数的自乘，也叫二乘，故上式表达的原理称之为最小二乘原理，按最小二乘原理实施平差是平差应遵循的原则。

6.5.1 求最或是值

设对某量进行 n 次等精度观测，观测值为 $L_i\ (i=1、2、\cdots、n)$，最或是值为 $\hat{L}$，v_i 为观测值的改正数，则有：

$$\left.\begin{aligned} v_1&=\hat{L}-L_1\\ v_2&=\hat{L}-L_2\\ &\vdots\\ v_n&=\hat{L}-L_n \end{aligned}\right\} \quad (6\text{-}36)$$

上式等号两边平方求和，得：

$$[vv]=(\hat{L}-L_1)^2+(\hat{L}-L_2)^2+\cdots+(\hat{L}-L_n)^2 \quad (6\text{-}37)$$

根据最小二乘原理，必须使 $[vv]=$ 最小，为此，将 $[vv]$ 对 $\hat{L}$ 取一、二阶导数有：

$$\frac{\mathrm{d}[vv]}{\mathrm{d}\hat{L}}=2(\hat{L}-L_1)+2(\hat{L}-L_2)+\cdots+2(\hat{L}-L_n)$$

$$\frac{\mathrm{d}^2[vv]}{\mathrm{d}\hat{L}}=2n>0$$

由于二阶导数大于零，因此，当一阶导数等于零时，$[vv]$ 为最小，于是

$$\frac{d[vv]}{d\hat{L}}=2(\hat{L}-L_1)+2(\hat{L}-L_2)+\cdots+2(\hat{L}-L_n)=0$$

$$n\hat{L}=L_1+L_2+\cdots+L_n=[L]$$

故

$$\hat{L}=\frac{[L]}{n} \quad (6\text{-}38)$$

由式（6-38）可知，观测值的算术平均值就是最或是值。

如果将式（6-36）求和，得：

$$[v]=n\hat{L}-[L]=n\cdot\frac{[L]}{n}-[L]=0 \tag{6-39}$$

利用式（6-39）可以校核由式（6-36）算得的各观测值改正数是否正确。

6.5.2 观测值的中误差

在任务 6.3 中给出了评定精度的中误差公式：

$$m=\pm\sqrt{\frac{[\varDelta\varDelta]}{n}} \tag{6-40}$$

式中 $\varDelta_i=L_i-X\ (i=1、2、\cdots、n)$。由于真值一般难以知道，则真误差也难以求得，因此实际工作中常常采用观测值的改正数 v_i 来推求观测值的中误差。为此，将 $\varDelta_i=L_i-X$ 与式 $v_i=\hat{L}-L_i$ $(i=1、2、\cdots、n)$ 相加，得：

$$\varDelta_i=(\hat{L}-X)-v_i \tag{6-41}$$

将式（6-41）等号两边自乘取和，得：

$$[\varDelta\varDelta]=n(\hat{L}-X)^2+[vv]-2(\hat{L}-X)[v] \tag{6-42}$$

式（6-42）等号两边再除以 n，顾及 $[v]=0$，得：

$$\frac{[\varDelta\varDelta]}{n}=\frac{[vv]}{n}+(\hat{L}-X)^2 \tag{6-43}$$

式（6-43）中 $\hat{L}-X$ 是最或是值（算术平均值）的真误差，也难以求得，通常以算术平均值的中误差 $m_{\hat{L}}$ 代替，由算术平均值中误差的计算公式 $m_{\hat{L}}=\dfrac{m}{\sqrt{n}}$，则：

$$(\hat{L}-X)^2=m_{\hat{L}}^2=\frac{m^2}{n} \tag{6-44}$$

将式（6-44）代入式（6-43），并顾及 $m=\pm\sqrt{\dfrac{[\varDelta\varDelta]}{n}}$，得：

$$m^2=\frac{[vv]}{n}+\frac{m^2}{n} \tag{6-45}$$

经整理，得：

$$m=\pm\sqrt{\frac{[vv]}{n-1}} \tag{6-46}$$

6.5.3 最或是值（算术平均值）的中误差

得最或是值（算术平均值）的中误差 $m_{\hat{L}}$ 为：

$$m_{\hat{L}} = \pm\frac{m}{\sqrt{n}} = \pm\sqrt{\frac{[vv]}{n(n-1)}} \tag{6-47}$$

【例 6–2】 用某经纬仪对某一水平角进行了 5 次观测，观测值列在表 6-2 中，求观测值的中误差 m 及算术平均值的中误差 $m_{\hat{L}}$。

表 6-2　观测值及算术平均值中误差的计算

观测次序	观测值 L_i	v	vv	计　　算
1	85°42′20″	−14″	196	$m=\pm\sqrt{\frac{1\,520}{5-1}}=\pm 19''.5$ $m_L=\pm\frac{19.5}{\sqrt{5}}=\pm 8''.7$ 测量成果： 85°42′06″ ± 8″.7
2	85°42′00″	+6″	36	
3	85°42′00″	+6″	36	
4	85°41′40″	+26″	676	
5	85°42′30″	−24″	576	
平均值 $\hat{L}=85°42'06''$		校核 $[v]=0$	$[vv]=1\,520$	

观测成果用误差界限法表达，如例中观测成果为 85°42′06″ ± 8″.7，其含义是观测角的真值以某一较大概率落在 85°41′57″.3（85°42′06″ − 8″.7）~ 85°42′14″.7（85°42′06″ + 8″.7）区间之中。

知识小结

通过本项目的学习，应明确测量误差的定义、测量误差产生的原因以及测量误差的分类；理解偶然的特性；熟悉中误差、极限误差、相对误差等衡量精度的标准；重点掌握误差传播定律及其应用，掌握等精度观测平差时求观测值中误差以及算术平均值中误差的方法。应用误差传播定律时应注意两个问题，一是要正确地列立观测值与未知量之间的函数关系式；二是要注意观测值必须是独立的，否则应作并项或分项处理。

习题与作业

一、简答题

1. 为什么观测结果中一定存在误差？误差如何分类？学习误差的目的何在？

2. 系统误差有何特点？它对测量结果产生什么影响？

3. 偶然误差能否消除？它有何特性？

4. 系统误差与偶然误差有哪些本质上的不同？在处理偶然误差中，为何要作多余观测？它与偶然误差的特性有何关系？

5. 评定精度的标准有哪些？

6. 容许误差是如何定义的？它有什么作用？

7. 观测误差超过极限误差（容许值）的观测值为何要重新观测？相对误差为何不能用于评定角度观测的精度？

8. 应用误差传播定律时，应注意哪些问题？

9. 何谓等精度观测？何谓不等精度观测？

二、计算题

1. 对已知水平角 α（$\alpha = 45°00'03''$，设α无误差）作了 10 次观测，其观测结果为：

$$45°00'06'',\ 44°59'55'',\ 44°59'58'',\ 45°00'03'',\ 45°00'04''$$

$$45°00'00'',\ 44°59'58'',\ 45°00'04'',\ 45°00'06'',\ 44°59'03''$$

试求一次观测的中误差。

2. 测量距离 AB 和 CD。往测结果分别为 258.598 m 和 138.745 m，返测结果分别为 258.547 m 和 138.778 m。分别计算往返较差、相对误差，并比较精度。

3. 测得一正方形的边长 $a = (86.25 \pm 0.04)$ m。试求正方形的面积及其相对误差。

4. 在 1∶25 000 地形图上量得一圆形地物的直径为 $d = (21.3 \pm 0.3)$ mm。试求该地物占地面积及其中误差。

5. 一个三角形，测得边长 $a = (150.50 \pm 0.05)$ m，测得 $\angle A = 54°30' \pm 1'$，$\angle B = 45°10' \pm 2'$。计算边长 b 和 c 及其中误差、相对误差。

6. 设有 n 个内角的闭合导线，等精度观测各内角，测角中误差 $m = \pm 9''$，试求闭合导线角度闭合差 f_β 的容许误差 $f_{\beta容}$。

7. 用水准仪测量 A、B 两点间的高差，要求高差中误差不大于 3 mm，试问在水准尺上读数的中误差应为多少？

8. 用经纬仪观测水平角，测角中误差为 $\pm 9''$。欲使角度观测结果的精度达到 $\pm 5''$，问需要观测几个测回？

9. 在水准测量中，设一个测站观测高差的中误差为 ± 3 mm，1 公里（千米）线路有 9 站。求 1 公里（千米）线路观测高差的中误差和 K 公里线路观测高差的中误差。

10. 对一段距离测量了 6 次，观测结果为 246.535 m、246.548 m、246.520 m、246.529 m、246.550 m、246.537 m。试计算该段距离的最或是值、最或是值的中误差和相对中误差、测量一次的中误差。

项目 7 小区域控制测量

知识目标

- 掌握导线测量的外业工作及内业计算方法。
- 理解三角高程测量的概念与内容。
- 了解小三角测量的外业工作和内业计算。

技能目标

- 能够使用全站仪进行导线外业测量。
- 能够对导线测量内业成果进行计算与数据平差。

素养目标

- 培养规范应用习惯，能正确应用国家法律法规、国家和行业的相关规范，作风严谨。
- 培养团结协作精神，可以互相帮助、共同学习、共同达成目标。
- 培养劳动精神，吃苦耐劳，勇于开拓，积极进取的精神。
- 培养工匠精神，养成“怀匠心、铸匠魂、守匠情、践匠行”精神，促进学生生成“匠意、匠思、匠智”。

任务导航

- 任务 7.1　控制测量概述
- 任务 7.2　导线测量
- 任务 7.3　小三角测量
- 任务 7.4　高程控制测量
- 任务 7.5　全站仪导线测量实训

任务 7.1 控制测量概述

控制测量概述

控制测量是为建立测量控制网而进行的测量工作。为了限制误差的累积和传播，保证测图和施工的精度及速度，测量工作必须遵循“从整体到局部，先控制后碎部”的原则，即先进行整个测区的控制测量，再进行碎部测量。控制测量的实质就是测量控制点的平面位置和高程。测定控制点的平面位置工作，称为平面控制测量；测定控制点的高程工作，称为高程控制测量。

全国范围内建立了平面和高程测量控制网，一、二等网为骨干网，三、四等为加密网。由于四等控制点之间相距仍有 2 ~ 6 km，对于工程建设、城市建设和测图等工作，使用时仍不方便，因此需要在三、四等的控制下再进一步加密。

平面控制测量是测定控制点的平面位置。平面控制网的坐标系统，应在满足测区内投影长度变形值不大于 2.5 cm/km 的要求下，作下列选择：

（1）采用统一的高斯正形投影 3°带平面直角坐标系统；

（2）采用高斯正形投影 3°带或任意带平面直角坐标系统，投影面可采用 1985 年国家高程基准、测区抵偿高程面或测区平均高程面；

（3）小测区可采用简易方法定向，建立独立坐标系统；

（4）在已有平面控制网的地区，可沿用原有的坐标系统；

（5）厂区内可采用建筑坐标系统。

如图 7-1 所示，三角测量是将控制点组成连续的三角形，观测所有的三角形内角以及测定至少一条边的边长（基线），其余各边长度以基线边长和所测内角用正弦定理推算，再由起算数据求出所有控制点的平面位置。这种控制点称为三角点，而这种图形的控制网称为三角网。

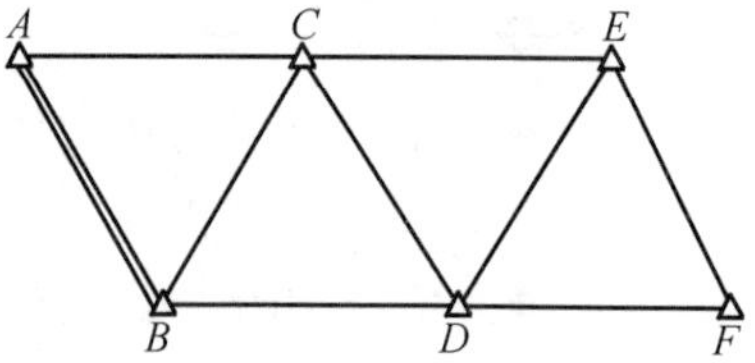

图 7-1　三角测量

如图 7-2 所示，导线测量则是将地面上各相邻控制点用直线相连而构成连续的折线。观测连接角，并观测出各个转折角和所有的折线边长，即可由起算数据确定控制点的平面位置。这些控制点称为导线点，而所连折线称为导线。

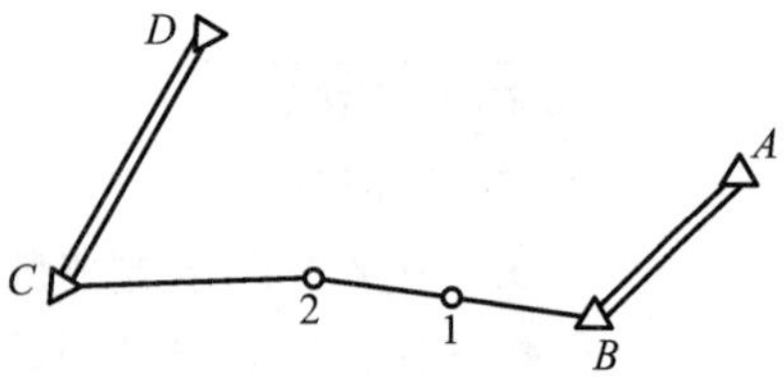

图 7-2　导线测量

全球卫星定位技术的出现，给控制测量带来革命性的突破。与经典方法相比，GNSS 测量具有高精度、全天候、高效率、多功能、布设灵活、操作简单、应用广泛等优点。只要将 GNSS 接收机安置于控制点上，通过接收卫星数据，利用随机处理软件及平差软件，即可解算出地面控制点坐标。

平面控制测量根据其控制范围大小，可分为国家控制测量网、城市控制测量网以及用于工程目的的小地区工程控制测量网。

国家平面控制测量是在全国范围内建立的控制网，以三角测量和导线测量为主，按精度高低分一、二、三、四等逐级控制。它是全国各种比例尺测图和工程建设的基础控制，也是研究地球科学的依据。

城市控制测量网是在国家控制网的基础上布设的，用以满足城市大比例尺测图、城市规划、市政工程和各种建设工程的施工放样的需要而建立的控制网。根据城市面积大小和施工测量的精度要求，可布设不同等级的城市平面控制网。

小地区控制网是为小区域大比例尺测图或工程测量所建立的控制网，在布设时应尽量与高等级控制网联测。若联测不便时可建立独立控制网。直接为测图建立的控制网称为图根控制网，布设方法以小三角测量和导线测量为主。小地区控制网的技术要求，可参照相应的《工程测量规范》要求执行。

按 2020 年《工程测量规范》(GB50026—2007)，平面控制网的主要技术要求如表 7-1 至 7-11 所示。

表 7-1　三角测量的主要技术要求

等级		平均边长（km）	测角中差（″）	起始边边长相对中误差	最弱边长相对中误差	测回数			三角形最大闭合差（″）
						DJ1	DJ2	DJ6	
二等		9	±1	≤1/250 000	≤1/120 000	12	—	—	±3.5
三等	首级	4.5	±1.8	≤1/150 000	≤1/70 000	6	9	—	±7
	加密			≤1/120 000					
四等	首级	2	±2.5	≤1/100 000	≤1/40 000	4	6	—	±9
	加密			≤1/70 000					
一级小三角		1	±5	≤1/40 000	≤1/20 000	—	2	4	±15
二级小三角		0.5	±10	≤1/20 000	≤1/10 000	—	1	2	±30

注：当测区测图的最大比例尺为 1∶1 000 时，一、二级小三角的边长可适当放长，但最大长度不应大于表中规定的 2 倍。

表 7-2　导线测量的主要技术要求

等级	导线长度（km）	平均边长（km）	测角中误差（″）	测距中误差（″）	测距相对中误差	测回数			方位角闭合差	相对闭合差
						DJ1	DJ2	DJ6		
三等	14	3	±1.8	±20	≤1/150 000	6	10	—	±3.6	≤1/55 000
四等	9	1.5	±2.5	±18	≤1/80 000	4	6	—	±5	≤1/35 000
一级	4	0.5	±5	±15	≤1/30 000	—	2	4	±10	≤1/15 000
二级	2.4	0.25	±8	±15	≤1/14 000	—	1	3	±16	≤1/10 000
三级	1.2	0.1	±12	±15	≤1/7 000	—	1	2	±24	≤1/5 000
首级图根	1*M	≤1.5S	±20	—	—	—	—	1	±40	≤1/2 000

注：① 表中 n 为测站数；
② 当测区测图的最大比例尺为 1∶1 000 时，一、二、三级导线的边长及总长可适当放长，但最大长度不应大于表中规定的 2 倍；
③ M 为测图比例尺的分母，S 为测图的最大视距；
④ 隐蔽或施测困难地区导线相对闭合差可放宽，但不应大于 1/1 000；
⑤ 非首级图根导线的测角中误差、方位角闭合差为首级图根导线的 1.5 倍。

表 7-3 三边测量的主要技术要求

等级	平均边长（km）	测距中误差（mm）	测距相对中误差
二等	9	36	≤1/250 000
三等	4.5	30	≤1/150 000
四等	2	20	≤1/100 000
一级小三边	1	25	≤1/40 000
二级小三边	0.5	25	≤1/20 000

表 7-4 水平角方向观测法的技术要求

等级	仪器型号	光学测微器两次重合读数之差（″）	半测回归零差（″）	一测回中 2 倍照准差变动范围（″）	同一方向值各测回较差（″）
四等及以上	DJ1	1	6	9	6
	DJ2	3	8	13	9
一级及以下	DJ2	—	12	18	12
	DJ4	—	18	—	24

注：① 为观测方向的垂直角超过±3°的范围时，该方向 2 倍照准差的变动范围，可按相邻测回同方向进行比较；
② 高山地区二、三等三角网点的水平角观测，当垂线偏差和垂直角较大时，其水平方向观测值应进行垂线偏差的修正。

表 7-5 测距的主要技术要求

平面控制网等级	测距仪精度等级	观测次数		总测回数	一测回读数较差（mm）	单程各测回较差（mm）	往返较差
		往	返				
二、三等	Ⅰ	1	1	6	≤5	≤5	≤2（$a+b\cdot D$）
	Ⅱ			8	≤10	≤15	
四等	Ⅰ	1	1	4—6	≤5	≤7	
	Ⅱ			4—8	≤10	≤15	
一级	Ⅱ	1	—	2	≤10	≤15	
	Ⅲ			4	≤20	≤30	
二、三级	Ⅱ	1	—	1—2	≤10	≤15	
	Ⅲ			2	≤20	≤30	

注：① 测回是指照准目标一次、读数 2～4 次的过程；
② 根据具体情况，测边可采取不同时间段观测代替往返观测。

表 7-6 铟瓦尺测距的主要技术要求

相对中误差	作业次数	丈量总次数	定线最大偏差（mm）	尺段高差较差（mm）	读定次数	估读值至（mm）	温度读数值至（°C）	同尺各次或同段各尺的较差（mm）	成果取值精确至（mm）	经各项修正后，各次或各尺全长较差（mm）
1/300 000	2～3	4～6	≤20	≤3	3	0.1	0.5	≤0.3	0.1	$\leq 5\sqrt{S}$
1/200 000	2	4	≤25	≤3	3	0.1	0.5	≤0.3	0.1	$\leq 8\sqrt{S}$
1/100 000	1～2	2～4	≤30	≤3	3	0.1	0.5	≤0.5	1.0	$\leq 10\sqrt{S}$

注：S 为测距长度（km）。

表 7-7　普通钢尺测距的主要技术要求

边长丈量较差相对误差	作业尺数	丈量总次数	定线最大偏差（mm）	尺段高差较差（mm）	读定次数	估读值至（mm）	温度读数值至（°C）	同尺各次或同段各尺的较差（mm）
1/30 000	2	4	50	≤5	3	0.5	0.5	≤2
1/20 000	1～2	2	50	≤10	3	0.5	0.5	≤2
1/10 000	1～2	2	70	≤10	2	0.5	0.5	≤3

注：当检定钢尺时，其丈量的相对误差不应大于 1/10 000。

表 7-8　内业计算中数字取值精度的要求

等级	观测方向值及各项修正数（″）	边长观测值及各项修正数（m）	函数位数	边长与坐标（m）	方位角（″）
二等	0.01	0.000 1	8	0.001	0.01
三、四等	0.1	0.001	7	0.001	0.1
一级及以下	1	0.001	7	0.001	1

表 7-9　水准测量的主要技术要求

等级	每千米高差全中误差（mm）	路线长度（km）	水准仪的型号	水准尺	观测次数		往返较差、附合或环线闭合差	
					与已知点联测	附合或环线	平地（mm）	山地（mm）
二等	2	—	DS1	铟瓦	往返各一次	往返各一次	$4\sqrt{L}$	—
三等	6	≤50	DS1	铟瓦	往返各一次	往一次	$12\sqrt{L}$	$4\sqrt{n}$
			DS3	双面		往返各一次		
四等	10	≤16	DS3	双面	往返各一次	往一次	$20\sqrt{L}$	$6\sqrt{n}$
五等	15	—	DS3	单面	往返各一次	往一次	$30\sqrt{L}$	—

注：① 结点之间或结点与高级点之间，其路线的长度，不应大于表中规定的 0.7 倍；
② L 为往返测段，附合或环线的水准路线长度（km）；n 为测站数。

表 7-10　水准观测的主要技术要求

等级	水准仪的型号	视线长度（m）	前后视较差（m）	前后视累积差（m）	视线离地面最低高度（m）	基本分划、辅助分划或黑面、红面读数较差（mm）	基本分划、辅助分划或黑面、红面所测高差较差（mm）
二等	DS1	50	1	3	0.5	0.5	0.7
三等	DS1	100	3	6	0.3	1.0	1.5
	DS2	75				2.0	3.0
四等	DS2	100	5	10	0.2	3.0	5.0
五等	DS2	100	大致相等		—	—	—

注：① 二等水准视线长度小于 20 m 时，其视线高度不应低于 0.3 m；
② 三、四等水准采用变动仪器高度观测单面水准尺时，所测两次高差较差，应与黑面、红面所测高差之差的要求相同。

表 7-11 电磁波测距三角高程测量的主要技术要求

等级	仪器	测回数		指标差较差（″）	垂直角较差（″）	对向观测高差较差（mm）	附合或环形闭合差（mm）
		三丝法	中丝法				
四等	DJ2	—	3	≤7	≤7	$40\sqrt{D}$	$20\sqrt{D}$
五等	DJ2	1	2	≤10	≤10	$60\sqrt{D}$	$30\sqrt{D}$

注：D 为电磁波测距边长度（km）。

表 7-12 测图比例尺的选用

比例尺	用　途
1∶5 000	可行性研究、总体规划、厂址选择、初步设计等
1∶2 000	可行性研究、初步设计、矿山总图管理、城镇详细规划等
1∶1 000	初步设计、施工图设计；城镇、工矿总图管理；竣工验收及工业普查等
1∶500	初步设计、施工图设计；城镇、工矿总图管理；竣工验收及工业普查等

注：对于精度要求较低的专用地形图，可按小一级比例尺地形图的规定进行测绘或利用小一级比例尺地形图放大成图。

随着 GNSS 技术的成熟与接收机价格的下降，GNSS 测量日益普及，各类、各等级控制测量中，GNSS 测量比重越来越大。

任务 7.2 导线测量

导线测量

导线测量是在测区内按一定要求，选定一系列的点，依相邻次序连成折线，并测量各线段的边长和转折角，再根据起始数据确定各点的平面位置的测量方法。它适用于地物复杂的建筑区、视线障碍物较多的隐蔽区和带状地区。

导线布设通常有三种形式：

（1）闭合导线：起止于同一个已知点的封闭导线。

如图 7-3 所示，导线从已知高级控制点 A 出发，经过 1、2、3 和 4 点，最后仍回到起点 A，形成一个闭合多边形。

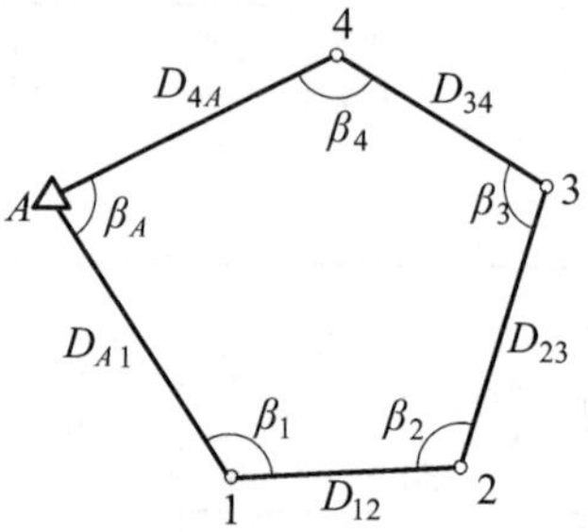

图 7-3 闭合导线

（2）附合导线：起止于两个已知点间的单一导线。

如图 7-4 所示，导线从已知高级控制点 A 和已知方向 AB 出发，经过 1、2 和 3 点，最后附合到另一个已知控制点 C 和已知方向 CD。

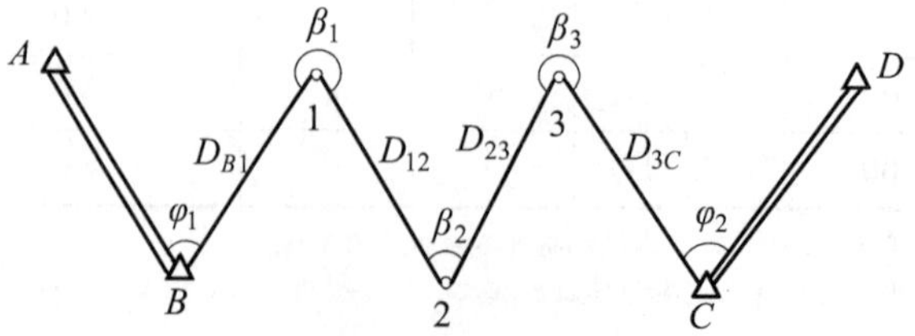

图 7-4 附合导线

（3）支导线：仅有一端连接在高级控制点上的自由伸展导线。

如图 7-5 所示，导线从已知高级控制点 A 和已知方向 AB 出发，既不附合到另一个已知控制点，也不回到原来的起始点。支导线不易发现错误，一般不宜采用。

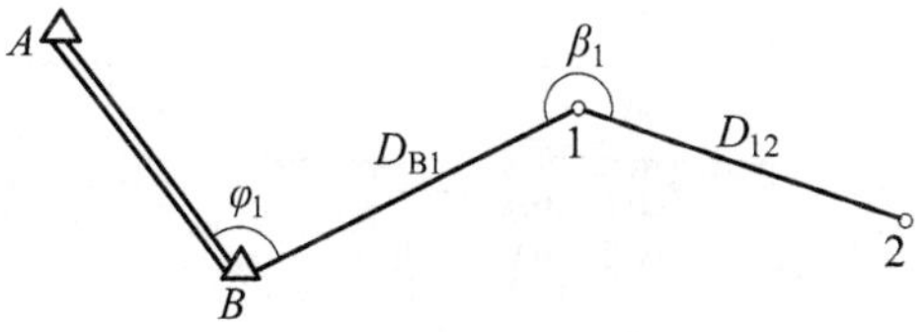

图 7-5　支导线

7.2.1　导线测量的外业工作

导线测量的外业工作时指在现场进行的测量工作，包括图上布置、设计、野外实地踏勘选点、标定或埋石、测角与量边等工作。

1. 导线点的选择

导线踏勘之前，应该首先了解测区的范围、地形、已知控制点的情况及测图比例尺对图根点的密度要求，在已有的地形图上初步拟定控制点的位置和导线的布设方案，然后到实地进行踏勘落实并标定点位。对于面积较小的测区，也可直接到实地选点。

不同的测量目的，对导线的形式、平均边长、导线总长以及导线点的位置都有一定的要求。为了更好地满足这些要求，应先熟悉有关技术规范，掌握有关技术要求。

实地选点时，导线选点及角度观测应该注意下列事项：

（1）导线点选在土质坚硬、稳定的地方，以便于保存点的标志和安置仪器。

（2）导线点选在地势较高，视野开阔的地方，以利于进行碎部测量或加密以及施工放样。

（3）导线各边的长度应按规范规定尽是接近平均边长，且不同导线各边长不应相差过大。导线点的数量要足够，以便控制整个测区。

（4）相邻导线点间要通视。

（5）所选的导线间必须满足超越（或远离）障碍物 1.3 m 以上。

（6）路线平面控制点的位置应沿路线布设，距路中心的位置大于 50 m 且小于 300 m，同时应便于测角、测距、地形测量和定线放样。

（7）在桥梁和隧道处，应考虑桥隧布设控制网的要求，在大型构造物的两侧应分别布设一对平面控制点。

2. 埋设标志

导线点确定后，应在地面上埋设导线点的标记。临时性的导线点，一般在地面上打下大木桩，并在桩顶中心钉一小铁钉，铁钉头表示导线点位置；对于需要长期保存的导线点，则应埋设简易混凝土标石，顶面刻划“+”标记。所有导线点的标志都要依次进行编号。为了方便日后寻找，应绘出导线点与附近明显且固定地物之间的关系草图，注明尺寸，称为点之记图。

（1）木桩，如图 7-6（a）所示。

（2）混凝土标石，如图 7-6（b）所示。

（3）点之记，如图 7-6（c）所示。

3. 导线转折角的观测

导线的转折角有左右之分，在导线前进方向左侧的水平角称为左角，在导线前进方向右边侧的水平角称为右角。导线测量一般观测左角。对于闭合导线，由于前进顺序为逆时针方向，故左角又是封闭多边形的内角。对于附合或支导线应统一观测左角（或右角）。

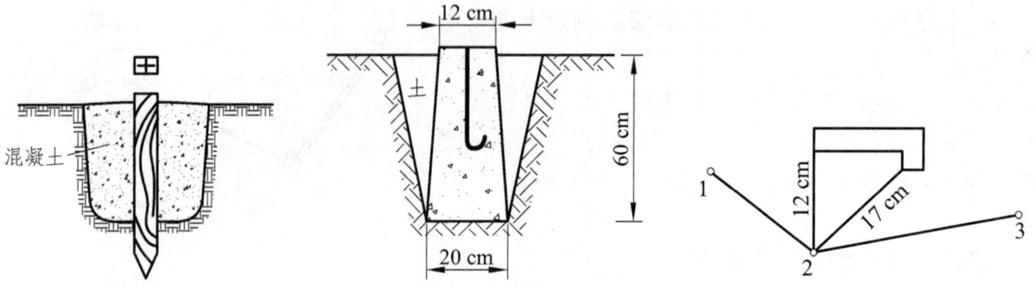

（a）木桩　　（b）混凝土标石　　（c）点之记

图 7-6

导线的转折角采用测回法观测。导线的等级不同，使用仪器类型不同，测回数也不同。图根导线转折角一般采用 DJ6 经纬仪观测一测回，上下两半测回角值差不应超过 ± 40″。

表 7-13　导线转折角观测和限差

比例尺	仪器	测回数	测角中误差	半测回差	测回差	角度闭合差
1∶500～1∶2 000	DJ2	两个半测回	± 30″	± 18″		$\pm 60''\sqrt{n}$
	DJ6	2			± 24″	
1∶5 000～1∶10 000	DJ2	两个半测回	± 20″	± 18″		$\pm 40''\sqrt{n}$
	DJ6	2			± 24″	

角度观测的注意事项：

（1）观测前应先检验仪器，发现仪器有误差应立即进行校正，并采用盘左、盘右取平均值和用十字丝交点照准等方法，减小和消除仪器误差对观测结果的影响。

（2）安置仪器要稳定，脚架应踏牢，对中整平应仔细，短边时应特别注意对中，在地形起伏较大的地区观测时，应严格整平。

（3）目标处的标杆应竖直，并根据目标的远近选择不同粗细的标杆。

（4）观测时应严格遵守各项操作规定。例如：照准时应消除视差；水平角观测时，切勿误动度盘；竖直角观测时，应在读取竖盘读数前，显示指标水准管气泡居中等。

（5）水平角观测时，应以十字丝交点附近的竖丝照准目标根部。竖直角观测时，应以十字丝交点附近的横丝照准目标顶部。

（6）读数应准确，观测时应及时记录和计算。

（7）各项误差应在规定的限差以内，超限必须重测。

（8）保证测角的精度，满足测量的要求。

4. 导线边长测量

导线边长可用电磁波测距仪直接测定，也可采用钢尺量距的方法，若用电磁波测距仪测定，其精度较高，一般均能达到小区域导线测量精度的要求。若用钢尺量距，对于图根控制，应用鉴定过的钢尺按精密测距方法进行往返丈量，相对较差不超过 $\frac{1}{3\,000}$ 时，在特殊困难地区也不得超过 $\frac{1}{1\,000}$，取其平均值作为最后结果。

5. 导线定向

当导线边与测区内高级或同级已知控制边连接时，应在连接点上观测连接角以进行导线定向。当建立的导线为独立导线时，则应用罗盘仪测定起始边的磁方位角进行定向。

7.2.2 导线测量的内业计算

1. 计算前的准备工作

导线测量的最终目的是要获得各导线点的平面直角坐标，因此外业工作结束后就要进行内业计算。

内业计算的原始数据为观测的角度和边长，它们必须正确可靠，因此要全面检查外业观测数据有无遗漏、记错和算错；检查起算依据的已知点坐标，是否转抄正确，成果是否符合精度要求等。当发现记录、计算有错时，不要改动原始数据，要认真反复校核。

根据已知数据和外业观测成果绘制导线略图。导线略图是一种示意图，绘图比例、线型粗细没有严格要求，但需要注意美观、大方、大小适宜，与实际图形保持相似，与实地方位大体一致。所有已知数据和观测数据应注记在略图中，如图 7-7 所示。绘制计算表格，见表 7-14。

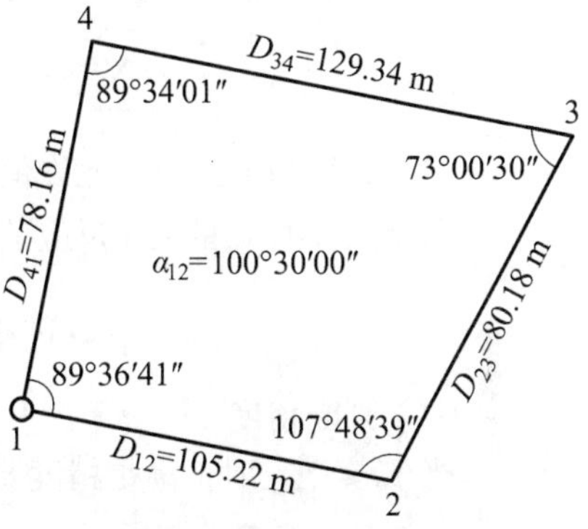

图 7-7 闭合导线略图

表 7-14 闭合导线坐标计算表

点号	观测的水平角度（左角）	改正数	改正后的角度（左角）	坐标方位角	边长 D（m）	增量计算值 Δx（m）	增量计算值 Δy（m）	增量改正数 $v_{\Delta x}$（m）	增量改正数 $v_{\Delta y}$（m）	改正后增量 Δx（m）	改正后增量 Δy（m）	坐标值 x（m）	坐标值 y（m）
	（° ′ ″）	（″）	（° ′ ″）	（° ′ ″）									
1												100.00	100.00
				100 30 00	105.22	−19.17	103.46	−0.01	+0.02	−19.18	103.48		
2	107 48 39	+2	107 48 41									80.82	203.48
				28 18 41	80.18	70.59	38.03	−0.02	+0.02	70.57	38.05		
3	73 00 30	+2	73 00 32									151.39	241.53
				281 19 13	129.34	25.39	−126.82	−0.01	+0.03	25.38	−126.79		
4	89 34 01	+2	89 34 03									176.77	114.74
				190 53 16	78.16	−76.75	−14.76	−0.02	+0.02	−76.77	−14.74		
1	89 36 41	+3	89 36 44									100.00	100.00
				100 30 00									
2													
Σ	359 59 51	+09	360 00 00		392.90	+0.06	−0.09	−0.06	+0.09	0	0		

计算检核：

$f_\beta = \sum\beta_{测} - \sum\beta_{理} = \sum\beta_{测} - (n-2)\times180° = 359°59'51'' - 360° = -9''$；$f_{\beta允} = \pm60''\sqrt{n} = \pm60''\sqrt{4} = \pm120''$；

$f_\beta < f_{\beta允}$；精度合格。

$f_x = \sum\Delta x_{测} = +0.06$，$f_y = \sum\Delta y_{测} = -0.09$，$f_D = \sqrt{f_x^2 + f_y^2} = \sqrt{(+0.06)^2 + (-0.09)^2} = 0.11$。

$K = \dfrac{f_D}{\sum D} = \dfrac{1}{\sum D / f_D} = \dfrac{1}{N} = \dfrac{0.11}{392.9} \approx \dfrac{1}{3\,572}$，$K_{容} = \dfrac{1}{2\,000}$，$K < K_{容}$，导线精度合格

2. **测量坐标正反算**

根据已知数据进行坐标正反算，具体内容在前面已经介绍过，这里不再赘述。

7.2.3 闭合导线算例

1. **角度闭合差的计算和调整**

（1）角度闭合差 f_β 计算

内角和观测值 $\sum\beta_{测}$ 与理论值 $\sum\beta_{理}$ 之差 f_β 称为闭合导线角度闭合差。

$$f_\beta=\sum\beta_{测}-\sum\beta_{理}=\sum\beta_{测}-(n-2)\times180° \tag{7-1}$$

（2）计算角度闭合差允许值 $f_{\beta允}$

角度闭合差 f_β 的大小反应了水平角观测的质量。$f_{\beta允}$ 按导线转折角观测和限差表的规定计算。

$$f_{\beta允}=\pm60''\sqrt{n} \tag{7-2}$$

（3）判断精度

当 $f_\beta\leqslant f_{\beta允}$ 时，满足精度要求，超过则需重测。

（4）计算角度改正数

$$v_\beta=-\frac{f_\beta}{n} \tag{7-3}$$

角度闭合差分配原则：按相反符号平均分配到各角上，当 f_β 不能整除时，余数分在短边所在的邻角上。

（5）检　核

$$\sum v_\beta=-f_\beta \tag{7-4}$$

（6）计算改正后角值

如果改正数计算和分配无误，将各角观测值 $\beta_{测}$ 加上相应改正数 v_β 即得各角的改正后角值 $\beta_{改}$。

$$\beta_{改}=\beta_{测}+v_\beta \tag{7-5}$$

改正后角值之和 $\sum\beta_{改}$ 应该等于 n 边形内角和的理论值 $\sum\beta_{理}$，以此检核改正后角值计算是否正确。

$$\sum\beta_{改}=\sum\beta_{理}=(n-2)\times180° \tag{7-6}$$

2. **导线边方位角的计算**

可根据第一条边的方位角和调整后的内角（左角），推算其他各边的方位角，其公式为：

$$\alpha_{前}=\alpha_{后}+180°+\beta_{左} \tag{7-7}$$

$\beta_{左}$ 为改正后的左角。

如果观测角为右角则推算公式为：

$$\alpha_{前} = \alpha_{后} + 180° - \beta_{右} \tag{7-8}$$

当计算得到的 α 值超过 360°时，应减去 360°，若小于 0°，应加上 360°，使得方位角的范围为 0° ~ 360°。由最后一边的方位角推算而得第一边的方位角，其值应等于它的起始值，如不等则表明计算有错误。

3. 坐标增量计算及坐标增量闭合差的调整

（1）坐标增量的计算

按坐标正算公式计算各边的坐标增量，其公式如下：

$$\Delta x_i = D_i \cos\alpha_i \quad , \quad \Delta y_i = D_i \sin\alpha_i \tag{7-9}$$

式中，i 为第 i 条导线边，i =1，2，⋯，n；计算位数取到 cm。

（2）坐标增量闭合差的计算

$$f_x = \sum \Delta x_{测} \ , \quad f_y = \sum \Delta y_{测} \tag{7-10}$$

式中，f_x 为纵坐标增量闭合差，f_y 为横坐标增量闭合差。

（3）导线全长闭合差的计算

$$f_D = \sqrt{f_x^2 + f_y^2} \tag{7-11}$$

闭合导线由起始点出发，最后不是闭合到起始点，而产生的一段差距称为闭合导线全长闭合差，以 f_D 表示。

（4）导线相对闭合差

一般情况下，导线越长，测角和量距的误差积累就越大，全长闭合差也越大，因而单纯的用 f_D 还不能正确地反映出导线测量的精度。通常采用 f_D 值与导线的总长 $\sum D$ 之比并化成分子为 1 的形式来衡量导线测量的精度，称为导线全长相对闭合差，以 K 来表示，即：

$$K = \frac{f_D}{\sum D} = \frac{1}{\sum D / f_D} = \frac{1}{N} \tag{7-12}$$

在通常情况下，图根导线的 K 值不应超过 1/2 000，困难地区也不应超过 1/1 000。若 K 值不满足限差要求，首先检查内业计算有无错误，其次检查外业成果，若均不能发现错误，则应进行外业局部或全部重测；若 K 值满足限差要求，则可分配坐标增量闭合差。

（5）计算坐标增量改正值

K 值满足限差要求后，即可将坐标增量闭合差反符号，按与边长成正比例的法则，分配到各边的坐标增量上去，使改正后的坐标增量之和等于其理论值零，即：

$$v_{\Delta xi} = -\frac{f_x}{\sum D} D_i \quad ; \quad v_{\Delta yi} = -\frac{f_y}{\sum D} D_i \tag{7-13}$$

式中　$v_{\Delta xi}$——第 i 条导线边的 x 坐标增量改正值；

$v_{\Delta yi}$——第 i 条导线边的 y 坐标增量改正值；

D_i——第 i 条导线边的边长；

$\sum D$——导线全长。

（6）检　核

改正数之和与坐标增量闭合差的相反数相等，可作为计算校核。但由于取舍误差的影响，有时改正数之和与坐标增量闭合差相反数有一微小的差值，可将其分配到边长较长的导线边上，即：

$$\sum v_{\Delta xi} = -f_x\text{；}\quad \sum v_{\Delta yi} = -f_y \tag{7-14}$$

（7）计算改正后坐标增量值

如果坐标增量改正数经过校核无误，则将各边坐标增量加上相应改正数便可得各边改正后坐标增量值，即：

$$\Delta x_{改i} = \Delta x_i + v_{\Delta xi}\text{；}\quad \Delta y_{改i} = \Delta y_i + v_{\Delta yi} \tag{7-15}$$

（8）检　核

改正后的坐标增量之和应该等于其理论值零，以此可检核改正后坐标增量计算是否正确。

$$\sum \Delta x_{改i} = 0\text{；}\quad \sum \Delta y_{改i} = 0 \tag{7-16}$$

4. 计算导线点的坐标

根据起点的已知坐标及调整之后的坐标增量，逐一推求。算完最后一点，还要再推算起点的坐标，推算得出的坐标应等于已知坐标。

$$x_{前} = x_{后} + \Delta x_{后前改}\text{；}\quad y_{前} = y_{后} + \Delta y_{后前改} \tag{7-17}$$

据此公式推导至最后一个点的坐标后，还要再推算出起始点坐标，看是否与已知坐标相等，以此检核坐标计算是否正确。

7.2.4　附合导线算例

附合导线的计算步骤与闭合导线基本相同，但由于导线的布设形式不同，因此它必须满足两个条件：一是方位角条件，即根据起始边的方位角和观测角，推算出终边的方位角，应与已知终边方位角相等；二是坐标条件，即由起始点的已知坐标，经过各边、角推算出终点的坐标，应与已知终点的坐标一致。附合导线与闭合导线计算主要在角度闭合差和坐标增量闭合差的计算方法两个方面不同。

1. 角度闭合差的计算

在图 7-8 所示的附合导线中，A、B、C、D 为已知点，α_{AB} 和 α_{CD} 为起始边和终边的已知方位角。根据方位角推算公式，有：

$$\alpha_{12} = \alpha_{AB} \pm 180^\circ + \beta_1 \tag{7-18}$$

$$\alpha_{23} = \alpha_{12} \pm 180^\circ + \beta_2 = \alpha_{AB} \pm 2\times 180^\circ + (\beta_1 + \beta_2) \tag{7-19}$$

$$\cdots$$

$$\alpha'_{CD} = \alpha_{(n-1)n} \pm 180^\circ + \beta_n = \alpha_{AB} \pm n\times 180^\circ + \sum \beta_{测} \tag{7-20}$$

式中　n——观测角的个数；

$\sum \beta_{测}$——观测角之和；

α'_{CD}——推算得到的 CD 边（终边）的方位角。

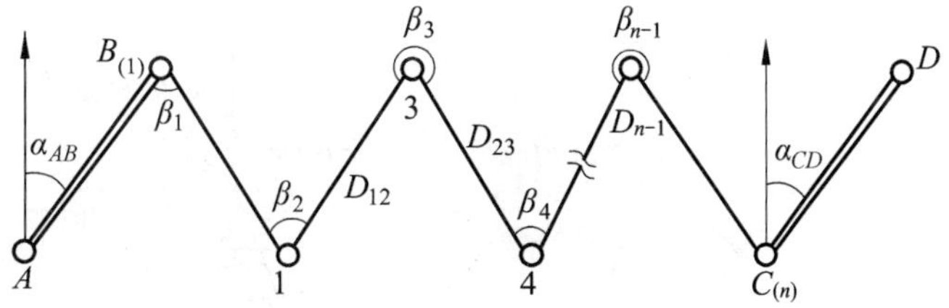

图 7-8　附合导线

测量误差的存在，使得推算得的 CD 边的方位角 α'_{CD} 不一定等于其已知方位角 α_{CD}，两者差值即为附合导线的角度闭合差 f_β，即：

$$f_\beta = \alpha'_{CD} - \alpha_{CD} \tag{7-21}$$

附合导线的角度闭合差允许值的计算及角度闭合差的调整方法和闭合导线相同，但改正后角值的检核应按下式进行：

$$\sum \beta_{改} = \sum \beta_{测} - f_\beta \tag{7-22}$$

式中 $\sum \beta_{改}$ 为各角改正后角值之和。

2. 坐标增量闭合差的计算

由于附合导线是从一个已知点出发，附合到另一个已知点，所以附合导线的坐标增量代数和的理论值应等于终、起两点的已知坐标值之差。

$$\begin{aligned}\sum \Delta x_{理} &= x_C - x_B \\ \sum \Delta y_{理} &= y_C - y_B\end{aligned} \tag{7-23}$$

写成一般公式为：

$$\begin{aligned}\sum \Delta x_{理} &= x_{终} - x_{起} \\ \sum \Delta y_{理} &= y_{终} - y_{起}\end{aligned} \tag{7-24}$$

如由于测角和量边误差的存在而导致坐标增量代数和与理论值不符，其差值即为附合导线的坐标增量闭合差，即

$$\begin{aligned}f_x &= \sum \Delta x_{测} - (x_{终} - x_{起}) \\ f_y &= \sum \Delta y_{测} - (y_{终} - y_{起})\end{aligned} \tag{7-25}$$

式中　$x_{起}$、$y_{起}$——导线起点的 x、y 坐标；

$x_{终}$、$y_{终}$——导线终点的 x、y 坐标。

附合导线坐标增量闭合差的调整方法和其他计算均与闭合导线相同，附合导线算例见图 7-9 及表 7-15。

闭合导线所需已知控制点少，甚至没有已知控制点也可布设，在水利工程测量中广泛应用。但其检核条件少，可能出现假闭合现象，即角度和坐标增量闭合差均较小，而所算得的坐标不一定正确，产生的原因是连接角误差大或粗差，或测边存在系统误差等。

附合导线所需已知控制点多，条件较难满足，但不会出现假闭合现象，所算得的坐标比较可靠。

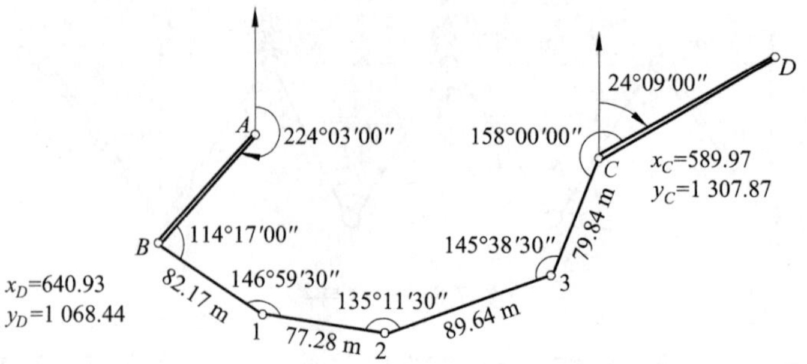

图 7-9　附合导线算例

表 7-15　附合导线计算表

点号	观测角（° ′ ″）	改正后角值（° ′ ″）	坐标方位角（° ′ ″）	边长（m）	坐标增量（m）		改正后坐标增量（m）		坐标值（m）	
					Δx	Δy	Δx	Δy	x	y
1	2	3	4	5	6	7	8	9	10	11
A										
			224 03 00							
B	−6 114 17 00	114 16 54							640.93	1068.44
			158 19 54	82.17	0 −76.36	+1 30.34	−76.36	30.35		
1	−6 146 59 30	146 59 24							564.57	1098.79
			125 19 18	77.28	0 −44.68	+1 63.05	−44.68	63.06		
2	−6 135 11 30	135 11 24							519.89	1161.85
			80 30 42	89.64	−1 14.78	+2 88.41	14.77	88.43		
3	−6 145 38 30	145 38 24							534.66	1250.28
			46 09 06	79.84	0 55.31	+1 57.58	55.31	57.59		
C	−6 158 00 00	157 59 54							589.97	1307.87
			24 09 00							
D										
Σ	700 06 30	700 06 00		328.93	−1 −50.95	+5 −239.38	−50.96	239.43		
计算公式	$f_\beta=224°03'00''\pm5\times180°+700°06'30''-24°09'00''=+30''$，$f_{\beta允}=\pm60''\sqrt{5}$，$\lvert f_\beta\rvert<\lvert f_{\beta允}\rvert$，说明符合要求； $f_x=-50.95-(589.97-640.93)=+0.01$，$f_y=239.38-(1\,307.87-1\,068.44)=-0.05$； $K=\frac{\sqrt{0.01^2+(-0.05)^2}}{328.93}=\frac{1}{6\,579}<\frac{1}{2\,000}$，说明符合要求									

7.2.5　支导线算例

支导线中没有检核条件，因此没有闭合差产生，导线转折角和计算的坐标增量均不需要进行改正，所以它的计算非常简单，只需推算出各边方位角，计算出各边坐标增量，即可求得各点坐标。

支导线算例见表 7-16 支导线计算表。

表 7-16　支导线坐标计算表

点号	转折角（右）			转折角弧度	方位角弧度推算	方位角			边长	坐标增量		坐标		点号
	（°）	（′）	（″）			（°）	（′）	（″）		Δx	Δy	x	y	
D														D
					3.661 036 576	209	45	43						
C	143	33	12	2.505 478 319								282.291	744.320	C
					4.297 150 911	246	12	30	127.747	−51.534	−116.891			
T1	284	19	39	4.962 451 029								230.757	627.429	T1
					2.476 292 535	141	52	51	128.096	−100.777	79.073			
T2	210	40	15	3.676 899 68								129.980	706.502	T2
					1.940 985 509	111	12	37	126.614	−45.808	118.037			
T3												84.172	824.539	T3

任务 7.3　小三角测量

在视野开阔但不便于用钢尺量距的山地和丘陵地带，可以用小三角测量建立小地区平面控制网。在地面上选定一系列的点，构成连续三角形，测定三角形各顶点水平角，并根据起始边长、方位角和起始点坐标，经过数据处理各顶点平面位置的测量方法称为三角测量。三角测量根据观测的内容的不同，有测角网、测边网和边角网三种。

7.3.1　小三角网的布设形式

小三角网的布设形式主要有线形三角锁、中点多边形和大地四边形。

7.3.2　小三角测量的外业工作

小三角测量的外业工作包括踏勘选点、标定点位建立标志、基线测量、水平角测量。

选点工作一般先进行室内设计，主要根据测区内已有基本控制点的情况，按照测图比例尺或工程测量的要求，遵循有关规范规定，在已有的地形图上拟定布网方案，然后再到实地进行踏勘选点，根据实际情况对布网方案做必要的修正，确定出点位，确定的点位要满足便于保存，利用率高，在点位上便于作业等条件，点位选定后，用木桩或标石标定，并进行标号，如果没有现成的地形图可以利用，应该结合踏勘确定方案和选点，最后进行角度观测。

7.3.3　小三角测量的内业计算

小三角测量内业计算的目的是求算各三角点的坐标。其内容包括外业观测成果的整理和检查，角度调整，边长和坐标的计算。

任务 7.4 高程控制测量

小地区高程控制测量包括三、四等水准测量，图根水准测量和三角高程测量。测区的高程系统，宜采用 1985 国家高程基础。在已有高程控制网的地区进行测量时，可沿用原高程系统；当小测区联测有困难时，也可采用假定高程系统。

7.4.1 三、四等水准测量

三、四等水准测量一般采用双面尺法，且应该采用一对水准尺。

水准测量所使用的仪器及水准尺，应符合下列规定：

（1）水准仪视准轴与水准管轴的夹角，DS1 型不应超过 15″；DS3 型不应超过 20″；

（2）水准尺上的米间隔平均长与名义长之差，对于因瓦水准尺，不应超过 0.15 mm，对于双面水准尺，不应超过 0.5 mm；

（3）二等水准测量采用补偿式自动安平水准仪时，其补偿误差$\Delta\alpha$不应超过 0.2″。

水准点应选在土质坚硬、便于长期保存和使用方便的地点。墙水准点应选设于稳定的建筑物上，点位应便于寻找、保存和引测。一个测区及其周围至少应有 3 个水准点。水准点间的距离，一般地区应为 1 ~ 3 km，工厂区宜小于 1 km。

各等级的水准点，应埋设水准标石。应绘制点之记，必要时设置指示桩。

水准观测应在标石埋设稳定后进行，其主要技术要求，应符合表 7-17、表 7-18 的规定。

表 7-17　水准测量的主要技术要求

等级	每千米高差全中误差（mm）	路线长度（km）	水准仪的型号	水准尺	观测次数		往返较差、附合或环线闭合差	
					与已知点联测	附合或环线	平地（mm）	山地（mm）
二等	2	—	DS1	铟瓦	往返各一次	往返各一次	$4\sqrt{L}$	—
三等	6	≤50	DS1	铟瓦	往返各一次	往一次	$12\sqrt{L}$	$4\sqrt{n}$
			DS3	双面		往返各一次		
四等	10	≤16	DS3	双面	往返各一次	往一次	$20\sqrt{L}$	$6\sqrt{n}$
五等	15	—	DS3	单面	往返各一次	往一次	$30\sqrt{L}$	—

注：① 结点之间或结点与高级点之间，其路线的长度，不应大于表中规定的 0.7 倍；

② L 为往返测段，附合或环线的水准路线长度（km）；n 为测站数。

三等水准测量的观测顺序为：后—前—前—后。

（1）水准仪照准后视标尺的黑面，粗平后分别读取上丝、下丝数据。

（2）旋转微倾螺旋，使符合水准器严格居中，完成精平，待长水准管居中稳定后读取中丝读数。

表 7-18　水准观测的主要技术要求

等级	水准仪的型号	视线长度（m）	前后视距差（m）	前后视累积差（m）	视线离地面最低高度（m）	基本分划、辅助分划或黑面、红面读数较差（mm）	基本分划、辅助分划或黑面、红面所测高差较差（mm）
二等	DS1	50	1	3	0.5	0.5	0.7
三等	DS1	100	2	6	0.3	1.0	1.5
	DS3	75				2.0	3.0
四等	DS3	100	3	10	0.2	3.0	5.0
五等	DS3	100	大致相等	—	—	—	—

注：① 二等水准视线长度小于 20 m 时，其视线高度不应低于 0.3 m；
② 三、四等水准采用变动仪器高度观测单面水准尺时，所测两次高差较差，应与黑面、红面所测高差之差的要求相同。

（3）转动望远镜，照准前视标尺的黑面，确认符合水准气泡居中，再读取前视黑面中丝读数。

（4）读取前视黑面上、下丝读数。

（5）转动标尺，照准前视标尺的红面，读取红面中丝读数。

（6）转动望远镜，照准后视标尺的红面，确认符合气泡居中后，读取红面中丝读数。

四等水准测量的观测顺序为：后—后—前—前。

（1）水准仪照准后视标尺的黑面，粗平后分别读取上丝、下丝数据。

（2）旋转微倾螺旋，使符合水准器严格居中，完成精平，待长水准管居中稳定后读取中丝读数。

（3）后视标尺转为红面，确认符合水准气泡居中，读取红面中丝读数。

（4）转动望远镜，照准前视标尺，重复上述（1）、（2）、（3）步骤读取前视黑面上、下丝，前视黑面中丝读数和红面中丝读数。

（5）转动标尺，照准前视标尺的红面，读取红面中丝读数。

（6）转动望远镜，照准后视标尺的红面，确认符合气泡居中后，读取红面中丝读数。

三、四等水准测量的主要内容在项目 2 已经详细讲述，这里不再赘述。

7.4.2　三角高程测量

三角高程测量

三角高程测量的基本思想是根据由测站向照准点所观测的垂直角（或天顶距）和它们之间的水平距离，计算测站点与照准点之间的高差。

三角高程测量这种方法简便灵活，受地形条件的限制较少，故适用于测定三角点的高程。三角点的高程主要是作为各种比例尺测图的高程控制的一部分。一般都是在一定密度的水准网控制下，用三角高程测量的方法测定三角点的高程。三角高程控制，宜在平面控制点的基础上布设成三角高程网或高程导线。

1. 三角高程测量的基本公式

（1）基本公式

关于三角高程测量的基本原理和计算高差的基本公式，如图 7-10 所示。设 s_0 为 A、B 两点间的实测水平距离。仪器置于 A 点，仪器高度为 i_1。B 为照准点，觇标高度为 v_2，R 为参考椭球面上 $\overset{\frown}{A'B'}$ 的曲率半径。$\overset{\frown}{PE}$、$\overset{\frown}{AF}$ 分别为过 P 点和 A 点的水准面。$\overline{PC}$ 是 PE 在 P 点的切线，$\overset{\frown}{PN}$ 为光程曲线。当位于 P 点的望远镜指向与 $\overset{\frown}{PN}$ 相切的 PM 方向时，由于大气折光的影响，由 N 点出射的光线正好落在望远镜的横丝上。仪器置于 A 点测得 P、M 间的垂直角为 $a_{1,2}$。

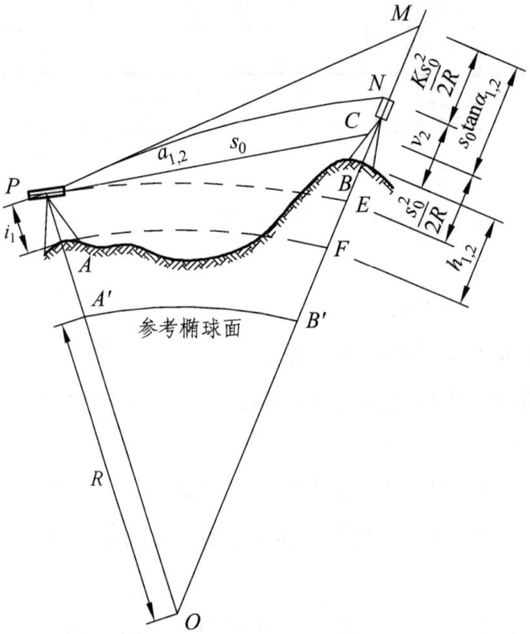

图 7-10

由图 7-10 可看出，A、B 两地面点间的高差为：

$$h_{1,2} = BF = MC + CE + EF - MN - NB \tag{7-26}$$

式中　EF——仪器高 i_1；

NB——照准点的觇标高度 v_2；

而 CE 和 MN 分别为地球曲率和折光影响，如下：

$$CE = \frac{1}{2R}s_0^2$$

$$MN = \frac{1}{2R'}s_0^2$$

式中　R′——光程曲线 $\overset{\frown}{PN}$ 在 N 点的曲率半径。设 $\frac{R}{R'} = K$，则

$$MN = \frac{1}{2R'} \times \frac{R}{R}S_0^2 = \frac{K}{2R}S_0^2$$

式中　K——大气垂直折光系数。

由于 A、B 两点之间的水平距离 s_0 与曲率半径 R 之比值很小（当 $s_0 = 10\text{ km}$ 时，s_0 所对的圆心角仅 $5'$ 多一点），故可认为 PC 近似垂直于 OM，即认为 $PCM \approx 90°$，这样 ΔPCM 可视为直角三角形。则式（7-26）中的 MC 为：

$$MC = s_0 \tan\alpha_{1,2}$$

将各项代入式（7-26），则 A、B 两地面点的高差为：

$$\begin{aligned} h_{1,2} &= s_0 \tan\alpha_{1,2} + \frac{1}{2R}s_0^2 + i_1 - \frac{K}{2R}s_0^2 - v_2 \\ &= s_0 \tan\alpha_{1,2} + \frac{1-K}{2R}s_0^2 + i_1 - v_2 \end{aligned}$$

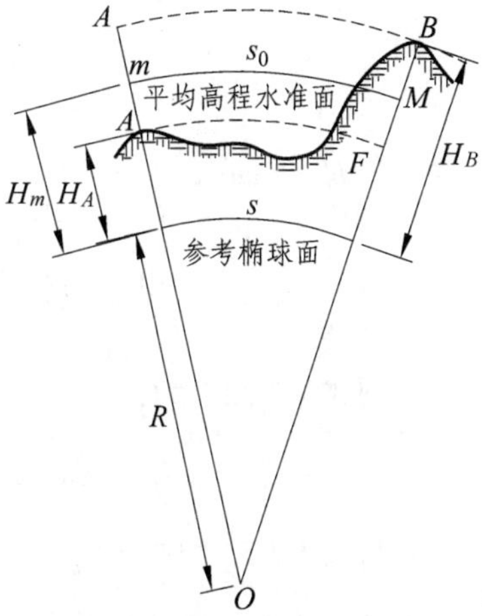

图 7-11

令式中 $\frac{1-K}{2R} = C$，C 一般称为球气差系数，则上式可写成：

$$h_{1,2} = s_0 \tan\alpha_{1,2} + Cs_0^2 + i_1 - v_2 \tag{7-27}$$

式（7-27）就是单向观测计算高差的基本公式。式中垂直角 a、仪器高 i 和觇标高 v 均可由外业观测得到。s_0 为实测的水平距离，一般要化为高斯平面上的长度 d。

（2）距离的归算

在图 7-11 中，H_A、H_B 分别为 A、B 两点的高程（此处已忽略了参考椭球面与大地水准面之间的差距，其平均高程为 $H_m = \frac{1}{2}(H_A + H_B)$，$mM$ 为平均高程水准面。由于实测距离 s_0 一般不大（工程测量中一般在 10 km 以内），所以可以将 s_0 视为在平均高程水准面上的距离。

根据图 7-11 有下列关系：

$$\begin{aligned} \frac{s_0}{s} &= \frac{R+H_m}{R} = 1 + \frac{H_m}{R} \\ s_0 &= s\left(1 + \frac{H_m}{R}\right) \end{aligned} \tag{7-28}$$

这就是表达实测距离 s_0 与参考椭球面上的距离 s 之间的关系式。

参考椭球面上的距离 s 和投影在高斯投影平面上的距离 d 之间有下列关系：

$$s = d\left(1 - \frac{y_m^2}{2R^2}\right) \tag{7-29}$$

式中 y_m 为 A、B 两点在高斯投影平面上投影点的横坐标的平均值。

将式（7-29）代入式（7-28）中，并略去微小项后得：

$$s_0 = d\left(1 + \frac{H_m}{R} - \frac{y_m^2}{2R^2}\right) \tag{7-30}$$

（3）用椭球面上的边长计算单向观测高差的公式

将式（7-28）代入式（7-27），得：

$$h_{1,2} = s\tan\alpha_{1,2}\left(1 + \frac{H_m}{R}\right) + Cs^2 + i_1 - v_2 \tag{7-31}$$

式中，Cs^2 项的数值很小，故未顾及 s_0 与 s 之间的差异。

（4）用高斯平面上的边长计算单向观测高差的公式

将式（7-29）代入式（7-31），舍去微小项后得：

$$\begin{aligned} h_{1,2} &= d\tan\alpha_{1,2} + Cd^2 + i_1 - v_2 + d\tan\alpha_{1,2}\left(\frac{H_m}{R} - \frac{y_m^2}{2R^2}\right) \\ &= d\tan\alpha_{1,2} + Cd^2 + i_1 - v_2 + h'\left(\frac{H_m}{R} - \frac{y_m^2}{2R^2}\right) \end{aligned} \tag{7-32}$$

式中，$h' = d\tan\alpha_{1,2}$。

令

$$\Delta h_{1,2} = h'\left(\frac{H_m}{R} - \frac{y_m^2}{2R^2}\right) \tag{7-33}$$

则式（7-32）为：

$$h_{1,2} = d\tan\alpha_{1,2} + Cd^2 + i_1 - v_2 + \Delta h_{1,2} \tag{7-34}$$

与式（7-33）中的 H_m 与 R 相比较是一个微小的数值，只有在高山地区当 H_m 稍大而高差也较大时，才有必要顾及 $\frac{H_m}{R}$ 这一项。例如当 $H_m = 1\,000$ m, $h' = 100$ m 时，$\frac{H_m}{R}$ 带这一项对高差的影响还不到 0.02 m，一般情况下，这一项可以略去。此外，当 $y_m = 300$ km, $h' = 100$ m 时，$\frac{y_m^2}{2R^2}$ 这一项对高差的影响约为 0.11 m。如果要求高差计算精确到 0.1 m，则只有 $\frac{y_m^2}{2R^2}h'$ 项小于 0.04 m 时才可略去不计，因此，式（7-34）中最后一项 $\Delta h_{1,2}$ 只有当 H_m、h' 或 y_m 较大时才有必要顾及。

（5）对向观测计算高差的公式

一般要求三角高程测量进行对向观测，也就是在测站 A 上向 B 点观测垂直角 $\alpha_{1,2}$，而在测站 B 上也向 A 点观测垂直角 $\alpha_{2,1}$，按式（7-34）有下列两个计算高差的式子。

由测站 A 观测 B 点：

$$h_{1,2} = d\tan\alpha_{1,2} + i_1 - v_2 + C_{1,2}d^2 + \Delta h_{1,2}$$

则测站 B 观测 A 点：

$$h_{2,1} = d\tan\alpha_{2,1} + i_2 - v_1 + C_{2,1}d^2 + \Delta h_{2,1}$$

式中，i_1、v_1 和 i_2、v_2 分别为 A、B 点的仪器和觇标高度；$C_{1,2}$ 和 $C_{2,1}$ 为由 A 观测 B 和 B 观测 A 时的球气差系数。如果观测是在同样情况下进行的，特别是在同一时间作对向观测，则可以近似地假定折光系数 K 值对于对向观测是相同的，因此 $C_{1,2} = C_{2,1}$。在上面两个式子中，$\Delta h_{1,2}$ 与 $\Delta h_{2,1}$ 的大小相等而正负号相反。

从以上两个式子可得对向观测计算高差的基本公式：

$$h_{1,2(\text{对向})} = d\tan\frac{1}{2}(\alpha_{1,2} - \alpha_{2,1}) + \frac{1}{2}(i_1 + v_1) - \frac{1}{2}(i_2 - v_2) + \Delta h_{1,2} \tag{7-35}$$

式中

$$\Delta h_{1,2}=\left(\frac{H_m}{R}-\frac{y_m^2}{2R^2}\right)\cdot h'$$

$$h'=d\tan\frac{1}{2}(\alpha_{1,2}-\alpha_{2,1})$$

（6）电磁波测距三角高程测量的高差计算公式

由于电磁波测距仪的发展异常迅速，不但其测距精度高，而且使用十分方便，可以同时测定边长和垂直角，提高了作业效率，因此，利用电磁波测距仪做三角高程测量已相当普遍。根据实测试验表明，当垂直角观测精度 $m_a \leqslant \pm 2.0''$，边长在 2 km 范围内，电磁波测距三角高程测量完全可以替代四等水准测量，如果缩短边长或提高垂直角的测定精度，还可以进一步提高测定高差的精度。如 $m_a \leqslant \pm 1{,}5''$，边长在 3.5 km 范围内可达到四等水准测量的精度；边长在 1.2 km 范围内可达到三等水准测量的精度。

电磁波测距三角高程测量可按斜距由下列公式计算高差。

$$h=D\sin\alpha+(1-K)\frac{D^2}{2R}\cos^2\alpha+i-Z \tag{7-36}$$

式中 h——测站与镜站之间的高差；

α——垂直角；

D——经气象改正后的斜距；

K——大气折光系数；

i——经纬仪水平轴到地面点的高度；

Z——反光镜瞄准中心到地面点的高度。

2. 垂直角的观测方法

垂直角的观测方法有中丝法和三丝法两种。

（1）中丝法

中丝法也称单丝法，就是以望远镜十字丝的水平中丝照准目标，构成一个测回的观测程序为：

在盘左位置，用水平中丝照准目标一次，如图 7-12（a）所示，使指标水准器气泡精密符合，读取垂直度盘读数，得盘左读数 L。

在盘右位置，按盘左时的方法进行照准和读数，得盘右读数 R。照准目标如图 7-12（b）所示。

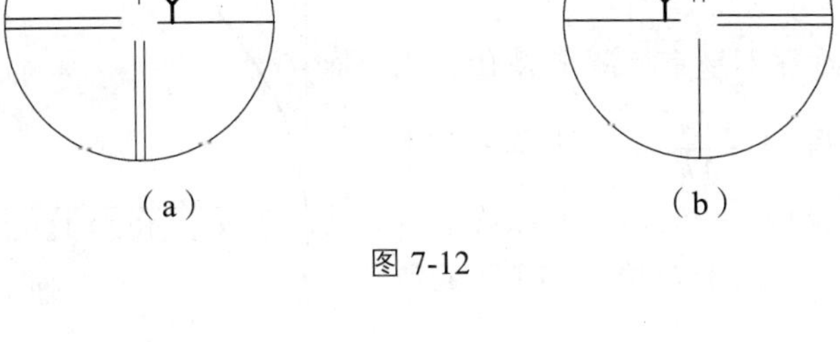

（a）　　　　（b）

图 7-12

（2）三丝法

三丝法就是以上、中、下 3 条水平横丝依次照准目标。构成一个测回的观测程序为：

在盘左位置，按上、中、下 3 条水平横丝依次照准同一目标各一次，如图 7-13（a）所示，使指标水准器气泡精密符合，分别进行垂直度盘读数，得盘左读数 L。

在盘右位置，再按上、中、下 3 条水平横丝依次照准同一目标各一次，如图 7-13（b）所示，使指标水准器气泡精密附合。分别进行垂直度盘读数，得盘右读数 R。

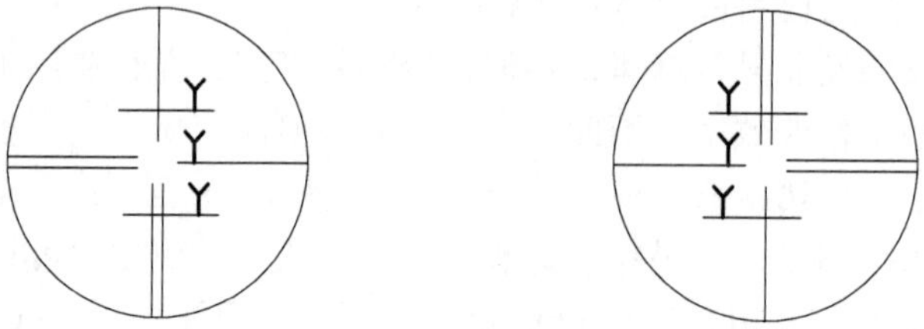

（a）　　　　（b）

图 7-13

在一个测站上观测时，一般将观测方向分成若干组，每组包括 2～4 个方向，分别进行观测，如通视条件不好，也可以分别对每个方向进行连续照准观测。

根据具体情况，在实际作业时可灵活采用上述两种方法，如 T3 光学经纬仪仅有一条水平横丝，在观测时只能采用中丝法。

按垂直度盘读数计算垂直角和指标差的公式列于表 7-19。

表 7-19

仪器类型	计算公式		各测回互差限值	
	垂直角	指标差	垂直角	指标差
J1（T3）	$\alpha = L - R$	$i = (L+R) - 180°$	10″	10″
J2（T2，010）	$\alpha = \frac{1}{2}[(R-L)-180°]$	$i = \frac{1}{2}[(L+R)-360°]$	15″	15″

3. 球气差系数 C 值和大气折光系数 K 值的确定

大气垂直折光系数 K，是随地区、气候、季节、地面覆盖物和视线超出地面高度等条件不同而变化的，要精确测定它的数值，目前尚不可能。通过实验发现，K 值在一天内的变化，大致在中午前后数值最小，也较稳定；日出、日落时数值最大，变化也快。因而垂直角的观测时间最好在地方时 10:00～16:00，此时 K 值在 0.08～0.14，如图 7-14 所示。不少单位对 K 值进行过大量的计算和统计工作，例如某单位根据 16 个测区的资料统计，得出 $K = 0.107$。

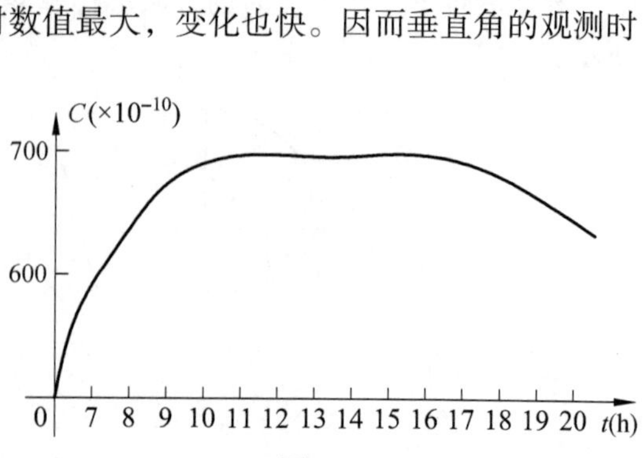

图 7-14

在实际作业中，往往不是直接测定 K 值，而是设法确定 C 值，因为 $C = \frac{1-K}{2R}$。而平均曲率半径 R 对一个小测区来说是一个常数，所以确定了 C 值，K 值也就知道了。由于 K 值是小于 1 的数值，故 C 值永为正。

下面介绍确定 C 值的两种方法：

（1）根据水准测量的观测成果确定 C 值

在已经由水准测量测得高差的两点之间观测垂直角，设由水准测量测得的高差为 h，那么，根据垂直角的观测值按式（7-27）计算两点之间的高差，如果所取的 C 值正确的话，也应该得到相同的高差值，也就是：

$$h = s_0 \tan\alpha_{1,2} + Cs_0^2 + i_1 - v_2$$

在实际计算时，一般先假定一个近似值 C_0，代人上式可求得高差的近似值 h_0，即：

$$h_0 = s_0 \tan\alpha_{1,2} + C_0 s_0^2 + i_1 - v_2$$

即

$$h - h_0 = (C - C_0)s_0^2$$

或

$$C - C_0 = \frac{h - h_0}{s_0^2} \tag{7-37}$$

令式中 $C - C_0 = \Delta C$，则按式（7-37）求得的 ΔC 值加在近似值 C_0 上，就可以得到正确的 C 值。

（2）根据同时对向观测的垂直角计算 C 值

设两点间的正确高差为 h，由同时对向观测的成果算出的高差分别为 $h_{1,2}$ 和 $h_{2,1}$ 由于是同时对向观测，所以可以认为 $C_{1,2} = C_{2,1} = C_0$，则：

$$h = h_{1,2} + \Delta C s_0^2$$

$$-h = h_{2,1} + \Delta C s_0^2$$

由以上两式可得：

$$\Delta C = \frac{h_{1,2} + h_{2,1}}{2s_0} \tag{7-38}$$

从而可以按下式求出 C 值：

$$C = C_0 + \Delta C$$

无论用哪一种方法，都不能根据一两次测定的结果确定一个地区的平均折光系数，而必须从大量的三角高程测量数据中推算出来，然后再取平均值才较为可靠。

4. 三角高程测量的精度

（1）观测高差中误差

三角高程测量的精度受垂直角观测误差、仪器高和觇标高的量测误差、大气折光误差和垂线偏差变化等诸多因素的影响，而大气折光和垂线偏差的影响可能随地区不同而有较大的变化，尤其大气折光的影响与观测条件密切相关，如视线超出地面的高度等。因此不可能从理论上推导出一个普遍适用的计算公式，而只能根据大量实测资料，进行统计分析，才有可能求出一个大体上足以代表三角高程测量平均精度的经验公式。

根据各种不同地理条件的约20个测区的实测资料，对不同边长的三角高程测量的精度统计，得出下列经验公式：

$$M_h = P \cdot s \tag{7-39}$$

式中，M_h 为对向观测高差中数的中误差；s 为边长，以 km 为单位；P 为每公里的高差中误差，以 m/km 为单位。

根据资料的统计结果表明，P 的数值在 0.013 ~ 0.022 变化，平均值为 0.018，一般取 $P = 0.02$，因此式（7-39）为：

$$M_h = \pm 0.02s \tag{7-40}$$

式（7-40）可以作为三角高程测量平均精度与边长的关系式。

考虑到三角高程测量的精度，在不同类型的地区和不同的观测条件下，可能有较大的差异，现在从最不利的观测条件来考虑，取 $P = 0.025$ 作为最不利条件下的系数，即

$$M_h = 0.025s \tag{7-41}$$

公式（7-41）说明高差中误差与边长成正比例的关系，对短边三角高程测量精度较高，边长越长精度越低，对于平均边长为 8 km 时，高差中误差为 ± 0.20 m；平均边长为 4.5 km 时，高差中误差约为 0.11 m。可见三角高程测量用短边传递高程较为有利。为了控制地形测图，要求高程控制点高程中误差不超过测图等高的 1/10，对等高距为 1 m 的测图，则要求 $M_h \leqslant \pm 0.1$ m。式（7-41）是作为规定限差的基本公式。

（2）对向观测高差闭合差的限差

同一条观测边上对向观测高差的绝对值应相等，或者说对向观测高差之和应等于零，但实际上由于各种误差的影响不等于零，而产生所谓对向观测高差闭合差。对向观测也称往返测，所以对向观测高差闭合差也称为往返测高差闭合差，以 W 表示

$$W = h_{1,2} + h_{2,1} \tag{7-42}$$

以 m_W 表示闭合差 W 的中误差，以 m_{h_0} 表示单向观测高差 h 的中误差，则由式（7-42）得：

$$m_W^2 = 2m_{h_0}^2$$

取两倍中误差作为限差，则往返测观测高差闭合差 $W_{限}$ 为：

$$W_{限} = 2m_W = \pm 2\sqrt{2}m_{h_0} \tag{7-43}$$

若以 W_h 表示对向观测高差中误差，则单向观测高差中误差可以写作：

$$m_{h_0} = \sqrt{2}M_h$$

结合式（7-41），则上式为：

$$m_{h_0} = 0.025\sqrt{2}s$$

再将上式代入式（7-43）得：

$$W_{限}=\pm2\sqrt{2}\times0.025\sqrt{2}s=\pm0.1s \tag{7-44}$$

式（7-44）是计算对向观测高差闭合差限差的公式。

（3）环线闭合差的限差

如果若干条对向观测边构成一个闭合环线，其观测高差的总和应该等于零，当这一条件不能满足时，就产生环线闭合差。最简单的闭合环是三角形，这时的环线闭合差就是三角形高差闭合差。

$$W=h_1+h_2+h_3$$

以 m_W 表示环线闭合差中误差；m_{h_i} 表示各边对向观测高差中数的中误差，则：

$$m_W^2=m_{h_1}^2+m_{h_2}^2+m_{h_3}^2$$

对向观测高差中误差 m_{h_i} 可用式（7-41）代入，再取两倍中误差作为限差，则环线闭合差 $W_{限}$ 限为：

$$W_{限}=2m_W=\pm0.05\sqrt{\sum s_i^2} \tag{7-45}$$

任务 7.5　全站仪导线测量实训

7.5.1　目　的

（1）掌握导线的外业测量工作，选点、水平角测量、全站仪距离测量等；
（2）规范外业测量的纪录；
（3）掌握导线计算的方法和步骤。

7.5.2　仪器工具

（1）全站仪 1 套（包括主机 1 台，棱镜 2 个，基座 1 个，三脚架 2 个，对中杆 1 个），记录板 1 块。
（2）统一的纪录表格 3 ~ 4 张（备用 2 张），计算表格 5 ~ 6 张（备用 6 张）。

7.5.3　步　骤

（1）在实习场地上选择两个已知点（坐标由指导教师提供）作为闭合导线的起算点：
① 两已知点间的距离尽量远；
② 不同闭合环选择不同的起算点，以避免观测时相互影响。

（2）在教学楼四周选择四个导线点：

① 相邻点间保持良好的通视条件；

② 使用记号笔、粉笔或油漆在水泥地面清晰标识出点位位置⊙，点位中心标志尽量小，以减小对中误差；

③ 按 1－A 的形式逆时针编号，前面的数字表示闭合环，如 1、2 小组用 1，其他依次类推（2、3、4、5…），后面的大写字母表示闭合环中的第几个点，如 B、C、D；

④ 闭合环间的导线点之间尽量保持一定的距离，以避免观测时的相互影响；

⑤ 每小组安排 3 个人选点，2 个人练习仪器操作。

（3）观测：

① 需要观测的内容包括：导线联系角和转折角，水平距离；

② 同一个闭合环的两个小组协调分工，各观测 3 个水平角；

③ 仪器的对中和整平，两人确认后再开始观测；

④ 水平角、水平距离可以同时观测和记录；

⑤ 水平角观测 2 个测回，由两个人分别观测 1 个测回后比较差值，差值$<\pm 30''$取平均值，否则由第三个人再观测 1 个测回，取差值$<\pm 30''$的两个测回的平均值；

⑥ 距离测量时注意设置好温度、气压（由老师提供）、棱镜常数、观测模式（精测模式）；

⑦ 每一条边都需要往返观测，往返测差值$<\pm 5$ mm 取平均值。

（4）计算：

① 全部观测完成后，由两小组的组长负责汇总观测数据，组织小组成员分别独立计算角度闭合差，限差为$\pm 40\sqrt{n}$。若角度闭合差超限，则交换观测检查水平角，检查时只需要观测 1 个测回；

② 角度闭合差合格后，根据已知坐标推算出起算方位角，将起算数据（起算坐标和坐标方位角）和观测数据（水平角、边长）数据填入导线计算表，每个人分别独立进行后续计算；

③ 导线全长相对闭合差$<1/4\,000$。

（5）上交资料（以小组为单位）：

① 原始观测数据记录表；

② 每个人独立计算的导线计算表格。

7.5.4　注意事项

（1）本次实习为综合实习，综合运用了以前学习的内容，实习前请认真复习相关知识；

（2）本次实习需要多人合作协调进行，实习开始前，组长应召集本小组同学充分讨论和分工，以保证实习的顺利进行。

（3）记录表用铅笔填写，计算表可用中性笔、钢笔、圆珠笔等填写。

7.5.5　记录计算

（1）记录表格；

（2）计算表格。

知识小结

1. 高程控制测量

（1）所谓高程控制测量就是精确的确定控制点高程的工作。高程控制网分为国家高程控制网和图根控制网两种。国家高程控制测量分为一、二、三、四等。一、二等高程控制测量是国家高程控制的基础，三、四等高程控制是一、二等的加密或作为地形图测绘和工程施工测量的基本控制。

（2）图根控制测量的精度较低，主要用于确定图根点的高程。

2. 三、四等及图根水准测量

（1）三、四等水准测量布设的形式有闭合水准路线、附合水准路线和支水准路线。

（2）三、四等水准测量测站观测程序为后—前—前—后，在坚硬的地面上四等水准测量的测站观测程序可以为后—后—前—前。

（3）图根水准测量一般采用双面尺观测，其测站的观测程序为后—后—前—前。

（4）三、四等及图根水准测量的记录方法、校核计算方法相同，但观测限差和精度要求不同，内业高程计算方法相同。

3. 三角高程测量

（1）当地形起伏较大采用三角高程测量来测定相邻控制点之间的高差。三角高程测量的原理是利用仪器测定已知点到未知点之间的竖直角，根据已知的边长和观测的竖直角求出两点之间的高差从而求出未知点的高程。

（2）三角高程导线的施测方法一般采用直、反觇观测法。

（3）三角高程测量布设的形式一般采用附合高程导线或闭合高程导线。

（4）三角高程测量的内业计算。

4. 电磁波测距三角高程

（1）电磁波测距三角高程是采用电磁波测距仪或者全站仪测定两点之间的距离和竖直角，求出两点之间的高差和未知点的高程。

（2）电磁波测距三角高程导线布设形式和计算方法与一般三角高程测量相同。

习题与作业

1. 国家高程控制网的任务是什么？建网过程中应遵循哪些原则？
2. 试述精密水准仪、水准尺与普通水准仪、水准尺的异同点。
3. 在进行三、四等水准测量时，为什么要求前后视距差不得大于所规定的限差？
4. 精密水准测量外业计算时，应求出哪些高差改正数？
5. 何谓电磁波测距三角高程？讨论研究这种方法有什么意义？

项目 8 地形图的基本知识及其应用

知识目标

- 掌握比例尺、比例尺精度、地物地貌符号和地图要素内容。
- 理解地形图识图和应用的基本知识。
- 了解地形图的分幅、编号和图廓等相关知识。

技能目标

- 能够在地形图上确定点的坐标、高程、直线距离、直线的坐标方位角、直线坡度及面积量算。

素养目标

- 培养刻苦学习精神，听课专注，思维积极，作业独立完成。
- 培养诚实守信品格，遵守纪律、正确做事，做正确的事。
- 培养劳动精神，吃苦耐劳，勇于开拓，积极进取的精神。
- 培养工匠精神，养成“怀匠心、铸匠魂、守匠情、践匠行”精神，促进学生生成“匠意、匠思、匠智”。

任务导航

- 任务 8.1 地形图的基本知识
- 任务 8.2 地物地貌的表示方法
- 任务 8.3 地形图的分幅和编号
- 任务 8.4 地形图的识读与应用
- 任务 8.5 地形图在工程建设中的应用

任务 8.1 地形图的基本知识

各种工程的规划设计阶段，都要应用不同比例尺的地形图，因此必须熟悉各种比例尺地形图的坐标系统和分幅编号方法，掌握地形图的识图和用图基本知识。

8.1.1 地形图概述

在地形图上表示的主要内容有地物与地貌两大类。地物是指地球表面上的具有明显轮廓的各种固定物体，可以分为自然地物与人工地物两类，如房屋、道路、森林等。地面上高低起伏的形态称为地貌，如高山、深谷和平原。地物和地貌合称为地形。

地形图的测绘是按照“先控制，后细部”的原则进行的。在测区范围内先建立平面及高程控制网，然后根据控制点进行地物和地貌测绘。通过实地测量，将地面上各种地物、地貌的平面位置，按一定的比例尺，用统一规定的符号和注记，缩绘在图纸上的平面图形，称为地形图，既表示地物的平面位置又表示地貌形态。只表示平面位置，不反映地貌形态的图，称为平面图或地物图。

我们测量主要是研究地形图，它是地球表面实际情况的客观反映，各项建设和国防工程建设都需要首先在地形图上进行规划、设计。

8.1.2 地形图比例尺

比例尺与比例尺精度

地形图上一段直线长度与地面上相应线段的实际水平长度之比，称为地形图的比例尺。常用数字比例尺和图示比例尺两种形式来表示。

数字比例尺是指直接用数字表示的比例尺，用分子为 1 的分数式来表示，即：

$$\frac{d}{D}=\frac{1}{M} \tag{8-1}$$

式中 M 称为比例尺分母，表示缩小的倍数。M 越小，比例尺越大，图上表示的地物地貌越详尽。为了满足经济建设和国防建设的需要，测绘和编制了各种不同比例尺的地形图。通常称 1：500、1：1 000、1：2 000、1：5 000 为大比例尺，其主要适用于城市和工程建设。称 1：1 万、1：2.5 万、1：5 万、1：10 万为中比例尺，它们是国家的基本图，采用航空摄影测量。称 1：20 万、1：50 万、1：100 万为小比例尺，由中比例尺缩小编绘。

为了用图方便，以及减小因图纸伸缩而引起的使用误差，在绘制地形图时，常在图上绘制图示比例尺。最常见的为“直线比例尺”。图 8-1 即为 1：500 的直线比例尺，取 2 cm 长度为基本单位，将左端的一段基本单位又分成十等份。则从直线比例尺上直接可读得基本单位的1/10，可估读到1/100。

图示比例尺印刷于图纸下方，便于直接用分规在图上量取直线段的水平距离。

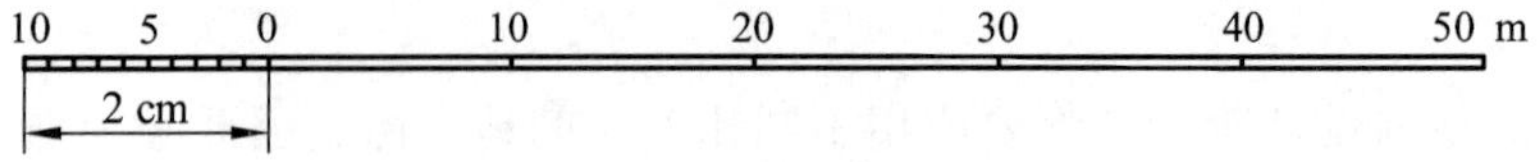

1∶500

图 8-1　图示比例尺

8.1.3　比例尺精度

人们用肉眼能分辨的图上最小距离为 0.1 mm，因此在图上量度或实地测图描绘时，只能达到图上 0.1 mm 的正确性。因而我们把图上 0.1 mm 所代表的实际水平距离，称为比例尺精度。用ε表示，即$\varepsilon = 0.1\ \text{mm} \times M$。几种常用地形图的比例尺精度如表 8-1 所示。

表 8-1　几种常用地形图的比例尺精度

比例尺	1∶5 000	1∶2 000	1∶1 000	1∶500
比例尺精度/m	0.50	0.20	0.10	0.05

比例尺精度越高，比例尺就越大，利用比例尺精度，根据比例尺可以推算出测图时量距应准确到什么程度。例如，1∶1 000 地形图的比例尺精度为 0.1 m，测图时量距的精度只需 0.1 m，小于 0.1 m 的距离在图上表示不出来。反之，根据图上表示实地的最短长度，可以推算测图比例尺。例如，欲表示实地最短线段长度为 0.5 m，则测图比例尺不得小于 1∶5 000。

比例尺越大，采集的数据信息越详细，精度要求就越高，测图工作量和投资往往成倍增加，因此使用何种比例尺测图，应从实际需要出发，不应盲目追求更大比例尺的地形图。

8.1.4　图名、图廓和接合图表

1. 图　名

为了区别各幅地形图所在的位置，每幅地形图上都编有图号。图号就是该图幅相应分幅方法的编号，标注在北图廓上方的中央、图名的下方，如图 8-2 所示。

2. 图　廓

图廓是地形图的边界线，有内、外图廓线之分。内图廓就是坐标格网线，也是图幅的边界线，用 0.1 mm 细线绘出。在内图廓线内侧，每隔 10 cm，绘出 5 mm 的短线，表示坐标格网线的位置。外图廓线为图幅的最外围边线，用 0.5 mm 粗线绘出。内、外图廓线相距 12 mm，在内外图廓线之间注记坐标格网线坐标值，如图 8-2 所示。

3. 接合图表

为了说明本幅图与相邻图幅之间的关系，便于索取相邻图幅，在图幅左上角列出相邻图幅图名，斜线部分表示本图位置，如图 8-2 所示。

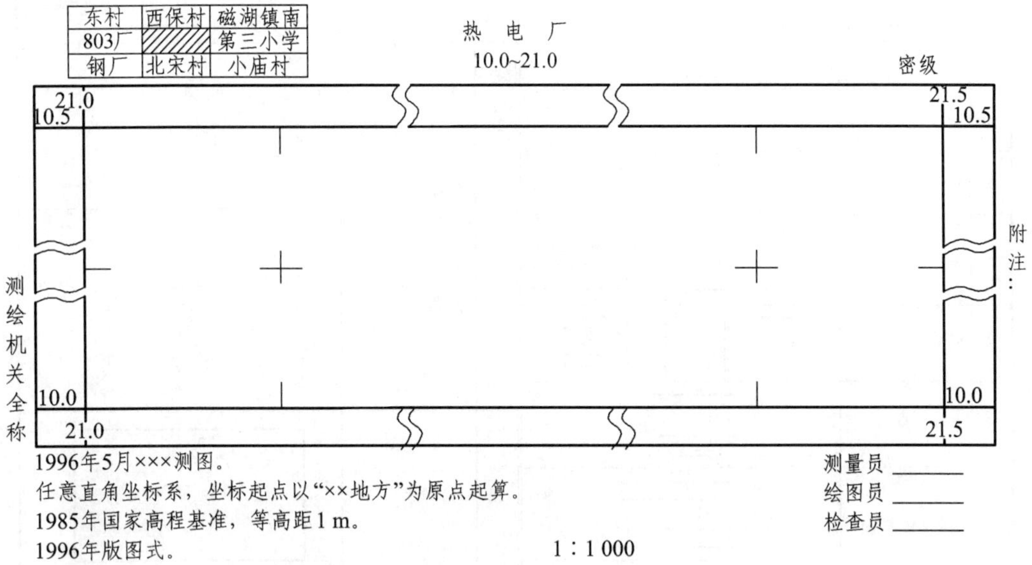

图 8-2　图名、图廓和接合图表

任务 8.2　地物地貌的表示方法

地形图图式是地形图上表示各种地物和地貌要素的符号、注记和颜色的规则和标准，是测绘和出版地形图必须遵守的基本依据之一，是由国家统一颁布执行的标准。统一标准的图式能够科学地反映实际场地的形态和特征，是人们识别和使用地形图的重要工具，是测图者和使用者沟通的语言。

8.2.1　地物的表示方法

地形图上表示地物类别、形状、大小及位置的符号称为地物符号。表 8-2 列举了一些地物符号，这些符号摘自国家测绘地理信息局测绘标准化研究所 2017 年颁发的《1∶5 000、1∶1 000、1∶2 000 地形图图式》。表中各符号旁的数字表示该符号的尺寸（以 mm 为单位）。根据地物形状大小和描绘方法的不同，地物符号可分为以下几种：

表 8-2　常见的地物符号

编号	符号名称	1∶500　1∶1 000	1∶2 000
1	一般房屋 混—房屋结构 3—房屋层数		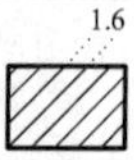
2	简单房屋	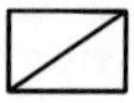	
3	建筑中的房屋		
4	破坏房屋		
5	棚　房	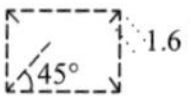	
6	架空房屋	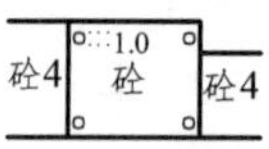	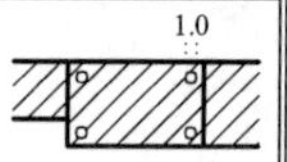
7	廊房		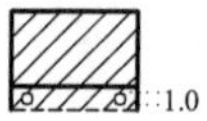
8	台阶	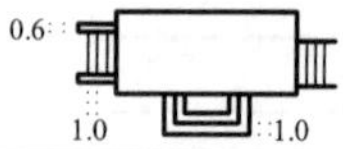	
9	无看台 的露天体育场	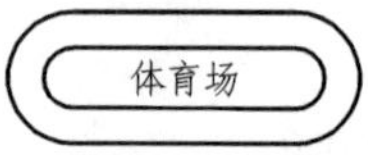	
10	游泳池		
11	过街天桥		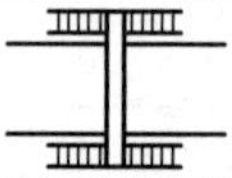
12	高速公路 a.收费站 0—技术等级代码	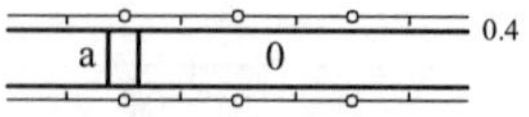	
13	等级公路 2—技术等级代码 (G325)—国道路线编码	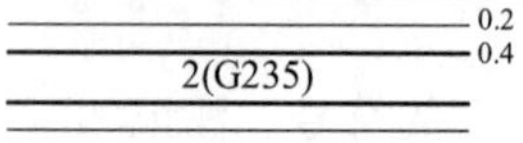	
14	乡村路 a.依比例尺的 b.不依比例尺的	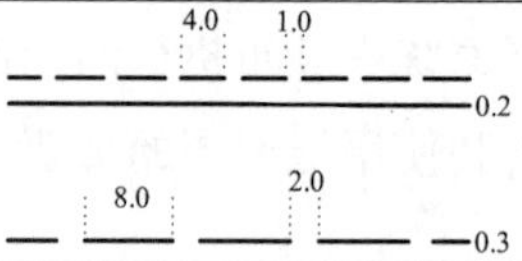	
15	小路	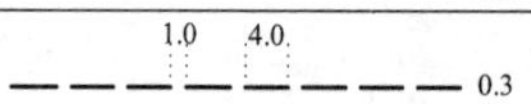	
16	内部道路	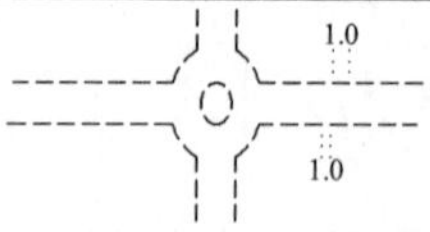	
17	阶梯路	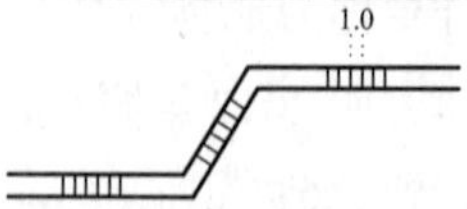	
18	打谷场、球场		
19	旱地	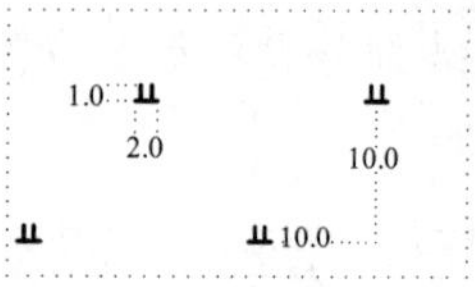	
20	花圃	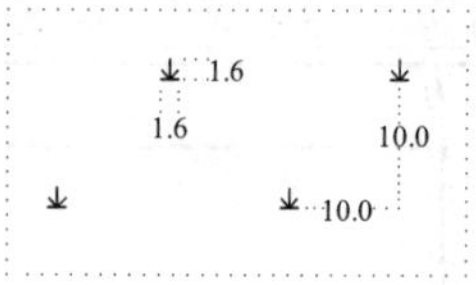	
21	有林地	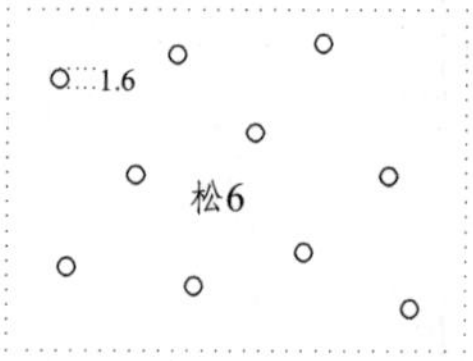	
22	人工草地	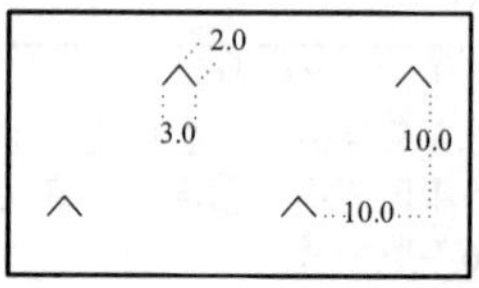	
23	稻田	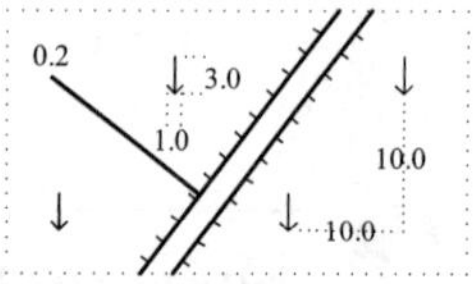	
24	常年湖		
25	池塘	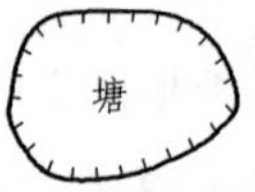	
26	常年河 a.水涯线 b.高水界 c.流向 d.潮流向 ←⫽⫽ 涨潮 ⟶ 落潮	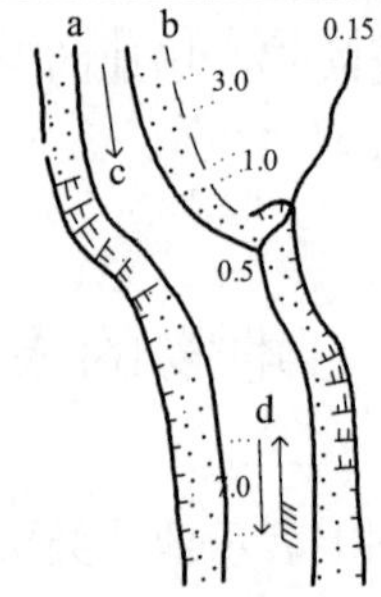	
27	喷水池		
28	GPS控制点	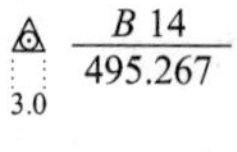	

1. 比例符号

地物的形状和大小均按测图比例尺缩小，并用规定的符号绘在图纸上，这种地物符号称为比例符号。若轮廓较大，形状和大小可以按测图比例尺缩小。植被、土壤用符号，边界一般用虚线，房屋可注记结构和层次，如房屋、湖泊、农田、森林等。

2. 非比例符号

有些地物，轮廓较小，无法将其形状和大小按比例缩绘到图上，而采用相应的规定符号表示，这种符号称为非比例符号。非比例符号只能表示物体的位置和类别，不能用来确定物体的尺寸。非比例符号的中心位置与地物实际中心位置随地物的不同而异，在测图和用图时应注意以下几点：

（1）规则几何图形符号，如圆形、三角形或正方形等，以图形几何中心代表实地地物中心位置，如水准点、三角点、钻孔等。

（2）底符号，如烟囱、水塔等，以符号底部中心点作为地物的中心位置。

（3）底部为直角形的符号，如独立树、风车、路标等，以符号的直角顶点代表地物中心位置。

（4）几种几何图形组合成的符号，如气象站、消防栓等，以符号下方图形的几何中心代表地物中心位置。

（5）下方没有底线的符号，如亭、窑洞等，以符号下方两端点连线的中心点代表实地地物的中心位置。

3. 半比例符号

地物的长度可按比例尺缩绘，而宽度按规定尺寸绘出，这种符号称为半比例符号。用半比例符号表示的地物都是一些带状地物，如管线、公路、铁路、围墙、通信线路等。这种符号的中心线，一般表示其实地地物的中心位置，但是城墙和垣栅等，地物中心位置在其符号的底线上。

上述三种符号在使用时不是固定不变的，同一地物，在大比例尺图上采用比例符号，而在中小比例尺上可能采用非比例的符号或半比例符号。

4. 地物注记

有些地物除了用相应的符号表示外，对于地物的性质、名称等在图上还需要用文字和数字加以注记，如房屋的结构和层数、地名、路名、单位名、等高线高程和散点高程以及河流的水深、流速等。对地物加以说明的文字、数字或特有符号，称为地物注记。如城镇、工厂、河流、道路的名称；桥梁的尺寸及载重量；江河的流向、流速及深度；道路的去向及森林、果树的类别等，都以文字或特定符号加以说明。

8.2.2 地貌的表示方法

地貌的表示方法很多，大比例尺地形图中常用等高线表示地貌。

1. 等高线

等高线是地面上高程相等的相邻点所连成的闭合曲线。水面静止的湖泊和池塘的水边线，实际上就是一条闭合的等高线。如图 8-3 所示，有一座位于平静湖水中的小山头，山顶被湖水恰好淹没时的水面高程为 100 m。然后水位下降 5 m，露出山头，此时水面与山坡就有一条交线，而且是闭合曲线，曲线上各点的高程是相等的，这就是高程为 95 m 的等高线。随后水位又下降 5 m，山坡与水面又有一条交线，这就是高程为 90 m 的等高线。依次类推，水位每降落 5 m，水面就与地表面相交留下一条等高线，从而得到一组高差为 5 m 的等高线。设想把这组实地上的等高线沿铅垂线方向投影到水平面 H 上，并按规定的比例尺缩绘到图纸上，就得到用等高线表示该山头地貌的等高线图。

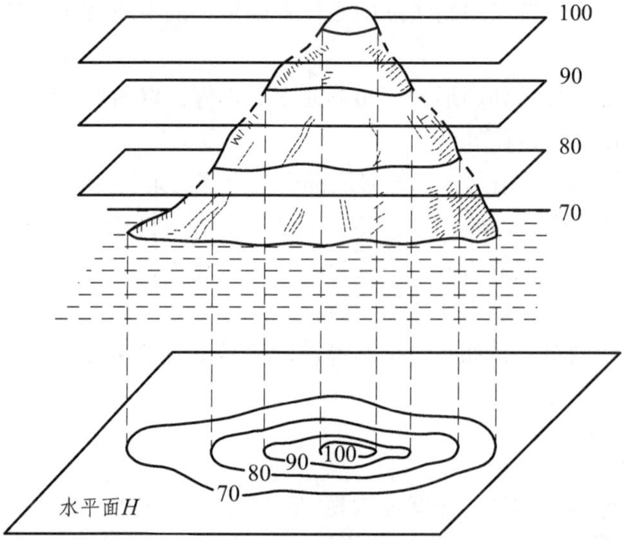

图 8-3　等高线

2. 等高距与等高线平距

相邻等高线之间的高差称为等高距，也称为等高线间隔，用 h 表示。相邻等高线之间的水平距离称为等高线平距，用 d 表示。h 与 d 的比值就是地面坡度 i，即：

$$i = \frac{h}{dM} \tag{8-2}$$

式中　M——比例尺分母。

由于在同一幅地形图上等高距 h 是相同的，所以，地面坡度 i 与等高线平距 d 成反比。地面坡度较缓，其等高线平距较小大，等高线显得稀疏；地面坡度较陡，其等高线平距较小，等高线十分密集。因此，可根据等高线的疏密来判断地面坡度的缓与陡。即在同一幅地形图上，等高线平距 d 越大，坡度 i 越小；等高线平距 d 越小，坡度 i 越大，如果等高线平距相等，则坡度均匀。

等高距的选择，如果等高距过小，会使图上的等高线过密。如果等高距过大，则不能正确反映地面的高低起伏状况。所以，基本等高距的大小应根据测图比例尺与测区地形情况来确定的。等高距的选用可参见表 8-3。

表 8-3　地形图的基本等高距

地　形　类　别	比　例　尺			
	1∶500	1∶1 000	1∶2 000	1∶5 000
平地（地面倾角：$\alpha<30°$）	0.5	0.5	1	2
丘陵（地面倾角：$3°\leqslant\alpha<10°$）	0.5	1	2	5
山地（地面倾角：$10°\leqslant\alpha<25°$）	1	1	2	5
高山地（地面倾角：$\alpha\geqslant25°$）	1	2	2	5

3. 几种基本地貌的等高线

地面的形状虽然复杂多样，但都可看作是由山头、洼地（盆地）、山脊、山谷、鞍部或陡崖和峭壁组成的。如果掌握了这些基本地貌的等高线特点，就能较容易地根据地形图上的等高线，分析和判断地面的起伏状态，以利于读图、用图和测绘地形图。

（1）山头和洼地的等高线

山头和洼地（又称盆地）的等高线都是一组闭合曲线。如图 8-4（a）所示，山头内圈等高线高程大于外圈等高线的高程；洼地则相反，如图 8-4（b）所示。这种区别也可用示坡线表示。示坡线是垂直于等高线并指示坡度降落方向的短线。示坡线往外标注是山头，往内标注的则是洼地。

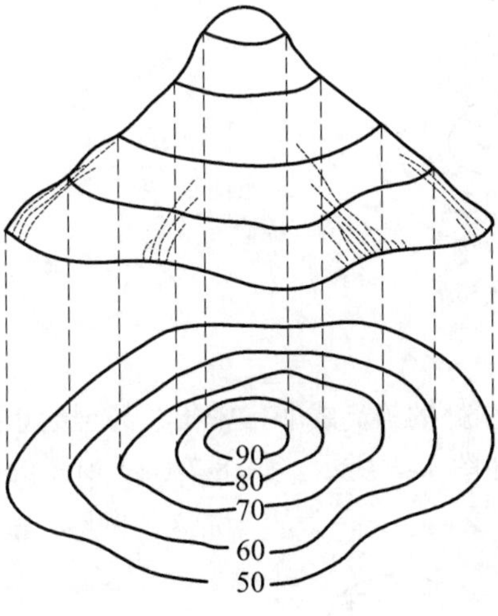

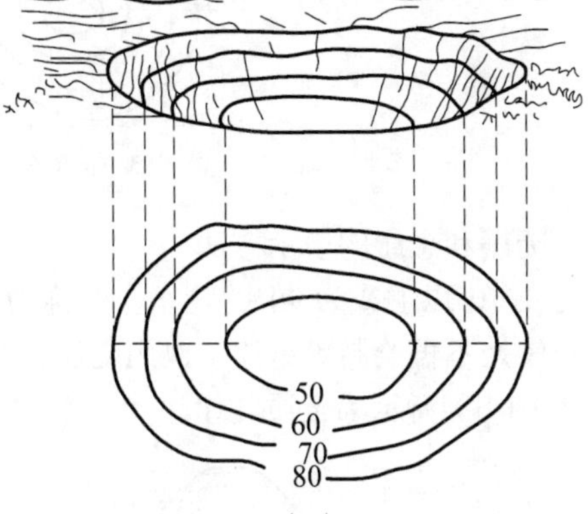

图 8-4　山头与洼地的等高线

（2）山脊与山谷的等高线

沿着一个方向延伸的高地称为山脊，山脊上最高点的连线称为山脊线或分水线。山脊的等高线是一组凸向低处的曲线，如图 8-5（a）所示。在两山脊间沿着一个方向延伸的洼地称为山谷，山谷中最低点的连线称为山谷线。山谷的等高线是一组凸向高处的曲线，如图 8-5（b）所示。山脊线、山谷线与等高线正交。

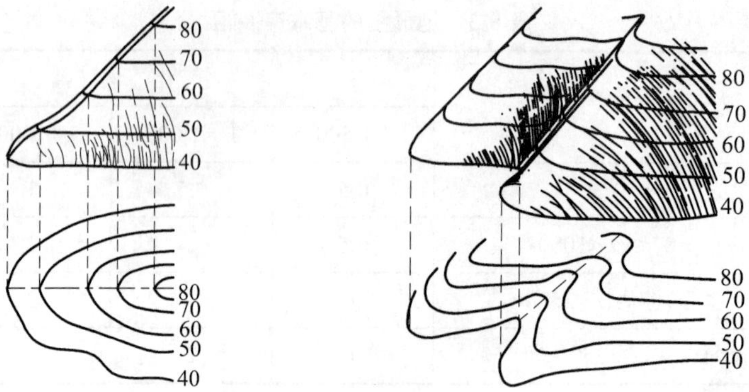

（a）　　　　　　　　　　　　　　（b）

图 8-5　山脊和山谷的等高线

（3）鞍部的等高线

相邻两山头之间呈马鞍形的低凹部分称为鞍部，鞍部是两个山脊和两个山谷会合的地方。鞍部的等高线由两组相对的山脊和山谷的等高线组成，即在一圈大的闭合曲线内，套有两组小的闭合曲线，如图 8-6 所示。

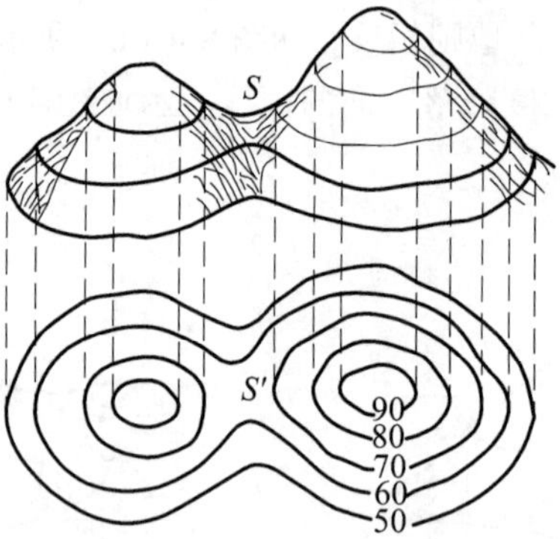

图 8-6　鞍部的等高线

（4）陡崖和悬崖的表示方法

坡度在 70°以上或为 90°的陡峭崖壁称为陡崖。陡崖处的等高线非常密集，甚至会重叠，因此，在陡崖处不再绘制等高线，改用陡崖符号表示，如图 8-7 所示。图 8-7（a）所示为石质陡崖，图 8-7（b）所示为土质陡崖。

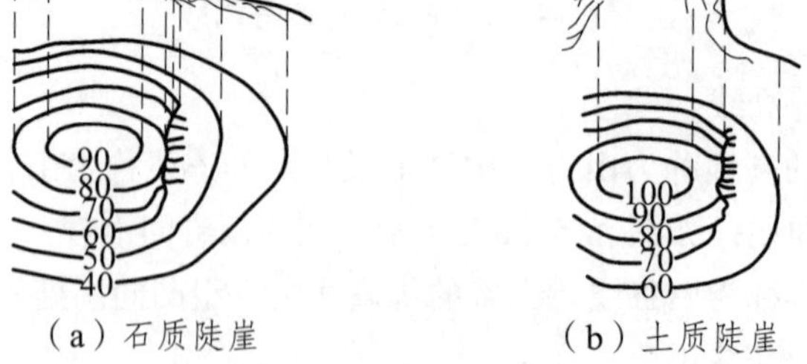

（a）石质陡崖　　　　　　　　（b）土质陡崖

图 8-7　陡崖的表示方法

上部向外突出，中间凹进的陡崖称为悬崖，上部的等高线投影到水平面时与下部的等高线相交，下部凹进的等高线用虚线表示。悬崖的等高线如图 8-8 所示。

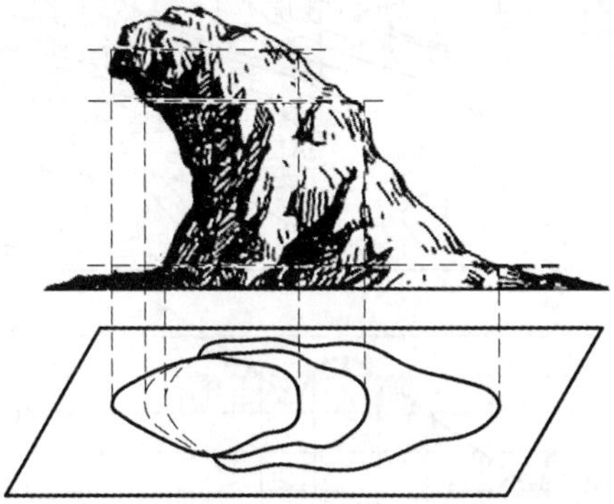

图 8-8　悬崖的等高线

图 8-9 所示为一综合性地貌的透视图及相应的地形图，可对照前述基本地貌的表示方法进行阅读。

图 8-9　几种典型地貌的等高线

4. 等高线的种类

（1）首曲线

在同一幅地形图上，按规定的基本等高距描绘的等高线称为首曲线。首曲线用 0.15 mm 的细实线描绘，如图 8-10 中高程为 38 m、42 m 等高线。

（2）计曲线

凡是高程能被 5 倍基本等高距整除的等高线称为计曲线，也称加粗等高线。为了计算和读图的方便，计曲线要加粗描绘并注记高程，计曲线用 0.3 mm 粗实线绘出，如图 8-10 中高程为 40 m 的等高线。

（3）间曲线

为了显示首曲线不能表示出的局部地貌，按二分之一基本等高距描绘的等高线称为间曲线，也称半距等高线。间曲线用 0.15 mm 的细长虚线表示，如图 8-10 中高程为 39 m、41 m 的等高线。

（4）助曲线

用间曲线还不能表示出的局部地貌，可按四分之一基本等高距描绘的等高线称为助曲线。助曲线用 0.15 mm 的细短虚线表示，如图 8-10 中高程为 38.5 m 的等高线。

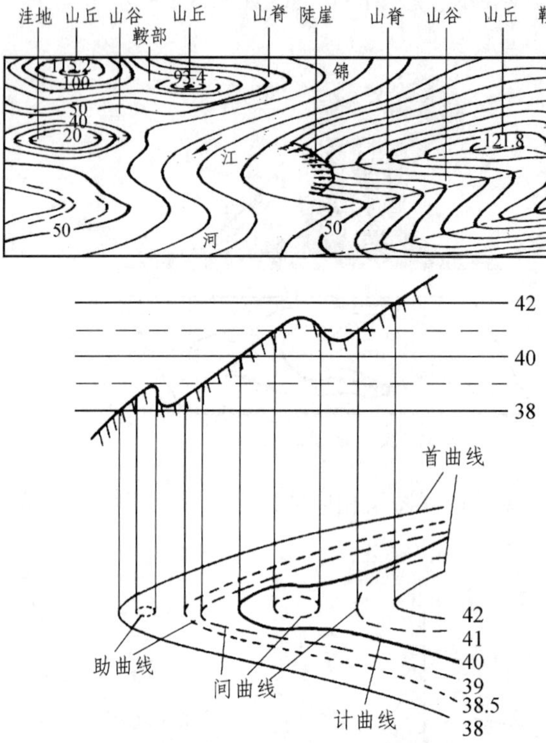

图 8-10　综合地貌及其等高线表示方法

5. 等高线的特性

为了掌握用等高线表示地貌时的规律性，现将等高线的特性归纳如下：

① 同一条等高线上各点的高程都相同；

② 等高线是闭合曲线，如果不在本幅图内闭合，则必在图外闭合；

③ 除在悬崖和绝壁处外，等高线在图上不能相交，也不能重合；

④ 等高线平距小表示坡度陡，平距大表示坡度缓，平距相同表示坡度相等；

⑤ 等高线与山脊线、山谷线成正交。

任务 8.3　地形图的分幅和编号

为了便于管理和使用地形图，需要将大面积的各种比例尺的地形图进行统一的分幅和编号。地形图的分幅分为两类：一类是按经纬线分幅的梯形分幅法，也称国际分幅法；另一类是按坐标格网分幅的矩形分幅法。前者用于中、小比例尺的国家基本图的分幅，后者用于城市大比例尺图的分幅。

8.3.1 地形图的国际分幅法

地形图的国际分幅由国际统一规定的经线为图的东、西边界，国际统一规定的纬线为图的南、北边界。

1. 1∶100 万比例尺地形图的分幅和编号

1∶100 万比例尺地形图的分幅是从赤道起，向两极每隔纬差 4°为一横行，依次以拉丁字母 A，B，C，…，V 表示；由经度 180°起，自西向东每隔经差 6°为一纵列，依次用 1，2，3，…，60 表示。图 8-11 为“东半球北纬”1∶100 万比例尺地形图的国际分幅和编号。

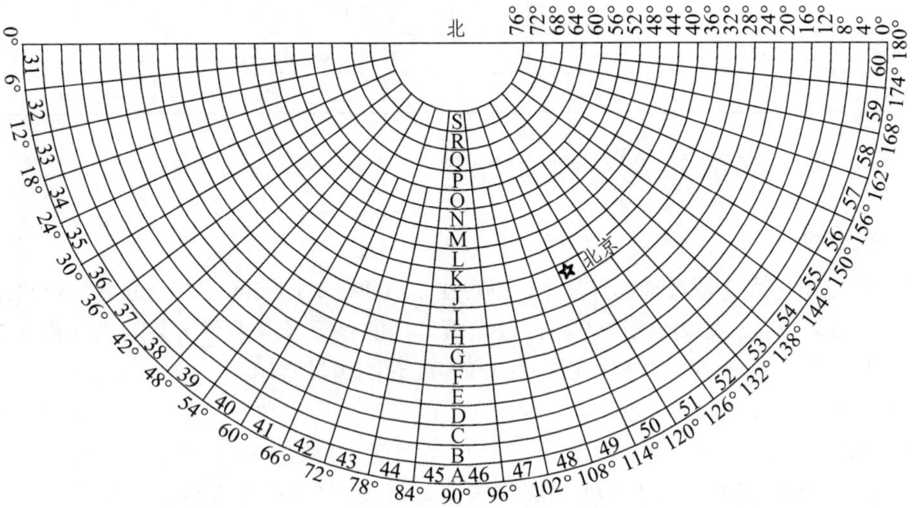

图 8-11 东半球北纬 1∶100 万地图的国际分幅和编号

每幅图的编号，先写出横行的代号，再写出纵列的代号。如北京某处的地理坐标为北纬为 39°56′23″、东经 116°22′53″，则所在的 1∶100 万比例尺地形图的图幅号是 J50。

2. 1∶50 万～1∶5 000 比例尺地形图的分幅和编号

1∶50 万～1∶5 000 比例尺地形图的分幅都由 1∶100 万比例尺地形图加密划分而成，编号均以 1∶100 万比例尺地形图为基础，采用代码行列编号方法，如图共十位数码组成。

×	××	×	×××	×××
第一位	第二、三位	第四位	第五、六、七位	第八、九、十位

其中，编号及代码如下：

第一位——1∶100 万分幅地形图行号；

第二、三位——1∶100 万分幅地形图列号；

第四——比例尺代码；

第五、六、七位——图幅行号；

第八、九、十位——图幅列号。

各种比例尺地形图的代码及编号示例见表 8-4。

表 8-4 地形图比例尺代码表

比例尺	图幅大小		分幅代号	某地的图号
	经差	纬差		
1∶100 万	6°	4°	横行 A、B、C、…、V 纵列 1、2、3、…、60	J-50
1∶50 万	3°	2°	A、B、C、D	J-50-C
1∶20 万	1°	40′	[1]、[2]、[3]、…、[36]	J-50-[15]
1∶10 万	30′	20′	1、2、3、…、144	J-50-92
1∶5 万	15′	10′	A、B、C、D	J-50-92-A
1∶2.5 万	7′30″	5′	1、2、3、4	J-50-92-A-2
1∶1 万	3′45″	2′30″	（1）、（2）、（3）、…、（64）	J-50-92-（3）
1∶5 000	1′52″.5	1′15″	a、b、c、d	J-50-92-（3）-d
1∶2 000	37″.5	25″	1、2、3、…、9	J-50-92-（3）-d-2

8.3.2 地形图的矩形分幅和编号

1. 分幅方法

矩形分幅适用于大比例尺地形图，1∶500、1∶1 000、1∶2 000、1∶5 000 比例尺地形图图幅一般为 50 cm × 50 cm 或 40 cm × 50 cm，以纵横坐标的整千米或整百米数的坐标格网作为图幅的分界线，称为矩形或正方形分幅，以 50 cm × 50 cm 图幅最常用。

正方形分幅是以 1∶5 000 比例尺图为基础，取其图幅西南角 x 坐标和 y 坐标以 km 为单位的数字，中间用连字符连接作为它的编号。例如，某图西南角的坐标 $x = 3\ 510.0$ km，$y = 25.0$ km，则其编号为：3510.0-25.0。1∶5 000 比例尺图四等分便得四幅 1：2 000 比例尺图；编号是在 1∶5 000 比例尺图的图号后用连字符加各自的代号Ⅰ、Ⅱ、Ⅲ、Ⅳ，如 3510.0-25.0-Ⅱ。

依此类推，1∶2 000 比例尺图四等分便得四幅 1∶1 000 比例尺图；1∶1 000 比例尺图的编号是在 1∶2 000 比例尺图的图号后用连字符附加各自的代号Ⅰ、Ⅱ、Ⅲ、Ⅳ，如 3510.0-25.0-Ⅱ-Ⅳ。

1∶1 000 比例尺图再四等分便得四幅 1∶500 比例尺图；1∶500 比例尺图的编号是在 1∶1 000 比例尺图的图号后用连字符附加各自的代号Ⅰ、Ⅱ、Ⅲ、Ⅳ，如 3510.0-25.0-Ⅱ-Ⅳ-Ⅲ。

矩形图幅的编号，也是取其图幅西南角 x 坐标和 y 坐标（以 km 为单位），中间用连字符连接作为它的编号。编号时，1∶5 000 地形图，坐标取至 1 km；1∶2 000、1∶1 000 地形图坐标取至 0.1 km；1∶500 地形图，坐标取至 0.01 km。

矩形及正方形分幅的图廓规格见表 8-5。

表 8-5 矩形及正方形分幅的图廓规格

比例尺	矩形分幅		正方形分幅		
	图幅大小（cm×cm）	实地面积（km^2）	图幅大小（cm×cm）	实地面积（km^2）	一幅 1∶5 000 图所含幅数
1∶5 000	50×40	5	40×40	4	1
1∶2 000	50×40	0.8	50×50	1	4
1∶1 000	50×40	0.2	50×50	0.25	16
1∶500	50×40	0.05	50×50	0.062 5	64

8.3.3 独立地区测图的特殊编号

以上是正方形与矩形分幅，都是按规范全国统一编号的，大型工程项目的测图也力求与国家或城市的分幅、编号方法一致。但有些独立地区的测图，或者由于与国家或城市控制网没有关系；或者由于工程本身保密的需要；或者小面积测图；也可以采用其他特殊的编号方法。

1. 按坐标编号

第一种情况：当测区与国家控制网联测时，图幅编号为图幅所在投影带中央经线的经度-*x* 西南角（km）-*y* 西南角（km），如某 1∶2 000 地形图的编号为“112°-3 108.0-38 656.0”，表示图幅所在投影带中央经线的经度为 112°，图幅西南角的坐标为 $x = 3\ 108$ km，$y = 38\ 656$ km（38 为投影带带号）。

第二种情况：当测区采用独立坐标系时，图幅编号为：测区坐标起算点的坐标（*x*，*y*）-图幅西南角纵坐标-图幅西南角横坐标，坐标以千米或百米为单位。如某图幅编号“30，30-16-18”，表示测区起算点坐标为 $x = 30$ km、$y = 30$ km，图幅西南角坐标为 $x = 16$ km、$y = 18$ km。

2. 小面积独立测区的图幅编号

小面积独立测区的图幅编号，可采用数字顺序进行编号。如图 8-12 所示，虚线表示测区范围，数字表示图幅编号，排列顺序一般从左到右、从上到下。

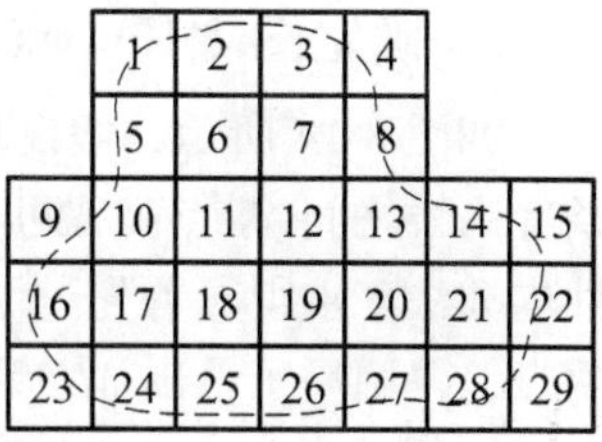

图 8-12 数字顺序编号

任务 8.4 地形图的识读与应用

8.4.1 地形图的识读

在各种工程的规划与设计阶段，需要应用各种不同比例尺的地形图。用图时，应认真阅读，充分了解地物分布和地貌变化情况，才能根据地形与有关资料，做出合理而经济的规划与设计。

8.4.2 地形图应用的基本内容

1. 确定图上点的坐标

图上一点的位置，通常采用量取坐标的方法来确定，图框边线上所注的数字就是坐标格网的坐标值，它们是量取坐标的依据，如图 8-13 所示。

例：确定 *p* 点坐标，先恢复 *p* 点所在格网，然后过 *p* 作格网平行线，最后计算 *p* 点坐标。

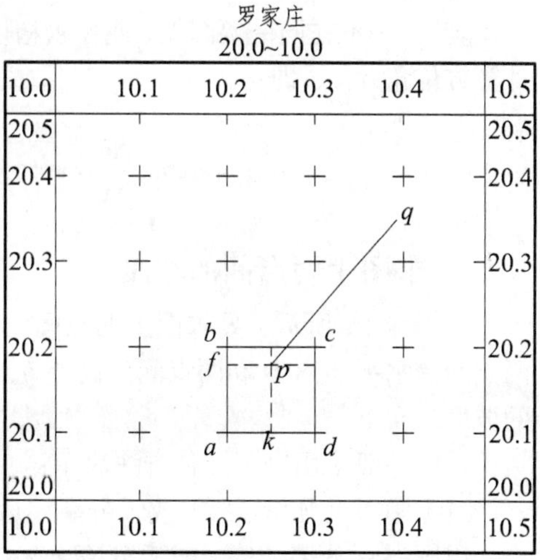

图 8-13 确定图上点坐标

$a_f = 80.2$（m），$a_k = 50.3$（m）

$x_p = x_a + a_f = 20\,100 + 80.2 = 20\,180.2$（m）

$y_p = y_a + a_k = 10\,200 + 50.3 = 10\,250.3$（m）

2. 确定图上两点间的水平距离

（1）图解法

用直尺量取图上距离乘以 M，或用比例尺直接量取。

（2）解析法

若 A、B 不在同一幅图上，或要求精度高一些，可先量出两点的坐标，然后按坐标反算方法，计算距离 D_{AB}：

$$D_{AB} = \sqrt{(x_B - x_A)^2 + (y_B - y_A)^2} \tag{8-3}$$

3. 确定图上任一点的高程

如图 8-14 所示，假设现在要求地形图上一点 K 的高程，K 在两条等高线之间，K 点高程可通过等高线平距与高差成正比的原则用线性内插法来求得。首先过 K 点画一条直线与两条等高线交于 M、N 两点，再用尺子量出 MK 和 MN 的长度，然后就可以计算出 K 点到 M 点之间的高差（h_0 为等高距），那么 K 点的高程为：

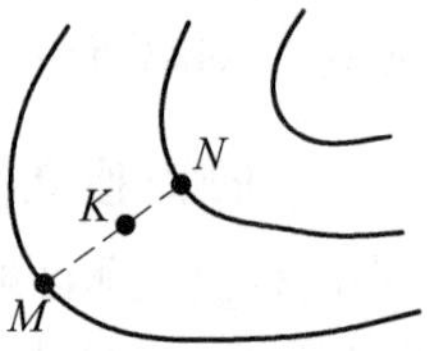

图 8-14　确定图上点高程

$$H_K = H_M + \left(\frac{MK}{MN} \times h_0\right) \tag{8-4}$$

4. 确定两点间直线的坐标方位角

（1）图解法

用量角器在图上直接量取。

（2）解析法

若 A、B 不在同一幅图上，或要求精度高一些，可先量出两点的坐标，然后按坐标反算方法，计算方位角 α_{AB}，即：

$$\alpha_{AB} = \arctan\frac{\Delta y}{\Delta x} = \mathrm{arc\cot}\frac{y_B - y_A}{x_B - x_A} \tag{8-5}$$

5. 求图上两点间的坡度

如图 8-15 所示，要求图上两点间的坡度，需要先求出两点间的水平距离 D 和两点间的高差 h，然后再计算两点间的坡度。

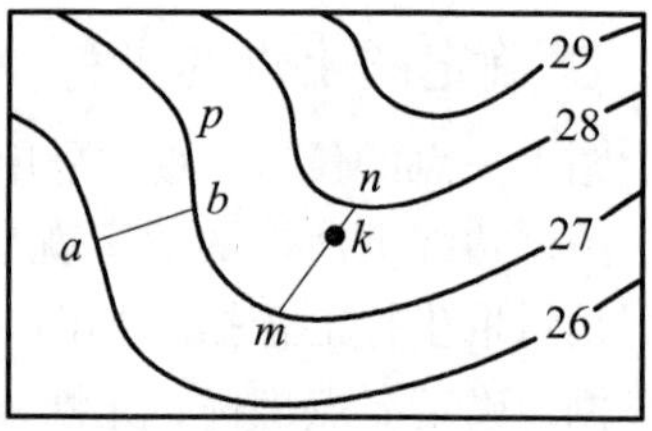

图 8-15　确定图上两点间的坡度

坡度一般采用以下 3 种方法表示：

（1）倾斜百分率（%）或千分率（‰）

用倾斜百分率（%）或千分率（‰）来表示的计算方法为：

$$\frac{h}{D}=i\% \tag{8-6}$$

这种表示方法一般在道路、渠道、管道建设中用得较多。

（2）倾斜角

$$\alpha=\arctan\frac{h}{D} \tag{8-7}$$

（3）倾斜率

$$i=\frac{h}{D} \tag{8-8}$$

表示边坡的时候常使用，如 2/3、1/3、2/5 等。

任务 8.5 地形图在工程建设中的应用

8.5.1 在图上设计等坡度线

例：如图 8-16 所示，要在 A、B 间选定一条满足坡度为 $i \leqslant 5\%$的最短路线。

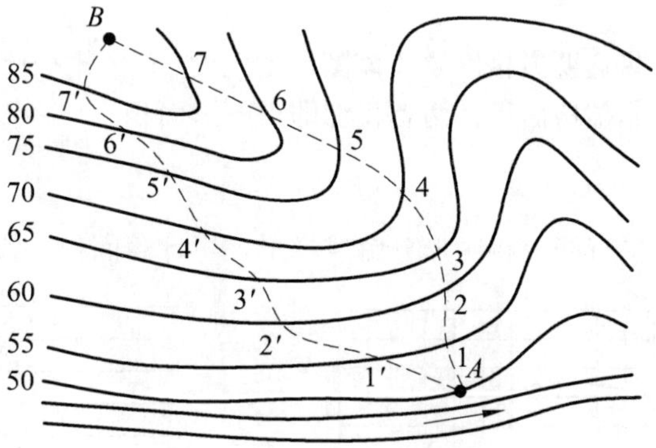

图 8-16　在图上设计等坡度线

（1）按限制坡度求出图上等高线间的最小平距 d

$$d=D/M=h/iM=1/0.05\times 2\,000=0.01\ \text{m}=1\ \text{cm}$$

D 为按给定坡度，等高线间实际平距。

（2）从 1 点起，以 d 为半径，作弧相交相邻等高线于 2 点；从 2 点起，以 d 为半径，作弧相交相邻等高线于 3 点；…；直至目的地 n 点。

（3）从 1 点开始，把 n 个点用折线连接。有时路线不止一条，应选施工方便，经济合理的一条。

8.5.2 绘制已知方向纵断面图

（1）在坐标纸上绘一坐标系，横轴表示水平距离，纵轴表示高程。高程比例尺可根据需要设置成平距比例尺的若干倍；

（2）在地形图上画出剖面线，确定起止点 M、N；

（3）依次量取剖面线与各等高线的交点到 M 点的距离；

（4）将量取的距离及该等高线的高程，按比例尺展绘到坐标纸上；

（5）以光滑曲线连接坐标纸上展绘的各点，如图 8-17 所示。

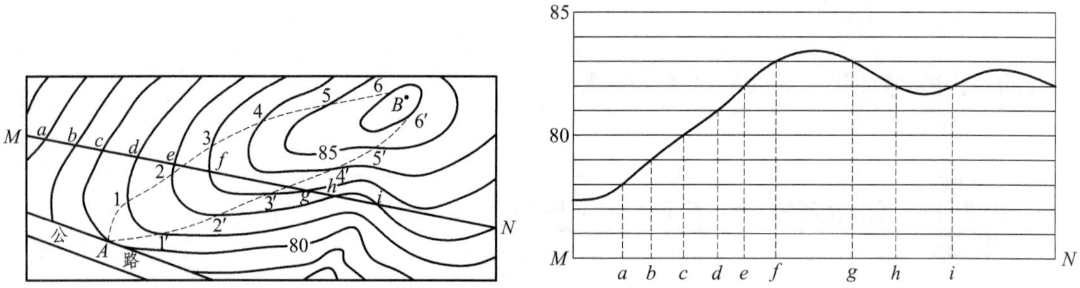

图 8-17　绘制已知方向的纵断面图

8.5.3 图形面积的量算

1. 方格纸法

如图 8-18 所示，在可将透明方格网置于该图形的上面，首先累积计算图形内部的整方格数，再估读被图形边线分割的非整格面积，两者相加即得图形面积。

2. 平行线法

在图形上绘制等高 h 平行线，将图形分解成梯形，再计算面积，如图 8-19 所示。

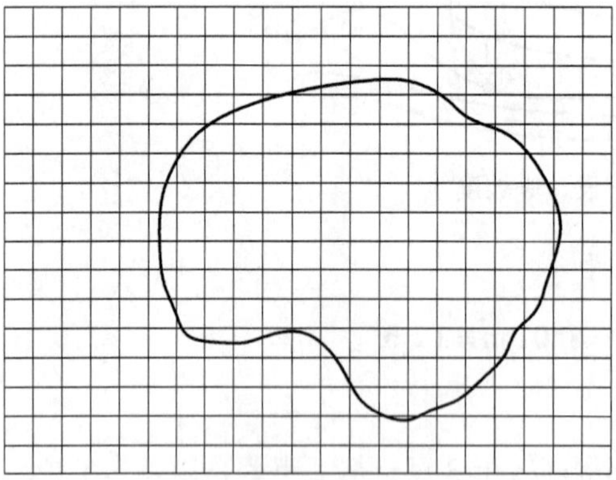

图 8-18　方格纸法

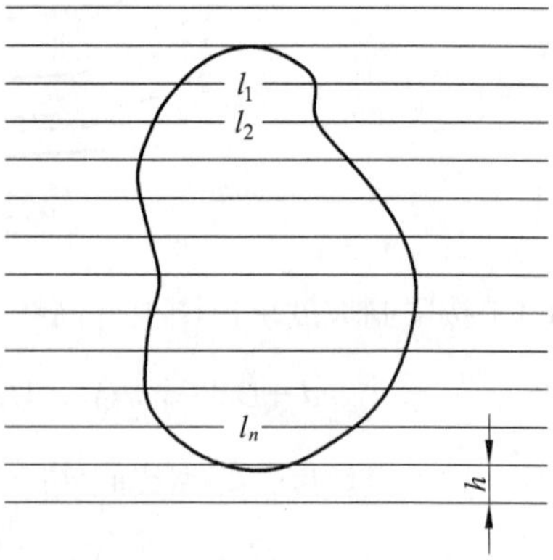

图 8-19　平行线法

3. 解析法

运用面积公式求取相邻顶点与坐标轴（X 或 Y）所围成的各梯形面积的代数和。

$$P=\frac{1}{2}\left[(x_1+x_2)(y_2-y_1)+(x_2+x_3)(y_3-y_2)-(x_3+x_4)(y_3-y_4)-(x_4+x_1)(y_4-y_1)\right]$$

整理成：

$$P=\frac{1}{2}\left[x_1(y_2-y_4)+x_2(y_3-y_1)+x_3(y_4-y_2)+x_4(y_1-y_3)\right] \tag{8-9}$$

写成以下 4 种形式的通用公式：

$$\begin{aligned} P&=\frac{1}{2}\sum_{i=1}^{n}x_i(y_{i+1}-y_{i-1}) \\ P&=\frac{1}{2}\sum_{i=1}^{n}y_i(x_{i+1}-x_{i-1}) \\ P&=\frac{1}{2}\sum_{i=1}^{n}(x_i+x_{i+1})(y_{i+1}-y_i) \\ P&=\frac{1}{2}\sum_{i=1}^{n}(x_iy_{i+1}-x_{i+1}y_i) \end{aligned} \tag{8-10}$$

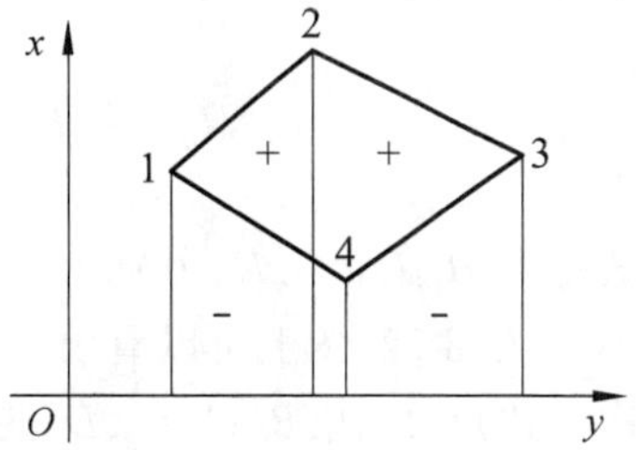

图 8-20　解析法

8.5.4　场地平整时土方量的计算

在一些工程建设之前，首先要平整施工场地，这时就需要进行挖方量和填方量的计算，计算通常是采用方格网法。

图 8-21 所示为某工程场地的地形图，假设现在要求将工程场地的原始地貌按照挖填平衡的原则改造成水平面，也就是直接在这块场地的高处挖土填到这块场地的低处，挖方量大致要等于填方量。可以按照下面几个步骤计算：

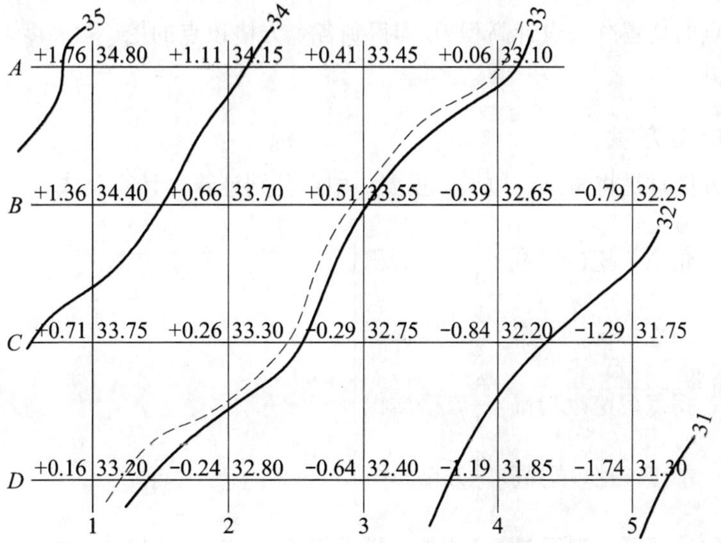

图 8-21　方格网法土石方量计算

1. 在地形图上绘制方格网

方格网大小取决于地形的复杂程度、地形图比例尺的大小和土方计算的精度要求，一般地，方格边长为图上 2 cm。各方格顶点的高程用线性内插法求出，并注记在相应顶点的右上方。

2. 计算挖填平衡的设计高程

先将每一方格顶点的高程相加除以 4，就可以得到每个方格的平均高程 H_i，再将每个方格的平均高程相加除以方格总数，就得到挖填平衡的设计高程 H_0，当挖填工作完成后，这时工程场地就会变为一个水平面，那么 H_0 就是这个水平面的高程，其计算公式为：

$$H_0=\frac{1}{n}(H_1+H_2+\cdots+H_n)=\frac{1}{n}\sum_{i=1}^{n}H_i \tag{8-11}$$

式中，$H_1,H_2,\cdots,H_n$ 分别为每个方格的平均高程。

从 8-22 图上可以看出，方格网的角点 A_1,A_4,B_5,D_5 的高程在计算平均高程的时候只用了一次，边点 A_2,A_3,B_1,C_1,D_2,D_3 的高程用了 2 次，（比如 A_2 在计算左上角方格的平均高程时分别用了 2 次，其他边点同样都是用 2 次），拐点 B_4 的高程用了 3 次，中点 B_2,B_3,C_2,C_3 的高程用了 4 次，因此，设计高程 H_0 的计算公式可以变换为：

$$H_0=\frac{\sum H_{角}+2\sum H_{边}+3\sum H_{拐}+4\sum H_{中}}{4n} \tag{8-12}$$

式中　n——方格的个数。

将图中各个方格的顶点的高程代入公式中就可计算出设计高程为 33.04 m，然后在地形图上就可以内插出 33.04 m 的等高线（图中虚线就是内插出的等高线），这条等高线就是挖填平衡的边界线，在边界线的左侧高程要大一些，因此是要挖方的区域，在右侧高程要小一些，因此是要填方的区域。

3. 计算挖填高度

将各方格顶点的高程减去设计高程 H_0 即得到各个方格顶点的挖、填高度，并把它注明在各方格顶点的右上方。

4. 计算挖填土方量

计算挖填土方量时是将角点、边点、拐点、中点分别计算，计算公式为：

$$\left.\begin{aligned}&角点：挖(填)高\times\frac{1}{4}方格面积\\&边点：挖(填)高\times\frac{2}{4}方格面积\\&拐点：挖(填)高\times\frac{3}{4}方格面积\\&中点：挖(填)高\times\frac{4}{4}方格面积\end{aligned}\right\} \tag{8-13}$$

挖填土方量的计算可以利用 Excel 表格，最后将角点、边点、拐点、中点所得到的填方量或挖方量各自相加，就可得到总的挖方量或总的填方量，总的挖方量和总的填方量应该基本相等。

知识小结

在地形图上表示的主要内容有地物与地貌两大类。地物是指地球表面上的具有明显轮廓的各种固定物体，可以分为自然地物与人工地物两类，如房屋、道路、森林等。地面上高低起伏的形态称为地貌，如高山、深谷和平原。地物和地貌合称为地形。

地形图上一段直线长度与地面上相应线段的实际水平长度之比，称为地形图的比例尺。图上 0.1 mm 所代表的实际水平距离，称为比例尺精度。比例尺精度越高，比例尺就越大，利用比例尺精度，根据比例尺可以推算出测图时量距应准确到什么程度。

地形图图式是地形图上表示各种地物和地貌要素的符号、注记和颜色的规则和标准，是测绘和出版地形图必须遵守的基本依据之一，是由国家统一颁布执行的标准。

地形图上表示地物类别、形状、大小及位置的符号称为地物符号。根据地物形状大小和描绘方法的不同，地物符号可分为以下几种：比例符号、非比例符号和半比例符号。

地貌一般用等高线表示。等高线是地面上高程相等的相邻点所连成的闭合曲线。相邻等高线之间的高差称为等高距，也称为等高线间隔。相邻等高线之间的水平距离称为等高线平距。

地形图的应用的基本内容包括：确定图上点的坐标、确定图上两点间的水平距离、确定图上任一点的高程、确定两点间直线的坐标方位角、求图上两点间的坡度等。

地形图在工程建设中的应用：在图上设计等坡度线、绘制已知方向纵断面图、图形面积的量算、场地平整时土方量的计算等。

各种工程的规划设计阶段，都要应用不同比例尺的地形图，因此必须熟悉各种比例尺地形图的基本知识，并具有识图和用图的能力。

习题与作业

1. 什么叫比例尺精度？它在实际测量工作中有何意义？

2. 地形分成哪两大类？

3. 什么是比例符号、非比例符号和注记符号，在什么情况下应用？

4. 简述等高线有哪些特性？

5. 名词解释：等高线、等高距、等高线平距。

6. 地形图的应用包括哪些方面？

7. 试计算施测实地面积约为 2 km^2 的地形图，需要 1∶500，1∶2 000 比例尺正方形图幅各多少幅？

8. 何谓坡度？在地形图上应怎样确定两点间的坡度？

9. 为了把货物从河边码头 A 点处运到火车站 B 点处，欲从 A 点到 B 点选择一条公路，允许最大坡度为 8%，试在图 8-22 中画出此路线。

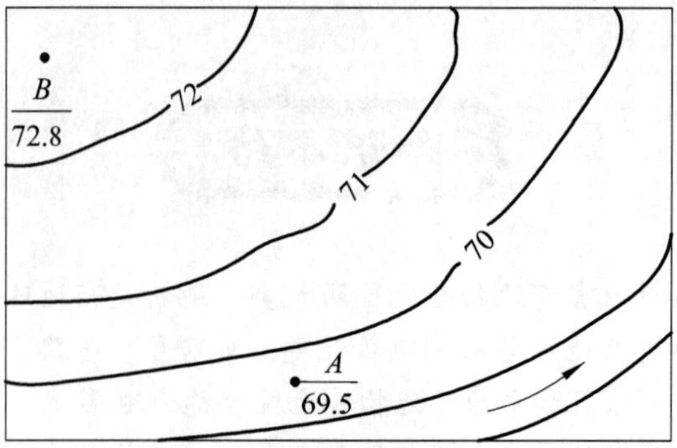

1:1 000

图 8-22

10. 根据图 8-23，试沿 *AB* 方向绘制纵断面图。

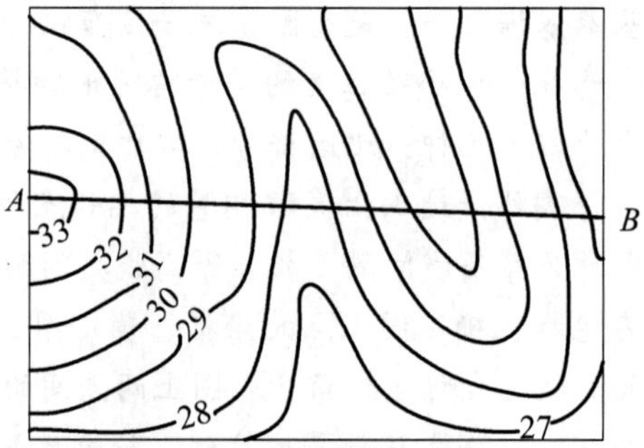

1:1 000

图 8-23

项目 9　大比例尺地形图测绘

知识目标

- 掌握数字化测图的基本方法。
- 理解测图前的准备工作。
- 了解地形图的拼接、检查、整饰和验收。

技能目标

- 能够进行数字化测图与 CASS 成图。

素养目标

- 培养规范应用习惯，能正确应用国家法律法规、国家和行业的相关规范，作风严谨。
- 培养团结协作精神，可以互相帮助、共同学习、共同达成目标。
- 培养劳动精神，吃苦耐劳，勇于开拓，积极进取的精神。
- 培养工匠精神，养成“怀匠心、铸匠魂、守匠情、践匠行”精神，促进学生生成“匠意、匠思、匠智”。

任务导航

- 任务 9.1　测图前准备工作
- 任务 9.2　经纬仪配合量角器测图
- 任务 9.3　全站仪数字化测图
- 任务 9.4　平面图测绘实训

地形图测绘是以相似形理论为依据，以图解法为手段，按比例尺的缩小要求，将地面点测绘到平面图纸上而形成地形图的技术过程。地形图测绘分为测量和绘图两大步骤。

地形图测绘亦称碎部测量，即以图根点（控制点）为测站，测定出测站周围碎部点的平面位置和高程，并按比例缩绘于图纸上。由于按规定比例尺缩绘，图上碎部点连成的图形与实地碎部点连接的图形呈相似关系，其相似比值即地形图的比例尺数值。目前常用的地形图测绘方法有经纬仪测绘法，全站仪数字测图法和 GNSS-RTK 测量法。

任务 9.1 测图前准备工作

9.1.1 收集资料与现场踏勘

测图前应将测区已有地形图及各种测量成果资料，如已有地形图的测绘日期，使用的坐标系统，相邻图幅图名与相邻图幅控制点资料等收集在一起。对本图幅控制点资料的收集内容包括：点数、等级、坐标、相邻控制点位置和坐标、测绘日期、坐标系统及控制点的点之记。现场踏勘则是在测区现场了解测区位置、地物地貌情况、通视、通行及人文、气象、居民地分布等情况，并根据收集到的点之记找到测量控制点的实地位置，确定控制点的可靠性和使用性。

9.1.2 制定技术方案

根据测区地形特点及测量规范对图根点数量和技术的要求，确定图根点位置和图根控制形式及其观测方法等，如确定测区内水准点数目、位置、连测方法等。测图精度估算、测图中特殊地段的处理方法及作业方式、人员、仪器准备、工序、时间等均应列入技术方案之中。地形复杂区可适当增加图根点数目。

9.1.3 图根控制测量

详见项目 7“小区域控制测量”。

9.1.4 图纸准备

1. 准备图纸

地形测绘一般选用一面打毛的乳白色半透明聚酯薄膜图纸，厚度为 0.07 ~ 0.1 mm，经过热定型处理后变形率小于 0.4‰。聚酯薄膜图纸的优点是透明度好、伸缩性小、耐湿，便于使用和保管，并可直接在底图上上墨，复晒蓝图，加快了出图速度；其缺点是怕折、易燃。

2. **绘制坐标格网**

为了准确将控制点展绘在原图上，必须先在图纸上精确绘制 10 cm × 10 cm 的坐标格网。绘制坐标格网有直角坐标展点仪、格网尺等专用工具；也可以使用精确直尺按对角线法绘制，如图 9-1 所示。

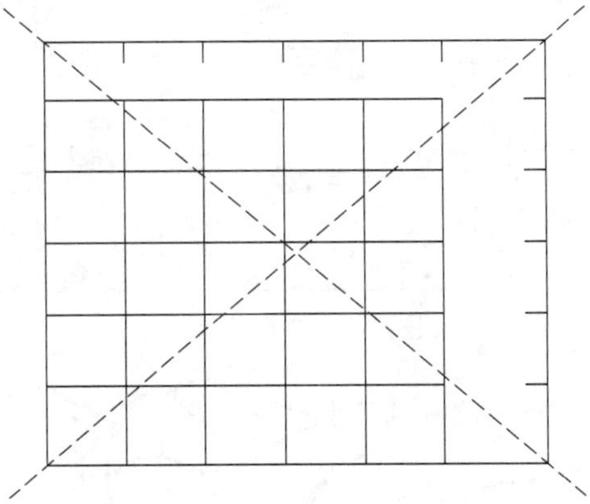

图 9-1　对角线法绘方格网

格网绘制好后要进行检查，要求 10 cm 方格边长误差不超过 0.2 mm；小方格对角线长度误差不超过 0.3 mm；对角线各点应在一条直线上，偏离不大于 0.2 mm。检查合格后在对应格网处注明坐标值和图幅编号。即使使用购买的印好坐标格网的图纸，仍需作精度检查。

3. **展绘控制点**

首先确定该点所在的方格，根据坐标尾数按测图比例尺量取确定。全部控制点展绘好后，用比例尺量取所绘控制点之间的相邻距离，比较与实际距离的差距，限差不超过 0.3 mm。超限的点应重新展绘。符合要求后用细针刺出点位，刺孔应小于 0.1 mm，并按图式规定注记点号和高程。

任务 9.2　经纬仪配合量角器测图

9.2.1　碎部点的概念

碎部点即碎部特征点，包括地物特征点和地貌特征点。

地物特征点是能够代表地物平面位置，反映地物形状、性质的特殊点位，简称地物点。如地物轮廓线的转折、交叉和弯曲等变化处的点、地物的形象中心、路线中心的交叉点，电力线的走向中心、独立地物的中心点等，如图 9-2 所示。

地貌特征点是体现地貌形态，反映地貌性质的特殊点，简称地貌点，如山顶、鞍部、边坡点、地性线、山脊点和山谷点等，如图 9-3 所示。

图 9-2 地物特征点

图 9-3 地貌特征点

9.2.2 测量碎部点平面位置的基本方法

水平距离和水平角是确定点的平面位置的两种基本量，因此测定碎部点平面位置实际上就是测量碎部点相对于图根点水平距离和水平角。常用的基本方法有极坐标法、角度交会法、距离交会法。

9.2.3 测量碎部点高程的基本方法

测量碎部点高程可用水准测量或三角高程测量方法。

9.2.4 经纬仪测绘法

经纬仪测绘法操作简单、灵活，适用于各种类型的地区，其实质是按极坐标定点进行测图，其操作步骤如图 9-4 所示。

（1）安置仪器

经纬仪安置在测站点（控制点）上，量取仪器高，填入记录手簿。绘图板安置在测站旁。

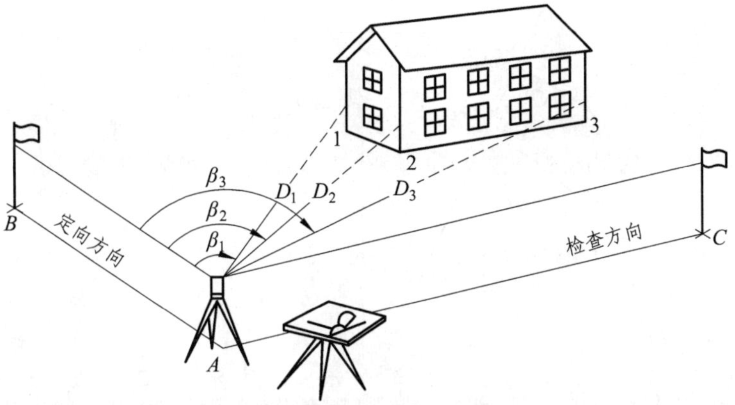

图 9-4　经纬仪测图法示意图

（2）定　向

后视另一控制点，使水平度盘读数为 0°00′00″。

（3）立　尺

由立尺员选定立尺点，将水准尺竖立在地物、地貌特征点上。

（4）观　测

转动照准部，瞄准特征点上的标尺，读视距间隔、中丝读数、竖盘读数和水平角。

（5）记　录

将观测结果依次记入记录手簿。对有特殊作用的碎部点（如山头、鞍部等）应在备注中加以说明。

（6）计　算

根据视距测量原理计算测站点到碎部点之间的水平距离以及碎部点的高程。

当视线水平时，两点之间的水平距离为：

$$D = 100l \tag{9-1}$$

两点之间的高差为：

$$h = i - v \tag{9-2}$$

式中　l，i，v——视距尺间隔、仪器高和觇标高，m。

当视线倾斜时，两点之间的水平距离为：

$$D = 100l\cos^2\delta \tag{9-3}$$

两点之间的高差为：

$$h = D\tan\delta + i - v \tag{9-4}$$

式中　δ——竖直角。

由此时得碎部点的高程为：

$$H_{碎} = H_{站} + h \tag{9-5}$$

（7）展绘碎部点

用细针将量角器插在图上测站点 A 处，转动量角器，使量角器上等于观测水平角值的分划线对准起始方向线 AB，则量角器的零方向就是测站到碎部点的方向，用测图比例尺按测得的水平距离在该方向上定出碎部点的位置，如图 9-5 所示，并在右侧注明高程。

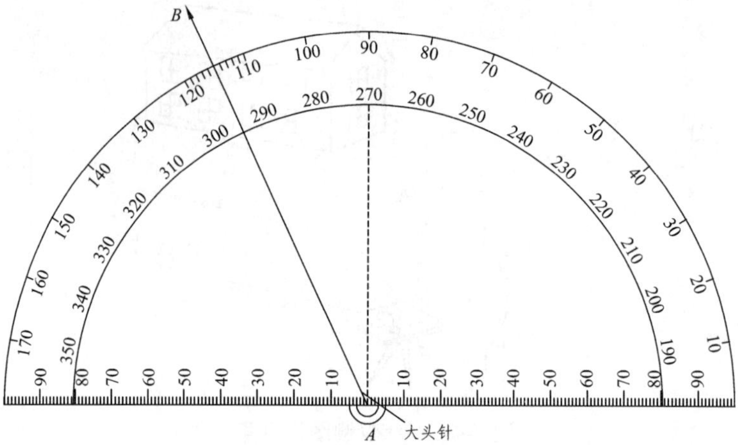

图 9-5　碎部点的展绘

同理，可测出本站所有碎部点的平面位置和高程，随测随绘。仪器搬至下一测站时，先观测前站所测的某些明显碎部点以检查两个测站所测的同一点平面位置和高程是否相符。如果测区范围大，可分成若干幅分别进行测绘，最后拼接。为了相邻图幅的拼接，每幅图应测出图廓外 5 mm。

地物的绘制，地物按图式符号表示，用铅笔绘制。房屋轮廓用直线连接，道路、河流的拐弯处要逐点连成光滑曲线。不依比例描绘的地物按规定的非比例符号表示。地貌符号采用等高线勾绘，先用铅笔轻轻描绘出地性线，内插求等高线通过点，再勾绘等高线。

9.2.5　碎部测量的注意事项

（1）每观测 20 ~ 30 个碎部点后，应瞄准起始方向检查其变化，经纬仪测绘法起始方向度盘读数偏差要小于 4′。

（2）立尺员要立直标尺，弄清碎部点之间的关系。地形复杂时需绘制草图，协助绘图人员做好绘图工作。

（3）绘图人员应注意图面整洁、注记清楚，做到随测随绘随检查。

（4）每个测站工作结束，在确认地物、地貌无测错或漏测后，方可迁站。

9.2.6　地形图的拼接、检查、整饰和验收

1. 拼　接

当测区范围大时，需分幅测绘。由于测量误差和绘图误差的存在，相邻图幅在拼接处不能完全吻合。可利用聚酯薄膜的透明性，将相邻两幅图的坐标格网线重叠。如果相邻处的地物地貌偏差不超过表 9-1 中规定的 $2\sqrt{2}$ 倍时，取平均位置，改正相邻图幅的地物、地貌位置。

表 9-1　相邻图幅的拼接要求

地区类别	点位中误差（图上）/mm	邻近地物点间距中误差（图上）/mm	等高线高程中误差			
			平地	丘陵	山地	高山地
山地、高山地及设站困难的旧街坊内部	0.75	0.6	1/3	1/2	2/3	1
平地、丘陵和城市建筑区	0.5	0.4				

2. 检　查

（1）室内检查

室内检查包括检查地物、地貌是否清晰易读，符号注记是否正确，地形点高程与等高线是否相符，拼接有无问题、有无矛盾可疑之处。

（2）外业检查

包括巡视检查和仪器设站检查。巡视检查也称实地对照检查，包括检查地物、地貌有无遗漏、符号注记是否正确、等高线是否逼真等。仪器设站检查是根据室内和巡视检查所发现的问题以及野外设站检查、修正和补测发现的问题，同时对本站所测地形进行检查，看原测地形图是否符合要求。

3. 整　饰

在拼接和检查的工作基础上，为使图面清晰、美观、合理、需要进行整饰。整饰的顺序是先图内后图外、先地物后地貌、先注记后符号。再按图式要求写出图名、图号、比例尺、坐标系统、高程系统、测绘单位、测绘者和测绘日期等，如图 9-6 所示。

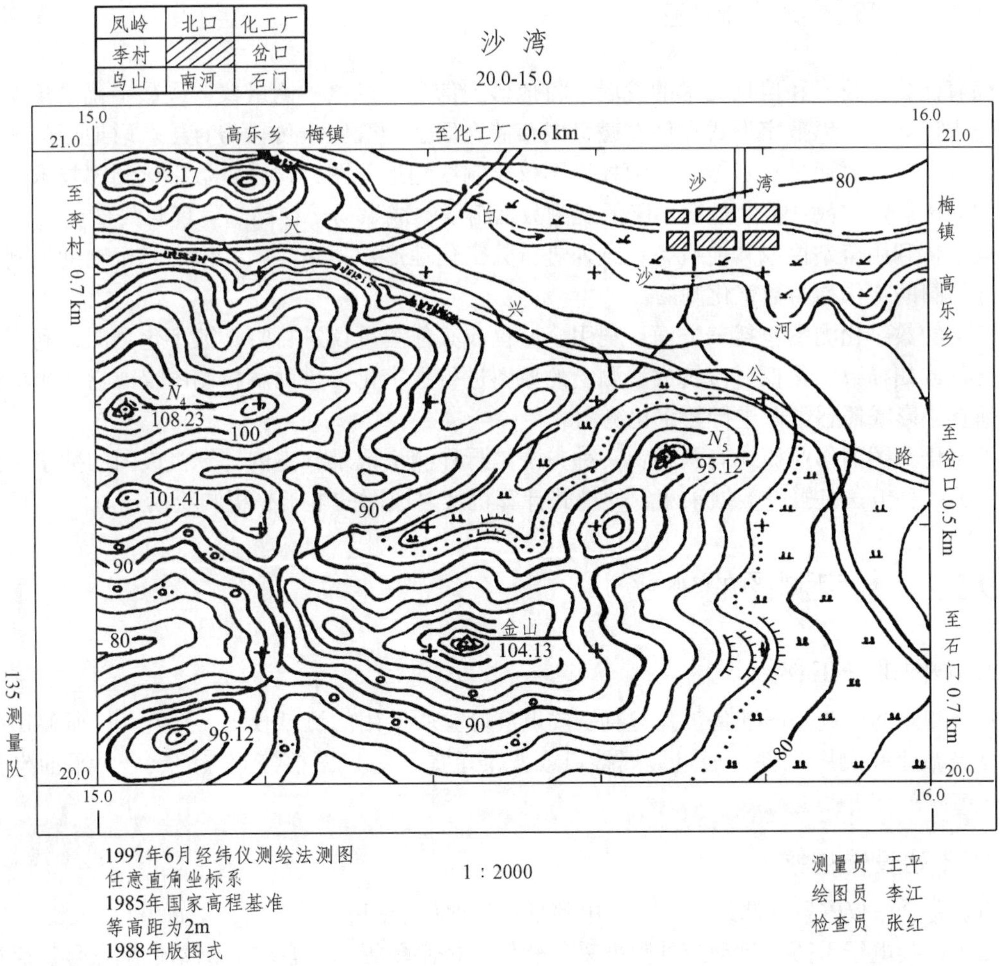

图 9-6　地形图的注记

4. 验　收

在上级检查的基础上，鉴定各项成果是否符合规范及有关技术指标的要求，其目的是消除最后错误。最终成果质量评价为优、良、中三等。

任务 9.3　全站仪数字化测图

传统的地形测图实质上是将测得的观测值用图解的方法转化为图形。这一转化过程几乎都是在野外实现的，即使是原图的室内整饰，一般也要在测区驻地完成，因此劳动强度较大。同时，传统地形图测绘还存在如下缺点：

（1）传统的图解法测图是将观测值转化为线划地形图，“数—图”转换降低了数据精度；

（2）设计人员在用图过程中需进行“图—数”转换，将产生解析误差。

9.3.1　数字测图概述

随着计算机技术和信息技术的发展，将地形图信息通过电子测量仪器或数字化仪转换为数字量输入计算机，以数字形式存储在磁盘或存储介质上，既便于传输与直接获取地形的数量指标，也可在需要时通过显示器或用数控绘图仪绘制线划地形图，这就是数字化测图技术。数字化测图的优点是“数—数”过程不降低观测数据精度，成果易于存储、管理和共享。

通常将利用全站仪或其他设备在野外进行数字化地形数据采集，并由计算机辅助绘制大比例尺地形图的工作称为数字化测图。

广义的数字化测图包括三方面：利用全站仪或其他测量仪进行野外数字化测图；利用手扶数字化仪或扫描数字化仪对传统方法测绘的原图进行数字化；借助解析测图仪或立体坐标量测仪对航空摄影或遥感影像进行数字化测图。

数字化测图的作业模式有两种：一种方法是野外测量记录，室内计算机成图的数字化测记模式；另一种方法是野外数据采集，便携式计算机实时成图的电子平板测绘模式。

9.3.2　数字测图的外业

1. 测图准备工作

数字测图的外业测图准备工作包括：按规范检验所使用的测量仪器；安装调试所使用的电子手簿及数字化测图软件；通过数据接口或按菜单提示键入图根控制点的点号、平面坐标和高程。

2. 测站设置检核

（1）将全站仪安置在测站点上，对中整平，量取仪器高。

（2）连接电子手簿，启动野外数据采集软件，按菜单提示键盘输入测站信息点号、后视点号、检核点号、仪器高等。

（3）根据所输入的点号可提取相应控制点的坐标，反算出后视方向的坐标方位角，以此角作为全站仪水平度盘的起始读数。

（4）瞄准检核点反射镜，测量水平角、竖直角和距离，输入反射镜高度，可自动解算出检核点的三维坐标，并与该点的已知信息进行比较。检核通过后，可继续进行碎部测量。

3. 碎部点的信息采集

使全站仪处于测量状态，瞄准碎部点反射镜，按电子手簿或便携机的菜单提示输入碎部点信息，如镜站高度、地形信息编码等，由全站仪自动测水平角（方位角）、竖直角和距离，解算出碎部点的三维坐标。

9.3.3 数字测图的内业

实现内外业一体化数字测图的关键是要选择一种成熟的、技术先进的数字测图软件。目前，市场上比较成熟的大比例尺数字化测图软件主要有：广州南方测绘仪器公司（South）开发的 CASS 系列软件，北京威远图仪器公司（WelTop）开发的 SV300，广州开思测绘软件公司（SCS）开发的 SCS GIS2000 等。

CASS 软件是基于 AutoCAD 平台研发的地形地籍成图系统软件，该软件主要应用于地形成图、地籍成图、工程测量应用、空间数据建库、市政监管等领域，全面面向 GIS，彻底打通数字化成图系统与 GIS 接口，使用骨架线实时编辑、简码用户化、GIS 无缝接口等先进技术。

随着城市建设的广泛开展，对所需的大比例尺空间数据方便获取的要求越来越高。自 CASS 软件问世以来，先后推出 5.0、6.0、7.0、7.1、9.0、9.1、10.1 等版本，已成为用户量最大、升级最快、服务最好的主流成图系统。

数字化测图是首先要进行测区控制、碎部测量、测区分幅和人员安排等前期准备工作，然后将采集的空间数据输入计算机，通过专门的软件绘制平面图及等高线，并且在完成图形的分幅、整饰等编辑后，进行成果输出的过程。利用南方 CASS 地形图绘制流程如图 9-7 所示。

数据进入 CASS 都要通过“数据”菜单，可通过全站仪、测图精灵和手工输入原始数据来输入。由于外业地形数据采集一般使用全站仪，所以最为常用的数据输入方式为读取全站仪数据，如图 9-8 所示。利用南方 CASS 读取全站仪数据的步骤如下：

（1）将全站仪与电脑连接后，选择“读取全站仪数据”。

（2）选择正确的仪器类型，并设置好端口、波特率、数据位、停止位、校验等相应参数。

（3）择“CASS 坐标文件”，输入文件名。

（4）点击“转换”，全站仪中的数据就转换为 CASS 数据格式并存储在指定路径。

如果在读取全站仪数据时，仪器类型选择下拉列表中无所需型号或无法通信，也可以通过仪器自带的传输软件将数据下载。

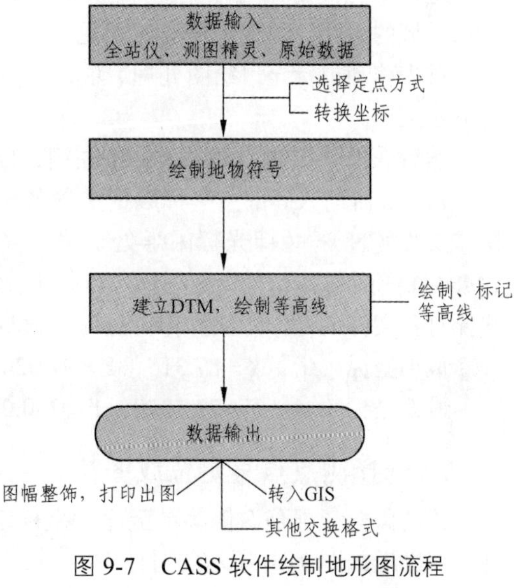

图 9-7　CASS 软件绘制地形图流程

图 9-8　全站仪内存数据转换

9.3.4　内业作业方式

南方 CASS 可根据需要选用“草图法”“简码法”“白纸图数字化法”“电子平板法”的作业模式，其中常用“草图法”和“简码法”。

“草图法”工作方式又称为“无码方式”，要求外业工作时在草图上标注出所测的是什么地物并记下所测点的点号，并保证与全站仪里记录的对应点号一致，数据采集时无需输入地物编码。“草图法”在内业工作时，根据作业方式的不同，分为“点号定位”“坐标定位”“编码引导”几种方法。以“草图法”的“点号定位”为例，采用 CASS7.0 绘制数字地形图绘制的流程如下。

1. 定显示区

定显示区的作用是根据输入坐标数据文件的数据大小定义屏幕显示区域的大小，以保证所有点可见。

首先移动鼠标至“绘图处理”项，按左键，即出现如图 9-9 所示的下拉菜单。

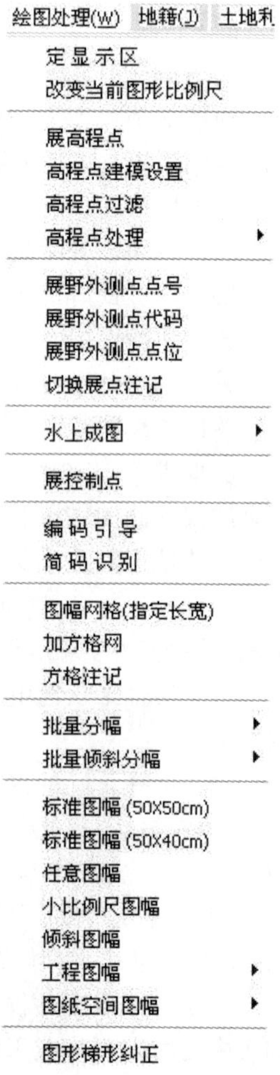

图 9-9　数据处理下拉菜单

然后选择“定显示区”项，按左键，即出现一个对话窗。

这时，需输入碎部点坐标数据文件名。可直接通过键盘输入，如在“文件（N）:”（即光标闪烁处）输入 C：\CASS70\DEMO\YMSJ.DAT 后再移动鼠标至“打开(O)”处，按左键。也可参考 Windows 选择打开文件的操作方法操作。这时，命令区显示：

最小坐标（米）$X=87.315$，$Y=97.020$

最大坐标（米）$X=221.270$，$Y=200.00$

2. 选择测点点号定位成图法

移动鼠标至屏幕右侧菜单区之“坐标定位/点号定位”项，按左键，即出现如图 9-10 所示的对话框。

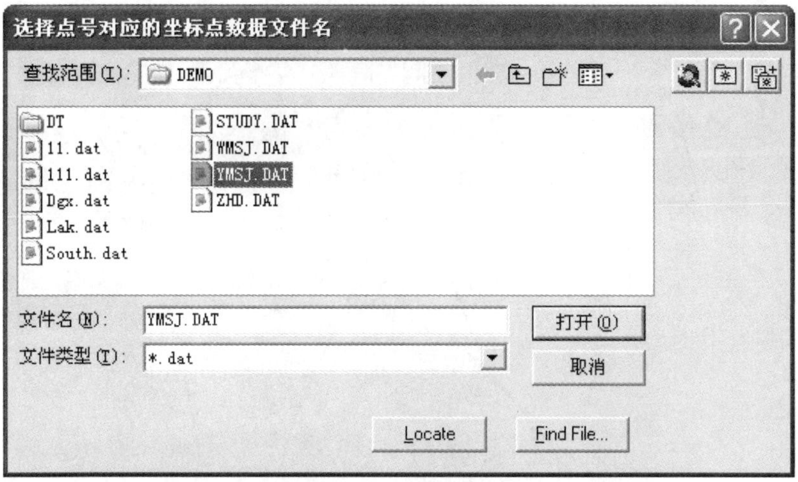

图 9-10　选择测点点号定位成图法的对话框

输入点号坐标点数据文件名 C：\ CASS70 \ DEMO \ YMSJ.DAT 后，命令区提示：

读点完成！共读入 60 点。

3. 绘平面图

根据野外作业时绘制的草图，移动鼠标至屏幕右侧菜单区选择相应的地形图图式符号，然后在屏幕中将所有的地物绘制出来。系统中所有地形图图式符号都是按照图层来划分的，例如所有表示测量控制点的符号都放在“控制点”这一层，所有表示独立地物的符号都放在“独立地物”这一层，所有表示植被的符号都放在“植被园林”这一层。

（1）为了更加直观地在图形编辑区内看到各测点之间的关系，可以先将野外测点点号在屏幕中展出来。其操作方法是：先移动鼠标至屏幕的顶部菜单“绘图处理”项按左键，这时系统弹出一个下拉菜单。再移动鼠标选择“展点”项的“野外测点点号”项按左键，便出现如图 9-10 所示的对话框。输入对应的坐标数据文件名 C：\ CASS70 \ DEMO \ YMSJ.DAT 后，便可在屏幕展出野外测点的点号。

（2）根据外业草图，选择相应的地图图式符号在屏幕上将平面图绘出来。如图 9-11 所示，由 33，34，35 号点连成一间普通房屋。移动鼠标至右侧菜单“居民地/一般房屋”处按左键，系统便弹出如图 9-12 所示的对话框。再移动鼠标到“四点房屋”的图标处按左键，图标变亮表示该图标已被选中，然后移鼠标至 OK 处按左键。这时命令区提示：

绘图比例尺 1：输入 1000，回车。

已知三点/2.已知两点及宽度/3.已知四点<1>：输入 1，回车（或直接回车默认选 1）。

说明：已知三点是指测矩形房子时测了三个点；已知两点及宽度则是指测矩形房子时测了两个点及房子的一条边；已知四点则是测了房子的四个角点。

点 P/<点号>输入 33，回车。

说明：点 P 是指由用户根据实际情况在屏幕上指定一个点；点号是指绘地物符号定位点的点号（与草图的点号对应），此处使用点号。

点 P/<点号>输入 34，回车。

点 P/<点号>输入 35，回车。

这样，即将 33、34、35 号点连成一间普通房屋。

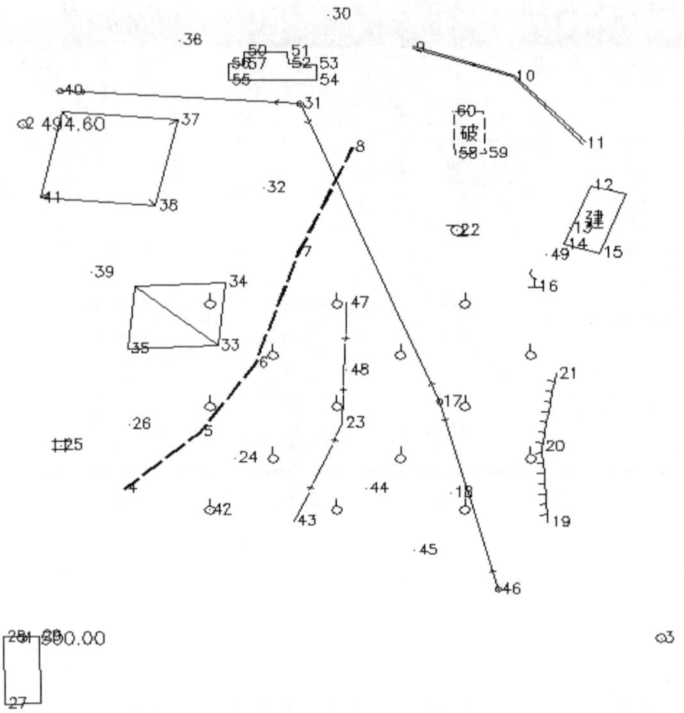

图 9-11　外业作业草图

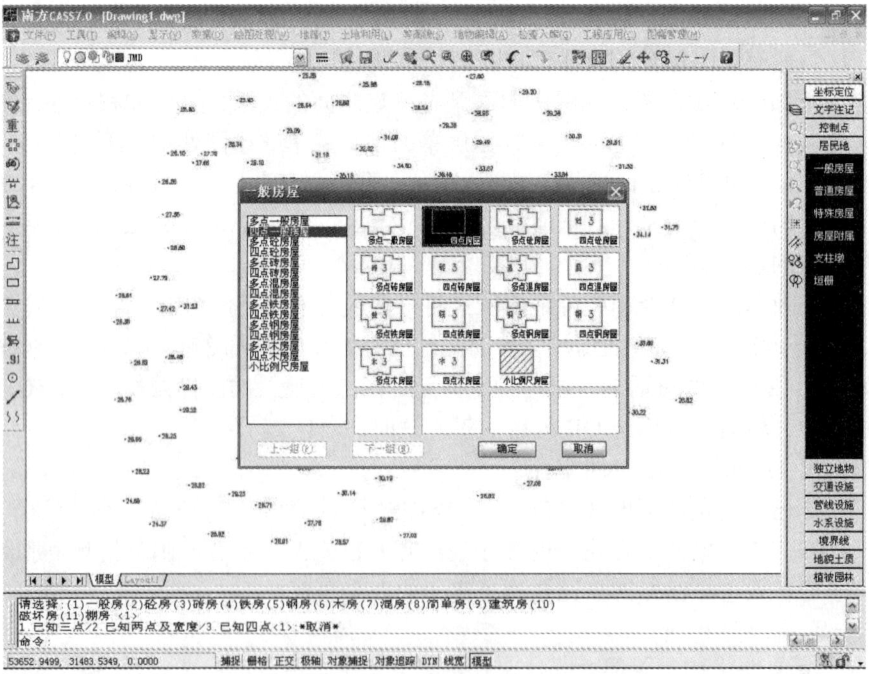

图 9-12　“居民地/一般房屋”图层图例

同样在“居民地/垣栅”层找到“依比例围墙”的图标，将 9、10、11 号点绘成依比例围墙的符号；在“居民地/垣栅”层找到“篱笆”的图标将 47、48、23、43 号点绘成篱笆的符号。完成这些操作后，其平面图如图 9-13 所示。

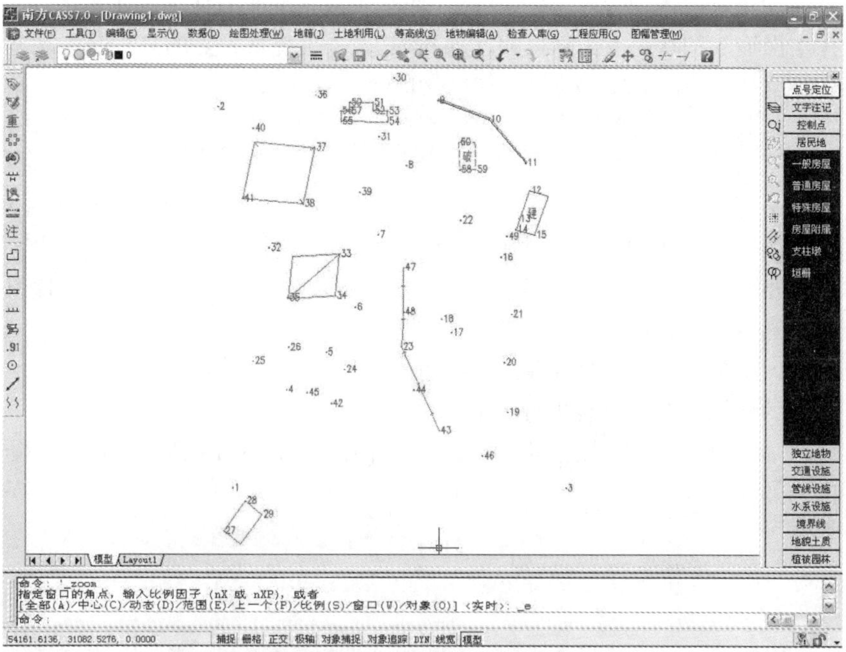

图 9-13　用“居民地”图层绘的平面图

再把草图中的 19、20、21 号点连成一段陡坎，其操作方法：先移动鼠标至右侧屏幕菜单“地貌土质/坡坎”处按左键，这时系统弹出如图 9-14 所示的对话框。

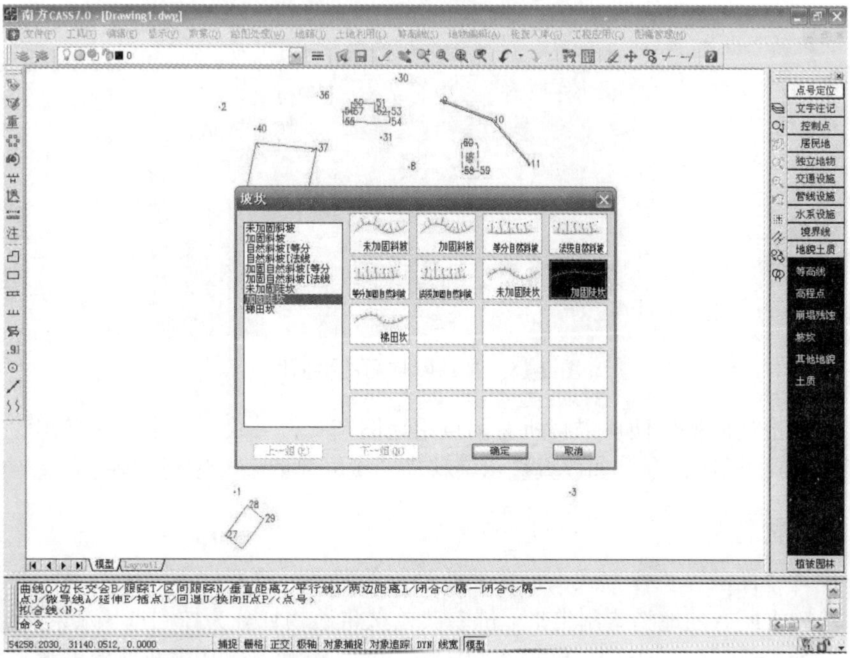

图 9-14　“地貌土质”图层图例

移鼠标到表示未加固陡坎符号的图标处按左键选择其图标，再移鼠标到 OK 处按左键确认所选择的图标。命令区便分别出现以下的提示：

请输入坎高，单位：米<1.0>：输入坎高，回车（直接回车默认坎高 1 米）。

说明：在这里输入的坎高（实测得的坎顶高程），系统将坎顶点的高程减去坎高得到坎底点高程，这样在建立（DTM）时，坎底点便参与组网的计算。

点 P/<点号>：输入 19，回车。

点 P/<点号>：输入 20，回车。

点 P/<点号>：输入 21，回车。

点 P/<点号>：回车或按鼠标的右键，结束输入。

注：如果需要在点号定位的过程中临时切换到坐标定位，可以按“P”键，这时进入坐标定位状态，想回到点号定位状态时再次按“P”键即可。

拟合吗？<N>回车或按鼠标的右键，默认输入 N。

说明：拟合的作用是对复合线进行圆滑。

这时，便在 19、20、21 号点之间绘成陡坎的符号，如图 9-15 所示。注意：陡坎上的坎毛生成在绘图方向的左侧。

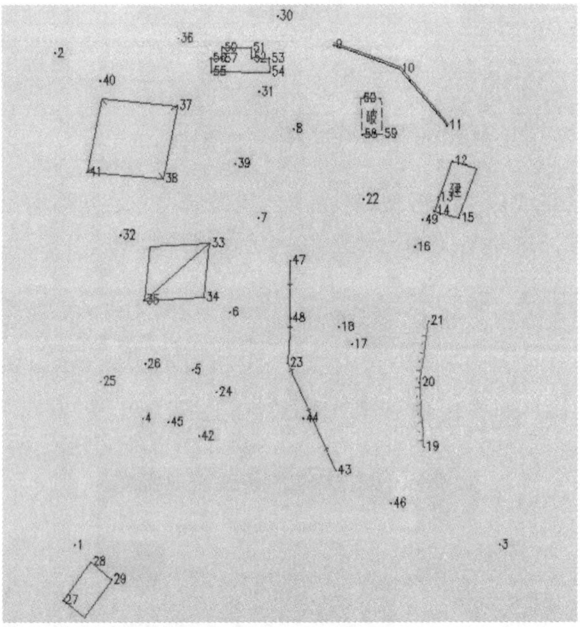

图 9-15　加绘陡坎后的平面图

这样，重复上述的操作便可以将所有测点用地图图式符号绘制出来。在操作的过程中，用户可以嵌用 CAD 的透明命令，如放大显示、移动图纸、删除、文字注记等。

4. 绘制地物符号

如果采用“草图法”工作方式，根据外业绘制的草图，选择屏幕右侧菜单区相应的地形图图式符号，然后将所有的地物绘制出来。屏幕菜单区将地物划分为控制点、水系设施、居民地、独立地物、交通设施、管线设施、境界线、地貌土质、植被土质和市政部件十类。在地物符号绘制中，同一类符号被放在一个图层，例如：所有表示交通设施的符号都放在“交通设施”这一层。

为了更加直观地在图形编辑区内看到各测点间的相对位置关系，可以在屏幕中展野外测点点位完成后，将野外测点点号也展出来。通过屏幕右侧菜单区之“点号定位”和“坐标定位”项的菜单，可以在两种定位方式间切换。如果采用“坐标定位”，在“捕捉方式”设置的对话框中，将“对象捕捉”选项卡中“NOD”（节点）的选项选中。鼠标靠近某点，出现黄色标记，点击鼠标左键，完成捕捉工作。

5. 绘制等高线

在地形图中，等高线是指由高程相等的相邻点连成的闭合曲线，等高线是表示地貌起伏的一种重要手段。相对于传统手工勾绘等高线，在南方 CASS 软件中，等高线是由计算机自动勾绘，生成的等高线精度相当高。

南方 CASS 菜单面板中“等高线”菜单项专门用于等高线绘制编辑。在绘等高线之前，先将野外测的高程点建立数字地面模型（DTM），然后在数字地面模型上生成等高线。在绘制等高线时，充分考虑到等高线通过地性线和断裂线时情况的处理，如陡坎、陡崖等。CASS 提供了自动切除穿二线间、穿区域间的等高线等功能，而且提供了等高线注记和高程点过滤功能，完全满足等高线的修剪与注记。相对于其他数字化自动成图系统，CASS 所生成的等高线，由于采用了轻量线，文件大小小了很多。

在绘等高线之前，必须先将野外测的高程点建立数字地面模型（DTM），然后在数字地面模型上生成等高线。

（1）建立数字地面模型（构建三角网）

数字地面模型（DTM），是在一定区域范围内规则格网点或三角网点的平面坐标（x，y）和其地物性质的数据集合，如果此地物性质是该点的高程 Z，则此数字地面模型又称为数字高程模型（DEM）。这个数据集合从微分角度三维地描述了该区域地形地貌的空间分布。DTM 作为新兴的一种数字产品，与传统的矢量数据相辅相成，各领风骚，在空间分析和决策方面发挥越来越大的作用。借助计算机和地理信息系统软件，DTM 数据可以用于建立各种各样的模型解决一些实际问题，主要的应用有：按用户设定的等高距生成等高线图、透视图、坡度图、断面图、渲染图，与数字正射影像 DOM 复合生成景观图，或者计算特定物体对象的体积、表面覆盖面积等，还可用于空间复合、可达性分析、表面分析、扩散分析等方面。

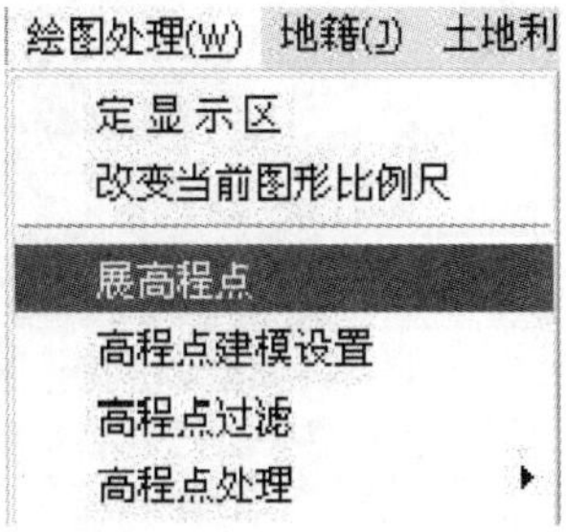

图 9-16　绘图处理下拉菜单

在使用 CASS 自动生成等高线时，应先建立数字地面模型。在这之前，可以先“定显示区”及“展点”，“定显示区”的操作与上一任务“草图法”中“点号定位”法的工作流程中的“定显示区”的操作相同，要求输入文件名时找到如下路径的数据文件“C：\CASS70\DEMO\DGX.DAT”。展点时可选择“展高程点”选项，弹出如图 9-16 所示下拉菜单。

要求输入文件名时在“C：\CASS70\DEMO\DGX.DAT”路径下选择“打开”DGX.DAT 文件后命令区提示：

注记高程点的距离（米）：根据规范要求输入高程点注记距离（即注记高程点的密度）

回车默认为注记全部高程点的高程。这时，所有高程点和控制点的高程均自动展绘到图上。

移动鼠标至屏幕顶部菜单“等高线”项，按左键。

移动鼠标至“建立 DTM”项，该处以高亮度（深蓝）显示，按左键，弹出如图 9-17 所示的对话窗。

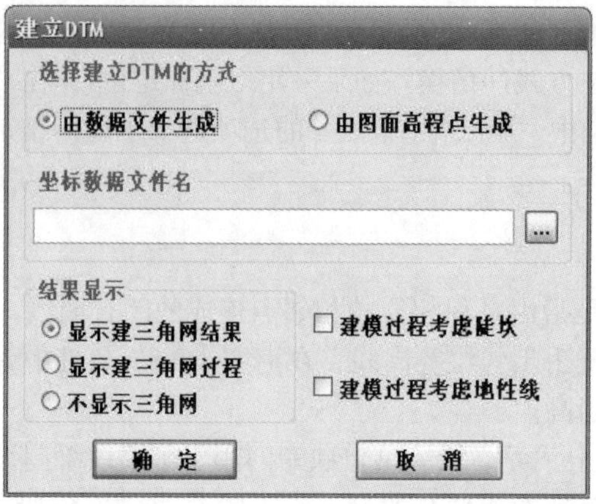

图 9-17　选择建模高程数据文件

首先选择建立 DTM 的方式，分为两种方式：由数据文件生成和由图面高程点生成，如果选择由数据文件生成，则在坐标数据文件名中选择坐标数据文件；如果选择由图面高程点生成，则在绘图区选择参加建立 DTM 的高程点。然后选择结果显示，分为三种：显示建三角网结果、显示建三角网过程和不显示三角网。最后选择在建立 DTM 的过程中是否考虑陡坎和地性线。

点击确定后生成如图 9-18 所示的三角网。

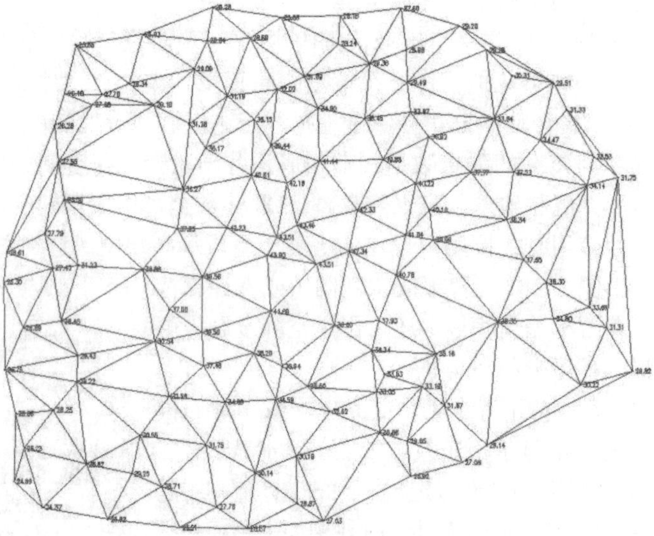
图 9-18　用 DGX.DAT 数据建立的三角网

（2）修改数字地面模型（修改三角网）

一般情况下，由于地形条件的限制在外业采集的碎部点很难一次性生成理想的等高线，如楼顶上控制点。另外还因现实地貌的多样性和复杂性，自动构成的数字地面模型与实际地貌不太一致，这时可以通过修改三角网来修改这些局部不合理的地方。

（3）绘制等高线

完成本节的第（1）（2）步准备操作后，便可进行等高线绘制。等高线的绘制可以在绘平面图的基础上叠加，也可以在“新建图形”的状态下绘制。如在“新建图形”状态下绘制等高线，系统会提示用户输入绘图比例尺。

用鼠标选择“等高线”下拉菜单的“绘制等高线”项，弹出如图 9-19 所示对话框：

图 9-19　绘制等高线对话框

对话框中会显示参加生成 DTM 的高程点的最小高程和最大高程。如果只生成单条等高线，那么就在单条等高线高程中输入此条等高线的高程；如果生成多条等高线，则在等高距框中输入相邻两条等高线之间的等高距。最后选择等高线的拟合方式。总共有四种拟合方式：不拟合（折线）、张力样条拟合、三次 B 样条拟合和 SPLINE 拟合。观察等高线效果时，可输入较大等高距并选择不光滑，以加快速度。如选拟合方法 2，则拟合步距以 2 m 为宜，但这时生成的等高线数据量比较大，速度会稍慢。测点较密或等高线较密时，最好选择光滑方法 3，也可选择不光滑，过后再用“批量拟合”功能对等高线进行拟合。选择 4 则用标准 SPLINE 样条曲线来绘制等高线，提示请输入样条曲线容差： <0.0>容差是曲线偏离理论点的允许差值，可直接回车。SPLINE 线的优点在于即使其被断开后仍然是样条曲线，可以进行后续编辑修改，缺点是较选项 3 容易发生线条交叉现象。

当命令区显示“绘制完成!”，便完成绘制等高线的工作，如图 9-20 所示。

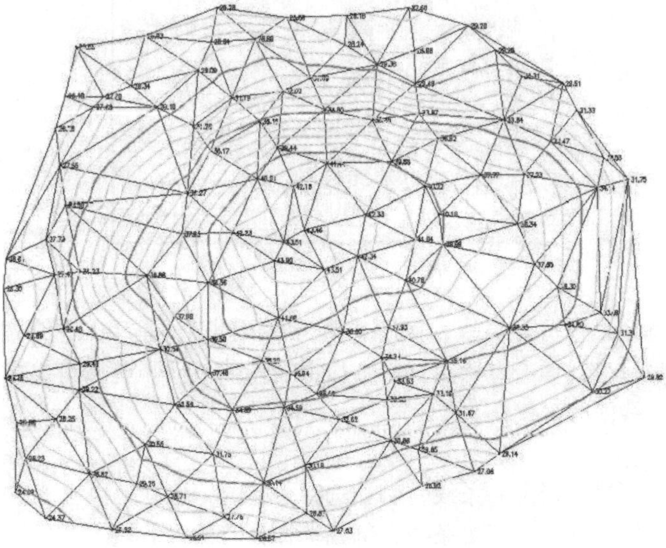

图 9-20　完成绘制等高线的工作

（4）等高线的修饰

注记等高线：用“窗口缩放”项得到局部放大图如图 9-21 所示，再选择“等高线”下拉菜单之“等高线注记”的“单个高程注记”项。

命令区提示：

选择需注记的等高（深）线：移动鼠标至要注记高程的等高线位置，如图 9-21 中的位置 A，按左键；

依法线方向指定相邻一条等高（深）线：移动鼠标至如图 9-21 中的等高线位置 B，按左键。

等高线的高程值即自动注记在 A 处，且字头朝 B 处。

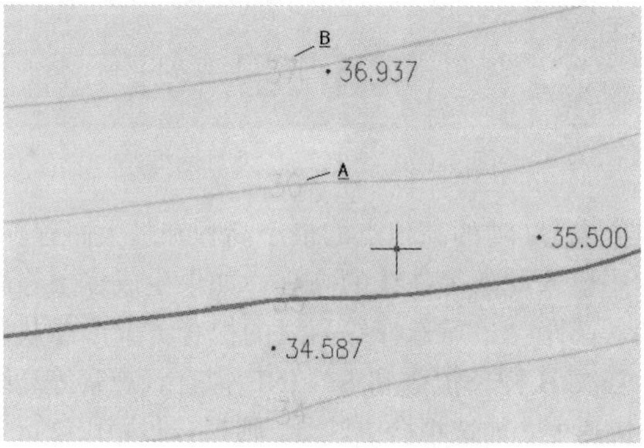

图 9-21　等高线高程注记

（5）等高线修剪

左键点击“等高线/等高线修剪/批量修剪等高线”，弹出如图 9-22 所示的对话框。

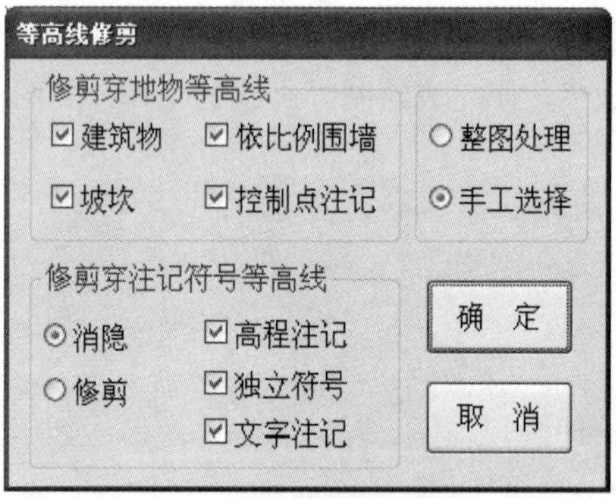

图 9-22　等高线修剪对话框

首先选择是消隐还是修剪等高线，然后选择是整图处理还是手工选择需要修剪的等高线，最后选择地物和注记符号，单击“确定”后会根据输入的条件修剪等高线。

（6）切除指定二线间等高线

命令区提示：

选择第一条线：用鼠标指定一条线，例如选择公路的一边。

选择第二条线：用鼠标指定第二条线，例如选择公路的另一边。

程序将自动切除等高线穿过此二线间的部分。

（7）切除指定区域内等高线

选择一封闭复合线，系统将该复合线内所有等高线切除。注意，封闭区域的边界一定要是复合线，如果不是，系统将无法处理。

（8）等值线滤波

此功能可在很大程度上给绘制好等高线的图形文件减肥。一般的等高线都是用样条拟合的，这时虽然从图上看出来的节点数很少，但事实却并非如此。以高程为 38 的等高线为例说明，如图 9-23 所示。

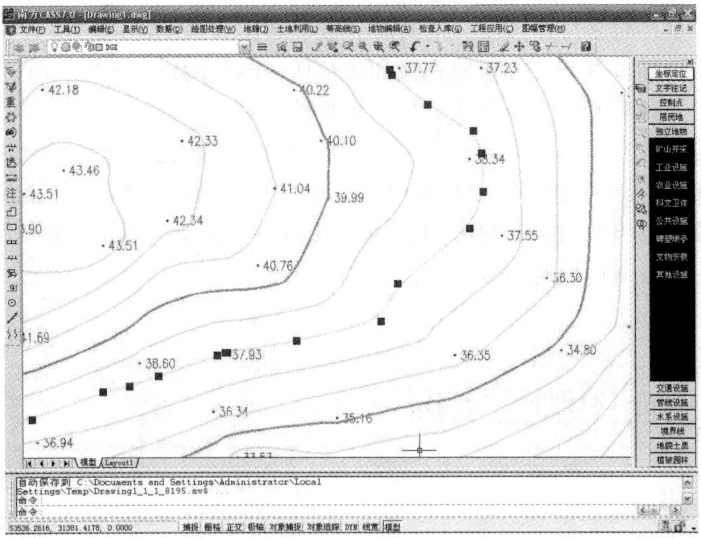

图 9-23 剪切前等高线夹持点

选中等高线，用户会发现图上出现了一些夹持点，千万不要认为这些点就是这条等高线上实际的点，这些只是样条的锚点。要还原它的真面目，需做下面的操作：

点击“等高线”菜单下的“切除穿高程注记等高线”，然后查看结果，如图 9-24 所示。

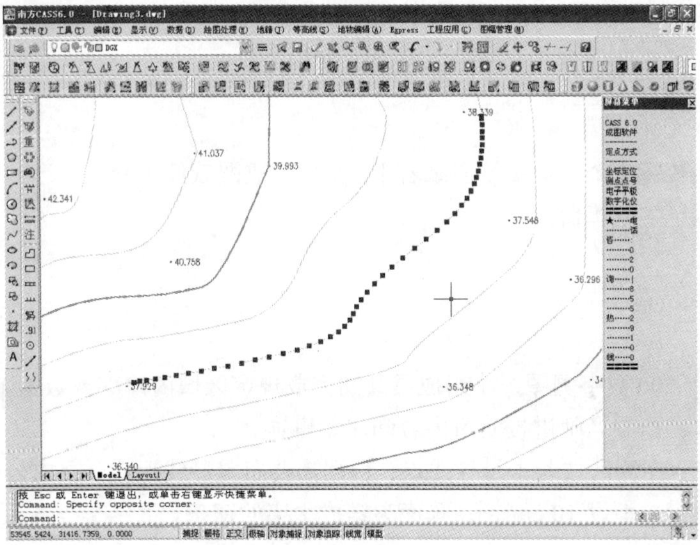

图 9-24 剪切后等高线夹持点

这时，在等高线上出现了密布的夹持点，这些点才是这条等高线真正的特征点，所以如果用户看到一个很简单的图在生成了等高线后变得非常大，原因就在这里。如果用户想将这幅图的尺寸变小，用“等值线滤波”功能就可以了。执行此功能后，系统提示如下：

请输入滤波阈值：<0.5 米>这个值越大，精简的程度就越大，但是会导致等高线失真（即变形），因此，用户可根据实际需要选择合适的值。一般选系统默认的值即可。

6. 数据输出与管理

图纸管理是数字化成图工作结束后将要面临的另一项重要工作。绘制的数字化地形图可以在设置好相应参数后，直接打印出图，同时具有数字地图管理的功能。南方 CASS 成图系统使成图单位和用图单位都可以非常方便地查找和显示任一测区的任一图幅，通过建立图幅信息库、宗地图纸信息库，实现数字地图的查找、显示和管理。

地理信息系统作为有关空间数据管理、空间信息分析及传播的计算机系统，GIS 对数字化图的精确度、准确度有很高的要求。CASS 全面面向 GIS，例如：新版南方 CASS9.1 提供了 CAS 交换文件、DXF 文件、SHP 文件、MIF/MID 文件接口以及国家空间矢量格式，满足 CASS 数字化地形图数据图形转入多种类的 GIS 软件。

任务 9.4 平面图测绘实训

9.4.1 目 的

提高学生掌握测量知识与基本操作技能为目的，利用平面图测绘实训，检验学生掌握理论知识与实践技能的程度。

检验学生现场分析问题和解决问题的能力、组织管理与团队协作能力、适应实践需求的应变能力。

9.4.2 仪器工具

全站仪 1 台、棱镜 1 个、草图绘图纸若干、CASS 成图软件 1 套。

自带器材：铅笔、计算器。

9.4.3 步 骤

实训内容：1∶500 数字测图，小组成员共同完成规定区域内碎部点数据采集和编辑成图。

（1）准备工作：指导老师讲授实习内容和注意事项。

（2）选点打桩：在测区选若干个导线点，根据需要布置导线形式。要求导线点间通视良好，没有障碍物。桩点标志埋设 10 cm 长，顶面为锯成十字的钢条。

（3）地形数据采集与传输。

（4）地形图测绘：CASS 成图软件提供了“草图法”“简码法”“电子平板法”“数字化仪录入法”等多种成图作业方式。可根据测区地形选择适宜的成图方式，例如，采用“草图法”绘制 50 cm × 50 cm 标准图幅地形图。

（5）地形图的拼接：将整个测区绘制在一图幅内。

（6）清绘、整饰、检查、验收。

9.4.4 注意事项

（1）图根控制点的数量不作要求，但图上应表示作为测站点的图根控制点。

（2）需要按规范要求表示等高线和高程注记点。

（3）绘图：按图示要求进行点、线、面状地物绘制和文字、数字、符号注记。注记的文字采用仿宋体。

（4）图廓整式内容：采用任意分幅（四角坐标注记单位为 m，取至 50 m 整数倍）、图名、测图比例尺、内图廓线及其四角的坐标注记、外图廓线、坐标系统、高程系统、等高距、图式版本和测图时间。

9.4.5 记录计算

（1）原始测量数据文件；

（2）野外草图和.dwg 格式的地形图文件；

（3）实习报告 1 份。

草图记录

测站名称：　　　　仪器型号：　　　　天气：　　　　记录者：

知识小结

本项目以大比例尺地形图为中心，重点讲述测图前的准备工作和几种目前常用的测图方法，以及全站仪数字化测图和CASS软件成图的基本知识。

习题与作业

1. 何谓平面图？何谓地形图？
2. 绘制坐标方格网有哪些注意事项？
3. 简述一个测站上极坐标法测绘碎部点的方法。
4. 碎部点选择有哪些原则？
5. 数字化测图有哪些特点？
6. 等高线有哪些性质？
7. 叙述地形图的拼接、检查工作。
8. 叙述地形图的整饰和验收工作。
9. 何谓等高线？何谓等高距？何谓等高线平距？

项目 10 施工测量基本工作

知识目标

- 掌握施工测设的基本工作和方法。
- 理解施工测量的概念、特点和原则。
- 了解特殊施工测设方法。

技能目标

- 能够使用全站仪进行点的坐标测设。

素养目标

- 培养规范应用习惯，能正确应用国家法律法规、国家和行业的相关规范，作风严谨。
- 培养团结协作精神，可以互相帮助、共同学习、共同达成目标。
- 培养劳动精神，吃苦耐劳，勇于开拓，积极进取的精神。
- 培养工匠精神，养成“怀匠心、铸匠魂、守匠情、践匠行”精神，促进学生生成“匠意、匠思、匠智”。

任务导航

- 任务 10.1　施工测量概述
- 任务 10.2　测设的基本工作
- 任务 10.3　点的平面位置的测设方法
- 任务 10.4　全站仪坐标放样实训

施工测量作为工程测量的重要组成部分，是获取各类构筑物具体位置、构筑物尺寸等施工信息的重要手段。施工测量不仅可以确定构筑物的具体位置，还可以帮助施工员和技术工人对构筑物各部件尺寸及高度进行准确测量和检核，在保证施工进度顺利推进的同时，可以依照施工图纸对构件细部进行质量监督和管理。

任务 10.1 施工测量概述

施工测量的基本知识

10.1.1 施工测量概念

在施工阶段所进行的测量工作称为施工测量。

施工测量（或测设）的目的是将图纸上设计的建筑物的平面位置、形状和高程标定在施工现场的地面上，并在施工过程中指导施工，使工程严格按照设计文件和图纸的要求进行建设。

测图工作是利用控制点测定地面的地形特征点，按一定比例尺缩绘到图纸上，而施工测量则与此相反，是根据建筑物的设计尺寸，找出建筑物各部分特征点与控制点之间的几何关系，计算出距离、角度、高程（或高差）等测设数据，然后利用控制点，在实地上定出建筑物的特征点、线，作为施工的依据。施工测量与地形图测绘都是研究和确定地面上点位的相互关系。测图是地面上先有一些点，然后测出它们之间的关系，而测设是先从设计图纸上算得点位之间的距离、方向和高差，再通过测量工作把点位测设到地面上。因此距离测量、角度测量、高程测量同样是施工测量的基本内容。

10.1.2 施工测量的特点

施工测量是以施工设计文件和施工图为依据进行的测设工作，在进行施工测量之前必须进行踏勘，了解场地地形、地物信息和特征。施工过程中必须严格遵循施工技术规范，施工测量必须满足仪器精度和观测精度要求，施工测量过程中要注意施工测量观测位置和路线的选择。施工过程中应内外业配合，对观测的数据进行时时校验和观测结果反馈。施工测量具有以下特征：

（1）施工测量是直接为工程施工服务的，因此它必须与施工组织计划相协调。测量人员必须了解设计的内容、性质及其对测量工作的精度要求，随时掌握工程进度及现场变动，使测设精度和速度满足施工的需要。

（2）施工测量的精度主要取决于建（构）筑物的大小、性质、用途、材料、施工方法等因素。一般高层建筑施工测量精度应高于低层建筑，装配式建筑施工测量精度应高于非装配式，钢结构建筑施工测量精度应高于钢筋混凝土结构建筑。往往局部精度高于整体定位精度。

（3）施工测量受施工干扰大。由于施工场地各工序交叉作业、材料堆放、运输频繁、场地变动及施工机械振动等，使测量标志容易遭到破坏，因此，测量标志从形式、选点到埋设均应考虑便于使用、保管和检查，如果有破坏，应及时恢复。

（4）现代建筑工程规模大，施工进度快，测量精度要求高，所以在施工测量前应做好一系列准备工作，认真核算图纸上的尺寸与数据；检核好仪器和工具；制定合理的测设方案；在测设过程中，要注意仪器的人身安全。

10.1.3　施工测量的原则

由于施工测量的要求精度较高，施工现场各种建筑物的分布面广，且往往同时开工兴建。所以，为了保证各建筑物测设的平面位置和高程都有相同的精度并且符合设计要求，施工测量和测绘地形图一样，也必须遵循“由整体到局部、先高级后低级、先控制后碎部”的原则组织实施。对于大中型工程的施工测量，要先在施工区域内布设施工控制网，而且要求布设成两级，即首级控制网和加密控制网。首级控制点相对固定，布设在施工场地周围不受施工干扰，地质条件良好的地方。加密控制点直接用于测设建筑物的轴线和细部点。不论是平面控制还是高程控制，在测设细部点时要求一站到位，减少误差的累计。

任务 10.2　测设的基本工作

测设的基本工作

测设工作是根据工程设计图纸上待建的建筑物、构筑物的轴线位置、尺寸及其高程，算出待建的建筑物、构筑物各特征点（或轴线交点）与控制点（或已建成建筑物特征点）之间的距离、角度、高差等测设数据，然后以地面控制点为根据，将待建的建、构筑物的特征点在实地桩定出来，以便施工。

不论测设对象是建筑物还是构筑物，测设的基本工作是测设已知的水平距离、水平角度和高程。

10.2.1　测设已知高程

1. 水准仪法测设

在工程建筑施工中，需要测设由设计所指定的高程。如挖基坑时要求测设坑底高程；平整场地需按设计的要求测设一系列点的高程；为了控制房屋基础面的标高、各层楼板的高度及平整度，需随着施工的进展做大量高程测设工作。

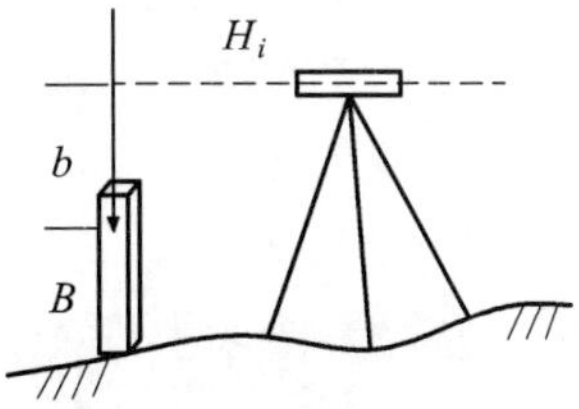

图 10-1　高程测设法

高程测设时，地面有水准点 A，其高程已知，设为 H_A。待定点 B 的设计高程为 H_B，要求在实地定出与该设计高程相应的水平线或待定点顶面。高程测设一般用水准仪，如图 10-1 所示，a 为水准点上水准尺的读数。待测设点上水准尺的读数 b 可由下式算得：

$$b = (H_A + a) - H_B \qquad (10\text{-}1)$$

当待测设的高程 H_B 高于仪器视线时（如测设地铁隧道管顶标高时），可以把尺底向上，即用“倒尺”法测设，如图 10-2 所示，$b = H_B - (H_A + a)$。当测设的高程点与水准点之间的高差很大时（如向深基坑或高楼传递高程时），可以用悬挂钢尺代替水准点，以测设设计高程。悬挂钢尺时，零刻划端朝下，并在下端挂一个重量相当于钢尺鉴定时拉力的重锤，在地面上和坑内各放一次水准仪，如图 10-3 所示。设地面放仪器时对 A 点尺上的读数为 a_1，对钢尺的读数为 b_1；在坑内放仪器时对钢尺读数为 a_2，则对 B 点尺上的应有读数为 b_2。

由 $H_B - H_A = h_{AB} = (a_1 - b_1) + (a_2 - b_2)$，得 $b_2 = a_1 - b_1 + a_2 - h_{AB}$。

用逐渐打入木桩或在木桩上画线的方法，使立在 B 点的水准尺上读数为 b_2，这样，就可以使 B 点的高程符合设计要求。

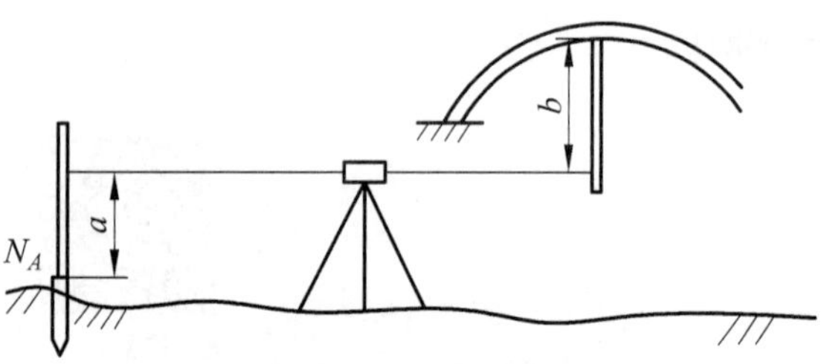

图 10-2　倒尺法测设图

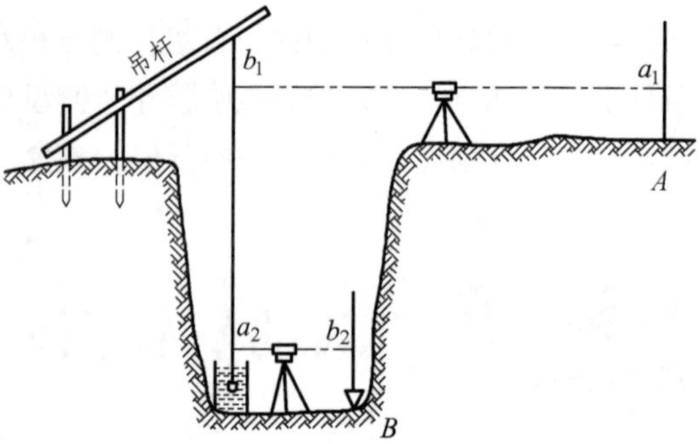

图 10-3　测设深基坑内高程

2. 全站仪无仪器高作业法测设

对一些高低起伏较大的工程测设，如大型体育馆的网架、桥梁构件、厂房及机场屋架等，用水准仪测设就比较困难，这时可采用全站仪无仪器高作业法直接测设高程。

如图 10-4 所示，为了测设目标点 B 的高程，在 O 处架设全站仪，后视已知点 A（设目标高为 l，当目标采用反射片时 $l = 0$），测得 OA 的距离 S_1 和垂直角 α_1，从而可计算 O 点全站仪中心的高程为：

$$H_O = H_A + l - \Delta h_1 \tag{10-2}$$

然后测得 OB 的距离 S_2 和垂直角 α_2，并结合式（10-2），算出 B 点的高程为：

$$H_B = H_O + \Delta h_2 - l = H_A + \Delta h_2 - \Delta h_1 \tag{10-3}$$

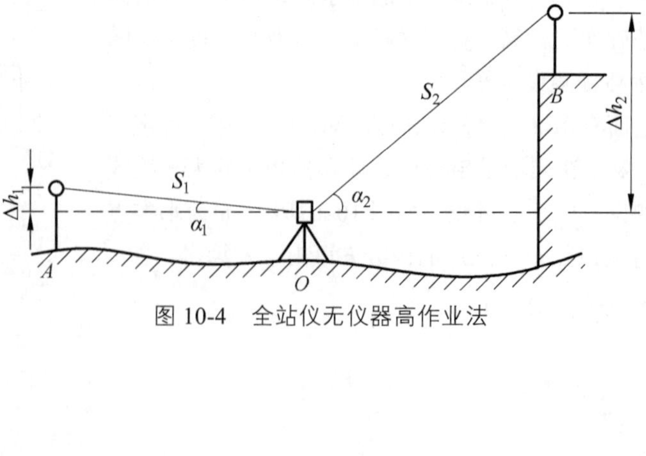

图 10-4　全站仪无仪器高作业法

测得的 H_B 与设计值比较，指挥并测设出高程 B 点。从式中可以看出：此方法不需要测定仪器高，因而用无仪器高作业法同样具有很高的测设精度。

必须指出：当测站与目标点之间的距离超过 150 m 时，以上高差就应该考虑大气折光和地球曲率的影响，即：

$$\Delta h = D \cdot \tan\alpha + (1-K)\frac{D^2}{2R}$$

式中　D——水平距离；

α——垂直角；

K——大气垂直折光系数，$K = 0.14$；

R——地球曲率半径，$R = 6\ 370$ km。

10.2.2　水平角度测设

1. 正倒镜投点法

如图 10-5 所示，已知 OA 方向，现要求在地面上测设给定的 β 角。方法是 O 点安置经纬仪，以正镜（盘左）位置照准 A 点，使水平盘读数为零度，然后顺时针转动照准部，使度盘读数为 β，在视线方向上定出 P' 点；再以倒镜（盘右）位置用相同的方法定出 P'' 点；若两点不重合，取其中点 P，则 $\angle AOP$ 即是要测设的 β 角。

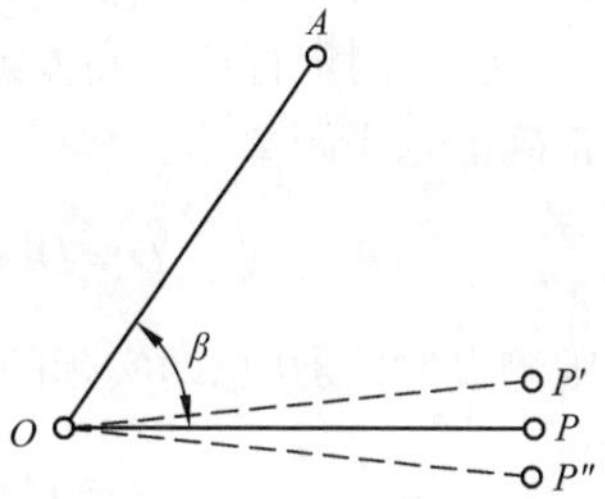

图 10-5　正倒镜投点法

2. 精密角度测设法

为了提高 β 角的测设精度，可先用正镜测设 β_1 角，得 P' 点，然后用经纬仪测角 $\angle AOP'$ 若干测回，最后取其平均值，仍用 β_1 表示。将 β_1 与 β 进行比较，求出差 $\Delta\beta = \beta_1 - \beta$，如图 10-6 所示。测量 OP' 的长度，再根据 OP' 的长度和 $\Delta\beta$ 值计算垂距 $P'P$。

$$P'P = OP' \times \tan\Delta\beta \approx OP' \times \Delta\beta / p'' \qquad (10\text{-}4)$$

式中，$p'' = 206\ 265''$，它是一个弧度的秒值。

例如：设 $\Delta\beta = -30''$，$OP' = 50.00$ m，则 $P'P = -30 \times 50 / 206\ 265 = -0.007$（m）

从 P' 点沿 OP' 的垂直方向向外量 0.007 m，定出了 P 点，则 $\angle AOP$ 就是所要测设的 β 角。

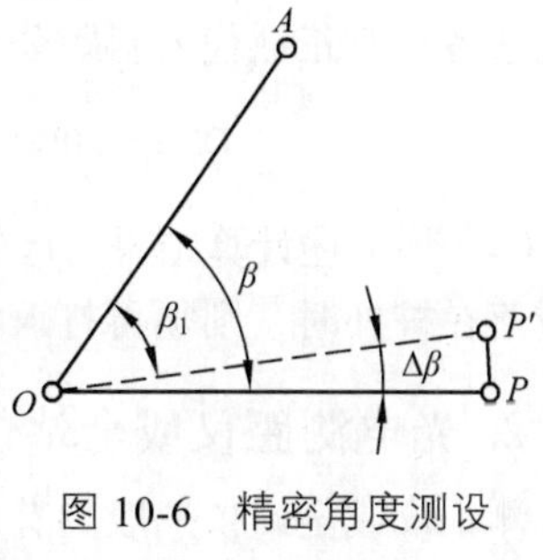

图 10-6　精密角度测设

10.2.3　水平距离测设

已知长度的测设分钢尺量距法和测距仪（或全站仪）测距法。

1. 钢尺量距测设法

设有一倾斜场地，如图 10-7 所示。在施工图纸上量得某一要测设的长度，其平距为 50 m。

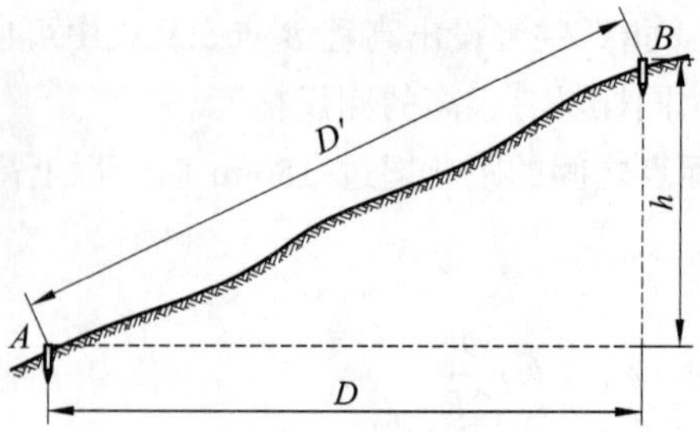

图 10-7　钢尺量距测设

现用名义长 l_0 为 30 m 的钢尺进行测设，设钢尺在温度 $t_0=20\ ^\circ\mathrm{C}$ 时检定的长度 l 为 50.003 m，膨胀系数 $\alpha=12.5\times11^{-6}$，测设时的温度 t 为 10 °C，线段两端点 AB 间高差 $h=1.2$ m。钢尺量距的测设步骤如下：

（1）在直线的起点 A（或控制点）上安置经纬仪。

（2）照准另一控制点，在地面上标定出将要测设的长度的直线方向（直接定线），在地面上打入尺段桩 1 和终点桩 B，并在桩面上刻划十字标志。

（3）测定直线的高差或每个尺段桩的高差、温度，按以下步骤计算丈量的距离。设 AB 两点正确的水平距离为：

$$D=D'+\Delta l+\Delta l_t+\Delta l_h$$

则测设时，AB 总的实际的斜距为：

$$D'=D-\Delta l-\Delta l_t-\Delta l_h$$

其中，尺长改正为：

$$\Delta l=\frac{l-l_0}{l_0}D=50\times\frac{30.003-30.000}{30.000}=+0.005\ \text{（m）}$$

温度改正为：

$$\Delta l_t=D\times\alpha(t-t_0)=50\times12.5\times10^{-6}\times(10-20)=-0.006\ \text{（m）}$$

高差改正为：

$$\Delta l_h=-\frac{h^2}{2D}=-\frac{1.2^2}{2\times50}=-0.014\ \text{（m）}$$

将上述各项改正数代入斜距公式，就可得到实际的斜距为：

$$D'=50.000-0.005+0.006+0.014=50.015\ \text{（m）}$$

（4）将上述计算结果与已知长度比较差值，在终点桩上修正初步标定的刻线，若差值较大，点位落在桩外时，则须再打入终点木桩。

2. 光电测距仪或全站仪测设法

测距仪或全站仪一般具有测设功能，测设步骤为：

（1）在直线的起点 A（或控制点）上安置仪器，对中、整平。

（2）照准另一控制点，在地面上标定出将要测设的长度的直线方向，固定仪器照准部。

（3）将测设距离 D_0 输入仪器中，然后在此直线方向上，竖立反光镜，测定仪器到反光镜的距离 $D_{测}$，仪器自动计算出测设差值 $(D_{测}-D_0)$，仪器观测者根据测设差值指挥立镜者在直线方向上前后移动反光镜，测量测设差值直至等于零，即可确定终点 B 的位置。最后在地面上打入刻有十字标志的终点桩 B。

点的平面位置的测设方法

任务 10.3 点的平面位置的测设方法

工程建筑物的形状和大小，常通过其特征点在实地表示出来，如矩形建筑的四个角点、线形建筑的转折点等。因此点位测设是建筑物测设的基础。测设点位时应有两个以上的控制点，且已知待定点坐标。

测设点位的常用方法有极坐标法、全站仪坐标法、交会法、直接坐标法（如 GNSS RTK 法）等，采用经纬仪、全站仪、钢尺和 GNSS 接收机进行。

10.3.1 极坐标法

如图 10-8 所示，设 A、B 为已知点，P 为待测设点，其设计坐标为已知。极坐标法就是在一个控制点上架设经纬仪，根据测设点的坐标计算出该点相对某一已知方向的角度和到测站点的距离，然后进行测设。因此在测设前，必须根据测设点的坐标计算测设要素 β 和 D。

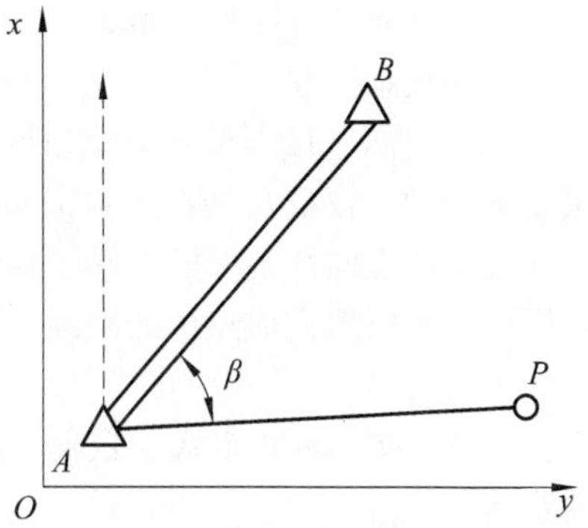

图 10-8　极坐标测设点位

$$
\begin{aligned}
\alpha_{AB} &= \arctan\frac{y_B-y_A}{x_A-x_B}\\
\alpha_{AP} &= \arctan\frac{y_P-y_A}{x_P-x_A}\\
\beta &= \alpha_{AB}-\alpha_{AP}\\
D_{AP} &= \sqrt{(x_P-x_A)^2+(y_P-y_A)^2}=\frac{x_P-x_A}{\cos\alpha_{AP}}=\frac{y_P-y_A}{\sin\alpha_{AP}}
\end{aligned}
\tag{10-5}
$$

有了 β 和 D_{AP} 后，将经纬仪安置在 A 点上，照准 B 点，按正倒镜投点法在地面标定出 AP 方向线，按长度测设法测定 AP 的距离，即得 P 点的位置。

例如：已知 $x_A=300.00\ \text{m}$，$y_A=1\,000.00\ \text{m}$，$x_B=200.00\ \text{m}$，$y_B=1\,200.00\ \text{m}$；测设点 $x_P=300.00\ \text{m}$，$y_P=1\,200.00\ \text{m}$；现以 A 点为测站，在地面上标定出 P 点。

步骤如下：

（1）计算测设元素

$$\alpha_{AB}=\arctan\frac{y_B-y_A}{x_A-x_B}=\arctan\frac{1\,200.00-1\,000.00}{300.00-200.00}=116°33'54''$$

$$\alpha_{AP}=\arctan\frac{y_P-y_A}{x_P-x_A}=\arctan\frac{1\,200.00-1\,000.00}{300.00-300.00}=90°00'00''$$

$$\beta=\alpha_{AB}-\alpha_{AP}=116°33'54''-90°00'00''=26°33'54''$$

$$D_{AP}=\sqrt{(300.00-300.00)^2+(1\,200.00-1\,000.00)^2}=200.00\ (\text{m})$$

（2）测　设

将经纬仪安置在 A 点上，照准 B 点，按正倒镜投点法在地面标定出 AP 方向线，按长度测设法测定 AP 的距离，在地面上标出 P 点 。

10.3.2　全站仪坐标法

极坐标法测设需要事先根据坐标计算测设元素，而测设元素的计算是要根据仪器架设位置而定的，有时现场仪器的架设位置会有变化，又要重新计算测设元素。而用全站仪坐标测设法，就不需要事先计算测设元素，只有提供坐标就行，而且操作十分方便。

全站仪架设在已知点 A 上，只要输入测站点 A、后视点 B 以及待测设点 P 的三点坐标，瞄准后视点定向，按下反算方位角键，则仪器自动将测站与后视的方位角设置在该方向上。然后按下测设键，仪器自动在屏幕上用左右箭头提示，应该将仪器往左或右旋转，这样就可使仪器到达设计的方向线上。接着通过测距离，仪器自动提示棱镜前后移动，直到测设出设计的距离，这样就能方便地完成点位的测设。

若需要测设下一个点位，只要重新输入或调用待测设点的坐标即可，按下测设键后，仪器会自动提示旋转的角度和移动的距离。

在实际工作中，往往采用自由设站法进行测设，这时全站仪不必架设在已知点上，而是架设在一个便于观测的地方，如图 10-9 如示的 S 点，通过对已知点 A、B、C 的方向后方交会、距离后方交会或方向距离后方交会，可得到 S 点坐标，输入待放 样点 P 的坐标，可按前述方法完成测设点 P 的标定。

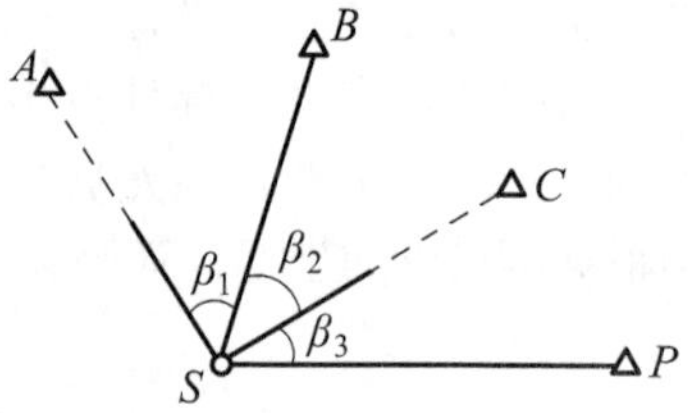

图 10-9　自由设站法

10.3.3　距离交会法

当施工场平坦、量距方便，且待测设点离控制点不超过一整尺长时采用此法。如图 10-10 所示，A、B、C 为控制点，1、2 为待测设点，它们的坐标均已知。可根据 A、B、C 三个控制点测设 1、2 两点。

1. 计算测设数据

根据控制点和待测设点的坐标按坐标反算公式分别计算出 D_1、D_2、D_3、D_4。

2. 点位测设方法

测设时使用两把钢尺，分别使尺的零刻划线对准 A、B 两点，同时拉紧、拉平钢尺，分别以 D_1、D_2 为半径在地面上画弧，两弧线的交点即为 1 点的位置。同样可根据 B、C 两点按 D_3、D_4 交会出待测设点 2。

为了校核，还应丈量 1、2 两点间距离并与设计长度比较，其误差应在允许范围。

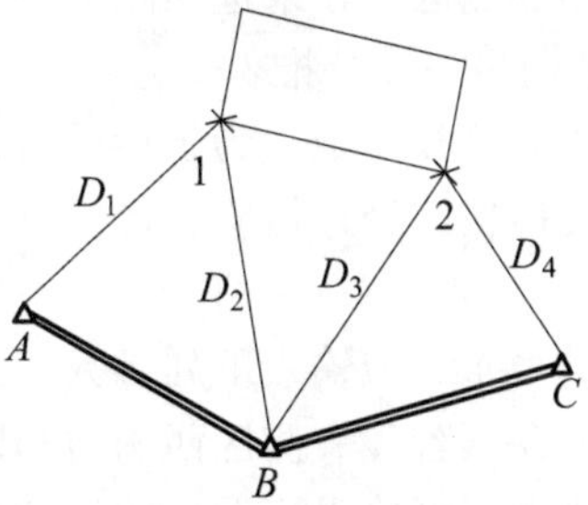

图 10-10　距离交会法

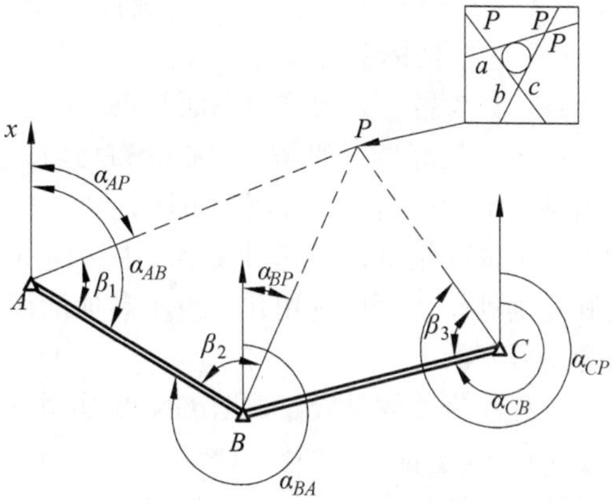

图 10-11　角度交会法

10.3.4　角度交会法

角度交会法是在两个或多个控制点上安置经纬仪，通过测设两个或多个已知水平角交会出待定点平面位置。当待测设点位离控制点较远或不便于量距时采用此法。

如图 10-11 所示，*A*、*B*、*C* 为控制点，*P* 为待测设点，其设计坐标为 $P(x_p, y_p)$，可根据 *A*、*B*、*C* 三个控制点测设 *P* 点。

10.3.5　直接坐标法（GNSS RTK 法）

近几年来高精度 GNSS 实时动态定位技术 RTK 的快速发展，由于它能够实时地提供在任意坐标系中的三维坐标数据，利用 GNSS RTK 直接坐标测设已很普遍。

GNSS RTK 的作业方法和作业流程为：

1. 收集测区的控制点资料

任何测量工程进测区，首先一定要收集测区的控制点坐标资料，包括控制点的坐标、等级、中央子午线、坐标系等。

2. 求定测区转换参数

GNSS RTK 测量是在 WGS-84 坐标系中进行的，而各种工程测量和定位是在当地坐标或我国的北京 54 坐标系或西安 80 坐标系上进行的，这之间存在坐标转换的问题。GNSS 静态测量中，坐标转换是在事后处理时进行的，而 GNSS RTK 是用于实时测量的，要求立即给出当地的坐标，因此，坐标转换工作更显重要。坐标转换的必要条件是：至少 3 个大地点分别有 WGS-84 地心坐标、北京 54 坐标或当地坐标。利用布尔莎（Bursa）模型解求 7 个转换参数。布尔莎模型为：

$$\begin{bmatrix} X_i \\ Y_i \\ Z_i \end{bmatrix}_{\text{LOCAL}} = \begin{bmatrix} X_0 \\ Y_0 \\ Z_0 \end{bmatrix} + (1+\delta_\mu) \cdot \begin{bmatrix} X_i \\ Y_i \\ Z_i \end{bmatrix}_{\text{WGS-84}} + \begin{bmatrix} 0 & E_z & -E_y \\ -E_z & 0 & E_x \\ E_y & -E_x & 0 \end{bmatrix} \cdot \begin{bmatrix} X_i \\ Y_i \\ Z_i \end{bmatrix}_{\text{WGS-84}} \tag{10-6}$$

式中 X_0，Y_0，Z_0——两个坐标系的平移参数；

E_x，E_y，E_z——两个坐标系间的旋转参数；

δ_μ——两个坐标系的尺度参数。

在计算转换参数时，要注意下面几点：

（1）已知点最好选在四周及中心分布均匀，且能有效控制的测区。如果选在测区的一端，应计算出满足给定的精度和控制的范围，切忌从一端无限制地向另一端外推。

（2）为了提高精度，可利用最小二乘法选 3 个以上的点求解转换参数。为了检验转换参数的精度和正确性，还可以选用几个点不参加计算，而代入公式检核，经过检验满足要求的转换参数认为是可靠的。

（3）工程项目参数设置。根据 GNSS 实时动态差分软件的要求，应输入下列参数：当地坐标系（如北京 54 坐标系）的椭球参数：长半轴和扁率；中央子午线经度；测区西南角和东北角的大致经纬度；测区坐标系间的转换参数；根据测量工程的要求，可输入测设点的设计坐标，以便野外实时测设。

（4）野外作业。将基准站 GNSS 接收机安置在参考点上，打开接收机，将设置的参数读入 GNSS 接收机，输入参考点的当地施工坐标和天线高，基准站 GNSS 接收机通过转换参数将参考点的当地施工坐标化为 WGS-84 坐标，同时连续接收所有可视 GNSS 卫星信号，并通过数据发射电台将其测站坐标，观测值、卫星跟踪状态及接收机工作状态发送出去。流动站接收机在跟踪 GNSS 卫星信号的同时，接收来自基准站的数据，实时处理求得流动站的三维 WGS-84 坐标，再通过与基准站相同的坐标转换参数将 WGS-84 转换为当地施工坐标，并在流动站的手持控制器上实时显示，控制器可将实时位置与设计值相比较，指导测设。

GNSS RTK 定位技术具有与使用其他测量仪器所不同的优点。采用一般仪器，如全站仪测量等，既要求通视，又费工费时，而且精度不均匀。RTK 测量拥有彼此不通视条件下远距离传递三维坐标的优势，并且不会产生误差累积，应用 RTK 直接坐标法能快速、高效率地完成测量测设任务。

10.3.6 铅垂线测设

建造高层建筑、铁塔、烟囱、电梯井、地下铁道竖井等高耸建筑物或深入地下的建筑物时，需要保证建筑物的垂直度，因而就需要测设铅垂线。目前大多采用以下三种方式来测设铅垂线。

1. 经纬仪＋弯管目镜法

只要将通常所用的经纬仪（全站仪或激光经纬仪）卸下目镜，装上弯管目镜，望远镜的视线就可以指向天顶。实际操作时，通常使照准部每旋转 90° 向上投一点，这样就可得到四个对称点，取其中点为最终结果，就可提高投点精度。

这种方法由于可利用现有仪器，只需配一个弯管目镜即可实现，因而目前在高层建筑的施工中用得最多。

2. 光学铅垂仪法

光学铅垂仪是专门用于测设铅垂线的仪器，图 10-12 所示为 PD_3 型光学铅垂仪，它有两个相互垂直的水准管用于整平仪器，仪器可以向上或向下作垂直投影，因此有上下两个目镜和两物镜，垂直精度为 1/40 000。光学铅垂仪还有瑞士徕卡公司的型号为 WILD NZL，WILD ZL 等仪器，垂直精度为 1/30 000 ~ 1/200 000。

3. 激光铅垂仪

除了以上光学铅垂线以外，目前还有高精度激光铅垂仪。图 10-13 所示为 LV1 型激光铅垂仪，仪器可以同时向上和向下发射垂直激光，所以用户可以很直观地找到它的垂直投影点。垂直精度为 1/30 000。

图 10-12　PD3 型光学铅垂仪

图 10-13　激光铅垂仪

10.3.7　特殊施工测设方法

对于一些特殊的工程，如建造大佛，就需要采用摄影测量的方法；对超长型跨海大桥，其定位必须采用网络 RTK 法测设；而对某些不规则的建筑，可综合一些常规技术进行测设。

任务 10.4　全站仪坐标放样实训

10.4.1　目　的

掌握全站仪进行坐标放样的方法，通过现场的实际操作熟练掌握极坐标法放样。将理论与实践相结合，使用全站仪进行一般坐标点位实地放样（极坐标和直角坐标法）。

在地面上 O 点（0.000 m，0.000 m）建立自由坐标系，分别用极坐标法、直角坐标法进行放样矩形 $ABCD$ 的角点坐标。其中 A（10.000 m，20.000 m），B（10.000 m，10.000 m），C（20.000 m，10.000 m），D（20.000 m，20.000 m）。

10.4.2　仪器工具

全站仪 1 台，棱镜 2 个，钢尺 1 把，标记笔 1 支，铅笔，记录本。

10.4.3 步　骤

1. 直角坐标放样法

利用全站仪分别确定如图 10-14 所示的 *ABCD* 四个点的方向和距离，即可得矩形 *ABCD*。

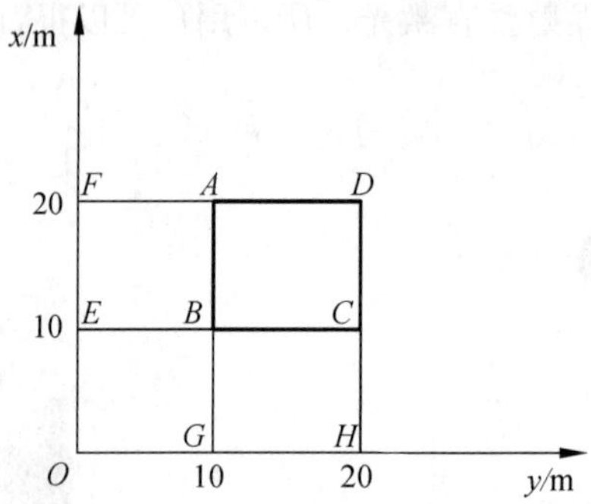

图 10-14

步骤：先在 *O* 点架仪器，*F* 点架棱镜，分别确定 *E* 和 *F* 的距离和方向，同理确定 *G* 和 *H*；再将仪器移至 *E* 点，以后视 *F* 方向为 *X* 轴，顺时针旋转 90°确定 *B* 和 *C* 的方向和距离；最后将仪器移至 *F* 点，后视 *E* 点方向为 *X* 轴方向旋转 90°同理确定 *A* 和 *D* 点。

2. 极坐标放样法

利用极坐标放样法确定如图 10-15 所示的 *ABCD* 四个点的方向和距离。

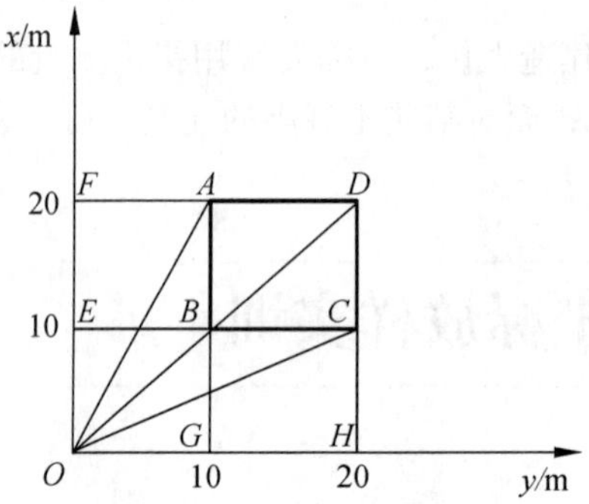

图 10-15

步骤：在 *O* 点架仪器，由 *ABCD* 的一直坐标可以算出：$\alpha_{OA} = 26°33'54''$，$\alpha_{OB} = 45°$，$\alpha_{OC} = 63°26'58''$，$\alpha_{OD} = 45°$。

距离：*OA* = 22.36 m，*OB* = 14.142 m，*OC* = 22.36 m，*OD* = 28.44 m，分别在 *O* 点测出 *ABCD* 的方向和距离来确定各个点的点位。

10.4.4 注意事项

合理选择测站点（架设全站仪的点）、后视点（已知坐标点：如前面已经确定的起点等）。如果测站点、后视点位置没有变动，放样时只需输入放样点坐标。如果测站点、后视点位置任一发生变动，放样时要重新输入变动后的测站点、放样点坐标。放样点确定后，请用粉笔在地面上做好临时标记。

10.4.5 记录计算

将全站仪坐标放样所测数据记录入表 10-1。

表 10-1 全站仪坐标放样记录表

<table>
<tr><td>地 点</td><td colspan="3"></td><td colspan="2">内 容</td><td colspan="3"></td></tr>
<tr><td>日 期</td><td colspan="3">202 年 月 日</td><td colspan="2">天 气</td><td colspan="3"></td></tr>
<tr><td>司 镜</td><td colspan="3"></td><td colspan="2">后 视</td><td colspan="3"></td></tr>
<tr><td>记 录</td><td colspan="3"></td><td colspan="2">复 核</td><td colspan="3"></td></tr>
<tr><td>前 视</td><td colspan="3"></td><td colspan="2">仪 器</td><td colspan="3"></td></tr>
<tr><td rowspan="2">置镜坐标</td><td rowspan="2"></td><td>X</td><td></td><td colspan="2" rowspan="2">后视坐标</td><td rowspan="2"></td><td>X</td><td></td></tr>
<tr><td>Y</td><td></td><td>Y</td><td></td></tr>
<tr><td rowspan="2">施测点</td><td colspan="4">设计坐标</td><td colspan="2" rowspan="2">方位角</td><td colspan="2" rowspan="2">距离</td></tr>
<tr><td colspan="2">X（m）</td><td colspan="2">Y（m）</td></tr>
<tr><td></td><td colspan="2"></td><td colspan="2"></td><td colspan="2"></td><td colspan="2"></td></tr>
<tr><td></td><td colspan="2"></td><td colspan="2"></td><td colspan="2"></td><td colspan="2"></td></tr>
<tr><td></td><td colspan="2"></td><td colspan="2"></td><td colspan="2"></td><td colspan="2"></td></tr>
<tr><td></td><td colspan="2"></td><td colspan="2"></td><td colspan="2"></td><td colspan="2"></td></tr>
<tr><td></td><td colspan="2"></td><td colspan="2"></td><td colspan="2"></td><td colspan="2"></td></tr>
<tr><td></td><td colspan="2"></td><td colspan="2"></td><td colspan="2"></td><td colspan="2"></td></tr>
<tr><td></td><td colspan="2"></td><td colspan="2"></td><td colspan="2"></td><td colspan="2"></td></tr>
<tr><td colspan="7">示意图</td><td colspan="2">备注</td></tr>
<tr><td colspan="7"></td><td colspan="2"></td></tr>
</table>

知识小结

施工测量是指施工过程中所进行的测量工作，施工测量工作主要是测设。测设是指把图纸上规划设计好的建筑物、构筑物等的位置在地面上标定出来，作为施工的依据。本项目主要内容为施工场地测设已知距离、水平角、高程和坐标的方法，点位测设的基本方法有直角坐标法、极坐标法、角度交会法及距离交会法。

习题与作业

1. 什么是测设？测设的基本工作有哪些？

2. 施工测量的目的是什么？它有什么特点？

3. 测设已知点位的方法有哪些？各种方法的适用条件是什么？

4. 施工测设的主要内容是什么？有哪些基本测设方法？

5. 采用 GNSS RTK 直接坐标法测设的方法和作业流程是什么？在计算转换参数时需要注意什么问题？

6. 在一斜坡上放样已知长度的直线段，该直线段在 1∶1 000 图纸上量得其水平距离为 31.2 mm，直线两端点的高差为 11.2 m。今用名义长度为 20 m，而检定长度为 19.981 m 钢尺放样，略去温度影响，试换算出测设长度 D。

7. 由已知水准点（高程为 69.214 m），设置一个已知高程为 70.073 m 的 A 点，水准仪放在中间，读得水准点上的读数为 1.873 m，试问 A 点上水准尺读数应为多少？

8. 如图 10-14 所示，已知 A 点的高程为 104.710 m，AB 两点的距离为 110 m，B 点的地面高程为 105.510 m，已知安置于 A 点，仪器高为 1.140 m，今欲设置 +8‰ 的倾斜视线，试求视线在 B 点尺上应截切的读数。

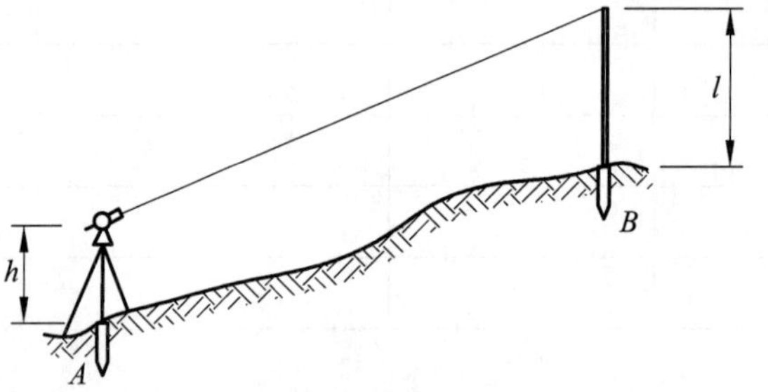

图 10-14

9. 如图 10-15 所示，已设出直角 AOB 后，用精确方法测得结果为 90°00′30″，又知 OB 的长度为 100.00 m，问在垂直于 OB 的方向上 B 点应该移动多少距离才能为测得的角度？

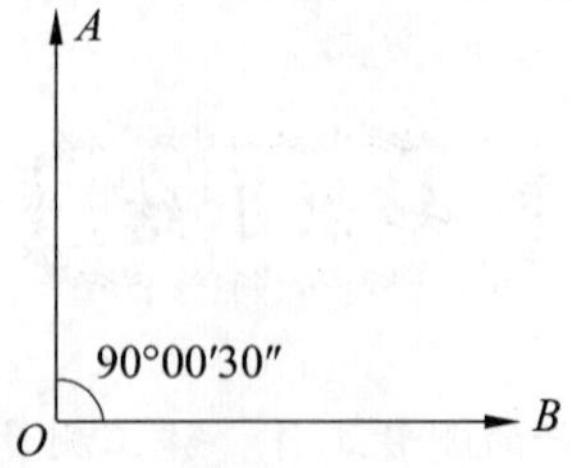

图 10-15

10. 如图 10-16 所示，要确定厂房主轴线 A、O、B，现根据控制网测设出 A'、O'、B'三点，测得，已知 $AO=a=100$ m，$OB=b=200$ m，求各点的移动量。

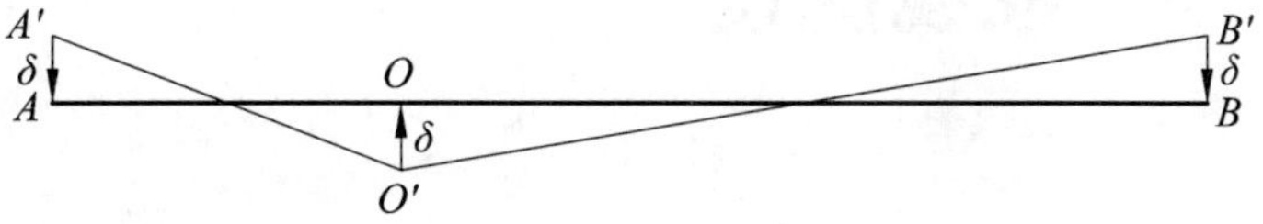

图 10-16

11. 已知某水准点 A 的高程为 507.531 m，欲测设高程为 506.940 m 的建筑物 B 点的标高，设水准尺在 A 点上的横丝读数为 1.023 m，问当水准尺立在该建筑物 B 点的木桩上，其横丝读数为多少时，水准尺底部就是建筑物 B 点的高程位置。

12. 如图 10-17 所示，水准点 A 的高程为 17.500 m，欲测设基坑水平桩 C 点的高程为 13.960 m，设 B 点为基坑的转点，将水准仪安置在 A、B 间时，其后视读数为 0.762，前视读数为 2.631 m，将水准仪安置在基坑底时，用水准尺倒立于 B、C 点，得到后视读数为 2.550 m，当前视读数为多少时，尺底即为测设的高程位置?

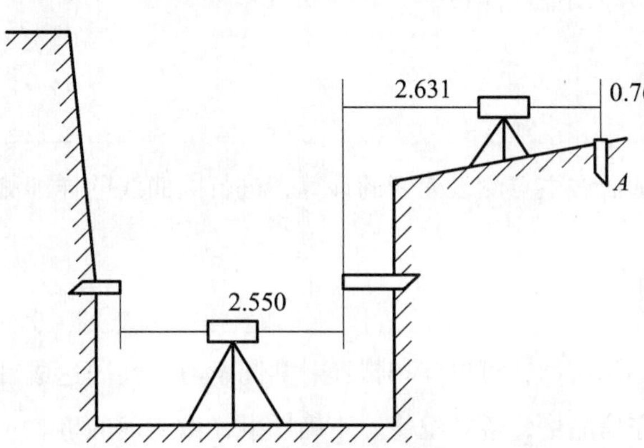

图 10-17

项目 11　曲线测设

知识目标

- 掌握曲线测设元素的计算。
- 理解圆曲线测设方法。
- 了解困难地段的曲线测设。

技能目标

- 能够进行圆曲线主点测设元素的计算，进行圆曲线的详细测设。

素养目标

- 培养团结协作精神，可以互相帮助、共同学习、共同达成目标。
- 培养诚实守信品格，遵守纪律、正确做事，做正确的事。
- 培养工匠精神，养成“怀匠心、铸匠魂、守匠情、践匠行”精神，促进学生生成“匠意、匠思、匠智”。

任务导航

- 任务 11.1　圆曲线测设
- 任务 11.2　困难地段的曲线测设
- 任务 11.3　圆曲线测设实例

曲线测设是将设计的线路曲线测设于实地的工作。一般分为平面曲线和竖曲线两种。平面曲线又可分为圆曲线、缓和曲线及竖曲线几种。圆曲线指具有一定半径的圆弧曲线，又有单曲线、复曲线、反向曲线和回头曲线多种；缓和曲线指连接直线和圆曲线的过渡曲线，其半径由无穷大逐渐变化为圆曲线的半径；竖曲线指连接两相邻坡度线的凸形或凹形曲线，目的是为缓和坡度在变坡点的急剧变化，可用圆曲线或抛物线。

任务 11.1 圆曲线测设

修建渠道、道路、隧洞等建筑物时，从一直线方向改变到另一直线方向，需用曲线连接，使路线沿曲线缓慢变换方向。其中圆曲线是最基本的一种平面曲线。

圆曲线又称单曲线，是指具有一定半径的圆的一部分。圆曲线的测设一般分为两步进行：首先是测设圆曲线上起控制作用的主点，即圆曲线的起点（直圆点 *ZY*）、中点（曲线中点 *QZ*）和终点（圆直点 *YZ*）的测设；然后以主点为基础，详细测设其他桩点，即圆曲线的详细测设。

11.1.1 曲线点主点测设

1. 圆曲线测设元素计算

如图 11-1 所示，已知数据为路线中线交点 *JD* 的偏角为 α 和圆曲线的半径为 R，要计算的圆曲线的元素有：切线长度 T、曲线长度 L、外矢距 E 和切线长度与曲线长之差（切曲差）D。各元素计算可以按照以下公式计算。

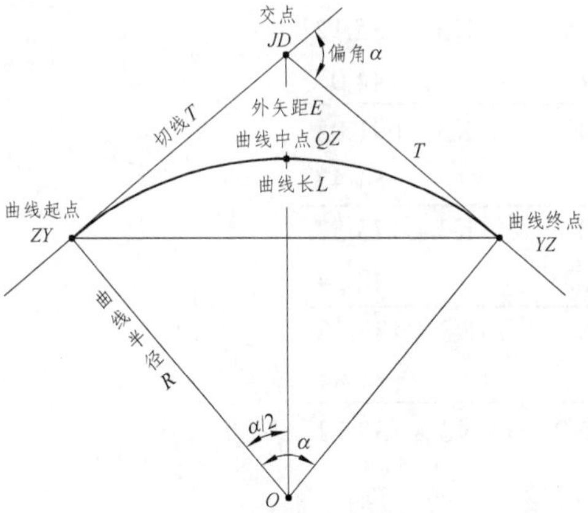

图 11-1　圆曲线示意图

$$
\left.\begin{aligned}
&\text{切线长度：} T = R\cdot\tan\frac{\alpha}{2}\\
&\text{曲线长度：} L = R\cdot\alpha\frac{\pi}{180^\circ}\\
&\text{外矢距：} E = \frac{R}{\cos\frac{\alpha}{2}} - R = R\left(\text{sce}\frac{\alpha}{2}-1\right)\\
&\text{切曲差：} D = 2T - L
\end{aligned}\right\}\qquad (11\text{-}1)
$$

2. 圆曲线主点里程的计算

交点是指圆曲线切线相交的点，其里程由中线测量得到。根据交点的里程和计算的曲线元素，即可计算出主点的里程：

$$\left.\begin{aligned} &ZY\text{ 里程}=JD\text{ 里程}-T\\ &YZ\text{ 里程}=ZY\text{ 里程}+L\\ &QZ\text{ 里程}=YZ\text{ 里程}-L/2\\ &JD\text{ 里程}=QZ\text{ 里程}+D/2\text{ (校对)}\end{aligned}\right\} \tag{11-2}$$

【例 11–1】 已知某交点的里程为 K3 + 135.12 m，测得偏角 $\alpha_{右}=40°20''$，圆曲线的半径 $R=120$ m，求圆曲线的元素和主点里程。

解：（1）圆曲线计算元素

将各参数带入式（11-1），可得

切线长度：$T=R\cdot\tan\dfrac{\alpha}{2}=120\times\tan 20°10'=44.072$（m）

曲线长：$L=R\cdot\alpha\cdot\dfrac{\pi}{180°}=120\times 40\dfrac{20}{60}\times\dfrac{\pi}{180°}=84.474$（m）

外矢距：$E=R\cdot\left(\sec\dfrac{\alpha}{2}-1\right)=120\times(\sec 20°10'-1)=7.837$（m）

切曲差：$D=2T-L=2\times 44.072-84.474=3.670$（m）

（2）主点里程的计算

根据以上计算的结果，带入式（11-2），可得：

JD	K3 + 135.12
–）*T*	44.07
ZY	K3 + 091.05
+）*L*	84.47
ZY	K3 + 175.52
–）*L*/2	42.24
QZ	K3 + 133.28
+）*D*/2	1.84
JD/2	K3 + 135.12

通过对交点 *JD* 的里程校核，说明计算正确。

3. 圆曲线主点的测设

如图 11-2 所示，其测设的步骤如下：

（1）测设圆曲线起点（*ZY*）和终点（*YZ*）。

安置仪器至 JD_2 点，后视向中线方向相邻点（JD_1），自 JD_2 方向量取切线长度 *T*，得曲线起点 *ZY* 点位置，插上测签；逆时针转动望远镜，测设水平角（180° – α）的 *YZ* 点方向，然后从 JD_2 出发，沿着确定的直线方向量取直线长度 *T*，得曲线终点 *YZ* 点位置，也插上测签。再用钢尺丈量测钎点与最近的直线桩点的距离。

（2）测设圆曲线的中点（QZ）

经纬仪在 JD_2 地上照准前视点 JD_3 不动，水平度盘置 0，顺时针转动照准部，使水平度盘读数为 $\beta\ (\beta = (180° - \alpha)/2)$ 的曲线中点方向，在该方向从上交点 JD_2 丈量外矢距 E，插上测钎。同样，按照上述方法丈量与相邻桩点距离进行校核，如果误差在允许范围内，在测钎处打下 QZ 桩。

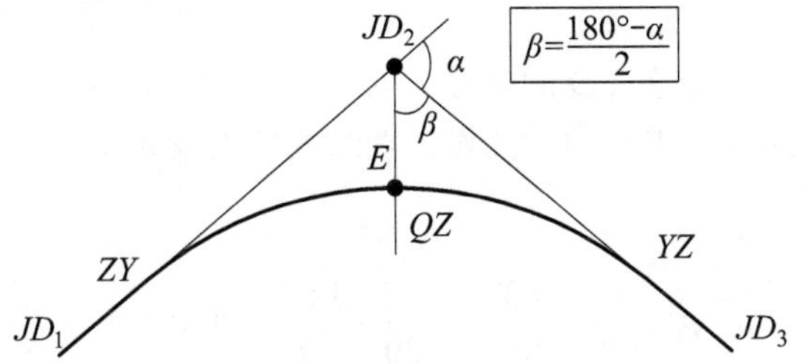

图 11-2　圆曲线主点测设示意图

11.1.2　圆曲线的详细测设

在圆曲线的主点测设后，为更详细更准确地确定中线位置，还要按有关技术要求和规定在曲线主点间加密，进行圆曲线的详细测设。圆曲线测设的方法比较多，下面介绍两种常用的方法。

1. 偏角法

（1）测设数据计算

为便于计算工程测量和施工方便，碎部点的点位通常采用整桩号法，从 ZY 开始施测，将曲线上靠近起点 ZY 的第一个桩的桩号凑字整成大于 ZY 桩号且是桩距 L 的倍数。然后按照桩距 L 连续向圆曲线的终点 YZ 桩位，这样测设桩的桩号都为整数。按照整桩号法测设细部点时，可以根据曲线的半径 R 来选择桩距（弧长），R 越小则 L 也越小。一般规定为：$R \geqslant 100$ 时，$L = 20$ m；50 m<R<100 m，$L = 10$ m；$R \leqslant 50$ m，$L = 5$ m。

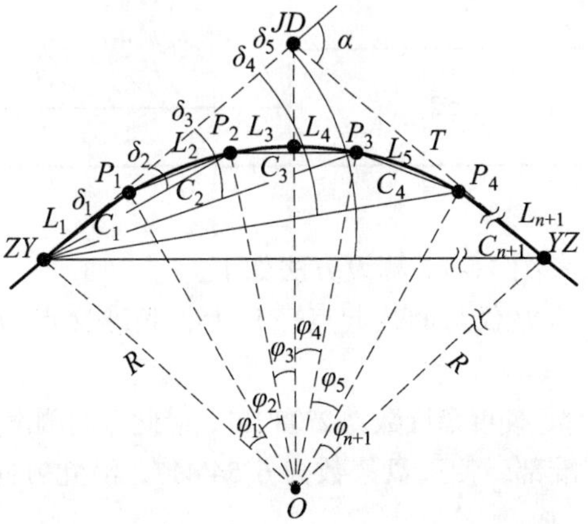

图 11-3　偏角法详细测设圆曲线示意图

如图 11-3 所示，P_1 为圆曲线上第一个整桩，它与圆曲线起点的弧长为 L_1（L_1<L），P_1 点以后各相邻点间的弧长为 L，圆曲线最后一个整桩到圆曲线的终点的弧长为 L_{n+1} .若 L_1 对应的圆心

角 $\varphi_1 = \frac{L_1}{R} \times \frac{180°}{\pi}$，$L$ 对应的圆心角为 $\varphi = \frac{L}{R} \times \frac{180°}{\pi}$，以此类推。同时，弦切角是同弧所对应的圆心角的一半，可以按照以下公式计算（角度单位为度）：

$$C = 2R\sin\frac{\varphi}{2} \qquad (11\text{-}3)$$

【例 11–2】 仍按上例，已知 JD 的桩号为 K3 + 135.12，偏角为 $\alpha = 40°20'$，设计圆曲线半径 $R = 120$ m，桩距 $L_0 = 20$ m。求偏角法测设该圆曲线的测设元素。

解：采用偏角法计算：

$$\varphi_1 = \frac{L_1}{R} \times \frac{180°}{\pi} = \frac{8.95}{120} \times \frac{180°}{\pi} = 4°16'20''$$

$$\varphi_0 = \frac{L_0}{R} \times \frac{180°}{\pi} = \frac{20}{120} \times \frac{180°}{\pi} = 9°32'57''$$

依据式（11-3）计算测设数据，见表 11-1。

表 11-1　偏角法圆曲线碎部点测设数据（$R = 120$ m）

曲线里程桩号	相邻桩点间弧长 L_i（m）	偏角 δ_i（°　′　″）	弦长 C_i（m）
ZY　K3 + 091.05		0　00　00	0
	8.95		
P_1　K3 + 100.00		2　08　12	8.95
	20.00		
P_2　K3 + 120.00		6　54　41	28.88
	20.00		
P_3　K3 + 120.00		11　41　10	48.61
	20.00		
P_4　K3 + 120.00		16　27　39	68.01
	15.52		
YZ　K3 + 175.52			82.74

（2）测设方法

以【例 11-2】为例，参考图 11-3，测设方法如下：

第 1 步：安置经纬仪或全站仪与曲线起点 ZY 上，瞄准交点 JD，使水平度盘读数设置为 $0°00'00''$；

第 2 步：水平转动照准部，使度盘读数为 $2°08'12''$，沿此方向测设弦长 $C_1 = 8.95$ m，定出 P_1 点；

第 3 步：再水平转动照准部，使度盘读数为 $6°54'41''$，沿此方向测设弦长 $C_2 = 28.88$ m，定出 P_2 点。以此类推测设 P_3、P_4；

第 4 步：测设至曲线终点 YZ 点作为校核。水平转动照准部，使度盘读数为 $20°10'00''$，在此方向上测设弦长 $C_{YZ} = 82.74$ m，定出一点。此点若与 YZ 点不重合，其闭合差应符合如下要求：半径方向（线路横向）不超过 0.1 m；切线方向（路线纵向）不超过 L/1 000（L 为曲线长）。

2. **曲线支距法**

曲线切线支距法又称为直角坐标法，是以圆曲线的起点 ZY 或终点 YZ 为坐标原点，以切线 T 为 x 轴，以通过原点的半径为 y 轴，建立独立坐标系，按照圆曲线上特定点在直角坐标系中的坐标（x_i，y_i）来对应碎部点 P_i。

（1）测设数据计算

如图 11-4 所示，碎部点的点位采用整桩号法，则点坐标可以按下式计算：

$$\left.\begin{aligned}\varphi_1&=\frac{L_1}{R}\times\frac{180^\circ}{\pi}\\ \varphi&=\frac{L}{R}\times\frac{180^\circ}{\pi}\\ \varphi_i&=\varphi_1+(i-1)\varphi\\ x_i&=R\sin\varphi_i\\ y_i&=R(1-\cos\varphi_i)\end{aligned}\right\}\qquad(11\text{-}4)$$

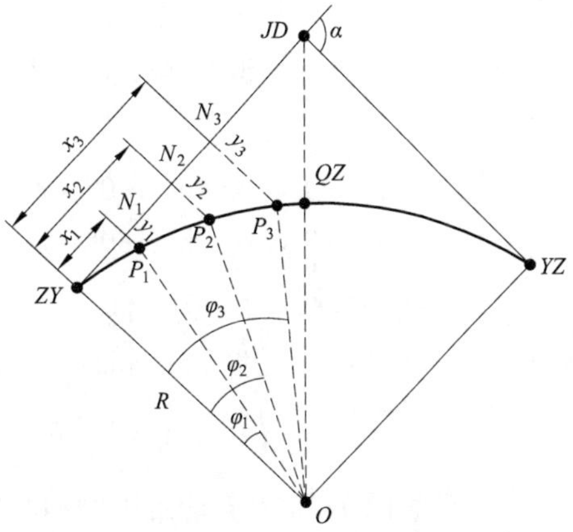

图 11-4　曲线支距法详细测设圆曲线示意图

（2）曲线支距法测设步骤

如图 11-4 所示，安置仪器在交点位置，定出 JD 到 ZY 和 JD 到 YZ 两条直线的方向。

自 ZY 点出发沿着到 JD 方向，一次水平丈量 P_i 点的横坐标 X_i，得到在横坐标轴上的垂足 N_i。

在各个垂足上用经纬仪标定出与切线垂直的方向，然后在该垂直方向上依次量取对应的坐标，就可以定出对应的碎部点 P_i。

在该曲线的放样完成后，应量取各个相邻桩点之间的距离与计算出的弦长 C 进行比较，如果两者之间的差异在允许的范围之内，则曲线测设合格，在各点打上木桩。如果超出限差，则应及时找出原因并给以纠正。

同样方法可以进行从 YZ 到 QZ 点之间曲线段的细部点的测设工作,完成后也应该进行校核。

任务 11.2　困难地段的曲线测设

11.2.1　线路交点不能安置仪器

路线交点有时落在如河里或其他不能安置仪器的地方，形成虚交点，这时可以通过设置辅助交点进行圆曲线主点的测设。常见的情况有如下几种：

（1）交点在河中间，无法定出交点的位置具体位置。

（2）道路依山修筑，在道路转弯时，交点在山中或半空中无法得到。

（3）路线中线有障碍物无法排除，交点无法直接得到。

（4）路线转角较大，切线长度过长，获得交点对工作不利，没有意义。

在实际工作中遇到虚交时，通常采用的方法有圆外基线法、切基线法、弦基线法几种。

1. 圆外基线法

由于线路交点落入河流中间，无法在交点设桩形成虚交。这时可以在曲线两切线上分别选择一个便于安置仪器的辅助点，如图 11-5 中的 A、B 点，将经纬仪分别安置在 A、B，测量出两点连线与切线的交角 α_a 和 α_b，同时用钢尺往返丈量 A、B 间的水平距离，应注意测量角度和距离应分别满足限差的要求。

根据几何关系，利用正弦定律可以得到：

$$\left.\begin{aligned}\alpha &= \alpha_a + \alpha_b \\ a &= AB\sin\alpha_b/\sin(180^\circ - \alpha) \\ b &= AB\sin\alpha_a/\sin(180^\circ - \alpha)\end{aligned}\right\} \tag{11-5}$$

根据已知的偏角 α 和选定的半径 R，就可以按公式（11-1）计算出曲线长 T 和弧线长 L，再结合 a、b、T 计算出辅助点到圆曲线 ZY、YZ 点之间的距离 t_1、t_2，即：

$$t_1 = T - a，\ t_2 = T - b \tag{11-6}$$

根据计算的 t_1、t_2，就能定出圆曲线的 ZY、YZ 点。如果计算出的 t_1、t_2 的值出现负号，说明辅助点在曲线内侧，而圆曲线的 ZY、YZ 位于辅助点和虚交点之间。如果 A 点的里程确定以后，对应圆曲线主点的里程也可以推算出。

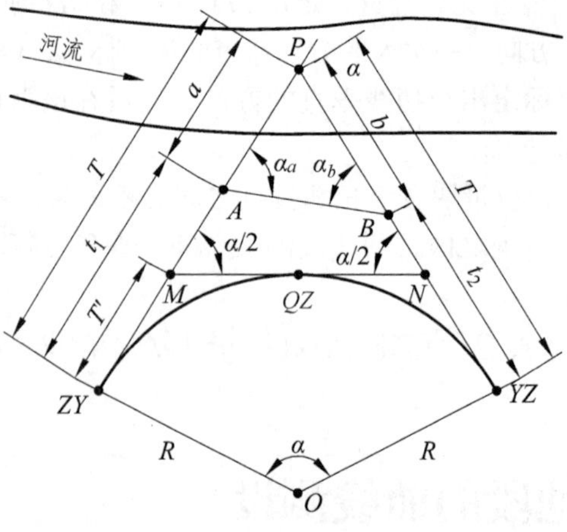

图 11-5　圆外基线法

测设时，在曲线方向上分别量取（根据计算的正负号可以确定在切线上的方向）t_1、t_2 即可测出圆曲线点 ZY 和 YZ 点。曲中点 QZ 的测设可以采用“终点切线法”，如果过曲中点 QZ 的切线与虚交点的两条切线的交点分别为 M、N 点，可以发现，$\angle PMN = \angle PNM = \alpha/2$，显然：

$$T' = R\tan\frac{\alpha}{4} \tag{11-7}$$

在确定了 ZY 和 YZ 点后，沿着过该点的切线方向量取长度 T'后能确定出 M、N 两点，从 M 或 N 点出发沿着 MN 量取长度 T'就得到 QZ 点。该点通同时也是 MN 的中点。

在曲线的主点确定之后就可以根据具体情况采用前述三种方法的一种进行圆曲线详细测设。

【例 11-3】 如图 11-5 所示，测出 $\alpha_a=15°18'$，$\alpha_b=18°22'$ 选定圆曲线半径 $R=150$ m，$AB=54.68$ m，已知 A 点的里程桩号为 $K3+123.22$。试计算测设主点的数据和主点的里程桩号。

解：根据 $\alpha_a=15°18'$，$\alpha_b=18°22'$，有 $\alpha=\alpha_a+\alpha_b=15°18'+18°22''=33°40'$。

根据 $\alpha=30°40'$，$R=150$ m，参考式（11-1），计算曲线长 T 和弧线长 L 为：

切线长度：
$$T=R\tan\frac{\alpha}{2}=150\times\tan\frac{33°40''}{2}=45.383\ (\mathrm{m})$$

曲线长：
$$L=R\alpha\frac{\pi}{180°}=150\times33°40'\times\frac{\pi}{180°}=88.139\ (\mathrm{m})$$

又
$$a=AB\frac{\sin\alpha_b}{\sin\alpha}=54.68\times\frac{\sin18°22''}{\sin33°40'}=31.080\ (\mathrm{m})$$

$$b=AB\frac{\sin\alpha_a}{\sin\alpha}=54.68\times\frac{\sin15°18'}{\sin33°40'}=26.027\ (\mathrm{m})$$

因此
$$t_1=T-a=45.383\ \mathrm{m}-31.080\ \mathrm{m}=14.303\ (\mathrm{m})$$

$$t_2=T-b=45.383\ \mathrm{m}-26.027\ \mathrm{m}=19.356\ (\mathrm{m})$$

同时
$$T'=R\tan\frac{\alpha}{4}=150\times\tan\frac{33°40'}{4}=22.195\ (\mathrm{m})$$

计算出主点的里程如下：

A 点	K3 + 123.22
－）t_1	4.30
ZY	K3 + 108.92
+）L	88.14
ZY	K3 + 197.06
－）$L/2$	44.07
QZ	K3 + 152.99

2. 切基线法

连接圆曲线的起点与终点的弦线，称为弦基线。切基线法是指当已确定圆曲线的起点（或终点）时，运用“弦线两端的圆切角相等”来确定曲线的终点（或起点）。

如图 11-6 所示，由于受地形限制曲线出现虚交后，同时曲线通过 GQ（公切线）点，这样切线被分成两个同半径的曲线 L_1、L_2，其切线长度分别为 T_1、T_2，通过 GQ 点的直线 AB 是切基线。

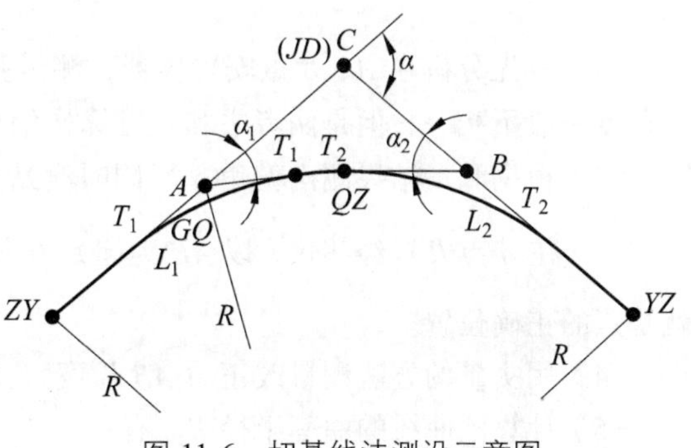

图 11-6 切基线法测设示意图

在现场进行实际测设时，根据现场实际，在通过虚交点的切线上选择点 A、B，形成基线 AB，用往返丈量方法测出基线长度，并观测该两点连线与切线的交角 α_1、α_2，有

$$T_1 = R\tan\frac{\alpha_1}{2},\ T_2 = R\tan\frac{\alpha_2}{2}$$

$AB = T_1 + T_2$，代入上式整理后有：

$$R = \frac{AB}{\tan\frac{\alpha_1}{2} + \tan\frac{\alpha_2}{2}} = \frac{T_1 + T_2}{\tan\frac{\alpha_1}{2} + \tan\frac{\alpha_2}{2}} \tag{11-8}$$

在求得 R 后，根据 R、α_1 和 α_2，可分别求得 L_1、L_2 和 T_1、T_2，将 T_1、T_2 相加得曲线总长。

实际测设时，先在 A 点安置仪器，沿着切线方向丈量长度 T_1，定出圆曲线上的 ZY 和 GQ 点；B 点安置仪器，沿着切线方向分别丈量 T_2，定出圆曲线上的 ZY 和 GQ 点；其中 GQ 可用作检核。

在选择用切基线法时，如果计算出的半径 R 不能满足最小半径或不能适应地形变化时，说明切基线位置选择不当，可把已定的 A、B 点作为参考进行调整，使其满足要求。

在确定圆曲线的主点后，应该按照前述方法进行圆曲线的详细测设。

3. 弦基线法

连接圆曲线的起点与中点的弦线，称之为弦基线。该方法是当已经确定圆曲线的起点（或终点）时，应用“弦线两端的圆切角相等”来确定曲线的中点（或起点）。

如图 11-7 所示，如果 A 点是圆曲线的起点位置，而 E 点是其后视点，假设另一条直线的方向已知并且有初步确定点 B'点和后视点 F，具体测设步骤如下：

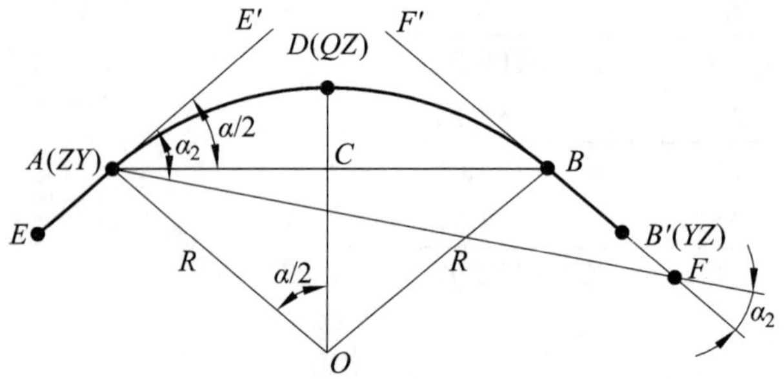

图 11-7　弦基线法

（1）首先分析在 A、B'点安置仪器，测量弦线 AB'与切线的夹角 $\angle E'AB'$ 和 $\angle F'BA'$，显然两个角度一般不相等，但是两者之和即可算作偏角。

（2）根据测量结果测出偏角 α，同时测站点的弦切角为偏角 α 的一半。

（3）在 A 点安置经纬仪，以 AE'为起始方向，拨角 $\frac{\alpha}{2}$，这时经纬仪的视线与直线 FB'的交点就是点的正确位置。

（4）用丈量的方法测量改正后 AB 长度。

（5）计算圆曲线的曲率半径 R，有：

$$R = \frac{AB}{2\sin\frac{\alpha}{2}} \tag{11-9}$$

（6）确定曲线中点 QZ 的位置，可先计算图中 CD 的长度，再确定 QZ 的位置。

$$CD = R\left(1-\sin\frac{\alpha}{2}\right) \tag{11-10}$$

11.2.2 曲线起点或终点不能安置仪器

当曲线起点或终点不能到达时，可采用反极坐标法测设曲线点。如图 11-8 所示，i 点位于测设的曲线点，在 JD 点安置仪器，以外矢距方向定向，拨 β 角，沿此方向量距 d_1，即的 i 点。由图中可见：

$$\left.\begin{aligned}
&h_i = R\sin\varphi_i \\
&b_i = R(1-\cos\varphi_i) \\
&\tan\beta_i = \frac{h_i}{b_i+E}+\frac{\sin\varphi_i}{\left(\dfrac{E}{R}+1\right)-\cos\varphi_i} \\
&d_i = \frac{d_i}{\sin\beta_i} = R\frac{\sin\varphi_i}{\sin\beta_i}
\end{aligned}\right\} \tag{11-11}$$

β_i 和 d_i 值还可以用坐标反算求得。

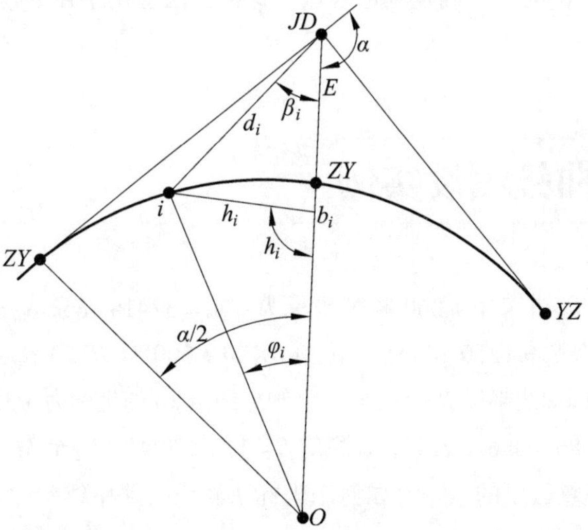

图 11-8　曲线起点或终点不能安置仪器的测设示意图

在测设时，为了避免 QZ 点为后视时视线太短所带来的影响，可以在测设切线方向定向，可以在测设 QZ 点的同时，在沿外矢距较远处定一点，来作为后视点。或者以切线方向定向，当度盘读数为 $\dfrac{\alpha}{2}$，转动望眼镜使度盘读数为零时，即为外矢距方向。

11.2.3 视线受阻时用偏角法测设圆曲线

视线受阻时用偏角法测设圆曲线，如图 11-9 所示。

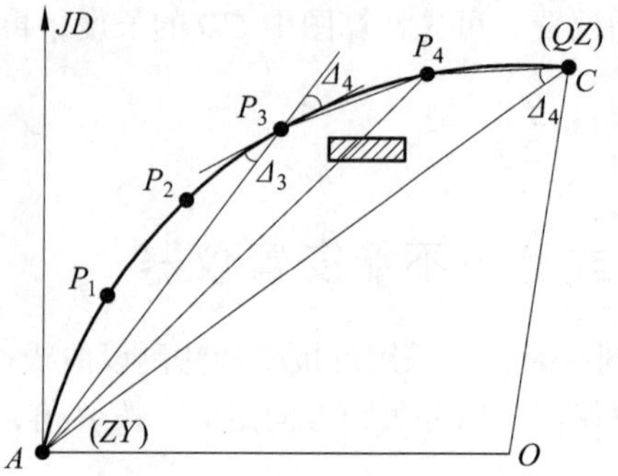

图 11-9　视线受阻时用偏角法测设圆曲线示意图

由于在圆曲线的起点测设点 P_4 时，视线受挡，可以采用以下方法测设：

（1）由于在同一圆弧两端的偏角相等，如果在 P_4 点受挡，在 P_3 测设完成后，可改为短弦偏角法，将测站迁移到 P_3 点，后视起点 A 并将度盘读数置为零，纵转望远镜并顺时针转动照准部，当读数为原先 P_4 点计算好的偏角时，该方向就是 P_3P_4 的方向，在该方向上丈量弦长 C_0，就能够得到 P_4 点，然后可以测设其余各点。

（2）可以采用同一圆弧段的弦切角与圆周角相等的原理。将仪器架设在中点 QZ，度盘置零后先后视 A 点，然后转动照准部到度盘读数为 P_4QZ 方向，从 P_3 点出发丈量相应弦长 C_0 与视线相交，交点就是 P_4 点。同时可以确定其他各点。这种方法适用于在 P_3 点不利安置仪器的情况，但是对测距影响不大。

任务 11.3　圆曲线测设实例

如图 11-10 所示，已知 K10＋000 桩的坐标为：$x_b = 32410.185$；$y_b = 29612.102$；K10＋000 桩至交点，JD_5 的距离为 $S_0 = 1250.48$ m，方位角（K10＋000 至 $JD5$）$\alpha_0 = 68°02'48''$，交点桩 JD_5 偏转角 $\alpha = 28°18'22''$；圆曲线半径 $R = 600$ m，已知导线点 N_1 的坐标为（32 482.610，29 611.476），N_2 点的坐标为（32 182.786，30 652.220），观测角 $\beta = 118°12'24''$，N_2 至 M 点的距离 $D = 128.500$ m。注：M 点即为全站仪任意假设的点。问如何用坐标法测设公路中线？

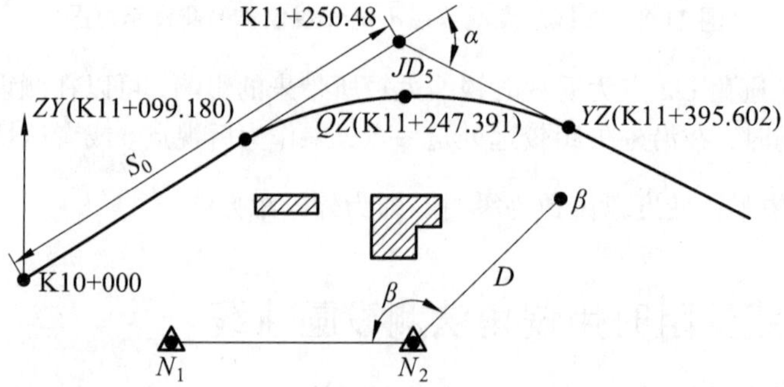

图 11-10

解：

（1）计算曲线元素。

切线长度：$T = R\tan\dfrac{\alpha}{2} = 600\times\tan\dfrac{28°18'22''}{2} = 151.300\ \text{(m)}$

曲线长度：$L = R\cdot\alpha\cdot\dfrac{\pi}{180°} = 600\times 28°18'22''\times\dfrac{\pi}{180°} = 296.421\ \text{(m)}$

外矢距：$E = \dfrac{R}{\cos\alpha/2} - R = R\left(\sec\dfrac{\alpha}{2}-1\right) = 18.783\ \text{(m)}$

（2）计算主点桩里程

交点桩 $JD_5 = \text{K}10+000+S_0 = \text{K}10+000+1\,250.48 = \text{K}11+250.48$

直圆点 $ZY = JD_5\text{里程} - T = \text{K}11+250.480-151.300 = \text{K}11+099.180$

曲中点 $QZ = ZY\text{里程} + 0.5L = \text{K}11+099.180+0.5\times296.421 = \text{K}11+247.391$

圆直点 $ZY = QZ\text{里程} + 0.5L = \text{K}11+247.931+0.5\times296.421 = \text{K}11+395.602$

直线段的里程及曲线碎部点的里程计算略。

（3）计算中桩坐标。

① 直线段坐标计算：（K10 + 000 – K11 + 099.180）直线段的方位角 $\alpha_0 = 68°02'48''$。

例如：求直线上 K10 + 020 桩的坐标：

$$x = x_b + L_0\cdot\cos\alpha_0 = 32\,410.185+20\times\cos68°02'48'' = 32\,417.662\ \text{(m)}$$

$$y = y_b + L_0\cdot\sin\alpha_0 = 29\,612.102+20\times\sin68°02'48'' = 29\,630.652\ \text{(m)}$$

L_0 为待求里程桩坐标的桩号与具有已知点坐标的里程桩号之差。

② 圆曲线段主点及碎部计算（K11 + 099.180-k11 + 395.602）。

例如：求曲线上 K11 + 100 桩坐标。

已知 $\alpha_0 = 68°02'48''$；$L_i = \text{K}11+100-\text{K}11+099.180 = 0.82\ \text{m}$。

整理得：

$$x_D = 32\,821.422\ \text{(m)}$$

$$y_D = 30\,632.340\ \text{(m)}$$

（4）另一直线段的坐标计算（YZ 至 JD_6 段）。

设：另一直线段的方位角为 A，则 $A = \alpha_0 + \alpha = 68°02'48'' + 28°18'22''$。

例如：求 K11 + 400 桩的坐标。

由坐标正算公式：

$$x = x_0 + S\cdot\cos A$$
$$y = y_0 + S\cdot\sin A$$

式中　x_0，y_0——已知点坐标；

S——待求点的距离，即待求点的桩号与已知点桩号之差。

则有：

$$S = \text{K11} + 400 - \text{K11} + 395.602 = 4.398\ \text{(m)}（已知点为圆直点 YZ）$$

$$x = x_0 + S\cos A = 32\ 993.52\ \text{(m)}$$

$$y = y_0 + S\sin A = 30\ 936.653\ \text{(m)}$$

（5）放样元素计算。

导线点 N_1、N_2 由于障碍物而无法测量，故需选一点 M（M 点能够看到 N_2 点。又能放样出该段公路的中线），通过观测水平角 β 和距离 D，计算 M 点的坐标：

N_1—N_2 的方位角：$\alpha_{N_1-N_2} = \arctan\dfrac{y_{N_2} - y_{N_1}}{x_{N_2} - x_{N_1}} = 94°14'37''$

N_2—M 的方位角：$\alpha_{N_2-M} = \alpha_{N_1-N_2} + \beta - 180° = 32°27'01''$

M 点的坐标：$x_M = x_{N_2} + D\cos A = 32\ 291.223\ \text{(m)}$

$$y_M = y_{N_2} + D\sin A = 30\ 721.170\ \text{(m)}$$

（6）将全站仪架设在 M 点上，后视导线点 N_2，则后视方位角为

$$\alpha_{M-N_2} = \alpha_{N_2-M} + 180° = 212°27'01''$$

以放样中桩（K11 + 099.180）即直圆点的平面坐标为例，需计算：

前视方位角：$\alpha_{前} = \arctan\dfrac{y_{ZY} - y_M}{x_{ZY} - x_M} = 350°24'07''$

放样角：　$\theta = \alpha_{前} - \alpha_{M-N_2} = 137°57'06''$

放样距离：　$D = \sqrt{(x_{ZY} - x_M)^2 + (y_{ZY} - y_M)^2} = 537.412\ \text{(m)}$

放样其他点以此类推。

知识小结

本项目重点讲述圆曲线测设知识，介绍了曲线测设的一般方法与困难地段的测设方法。通过本项目学习，熟悉圆曲线主点的测设方法和计算方法，掌握圆曲线详细测设的方法，掌握虚交点的测设方法等。

习题与作业

1. 什么是圆曲线的主点？
2. 圆曲线元素有哪些？

3. 如何测设圆曲线的主点？

4. 圆曲线的碎部放样方法有哪几种？

5. 线路交点里程 K10 + 400.56，转角（右角）= 26°36′，圆曲线半径 $R = 400$，计算圆曲线元素和各主点里程。

6. 上题若按 20 m 一个程桩测设碎部点，请详细说明测设方法。

项目 12　民用与工业建筑施工测量

知识目标

- 掌握建筑物的定位与放线方法，建筑物的施工测量和检验测量。
- 理解一般民用及工业厂房工程、高层及高耸建筑从控制网布设、施测、施工、竣工等测量工作的过程。
- 了解施工测量前的准备工作。

技能目标

- 能够用水准仪、全站仪等测量仪器进行建筑物定位放线，轴线及高程投测等测量工作。

素养目标

- 培养刻苦学习精神，听课专注，思维积极，作业独立完成。
- 培养规范应用习惯，能正确应用国家法律法规、国家和行业的相关规范，作风严谨。
- 培养诚实守信品格，遵守纪律、正确做事，做正确的事。
- 培养工匠精神，养成“怀匠心、铸匠魂、守匠情、践匠行”精神，促进学生生成“匠意、匠思、匠智”。

任务导航

- 任务 12.1　民用建筑施工测量
- 任务 12.2　工业建筑施工测量

任务 12.1 民用建筑施工测量

民用建筑施工测量概述

民用建筑是指住宅、办公楼、食堂、俱乐部、医院和学校等建筑物。民用建筑施工测量的主要任务是建筑物的定位和放线、基础工程施工测量、墙体工程施工测量及高层建筑施工测量等。

12.1.1 施工测量前的准备工作

1. 熟悉设计图纸

设计图纸是施工测量的主要依据，在测设前，应熟悉建筑物的设计图纸，了解施工建筑物与相邻地物的相互关系，以及建筑物的尺寸和施工的要求等，并仔细核对各设计图纸的有关尺寸。测设时必须具备下列图纸资料：

（1）总平面图，如图 12-1 所示。从总平面图上，可以查取或计算设计建筑物与原有建筑物或测量控制点之间的平面尺寸，它不仅是建筑施工放线的总体依据，也是建筑物定位的依据。

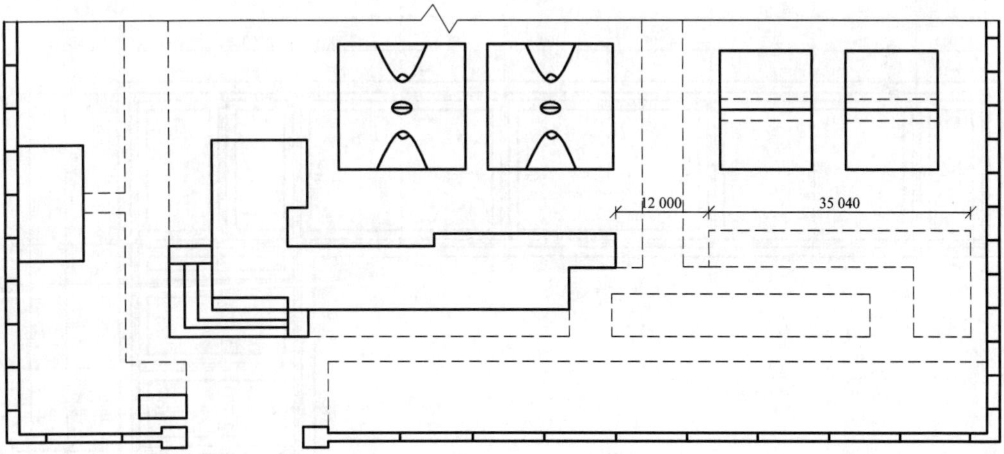

图 12-1 某建筑的总平面图

（2）建筑平面图，如图 12-2 所示。从建筑平面图中，可以查取建筑物的总尺寸，以及内部各定位轴线之间的关系尺寸，这是施工测设的基本资料。

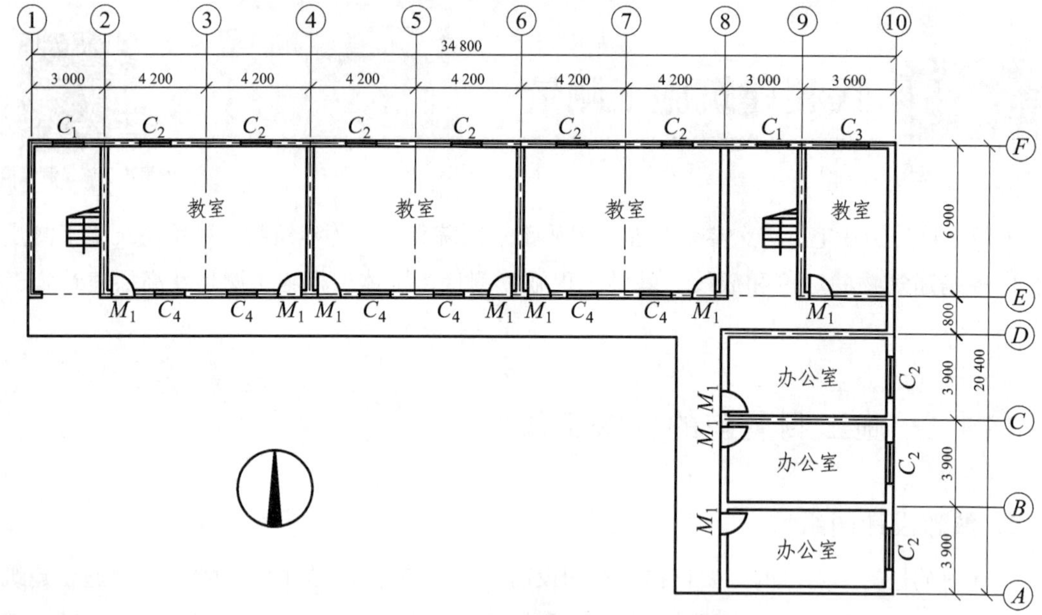

图 12-2　某建筑的建筑平面图

（3）基础平面图，如图 12-3 所示。从基础平面图上，可以查取基础边线与定位轴线的平面尺寸，这是测设基础轴线的必要数据。

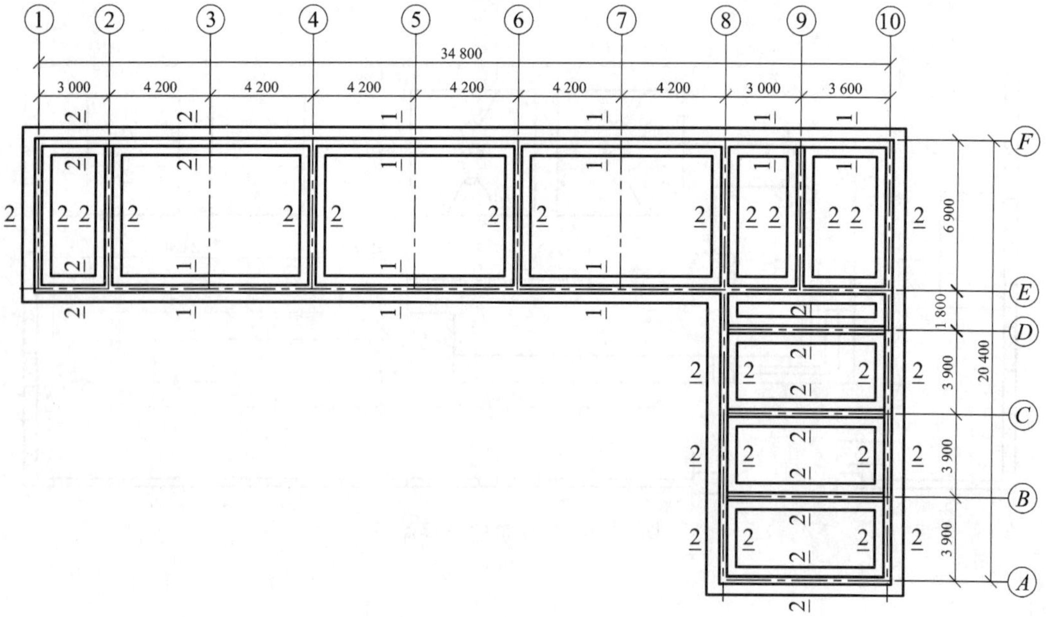

图 12-3　某建筑的基础平面图

（4）基础详图，如图 12-4 所示。从基础详图中，可以查取基础立面尺寸和设计标高，这是基础高程测设的依据。

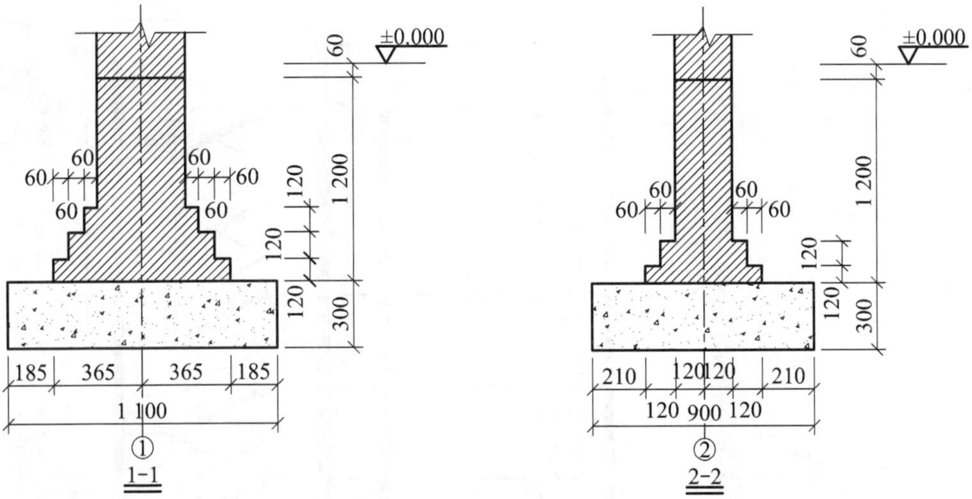

图 12-4　某建筑的基础详图

（5）建筑物的立面图和剖面图，如图 12-5、图 12-6 所示。从建筑物的立面图和剖面图中，可以查取基础、地坪、门窗、楼板、屋架和屋面等设计高程，这是高程测设的主要依据。

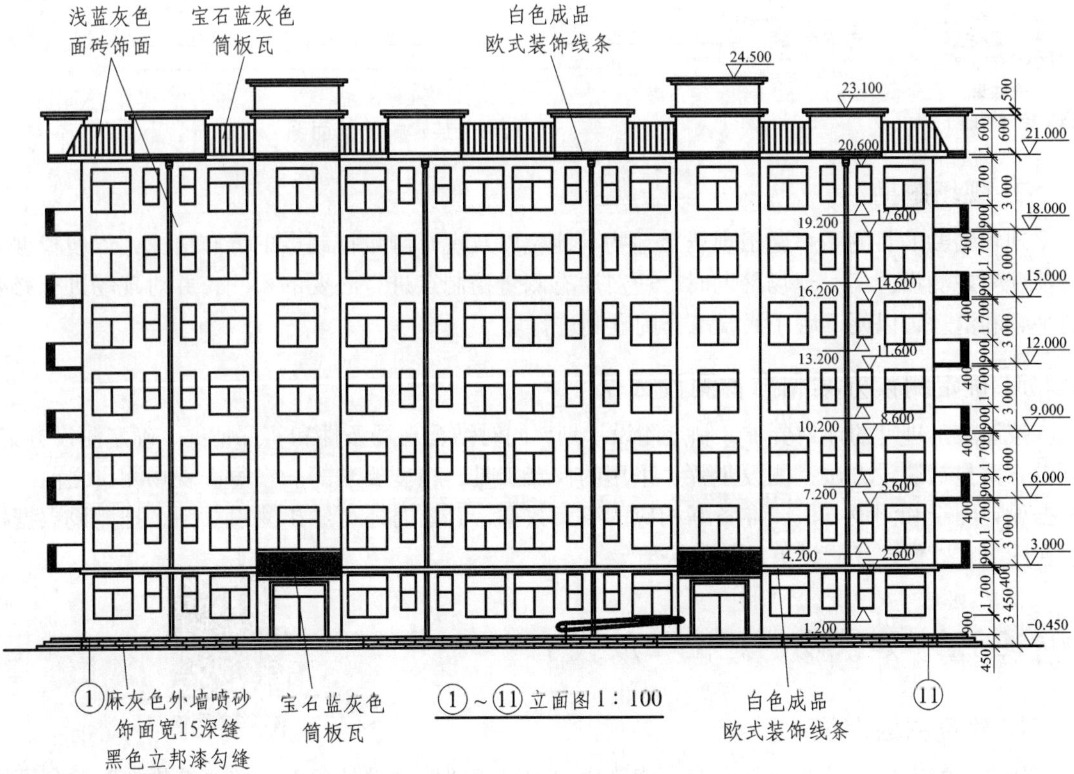

图 12-5　某建筑的立面图

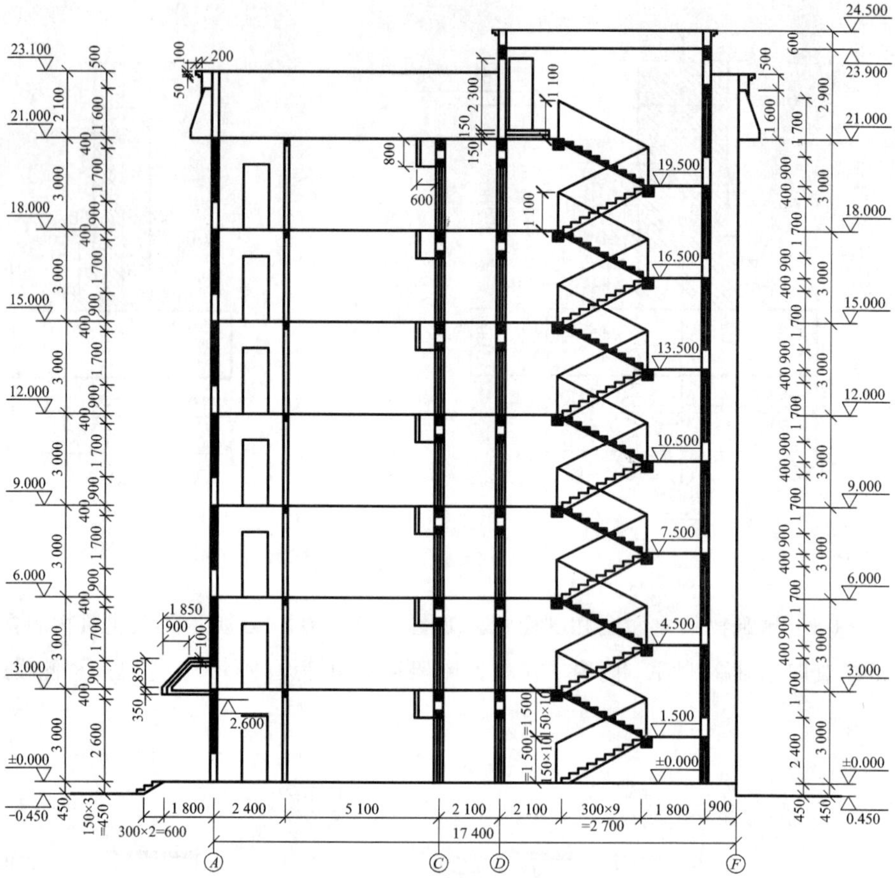

补充知识：
施工控制网的布设

图 12-6　某建筑的剖面图

2. 现场踏勘

现场踏勘的目的是解施工现场上地物、地貌以及现有测量控制点的分布情况，以便根据实际情况考虑测设方案。现场踏勘时，应对原有测量控制点进行必要的检测，并对现场进行必要的平整和清理，以便于后序测设工作的顺利进行。

3. 确定测设方案和准备测设数据

按照施工进度的计划要求，制定测设计划，同时结合现场条件和实际情况，确定测设方案。测设方案包括测设方法、测设步骤、采用的仪器工具、精度要求等。在每次现场测设之前，应根据设计图纸和测设方法，准备好相应的测设数据，必要时还可绘出测设草图，把测设数据标注在图上，以使现场测设更加方便快捷。

12.1.2　建筑物的定位和放线

建筑物的定位

1. 建筑物的定位

建筑物的定位就是在地面上确定建筑物的位置。即根据设计条件，将建筑物外廓的各轴线交点测设到地面上，作为基础和碎部放样的依据。

放样定位点的方法很多，最常见的是根据与周围原有建筑物的关系放样和根据规划道路红线进行建筑物定位两种方法。

（1）根据与原有建筑物的关系定位

首先沿原建筑物 *PM* 与 *QN* 墙面向外量出 *MM'* 及 *NN'*，并使 *MM'* = *NN'*（距离大小根据实地情况而定，一般为 1 ~ 4 m），在地面上定出 *M'*、*N'* 两点，用小木桩（桩上钉小铁钉）标定。将经纬仪安置于 *M'* 点，瞄准 *N'* 点，并从 *N'* 点沿 *M'N'* 方向测设已知距离，定出 *A'* 点，用相同的方法测设出 *B'* 点，然后分别将经纬仪安置于 *A'*、*B'* 两点上，后视 *M'* 点测设水平角 90°，沿视线测设已知距离即可定出 *A*、*C*、*B*、*D* 四点。最后检查 *A*、*B*、*C*、*D* 四点位置是否符合精度要求。与原有建筑物的关系定位如图 12-7 所示。

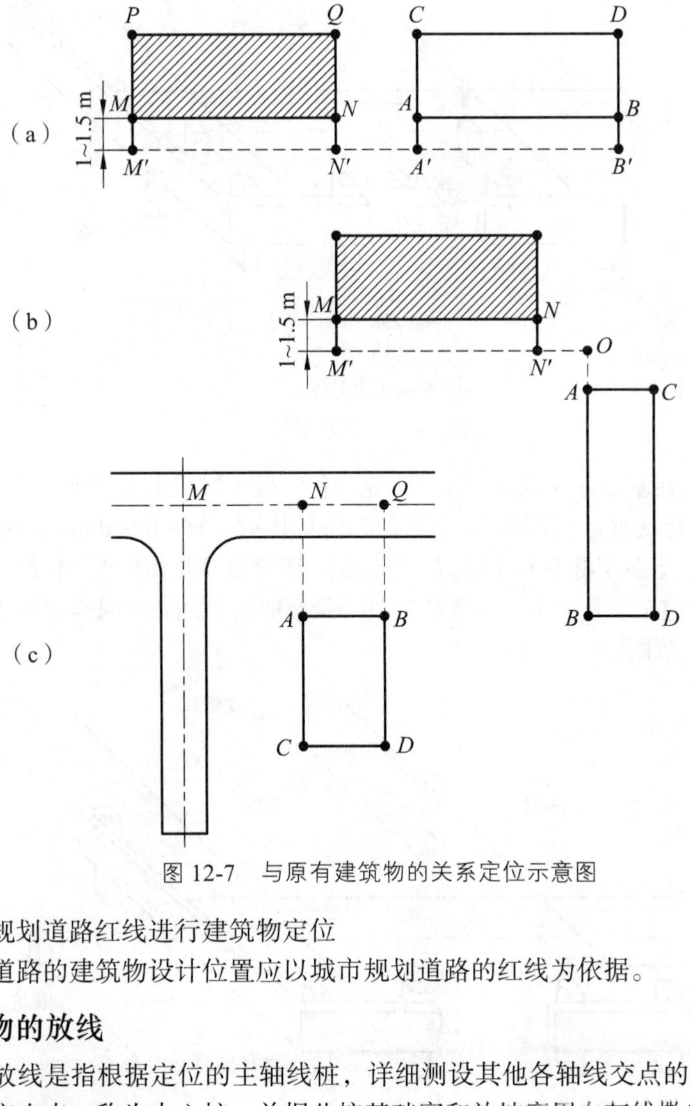

图 12-7　与原有建筑物的关系定位示意图

（2）根据规划道路红线进行建筑物定位

靠近城市道路的建筑物设计位置应以城市规划道路的红线为依据。

2. 建筑物的放线

建筑物的放线是指根据定位的主轴线桩，详细测设其他各轴线交点的位置，并用木桩（桩上钉小钉）标定出来，称为中心桩。并据此按基础宽和放坡宽用白灰线撒出基槽边界线。

（1）建筑物放线的基本工作

建筑物放线的基本工作包括：测设中心桩，如为基础大开挖，则可以先不进行此项工作；钉设轴线控制桩或龙门板。

建筑物定位后，由于定位桩、中心桩在开挖基础时将被挖掉，一般在基础开挖前把建筑物轴线延长到安全地点，并做好标志，作为开槽后各阶段施工中恢复轴线的依据。延长轴线的方法有在延长线上打木桩与钉设龙门板两种。

线延长线上打木桩，称为轴线控制一桩（又称引桩）；引桩一般钉设在基础开挖范围以外2 ~ 4 m、不受施工干扰、便于引测和保存桩位的地方，如图 12-8 所示；也可以将轴线投测到周围建筑物上，做好标志，代替引桩。

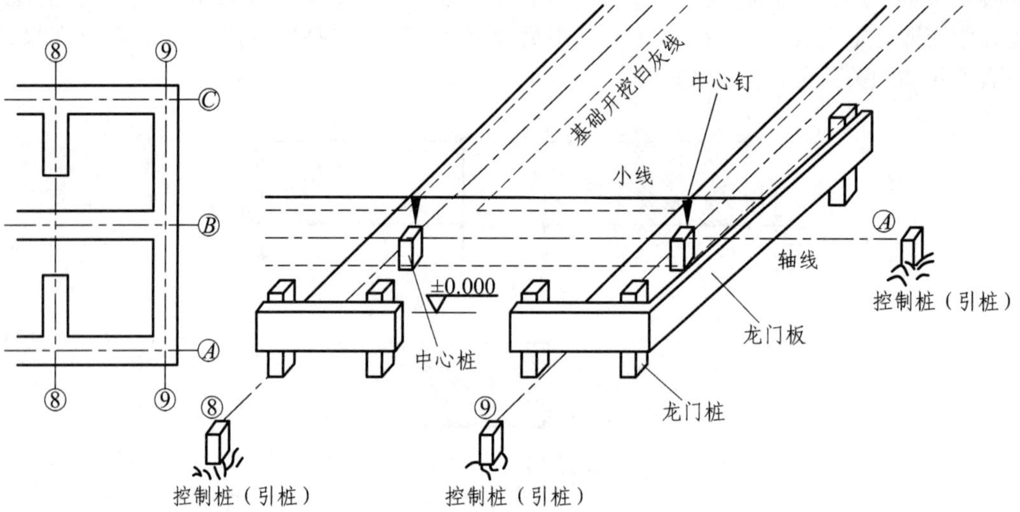

图 12-8　引桩示意图

如图 12-9 所示，在基础开挖范围以外钉设龙门桩，桩上钉板即龙门板。要求钉设牢固、龙门板的方向与轴线平行或垂直、龙门板的上表面平整且其标高为 ± 0.000 m。其优点是使用方便，可以控制 ± 0.000 m 以下各层标高和基槽宽、基础宽、墙身宽等具体位置。但缺点是它占用施工场地、影响交通、对施工干扰很大，一经碰动，必须及时校核纠正，且需要的木材较多、钉设也比较麻烦，现已很少采用。

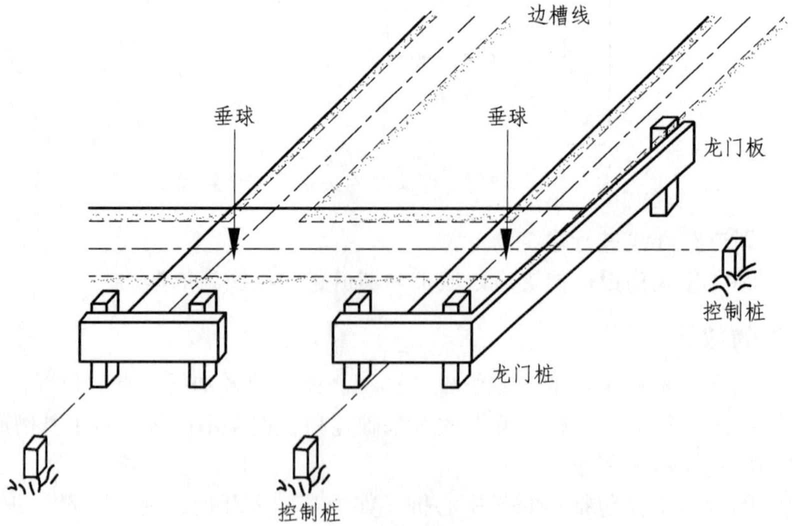

图 12-9　龙门板法和轴线控制桩示意图

（2）确定开挖边界线

根据基础宽和放坡宽（依据挖深与土质现场确定），用石灰撒出基础开挖边界线。

（3）控制开挖深度

须控制开挖深度，不得超挖，当基槽挖到离槽底 0.3 ~ 0.5 m 时，用高程放样的方法在槽壁上钉水平控制桩。

12.1.3 建筑物基础施工测量

1. 基础的开挖深度的控制

当根据石灰线开挖基槽接近槽底时，可在槽壁上每隔 3 ~ 5 m 测设比槽底设计高程提高 0.3 ~ 0.5 m 的水平桩来作为水平桩以下槽底清理以及基础垫层施工的依据。

2. 基槽底口和垫层轴线投测

待垫层施工完成后，可通过轴线控制桩将轴线引测到垫层上，并用墨线弹出墙体或梁、柱轴线以及基础边线来作为基础施工的依据。如为基础大开挖，则首先用上述方法将一条或几条主要轴线引测到垫层上，再用经纬仪和钢尺详细测设其他所有轴线的位置 。

12.1.4 墙体施工测量

1. 一层楼房墙体施工测量

基础施工结束，检查轴线控制桩无误后，一般可根据轴线控制桩或龙门板上的轴线钉，用经纬仪法或拉线法把首层楼房的墙体轴线测设到防潮层上，然后用钢尺检查墙体轴线的间距和总长是否等于设计值，用经纬仪检查外墙轴线 4 个主要交角是否等于 90°，以此确定上部砌体的轴线位置，进行墙体施工，同时也可作为向上投测轴线的依据。

2. 墙体标高的测设

砌筑过程中，墙身上各部位的标高通常是用皮数杆来控制和传递的。

皮数杆一般都立在建筑物的转角和隔墙处，为施工方便，可立在墙体的内侧或外侧。立皮数杆时，首先用水准仪测出 ± 0.000 m 标高位置，然后把皮数杆上的 ± 0.000 m 线与其对齐，安装牢固。皮数杆钉好后要用水准仪进行检测，并用垂球校正其垂直度。

墙体砌筑到一定高度（1.5 m 左右），应在内外墙面上测设出 + 0.5 m 标高的水平墨线，称为 + 50 线。其作用是外墙的 + 50 线作为向上传递各楼层标高的依据，内墙的 + 50 线作为室内地面及室内装修的依据。

3. 二层以上楼房墙体施工

（1）墙体轴线投测

锤球悬挂在楼面的边缘，使锤球尖对准地面上的轴线标志，或者使垂线下部分沿垂直墙面方向与底层墙面上的轴线标志对齐，吊锤线上部在楼面边缘的位置就是墙体轴线的位置，画一条短线作为标志，便在楼面上得到轴线的一个端点，同法测另一端点，两端点的连线即为墙体轴线。

弹出墨线后，再用钢尺检查轴线间的距离，其相对误差不得大于 1/3 000，符合要求后，再以这些主轴线为依据，用钢尺内分法测设其他碎部轴线。在困难的情况下至少要测设两条垂直相交的主轴线，检查交角合格后，用经纬仪和钢尺测设其他主轴线，再根据主轴线测设细部轴线。

（2）体标高传递

① 用皮数杆传递标高。一层楼房墙体砌完并建好楼面后，把皮数杆移到二层继续使用，在二楼立杆处取平均地面标高并绘出标高线，将皮数杆的正负 0.000 线与该线对齐，然后以皮数杆为标高的依据进行墙体砌筑。

② 用钢尺传递标高。用钢尺从底层的 + 50 标高线起往上直接丈量，把标高传递到第二层，然后根据传递上来的高程测设第二层的地面标高线，以此为依据立皮数杆，在墙体砌到一定高度后，用水准仪测设该层的 + 50 标高线，再往上一层的标高可以此为准用钢尺传递。

12.1.5 高层建筑施工测量

高层建筑的特点是层数多，高度高，结构复杂。

因结构竖向偏差直接影响工程受力情况，故在施工测量中要求竖向投点精度高，所选用的仪器和测量方法要适应结构类型、施工方法和场地情况。

由于建筑结构复杂，设备和装修标准较高，特别是高速电梯的安装等，对施工测量精度要求亦高，一般情况在设计图纸中有说明，有各项允许偏差值，施工测量误差必须控制在允许偏差值以内。

因此，面对建筑平面、立面造型的复杂多变，要求在工程开工前，先制定施工测量方案，仪器配置，测量人员的分工，并经工程指挥部组织有关专家论证后方可实施。

1. 建筑定位测量

（1）测设施工方格网

在总平面布置图上进行设计，是测设在基坑开挖范围以外一定距离，平行于建筑物主要轴线方向的矩形控制网。

（2）测设主轴线控制桩

在施工方格网的四边上，根据建筑物主要轴线与方格网的间距，测设主要轴线的控制桩；除了四廓的轴线外，建筑物的中轴线等重要轴线也应在施工方格网边线上测设出来，与四廓的轴线一起称为施工控制网中的控制线。

2. 建筑的轴线投测

层间标高测量偏差和竖向测量偏差均不应超过 ± 3 mm，建筑全高（H）测量偏差和竖向偏差 $\leqslant 3H/10\,000$，且 $30\text{ m}<H\leqslant 60\text{ m}$ 时，其 $\leqslant \pm 10$ mm；$60\text{ m}<H\leqslant 90\text{ m}$ 时，其 $\leqslant \pm 15$ mm；$90\text{ m}<H$ 时，其 $\leqslant \pm 20$ mm。

高层建筑的轴线投测

（1）外控法

外控法也称为经纬仪投测法，如图 12-10 所示。

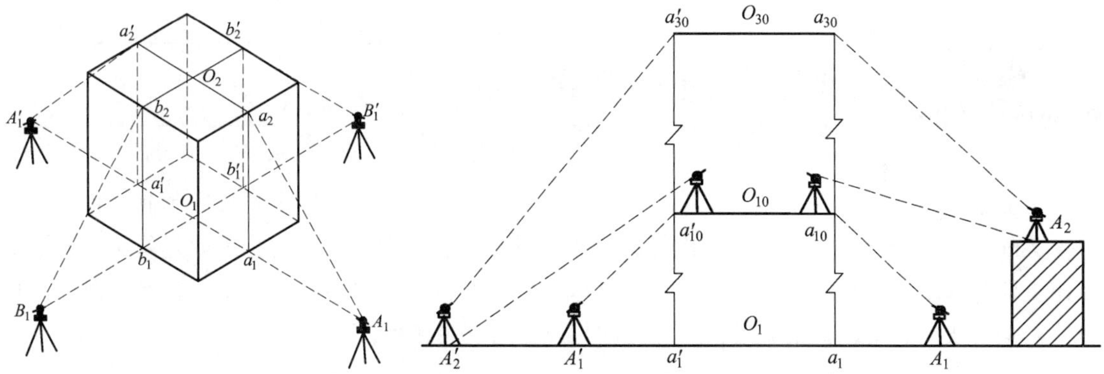

图 12-10　外控法示意图

① 定轴线控制桩 A_1、A_1'、B_1、B_1'，标定 a_1、a_1'、b_1、b_1'。

② 用盘左盘右取平均的方法，向各层投测 a_i、a_i'、b_i、b_i'。

③ 仰角过大时，延长轴线到更远处或附近大楼的屋顶上。

（2）吊垂线法

投点高度>5 m 时且竖向偏差≤3 mm 时，受风力影响大，为了减少风力的影响，应将垂线的位置放在建筑物内部。

3. 高层建筑的高程传递

补充知识：垂准仪法

（1）利用皮数杆传递高程

在皮数杆上自 ± 0.00 m 标高线起，门窗口、过梁、楼板等构件的标高都已注明。一层楼砌好后，则从一层皮数杆起，一层一层往上接。

（2）利用钢尺直接丈量

在标高精度要求较高时，可用钢尺沿某一墙角自 ± 0.00 m 标高处起向上直接丈量，把高程传递上去。然后根据由下面传递上来的高程立皮数杆，作为该层墙身砌筑和安装门窗、过梁及室内装修、地坪抹灰等控制标高的依据。

（3）悬吊钢尺法

在楼梯间悬吊钢尺，钢尺下端挂一重锤，使钢尺处于铅垂状态，用水准仪在下面与上面楼层分别读数，按建筑施工测量原理把高程传递上去，如图 12-11 所示。

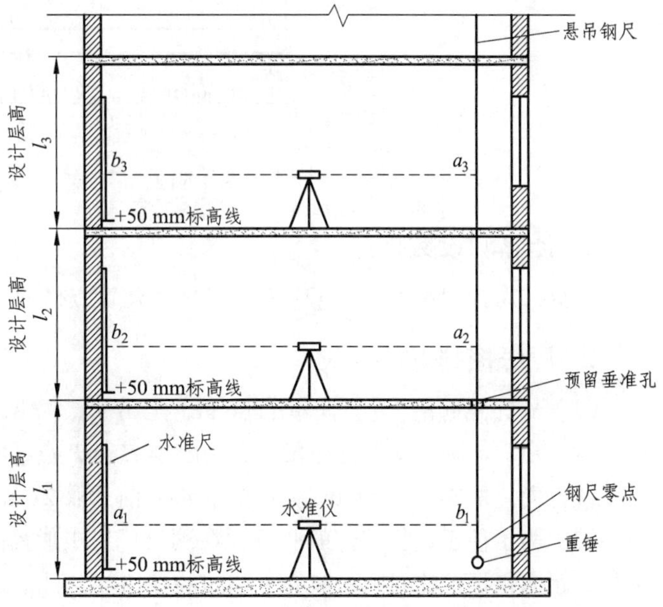

图 12-11　悬吊钢尺法示意图

任务 12.2 工业建筑施工测量

工业建筑中以厂房为主体，分单层厂房和多层厂房。一般工业厂房多采用预制构件，采用现场装配的方法施工。厂房的预制构件有柱子、吊车梁和屋架等。因此，工业建筑施工测量的工作主要是保证这些预制构件安装到位。其施工中的测量工作包括：厂房矩形控制网测设，厂房柱列轴线放样，基础施工测量，厂房构件与设备的安装测量。

12.2.1 厂房矩形控制网测设

工业厂房一般都应建立厂房矩形控制网，作为厂房施工测设的依据。*H*、*I*、*J*、*K* 四点是厂房的房角点，从施工图中已知 *H*、*J* 两点的坐标。*S*、*P*、*Q*、*R* 为布置在基础开挖边线以外的厂房矩形控制网的四个角点，称为厂房控制桩。

厂房矩形控制网的边线到厂房轴线的设计距离应距离开挖边线 1.5 ~ 4 m，一般取 4 m，厂房控制桩 *S*、*P*、*Q*、*R* 的坐标，可按厂房角点的设计坐标和厂房矩形控制网的边线到厂房轴线的设计距离算得，如图 12-12 所示。测设方法如下：

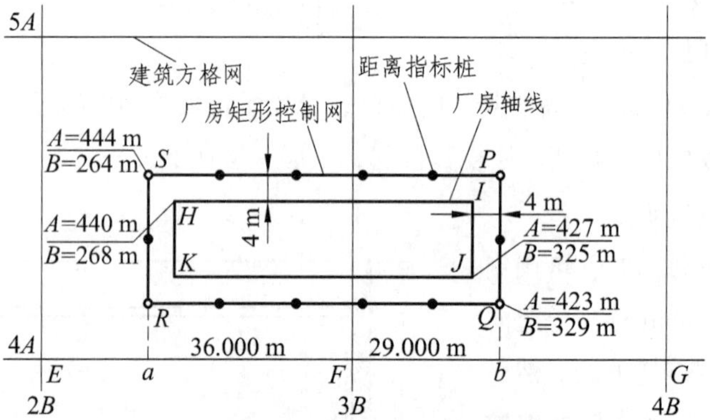

图 12-12 厂房矩形控制网

1. 计算测设数据

根据厂房控制桩 *S*、*P*、*Q*、*R* 的坐标和建筑方格网交点坐标，计算直角坐标法测设数据。

2. 厂房控制点的测设

（1）从 *F* 点起沿 *FE* 方向量取 36 m，定出 *a* 点；沿 *FG* 方向量取 29 m，定出 *b* 点。

（2）在 *a* 与 *b* 上安置经纬仪，分别瞄准 *E* 与 *F* 点，顺时针方向测设 90°，得两条视线方向，沿视线方向量取 23 m，定出 *R*、*Q* 点。再向前量取 21 m，定出 *S*、*P* 点。

（3）为了便于进行碎部的测设，在测设厂房矩形控制网的同时，还应沿控制网测设距离指标桩，距离指标桩的间距一般等于柱间的整倍数，且不超过一整尺段。

3. 检　查

（1）检查∠S、∠P 是否等于 90°，误差不大于 ±10″。

（2）检查 SP 是否等于设计长度，误差不大于 1/10 000。

注：如果超差按照类似矩形方格网测设办法调整。

12.2.2　厂房柱列轴线与柱基施工测量

1. 厂房柱列轴线测设

单层工业厂房主要是由柱子、吊车梁、吊车轨道、屋架等安装而成。从安装施工过程来看，柱子的安装最为关键，它的平面、标高、垂直度的准确性，将影响其他构件的安装精度。根据厂房平面图上所注的柱间距和跨距尺寸，用钢尺沿矩形控制网各边量出各柱列轴线控制桩的位置，并打入大木桩，桩顶用小钉标出点位，作为柱基测设和施工安装的依据。

如图 12-13 所示，柱基定位和放线步骤如下：

（1）安置两台经纬仪，在两条互相垂直的柱列轴线控制桩上，沿轴线方向交会出各柱基的位置（即柱列轴线的交点），此项工作称为柱基定位。

（2）在柱基的四周轴线上，打入 4 个定位小木桩 a、b、c、d，如图 12-13 所示，其桩位应在基础开挖边线以外，比基础深度大 1.5 倍的地方，作为修坑和立模的依据。

（3）按照基础详图所注尺寸和基坑放坡宽度，用特制角尺，放出基坑开挖边界线，并撒出白灰线以便开挖，此项工作称为基础放线。

（4）在进行柱基测设时，应注意柱列轴线不一定都是柱基的中心线，而一般立模、吊装等习惯用中心线，此时，应将柱列轴线平移，定出柱基中心线。

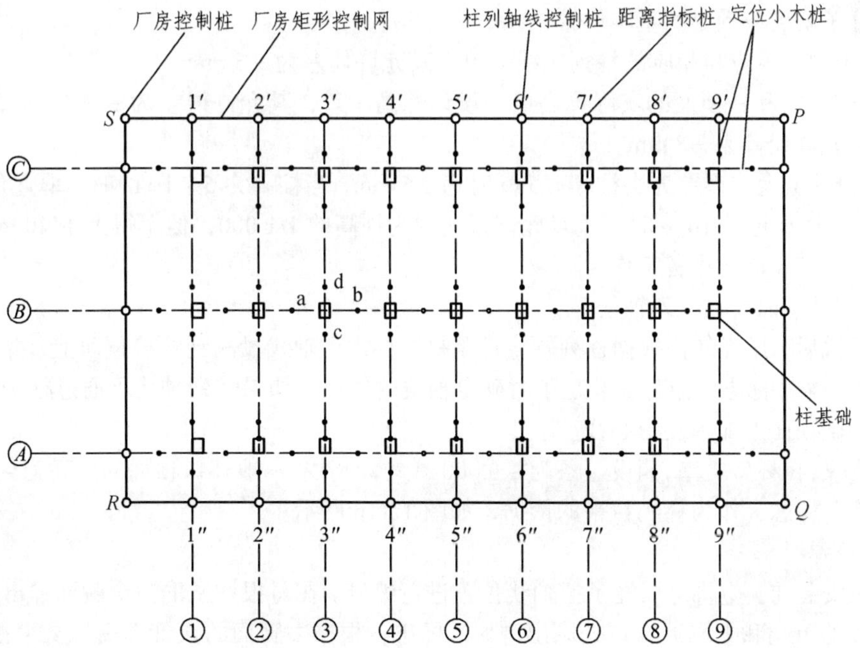

图 12-13　柱列轴线测设示意图

2. 柱基施工测量

（1）控制基坑开挖深度

当基坑快要挖到设计标高时，应在坑壁四周离坑底设计标高 0.5 m 处设置水平桩，作为检查坑底标高与控制垫层高度的依据。

（2）杯形基础立模测量

基础垫层打好后，根据柱列轴线桩将柱子轴线投到垫层上，弹出墨线（见图 12-14 的 *PQ*、*RS*），然后用角尺定出角点 1、2、3、4，供柱基立模和布置钢筋用。立模板时，将模板底的定位线对准垫层上的定位线，从柱基定位桩拉线吊垂球检查模板是否垂直，最后用水准仪将杯口和杯底的设计标高引测到模板的内壁上。图 12-15 所示为杯形基础的剖面图。

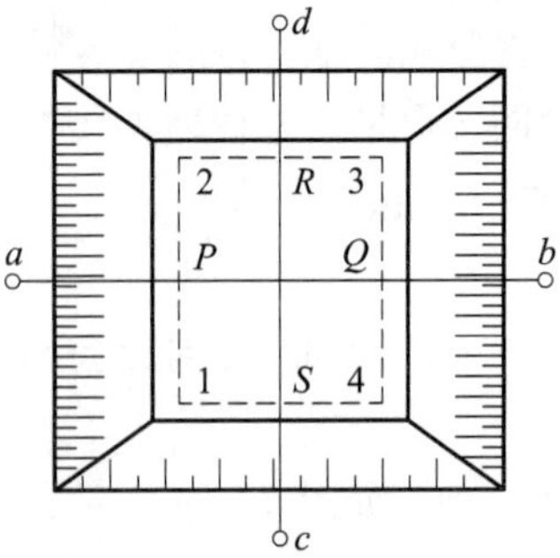

图 12-14　基础平面图

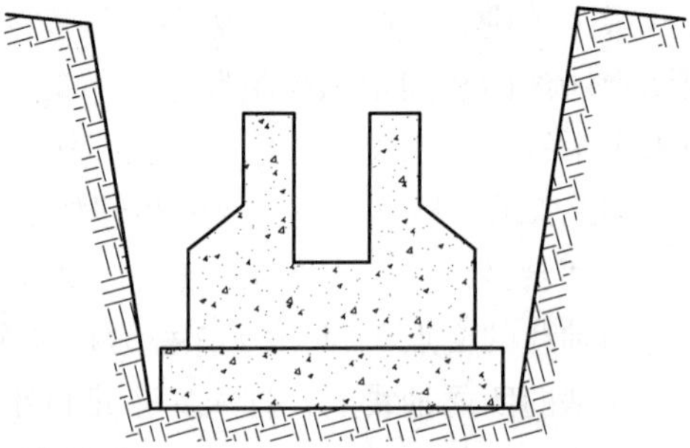

图 12-15　基础剖面图

12.2.3　厂房预制构件的安装测量

1. 柱子安装测量

（1）柱子安装应满足的基本要求

① 柱子中心线应与相应的柱列轴线一致，其允许偏差为 ± 5 mm。

② 牛腿顶面和柱顶面的实际标高应与设计标高一致，其允许误差为 ±（5 ~ 8 mm），柱高大于 5 m 时允许误差为 ± 8 mm。

③ 柱身垂直允许误差为当柱高≤5 m 时为 ± 5 mm；当柱高为 5 ~ 10 m 时，垂直允许误差为 ± 10 mm；当柱高超过 10 m 时，垂直允许误差则为柱高的 1/1 000，但不得大于 20 mm。

（2）柱子安装前的准备工作

① 在柱基顶面投测柱列轴线。

柱基拆模后，用经纬仪根据柱列轴线控制桩，将柱列轴线投测到杯口顶面上，并弹出墨线，用红漆画出“►”标志，作为安装柱子时确定轴线的依据。如果柱列轴线不通过柱子的中心线，应在杯形基础顶面上加弹柱中心线。

用水准仪，在杯口内壁，测设一条为 – 0.600 m 的标高线（一般杯口顶面的标高为 – 0.500 m），并画出“▼”标志，作为杯底找平的依据，如图 12-16 所示。

② 柱身弹线。

柱子在安装前，应将每根柱子按轴线位置进行编号。在每根柱子的三个侧面弹出柱中心线，并在每条线的上端和下端近杯口处画出“►”标志。根据牛腿面的设计标高，从牛腿面向下用钢尺量出 – 0.600 m 的标高线，并画出“▼”标志，如图 12-17 所示。

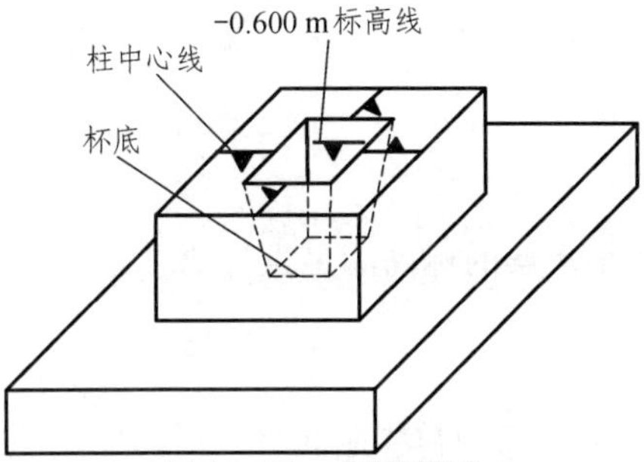

图 12-16　杯型基础

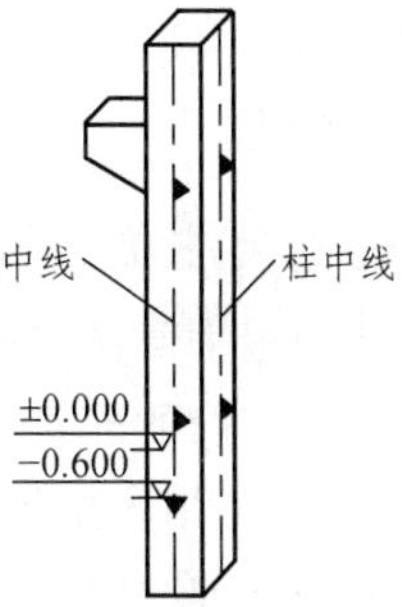

图 12-17　柱身弹线

③ 杯底找平。

先量出柱子的 - 0.600 m 标高线至柱底面的长度；再在相应的柱基杯口内，量出 - 0.600 m 标高线至杯底的高度，并进行比较，以确定杯底找平厚度；最后用水泥砂浆根据找平厚度，在杯底进行找平，使牛腿面符合设计高程。

（3）柱子的安装测量

柱子安装测量的目的是保证柱子平面和高程符合设计要求，以及柱身铅直。

① 预制的钢筋混凝土柱子插入杯口后，应使柱子三面的中心线与杯口中心线对齐，用木楔或钢楔临时固定。

② 柱子立稳后，立即用水准仪检测柱身上的 ± 0.000 m 标高线，其容许误差为 ± 3 mm。

③ 用两台经纬仪，分别安置在柱基纵、横轴线上，离柱子的距离不小于柱高的 1.5 倍，先用望远镜瞄准柱底的中心线标志，固定照准部后，再缓慢抬高望远镜观察柱子偏离十字丝竖丝的方向，指挥用钢丝绳拉直柱子，直至从两台经纬仪中，观测到的柱子中心线都与十字丝竖丝重合为止。

④ 在杯口与柱子的缝隙中浇入混凝土，以固定柱子的位置。

⑤ 在实际安装时，一般是一次把许多柱子都竖起来，然后进行垂直校正。这时，可把两台经纬仪分别安置在纵横轴线的一侧，一次可校正几根柱子，但仪器偏离轴线的角度，应在 15°以内，如图 12-18 所示。

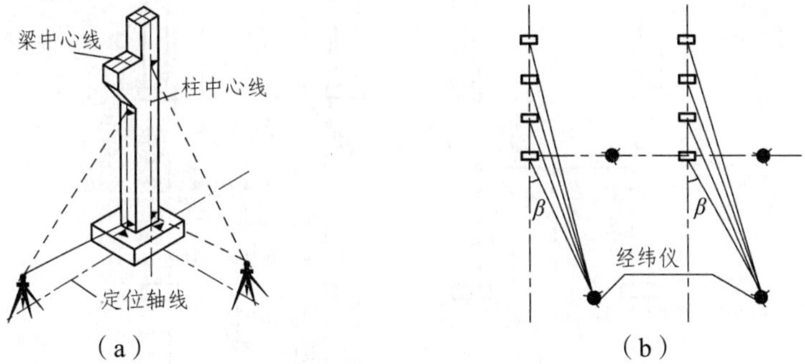

图 12-18　柱子垂直度校正

（4）柱子安装测量的注意事项

① 所使用的经纬仪必须严格校正，操作时，应使照准部水准管气泡严格居中。

② 校正时，除注意柱子垂直外，还应随时检查柱子中心线是否对准杯口柱列轴线标志，以防柱子安装就位后，产生水平位移。

③ 在校正变截面的柱子时，经纬仪必须安置在柱列轴线上，以免产生差错。

④ 在日照下校正柱子的垂直度时，应考虑日照使柱顶向阴面弯曲的影响，为避免此种影响，宜在早晨或阴天校正。

2. 吊车梁安装测量

吊车梁安装测量主要是保证吊车梁中线位置和吊车梁的标高满足设计要求。

（1）吊车梁安装前的准备工作

① 在柱面上量出吊车梁顶面标高

根据柱子上的 ±0.000 m 标高线，用钢尺沿柱面向上量出吊车梁顶面设计标高线，作为调整吊车梁面标高的依据。

② 在吊车梁上弹出梁的中心线

在吊车梁的顶面和两端面上，用墨线弹出梁的中心线，作为安装定位的依据，如图 12-19 所示。

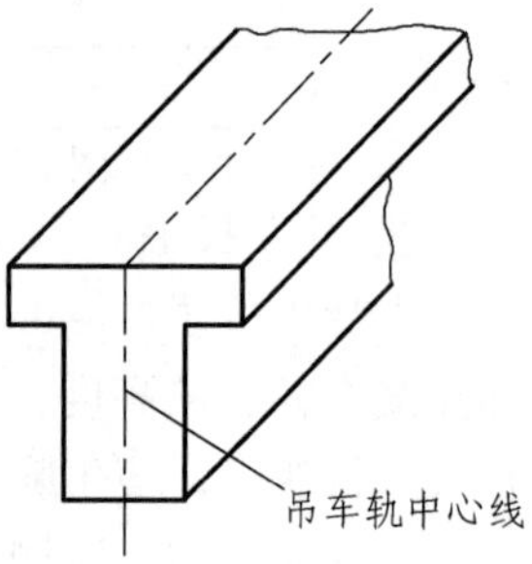

图 12-19　在吊车梁上弹出的中心线

③ 在牛腿面上弹出梁的中心线

根据厂房中心线，在牛腿面上投测出吊车梁的中心线，投测方法如下：利用厂房中心线 A_1A_1，根据设计轨道间距，在地面上测设出吊车梁中心线（也是吊车轨道中心线）$A'A'$ 和 $B'B'$。

在吊车梁中心线的一个端点 A'（或 B'）上安置经纬仪，瞄准另一个端点 A'（或 B'），固定照准部，抬高望远镜，即可将吊车梁中心线投测到每根柱子的牛腿面上，并墨线弹出梁的中心线。

（2）吊车梁的安装测量

如图 12-20 所示，吊车梁安装时，吊车梁两端的梁中心线与牛腿面梁中心线须重合，使吊车梁初步定位。采用平行线法，对吊车梁的中心线进行检测，校正方法如下：

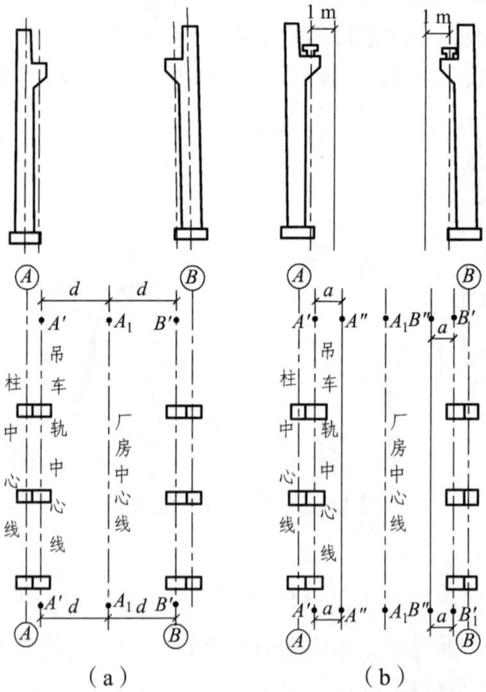

图 12-20　吊车梁的安装测量

① 在地面上，从吊车梁中心线，向厂房中心线方向量出长度 a（1 m），得到平行线 $A''A''$ 和 $B''B''$。

② 在平行线一端点 A''（或 B''）上安置经纬仪，瞄准另一端点 A''（或 B''），固定照准部，抬高望远镜进行测量。

③ 此时，另外一人在梁上移动横放的木尺，当视线正对准尺上一米刻划线时，尺的零点应与梁面上的中心线重合。如不重合，可用撬杠移动吊车梁，使吊车梁中心线到 $A''A''$（或 $B''B''$）的间距等于 1 m 为止。

吊车梁安装就位后，先按柱面上定出的吊车梁设计标高线对吊车梁面进行调整，然后将水准仪安置在吊车梁上，每隔 3 m 测一点高程，并与设计高程比较，误差应在 3 mm 以内。

3. 屋架安装测量

（1）屋架安装前的准备工作

屋架吊装前，用经纬仪或其他方法在柱顶面上，测设出屋架定位轴线。在屋架两端弹出屋架中心线，以便进行定位。

（2）屋架的安装测量

屋架吊装就位时，应使屋架的中心线与柱顶面上的定位轴线对准，允许误差为 5 mm。屋架的垂直度可用锤球或经纬仪进行检查。

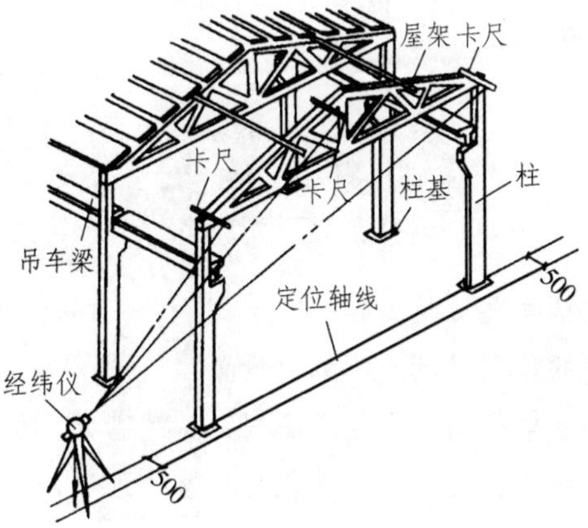

图 12-21　屋架的安装测量

用经纬仪检校方法如下：

① 在屋架上安装三把卡尺，一把卡尺安装在屋架上弦中点附近，另外两把分别安装在屋架的两端。自屋架几何中心沿卡尺向外量出一定距离，一般为 500 mm，作出标志。

② 在地面上，距屋架中线同样距离处，安置经纬仪，观测三把卡尺的标志是否在同一竖直面内，如果屋架竖向偏差较大，则用机具校正，最后将屋架固定。

垂直度允许偏差为：薄腹梁为 5 mm；桁架为屋架高的 1/250。

知识小结

施工测量，又称测设或放样，必须遵循“由整体到局部、先控制后碎部”的原则和工作程序。首先是根据工程总平面图和地形条件建立施工控制网，然后进行场地平整，根据施工控制网点在实地定出各个建筑物的主轴线和辅助轴线，再根据主轴线和辅助轴线标定建筑物的各个碎部点。

施工测设的基本工作是测设已知水平距离、已知水平角和已知高程。测设点的平面位置的方法有直角坐标法、极坐标法、前方交会法等。

施工控制网的建立也应遵循“先整体，后局部”的原则，由高精度到低精度进行建立。在设计的总平面图上，建筑物的平面位置一般采用施工坐标系的坐标来表示，在施工过程中，经常需要进行施工坐标系与测图坐标系之间的转换。

民用建筑工程测量就是按照设计要求将民用建筑的平面位置和高程测设出来。过程主要包括建筑物的定位、碎部轴线放样、基础施工测量和墙体施工测量等。

工业建筑工程测量主要包括厂房矩形控制网的测设，厂房柱列轴线和柱基测设，厂房预制构件安装测量，烟囱、水塔施工测量等。

高层建筑工程施工测量中，施工测量精度要求很高。其主要工作内容有建筑物的定位、基础施工、轴线投测和高程传递等。

习题与作业

1. 民用建筑施工测量包括哪些测量工作？
2. 轴线控制桩和龙门板的作用是什么？如何设置？
3. 建筑施工中如何由下层楼板向上层传递高程？试述基础皮树杆和墙身皮数杆的立法。
4. 在工业建筑的定位放线中，现场已有建筑方格网作控制，为何还要测设矩形控制网。
5. 试述柱基的放样方法。
6. 试述吊车梁的吊装测量工作。吊车吊装后，有哪些检验项目？
7. 简述施工测量的特点。
8. 测设点的平面位置有哪些方法？各适用于什么场合？
9. 建筑场地平面控制网有哪几种形式？它们各适用于哪些场合？
10. 什么叫轴线控制桩？什么叫龙门板？它们的作用是什么？应如何设置？
11. 在测设三点“一”字形的建筑基线时，为什么基线点不应少于三个？当三点不在同一条直线上时，为什么横向调整量是相同的？

12. 在工业厂房施工测量中，为什么要专门建立独立的厂房控制网？为什么在控制网中要设立距离指标桩？

13. 设放样的角值 $\beta = 56°28'18''$，初步测设的角 $\beta' = \angle BAP = 56°27'30''$，$AP$ 边长 $S = 35$ m，试计算角差 $\Delta\beta$ 及 P 点的横向改正数，并画图说明其改正的方向。

14. 用极坐标法如何测设主轴线上的三个定位点？试绘图说明。

15. 如何进行厂房柱子的垂直度矫正？应注意哪些问题？

项目 13 道路与桥梁测量

知识目标

- 掌握中线、纵横断面测量。
- 理解道路工程施工测量、隧道工程施工测量。
- 了解桥梁控制测量及桥墩测设。

技能目标

- 能够根据要求进行路线带状地形图测量和纵横断面图绘制。

素养目标

- 培养规范应用习惯，能正确应用国家法律法规、国家和行业的相关规范，作风严谨。
- 培养团结协作精神，可以互相帮助、共同学习、共同达成目标。
- 培养劳动精神，吃苦耐劳，勇于开拓，积极进取的精神。

任务导航

- 任务 13.1　铁路工程测量
- 任务 13.2　公路线路测量
- 任务 13.3　桥梁测量

线状工程指的是铁路、公路、石油与燃气管线、渠道、管道、城市综合管网、输电线及索道工程等。线状工程测量指的是为各种线状工程勘测设计、施工安装于运营管理阶段所进行的测量工作。

任务 13.1 铁路工程测量

13.1.1 铁路线路测量概述

1. 铁路线路勘测概述

线路测量是指铁路线路在勘测、设计和施工等阶段中所进行的各种测量工作。铁路线路勘测是为铁路的设计收集所需的地形、地质、水文、气象、地震等方面的资料，经过室内研究、分析和对比，在线路的起、终点之间找出在平面上直而短，在立面上坡度小的线路位置，以保证所选线路和工程在经济上合理、技术上可行，使其在国民经济和国防建设中充分发挥效益。修建一条新线一般要经过下列程序：

（1）方案研究

在小比例尺地形图上找出线路可行的方案和初步选定一些重要技术标准，如线路等级、限制坡度、牵引种类、运输能力等，并提出初步方案。

（2）初测和初步设计

初测是为初步设计提供资料而进行的勘测工作，其主要任务是提供沿线大比例尺带状地形图以及地质和水文资料，主要任务是在提供的带状地形图上选定线路中心线的位置，亦称纸上定线，经过经济、技术比较后提出一个推荐方案。同时要确定线路的主要技术标准，如线路等级、限制坡度、最小半径等。

（3）定测和施工设计

定测是为施工技术设计而做的勘测工作，其主要任务是把初步设计中所选定的线路中线测设到地面上去，并进行线路的纵断面和横断面测量。

2. 线路测量

线路测量是指铁路线路在勘测、设计和施工等阶段中所进行的各种测量工作。它主要包括：为选择和设计铁路线路中心线的位置所进行的各种测绘工作；为把所设计的铁路线路中心线标定在地面上的测设工作；为进行路基、轨道、站场的设计和施工的测绘和测设及既有线测量等工作。

为满足铁路线路勘测设计、施工的需要，我国铁路新线测量通常也相应分两阶段进行，即新线初测和新线定测。

13.1.2 新线初测

线路初测工作主要包括：插大旗、导线测量、高程测量、带状地形图测绘等。初测在一条线路的全部勘测工作中占有重要地位，它决定着线路的基本方向。

1. 选点插旗

根据方案研究中在小比例尺地形图上所选线路位置，在野外用“红白旗”标出其走向和大概位置，并在拟定的线路转向点和长直线的转点处插上标旗，为导线测量及各专业调查指出进行的方向。

2. 导线测量

（1）导线点的布设

初测导线是测绘线路带状地形图和定线放线的基础，导线的选点工作是在插大旗的基础上进行的。导线点的位置应满足以下几项要求：

① 尽量接近线路通过的位置。大桥及复杂中桥和隧道口附近、严重地质不良地段以及越岭垭口地点，均应设点；

② 地层稳固、便于保存；

③ 视野开阔、测绘方便；

④ 点间的距离以不短于 50 m、不大于 400 m 为宜。采用电磁波测距仪测距时，导线点之间的距离不受限制。为测图应用方便，应在导线边上加设转点，转点间的距离应不大于 400 m。

（2）导线的施测

① 水平角测量及其精度。水平角观测按规范规定进行，使用 J_2 或 J_6 经纬仪，用测回法测角，两半测回之间要变动度盘位置，角度较差在 $\pm 15''$（J_2）或 $\pm 30''$（J_6）以内时，取平均数作为观测结果。

② 导线边长的量测与精度。初测导线边长的精度按规范（见表 13-1）要求进行。

表 13-1　导线测量边长限差

检测较差		相对闭合差		
光电测距（mm）	其他测距方法	光电测距		其他测距方法
		水平角平差	水平角不平差	
$2\sqrt{2}M_D$	$\frac{1}{2\,000}$	$\frac{1}{4\,000}$	$\frac{1}{2\,000}$	$\frac{1}{2\,000}$

（3）导线的联测

为了确定初测导线的方位，检验导线水平角及边长的量测精度，《测规》规定：导线的起、终点及每隔 30 km 的点，应与国家大地点（三角点、导线点、I 级军控点）或其他不低于四等的大地点、GNSS 点进行联测。

当与国家平面控制点联测困难时，应在导线的起点、终点和不远于 30 km 的导线点上用天文测量方法或用陀螺经纬仪，测定导线边的真北方位角，以控制角度误差的积累。

如图 13-1 所示，在导线点 A 上测得的 A_1 边的真北方位角为 A_N，在导线点 B 上测得的 BC 边的真北方位角为 A_K，它们分别是根据 A 点和 B 点上的真北方向测定的。

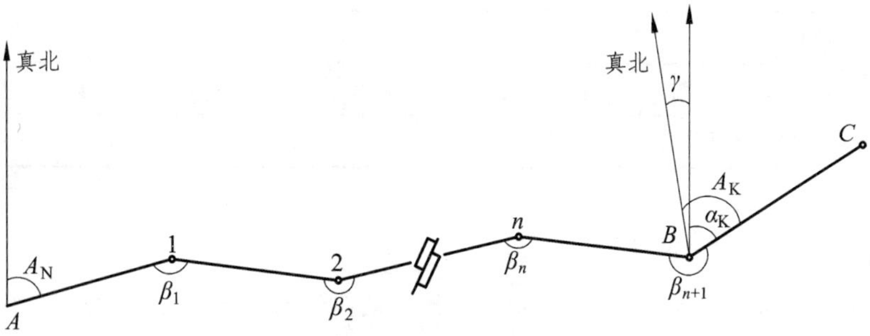

图 13-1　方位角检测

3. 高程测量

初测阶段高程测量的目的有两个，一是沿线路设置水准基点，建立线路高程控制系统；二是测量中桩（导线桩、加桩-地形和地质显著变化处所钉设的桩橛）高程，为地形测绘建立较低一级的高程控制系统。

水准点高程测量应与国家水准点或相当于国家等级水准点联测，路线长度应不远于 30 km 联测一次，形成附合水准路线，以检验测量成果并进行闭合差调整。

水准点宜设在不易风化的基岩上，坚固稳定的建筑物上亦可埋设混凝土水准点。水准点设置后，以“*BM*”字头按顺序编号。

（1）水准点高程测量

① 水准测量。

水准点水准测量精度按五等水准测量要求，其限差如表 13-2 所列。表中 R 为测段长度，L 为附合路线长度，F 为环线长度，单位为 km。

表 13-2　五等水准测量精度

每千米高差中数的中误差（m）	限差（mm）			
	检验已测段高差之差	往返测不符值	附合路线闭合差	环闭合差
≤7.5	$\pm 30\sqrt{R}$	$\pm 30\sqrt{R}$	$\pm 30\sqrt{L}$	$\pm 30\sqrt{F}$

水准测量通常可采用一组往返或两台水准仪并测的方法，如图 13-2 所示。尺读数估至 mm，高差较差不符值在允许范围（见表 13-2）内时，取其平均值。

② 光电测距三角高程测量。

水准点光电测距三角高程应满足表 13-3 的要求。水准点的设置要求、闭合限差及检测极限，应符合水准测量要求（见表 13-2）。

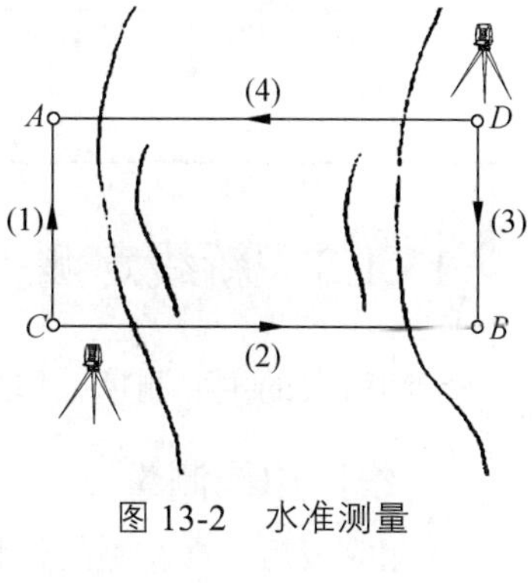

图 13-2　水准测量

表 13-3　水准点光电测距三角高程测量技术要求

距离测回数	竖直角				边长范围（m）
	测回数	最大角值（°）	测回间较差（"）	指标差互差（"）	
往返各一测回	往返各两测回	20	10	10	200～500

（2）中桩高程测量

① 水准测量。

中桩水准测量在水准点水准测量完成后进行。从已设置的水准基点开始，沿导线进行中桩水准测量，最后附合于相邻的另一个水准点上，形成附合水准路线，限差要求见表 13-4。中桩水准测量应把导线点作为高程转点，高程取位至 mm；中桩高程取位至 cm。

表 13-4　中桩高程测量限差

项目		附合路线闭合差	检测	附注
水准测量		$\pm50\sqrt{L}$	±100	L 为附合路线长度（km）
光电测距三角高程测量		$\pm50\sqrt{L}$	±100	
视距三角高程测量	困难地段	±300	±150	
	隧道顶	±800	±100	

② 光电测距三角高程测量。

中桩高程测量是建立在水准点高程测量基础上进行的。

中桩光电测距三角高程测量应满足表 13-5 的要求。其中距离和竖直角可单向正镜观测两次（两次之间应改变反射镜高度），也可单向观测一测回；两次或半测回之差在限差以内时取平均值。

表 13-5　中桩光电测距三角高程测量观测

类别	距离测回数	竖直角			半测回或两次高差较差（mm）
		最大竖直角	测回数	半测回间较差（"）	
高程转点	往返各一测回	30	中丝法往返	12	
			各一测回		
中桩	单向一测回	40	单向两次		100
			单向一测回	30	

13.1.3　新线定测

定测阶段的主要测量工作是：线路中线测量、线路纵断面测量及线路横断面测量。

1. 线路中线测量

初测完成后，在初测的带状地形图上定出线路中线，这一工作称作纸上定线。

中线测量是定测阶段的主要工作，它的任务是把在带状地形图上设计好的线路中线，结合现场具体条件，测设于实地，并用木桩标定。

中线测量工作分放线和中桩测设两步进行。放线是把纸上定线所确定的交点间的直线测设于地面上；中桩测设是实地进行丈量距离、量测转向角、测设曲线，并按规定钉设中桩（公里桩、加桩）。

（1）放　线

用拨角法放线时根据平面图纸上定线交点的坐标（经纬距），预先在室内计算出每条直线线段的长度及其坐标方位角（进而计算出转向角），然后到现场置仪器于交点，拨角、量距放出中线。拨角法放线分为：计算放线资料、现场放线及调整误差 3 个步骤。

① 计算放线资料。

计算转点的极坐标。图 13-3 所示为一平面图的局部，图中 $C_0C_1\cdots$ 为初测导线；$JD_0JD_1\cdots$ 为纸上定线。初测导线各边的坐标方位角及导线点的坐标均为已知。纸上定线各交点（JD）的坐标，可直接从平面图上量出。由坐标反算公式，可求出纸上定线各边长度及其坐标方位角，从而可求出各交点偏角，见表 13-6。所有室内计算结果，应使用比例尺和量角器在平面图上核对。

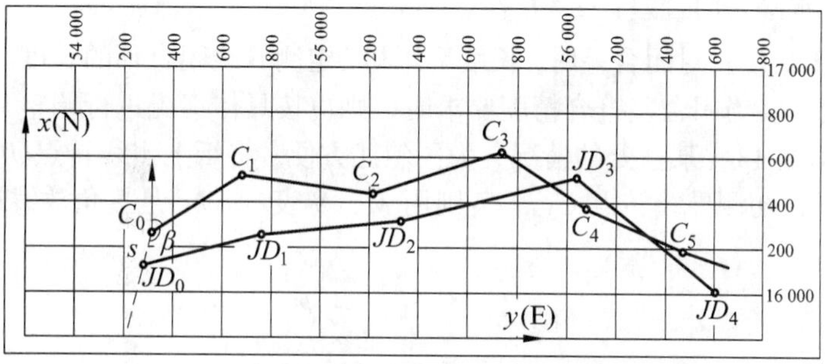

图 13-3　局部平面图

表 13-6　拨角法放线距离及偏角计算表

桩号	坐标（m）		坐标增量		坐标方位角 α	直线长度	交点转向角
	x	y	Δx	Δy	（°　′　″）	s（m）	（°　′　″）
C_1							
					235　18　30		
C_0	16 239	54 311					（β= 143°07′36″）
			−138	−46	198　26　06	145.47	
JD_0	16 125	54 265					124　20　17（左）
			153	537	74　05　49	558.37	
JD_1	16 278	54 802					7　12　40（右）
			85	556	81　18　29	562.46	
JD_2	16 363	55 358					9　25　19（左）
			228	697	71　53　10	733.34	
JD_3	16 591	56 055					55　42　04（右）
			−458	595	127　35　14	750.86	
JD_4	16 133	56 650					

如图 13-3 及表 13-6 所示，由导线点 C_0 测设中线起点 JD_0 的极坐标测设数据为：

$$\beta = \alpha_{C_0-JD_0} - \alpha_{C_0-C_1} = 143°07'36''$$

$$s = 145.47\ (\mathrm{m})$$

JD_0 的转向角：

$$\alpha_0 = \alpha_{C_0-JD_0} - \alpha_{JD_0-JD_1} = 124°20'17''\ (左)$$

② 现场放线。

根据室内计算资料，在 C_0 点置镜，后视 C_1 点，拨角 143°07′36″定出 C_0—JD_0 方向，量距 145.47 m 定出 JD_0 点。然后在 JD_0、JD_1…依次置镜，根据相应的直线长度 s 及转向角 α_{JD}，用极坐标法顺序定出 JD_1、JD_2…等直线交点。

③ 调整闭合差。

为了保证放线的精度，每隔 3 ~ 5 km，特殊情况下不大于 10 km，应与初测导线（或航测控制点、GNSS 点）联测一次，联测闭合差不应超过以下规定：

长度相对闭合差：1/2 000

水平角闭合差：$\pm 30''\sqrt{n}$

n 为测站总数。计算长度相对闭合差时，长度采用初、定测导线闭合环的长度。当闭合差超限时，应查找原因予以改正。当闭合差符合精度要求时，则应按具体情况进行调整。

图 13-4 所示为图 13-3 某一处的情况，为了叙述方便，将纸上定线转点 JD_2、JD_3、JD_4 分别用 B、C 及 D 表示；初测导线转点 C_3，C_4 则用 M、N 表示。bc 是拨角放线后线路中线在现场的实际位置。

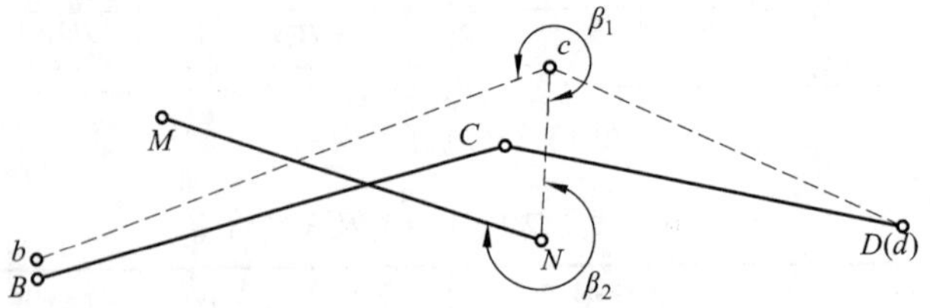

图 13-4

（2）中桩测设

放线工作完成之后，地面上已有了控制中线位置的转点桩 ZD 和交点桩 JD。依据 ZD 和 JD 桩，即可将中线桩详细测设在地面上，这种工作又称中桩测设。它包括直线和曲线两部分，此处介绍直线测设。

中线上应钉设公里（千米）桩、百米桩和加桩。直线上中桩间距不宜大于 50 m；在地形变化处或按设计需要应另设加桩，如沿线路纵横向地形变化处，地质不良地段变化处，线路与其他道路、通信线路或输电线路交叉处等。在铁路大型工程地段（如桥梁、隧道两端）也应设置加桩。加桩一般宜设在整米处。

中线距离应用光电测距仪或钢尺往返测量，在限差以内时取平均值。百米桩、加桩的钉设以第一次量距为准。中桩桩位误差按规范要求不超过下列限差：

横向：±10 cm

纵向：$\left(\frac{s}{2\,000}+0.1\right)$ m

s 为转点至桩位的距离，以 m 计。

定测控制桩如直线转点、交点、曲线主点桩，一般都应用固桩。固桩可埋设预制混凝土桩或就地灌注混凝土桩，桩顶埋设铁钉表示点位。

2. 线路高程测量及纵断面绘制

定测阶段的水准测量分为基平测量和中平测量。基平测量的任务与初测阶段一样，中平测量是沿着定测线路中心线的标桩进行中线水准测量，亦称中桩抄平。

（1）线路水准点高程测量

① 水准点的布设。

定测阶段水准点的布设应在初测水准点布设的基础上进行。首先对初测水准点逐一检核，其不符值在 $\pm 30\sqrt{K}$（mm）（K 为水准路线长度，以 km 为单位）以内时，采用初测成果；若确认超限，方能更改。其次，若初测水准点远离线路，则重新移设至距线路 100 m 的范围内。水准点的布设密度一般 2 km 一个，但长度在 300 m 以上的桥梁和 500 m 以上的隧道两端和大型车站范围内，均应设置水准点。

水准点应设置在坚固的基础上或埋设混凝土标桩，以“*BM*”表示并统一编号。

② 水准点高程测量

测量方法与要求同初测水准点高程测量。

③ 跨河水准测量

在铁路水准点测量中，当跨越河流或深谷时，由于前、后视线长度相差悬殊及水面折光的影响，不能按通常的方法进行水准测量。

当跨越大河、深沟视线长度超过 200 m 时，应按跨河水准测量进行。

（2）中桩高程测量

定测时，测定中线上各控制桩、百米桩、加桩处的地面高程，为绘制线路纵断面提供资料。

中桩水准测量：中桩水准采用一台水准仪单程测量，水准路线应起闭合于水准点，限差为 $\pm 50\sqrt{L}$（mm）（L 为水准路线长度，以 km 计）。中桩高程宜观测两次，其不符值不应超过 10 cm，取位至 cm。中桩高程闭合差在限差以内时可不作平差。

中桩高程测量方法如图 13-5 所示。将水准仪安置于 I，读取水准点 BM_{13} 上的尺读数作为后视读数。然后依次读取各中线桩的尺读数，由于这些尺读数是独立的，不传递高程，故称为中视读数。最后读取转点 Z_1 的读数作为前视读数。再将仪器搬至 Ⅱ，后视转点 Z_1，重复上述方法，直至闭合于 BM_{14}。中视读数读至 cm，转点读数读至 mm。记录、计算见表 13-7。

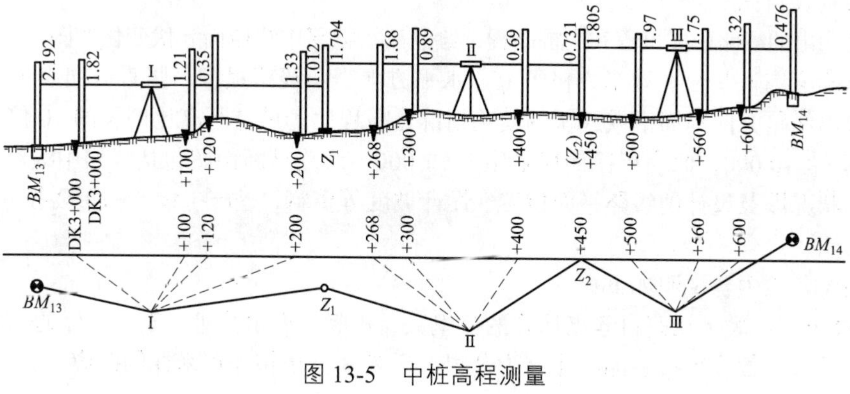

图 13-5　中桩高程测量

表 13-7 中桩水准测量记录

测 点	水准尺读数			仪器高程（m）	高程（m）	备 注
	后视	中视	前视			
BM_{13}	2.129			217.591	215.462	
DK3 + 000		1.82			215.77	
+ 100		1.21			216.38	
+ 120		0.35			217.24	
+ 200		1.33			216.26	水准点高程：
Z_1	1.749		1.012	218.328	216.579	BM_{13} = 215.462 m
+ 268		1.68			216.65	BM_{14} = 218.917 m
+ 300		0.89			217.44	实测闭合差：
+ 400		0.69			217.64	f_h = 218.926 − 218.917
（Z_2）+ 450	1.805		0.731	219.402	217.597	= + 9 mm
+ 500		1.97			217.43	容许闭合差：
+ 560		1.75			217.65	$F_h = \pm 50\sqrt{0.6} = \pm 39$ mm
+ 600		1.32			218.08	> f_h，精度合格
BM_{14}			0.476		218.926	
∑	+ 5.683				218.926	
	− 2.219				− 215.462	
	+ 3.464				+ 3.464	

中桩高程计算采用仪器视线高法，先计算出仪器视线高 H_i，即

$$H_i = 后视点高程 + 后视读数$$

$$中桩高程 = H_i - 中视读数$$

在表 13-8 中，并参考图 13-5，测站 I 的视线高为：

$$H_i = 215.462 + 2.129 = 217.591\ （m）$$

中线桩 DK3 + 000 的高程为：

$$H_i - 1.82 = 215.771\ （m）（采用\ 215.77\ m）$$

转点 Z_1 的高程为：

$$H_i - 1.012 = 216.579\ （m）$$

（3）绘制线路纵断面图

根据已测出的线路中线里程和中桩高程，绘制出沿线路中线地面起伏变化的图，称纵断面图。

线路纵断面图通常绘在厘米方格纸上。水平方向表示线路里程，竖直方向表示高程。为了明显地反映出线路方向地面沿线起伏的变化情况，高程比例尺是距离比例尺的 10 倍。通常距离比例尺采用 1∶10 000，而高程比例尺采用 1∶1 000。线路纵断面图包括线路中线经过的地形、地质等自然状况以及设计的线路平面位置、设计坡度等资料，是施工设计的重要技术文件之一，如图 13-6 所示。

现将图中各项内容说明如下：

① 连续里程。表示线路自起点计算的公里数，短竖线表示公里（千米）标的位置，下面注字为公里（千米）数，短线左侧的注字为公里（千米）标至相邻百米标的距离。

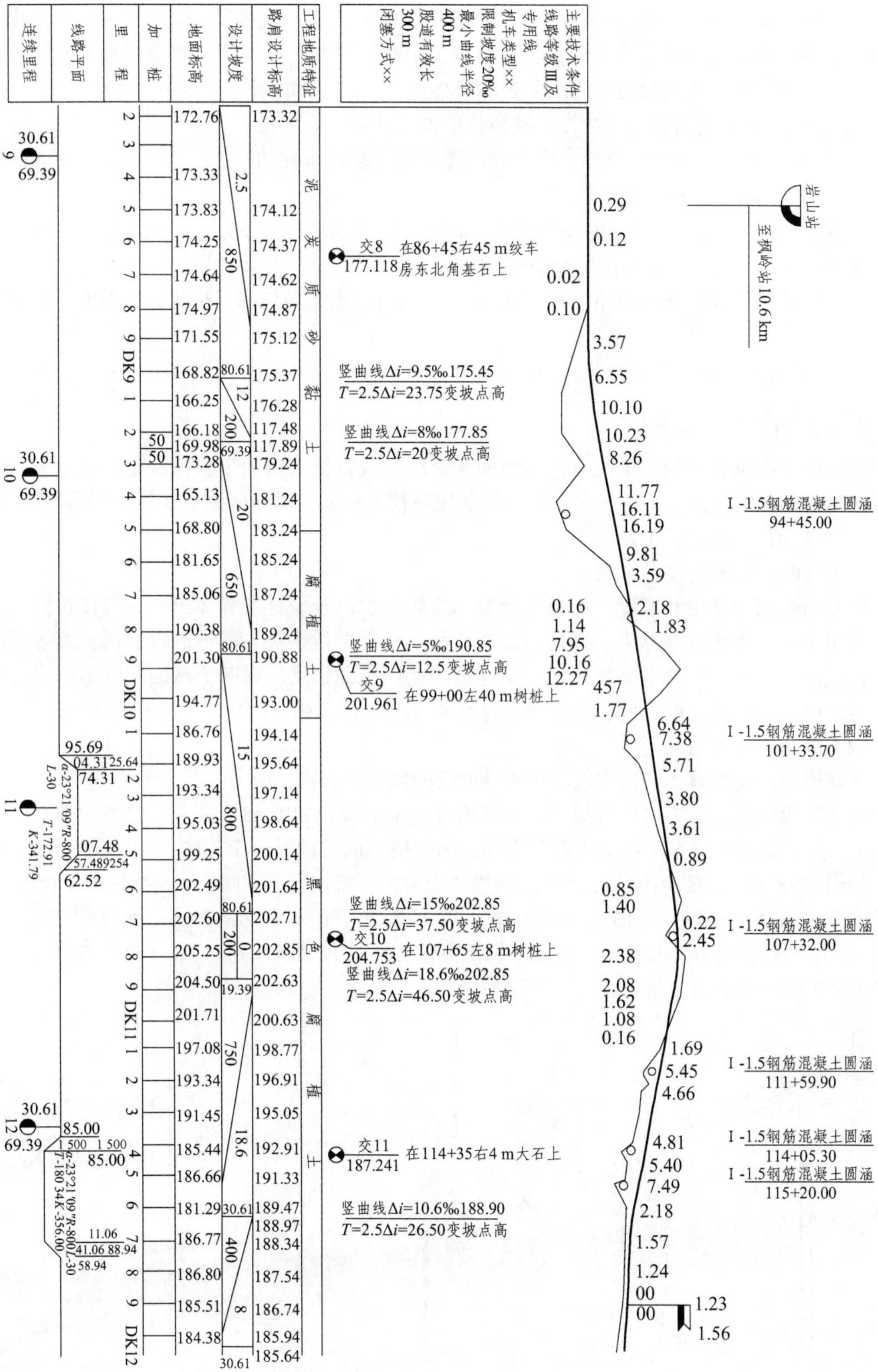

图 13-6　线路纵断面测量

② 线路平面。表示线路平面形状示意图。中央的实线表示直线段，曲线段用向上凸出表示线路向右转；向下凸出表示线路向左转；斜线表示缓和曲线；斜线间的直线表示圆曲线。在曲线处注名曲线要素。曲线起终点的注字表示起终点至百米标的距离。

③ 里程。表示勘测里程，在百米桩和公里桩处注字。

④ 加桩。竖线表示加桩位置，注字表示加桩到相邻百米桩的距离。

⑤ 地面标高。是各中线桩高程。

⑥ 设计坡度。用中线纵向的设计坡度，斜线方向表示上坡或下坡。斜线上面的注字是设计坡度的千分率（‰），下面注字为该坡段的长度。

⑦ 路肩设计标高。路基肩部的设计标高，由线路起点路肩标高、线路设计坡度及里程计算得出。

⑧ 工程地质特征，表示沿线地质情况。

3. 线路横断面测量

横断面是指垂直于线路中线方向的地面断面线。线路横断面测量的任务是测量垂直于线路方向的地面起伏的情况，并按一定比例尺绘制线路横断面图。横断面图主要用于路基断面设计、土石方数量计算、路基施工放样等。

（1）横断面施测密度及宽度

横断面施测的密度和宽度，应根据地形、地质情况以及设计需要而定。一般设在曲线控制点、公里桩、百米桩和线路纵、横向地形变化处。在大中桥桥头、隧道洞口、挡土墙等重点地质不良地段及需要进行路基防护地段，均应适当增加施测密度。横断面测绘宽度根据设计需要来决定，应满足路基、取土坑、弃土堆及排水系统等设计和施工的要求。

（2）横断面方向的测定

线路横断面应垂直于线路中线，在曲线地段的横断面方向，应与曲线上测点的切线相垂直。确定直线地段的横断面方向比较简单，通常用方向架测设，如图 13-7 所示。将方向架立于中线测点上，用一个方向瞄准中线远方花杆定向，则方向架瞄准的另一个方向，就是横断面的方向。

如图 13-8 所示，欲定出曲线上 B 点的横断面方向。将仪器（方向架、经纬仪等）置于点 B，先瞄准分弦点 A，测定弦线 AB 的垂直方向 BD'，并标出点位 D'；再瞄准另一侧分弦点 C（要求 $BC = AB$），测设弦线 BC 的垂直方向 D''，标出点位 D''，应使 $BD'' = BD'$。最后分中 $D'D''$得 D 点，则 BD 方向即为横断面方向。

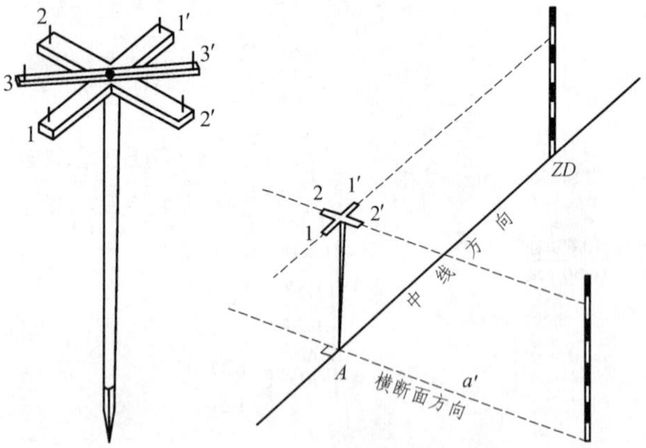

图 13-7　方向架确定横断面方向

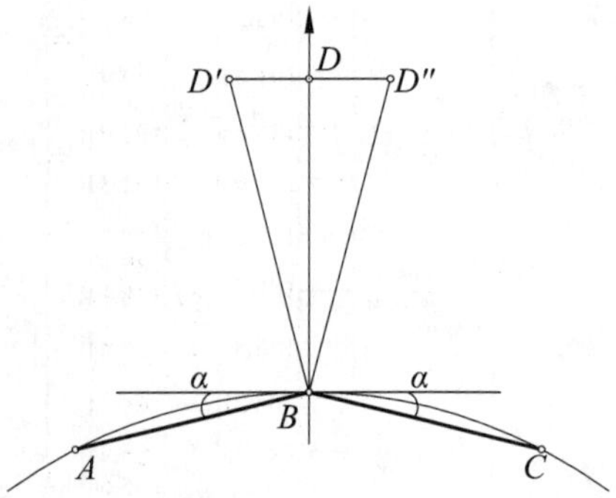

图 13-8　曲线上确定横断面方向

（3）横断面的测量方法

根据铁路横断面数量多、工作量大，但测量精度要求不高的特点，在实际工作中，可根据仪器装备情况及地形条件，在保证测量精度的前提下，选择适当的测量方法，以提高工作效率。

① 手水准测横断面。

测量时，以方向架定向，皮尺量距，手水准测高差。表 13-8 为手水准测量记录格式，按线路里程增加方向的左、右侧分别记录测量成果。分母是测点间的平距，分子是两点间高差。在绘制横断面图时，再统一换算成各测点到中桩的距离和与中桩的高程差。手水准测量轻巧、简便、迅速，亦可满足工程对精度的要求。

表 13-8　横断面测量记录格式

左　侧			桩　号	右　侧		
$\frac{+2.1}{12.0}$	$\frac{-1.9}{8.7}$	$\frac{+2.6}{18.5}$	DK4 + 111	$\frac{-1.4}{14.5}$	$\frac{+1.8}{10.5}$	$\frac{-1.4}{16.0}$

② 水准仪测横断面。

当地势平坦、通视良好，或横断面精度要求较高时，可用水准仪测量横断面上各测点的高程。横断面用方向架定向，皮尺（或钢尺）量距。测量方法与中桩水准测量相同，即后视转点取得仪器高程后，将断面上的坡度变化点（测点）作为中间点观测。若仪器安置适当，置一次镜可观测一个或几个横断面，如图 13-9 所示。

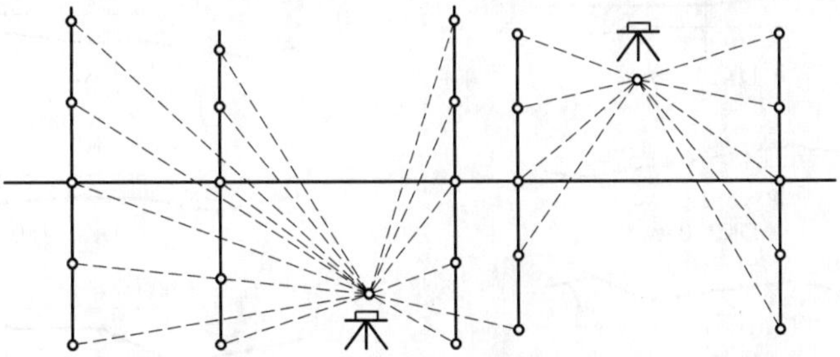

图 13-9　水准仪测横断面

如果地面横向坡度较大，为了减少置镜数，可以采取以两台水准仪分别沿线路左右侧测量的方法。

③ 经纬仪测横断面。

将经纬仪安置在中线桩上，定出横断面方向后，即可较快地测出各测点的距离和高差。如施测其他断面时，横断面方可用方向架测定，测点距离可用皮尺丈量，高差由视距测量，如图 13-10 所示。这种方法能保证精度及效率，可适用于各种地形。

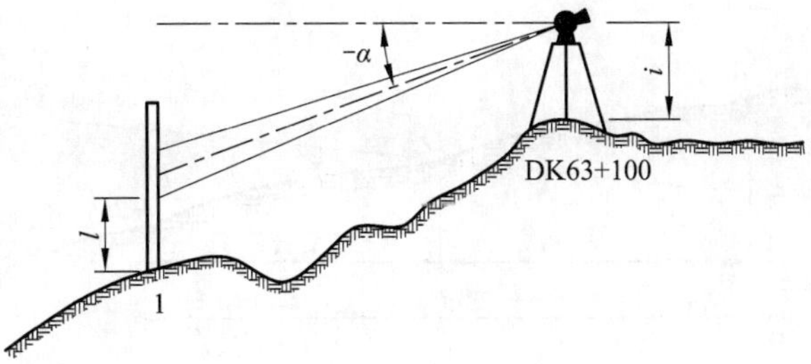

图 13-10　经纬仪测横断面

（4）横断面测量检测精度要求

高程：$\pm\left(\frac{h}{100}+\frac{L}{200}+0.1\right)$ m

明显地物点的距离：$\pm\left(\frac{L}{100}+0.1\right)$ m

式中　h——检查点至线路中桩的高差，m；

L——检查点至线路中桩的水平距离，m。

（5）横断面图采用的绘制

横断面图是根据各测点至中桩的距离和测点的高程来绘制的。它绘在厘米方格纸上。

为了设计方便，其纵坐标表示高程、横坐标表示距离，绘制比例尺一般采用 1∶200，如图 13-11 所示。

绘制的线路横断面图按桩号先后顺序，在图幅内自下而上，自左而右的均匀布置，且每行的横断面中线应排在一条线上。

横断面图最好在现场绘制，以便及时复核测量结果，检查绘图质量，也省去了室内绘图时所需要的一系列复核工作。

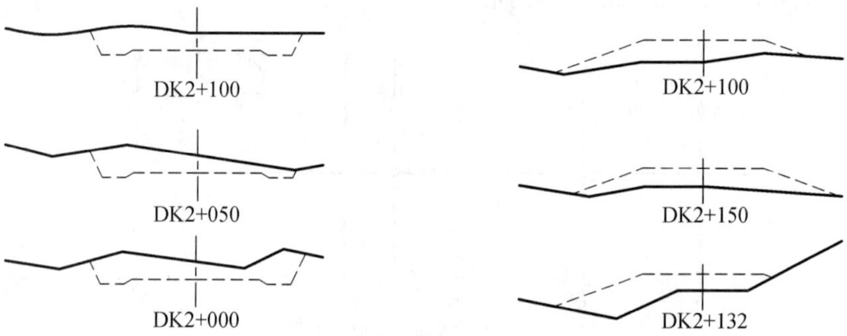

图 13-11　横断面图

13.1.4　线路施工测量

路基横断面是根据线路中线桩的填挖高度在横断面图上设计的。在横断面中填方的称为路堤；挖方的称为路堑。当 $h = 0$ 时，为不填不挖，线路纵断面图上设计中线与地面线的交点，称为路基施工的零点。

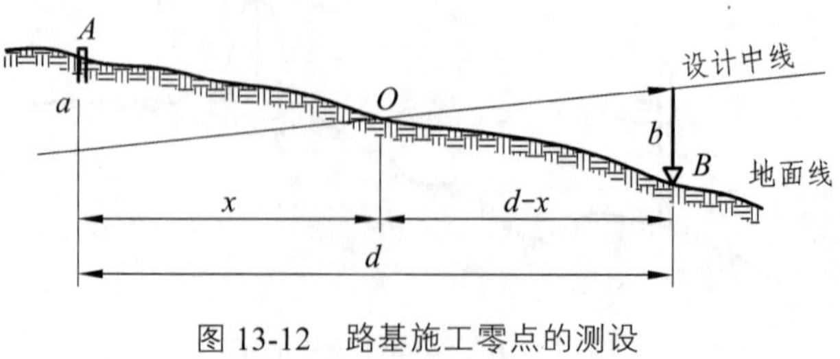

图 13-12　路基施工零点的测设

路基放样的内容主要是钉设路基纵断面上的施工零点和测设路基横断面的边坡桩。

（1）路基施工零点的测设

首先求算零点距邻近里程桩的距离。如图 13-12 所示，A、B 为中线上的里程桩。设 x 为零点距邻近里程桩 A 的水平距离；d 为相邻里程桩 A、B 之间的水平距离；a 为 A 点挖深；b 为 B 点填高。

则 $$\frac{a}{x}=\frac{b}{d-x}$$

故 $$x=\frac{ab}{a+b}$$

然后沿中线方向，自 A 量水平距离 x，即可测出零点桩 O 的值量。

（2）路基边坡桩的测设

边桩放样的方法很多，常用的有图解法和逐点接近法两种。

① 图解法。

当地形变化不大，在横断面测量和绘图比较准确的条件下才适用图解法。在已有横断面图的地段，可以采用在图上量取边坡线与地面线交点至中桩的水平距离，进行边桩放样。在没有横断面图的地段，可以在现场进行补绘横断面图。

② 逐点接近法。

这是通过计算逐点逼近测设边桩的方法，也称试探法。

当地面平坦时，只需要经过一次计算，算出边桩到中线桩的水平距离 D，即中线一侧路基面宽 b 与填（挖）高 H 乘以设计边坡的坡度之和（路堑还应加边沟顶宽及平台宽），如图 13-13 所示（设已知坡度 $1:m=1:1.5$）。

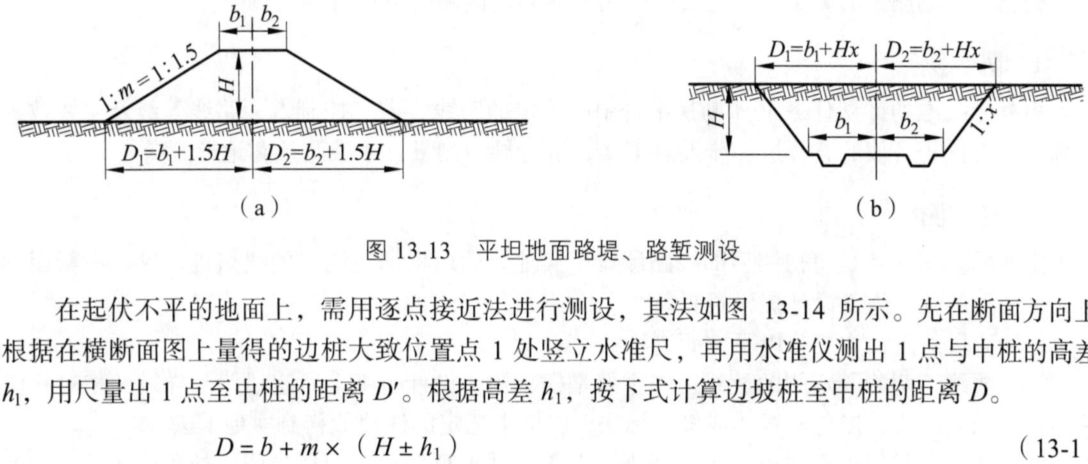

图 13-13　平坦地面路堤、路堑测设

在起伏不平的地面上，需用逐点接近法进行测设，其法如图 13-14 所示。先在断面方向上根据在横断面图上量得的边桩大致位置点 1 处竖立水准尺，再用水准仪测出 1 点与中桩的高差 h_1，用尺量出 1 点至中桩的距离 D'。根据高差 h_1，按下式计算边坡桩至中桩的距离 D。

$$D=b+m\times(H\pm h_1) \tag{13-1}$$

式中　b——侧路基面宽；

M——设计边坡的坡度；

H——路基中桩填挖高；

h_1——1 点与中桩的高差（实测），h_1 的“±”号规定为：当测设路堤下坡一侧时，h_1 取“+”；测设路堤上坡一侧时，h_1 取“－”。当测设路堑下坡一侧时，h_1 取“－”；测设路堑上坡一侧时，h_1 取“+”。

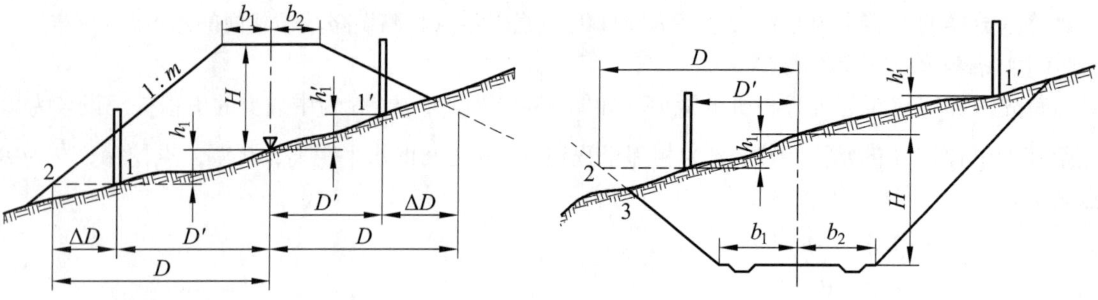

（a）　　（b）

图 13-14　斜坡地面路堤、路堑测设

任务 13.2　公路线路测量

根据现行的《公路工程技术标准》《公路路线勘测规程》以及有关技术文件的规定，我国公路的勘测设计工作分为两阶段设计和一阶段设计。公路和独立大桥勘测设计工作一般应采用两阶段设计；修建任务紧急的建设项目以及方案明确、工程简易的小型建设项目则采用一阶段设计。

13.2.1　公路线路勘测测量

公路线路勘测中的测量工作通常也分为初测和定测两阶段进行。

1. 初　测

根据已批准的计划任务书和勘察报告中已确定的路线走向、控制点、路线等级及主要技术指标，对有比较价值的方案进一步勘测落实，进行导线测量、水准测量和地形测量。

2. 定　测

定测的基本任务是将初测后的线路测设于实地，然后根据定测后的线路进行纵、横断面测量，为公路的技术施工设计提供资料。

定测阶段的工作主要分以下方面进行：

（1）放线。两阶段定测的放线工作主要是根据初步设计时纸上所定线路与导线的相对几何关系，应用支距法、拨角放线法或极坐标法，将纸上选定的线路放样到实地上去。

（2）测角。采用测回法以一个测回观测右角，并推算偏角。前后半测回的角值较差在 60″ 以内时取其平均值作为最后结果。水平角检测的允许误差或闭合差不得超过 $\pm 60'' \sqrt{n}$。

角度测量后应根据设计的半径，计算出曲线元素，并放出曲线的起点、中点及终点。

（3）中线测量。以经纬仪定向，用钢卷尺或竹尺丈量距离。中线的标桩除必须钉出起、终点桩、百米桩、公里桩、平曲线主点桩、断链桩及转点桩外，还应在线路的纵横向坡度明显变化处、与既有线路交叉处、拆迁建筑物处、小桥涵、大中桥隧位置、土质明显变化处、不良地质地段的起终点以及行政区划分界处设置加桩。

（4）水准测量。沿线每隔 1 km 及大桥附近、隧道两端设置水准基点。此外，还要测定线路中桩的高程，绘制线路的纵断面图。

（5）横断面测量。应在线路所有中桩上进行横断面测量，每侧各 15 ~ 20 m，并按 1：200 的比例尺绘制横断面图。

（6）地形测量。测绘构筑物处的大比例尺地形图。此外还应对踏勘阶段所测绘的地形图核对和修测，并将详测的线路标绘在图上。

13.2.2 公路施工测量

公路线路的施工测量首要任务也是恢复线路中心线。这项工作包括恢复线路的交点、转点和中线标桩（百米标和加标）。如果在恢复后的交点上量得的转角与原设计表上所列的值相差不大，则可根据勘测设计时给定的半径和曲线元素用直角坐标法或偏角法放样曲线桩。

路基边坡桩的放样方法与铁路边坡桩的放样方法完全相同，此处不再重复。在公路施工测量中，除将路基边坡桩放样出来之外，为保证路基的正确施工，还常常对路基的边坡进行放样。其方法：一种方法是当路堤填土不高时，常用竹竿和麻绳一次挂线，给出断面形状，如图 13-15（a）所示。在路基填土高度较大的断面上，常采用分层挂线的方法，如图 13-15（b）所示。在每层挂线之前均应标定中线并抄平。

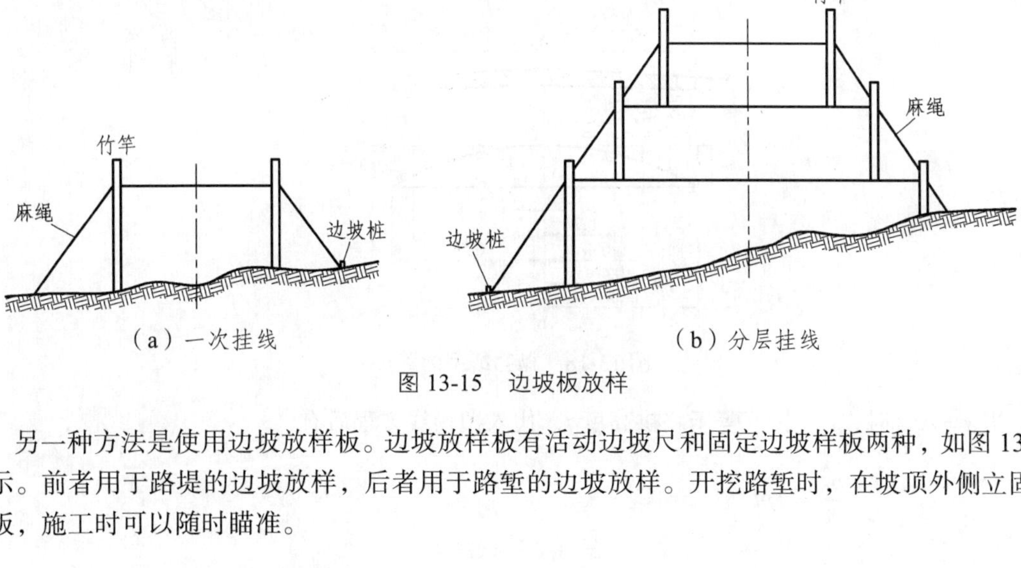

图 13-15　边坡板放样

另一种方法是使用边坡放样板。边坡放样板有活动边坡尺和固定边坡样板两种，如图 13-16 所示。前者用于路堤的边坡放样，后者用于路堑的边坡放样。开挖路堑时，在坡顶外侧立固定样板，施工时可以随时瞄准。

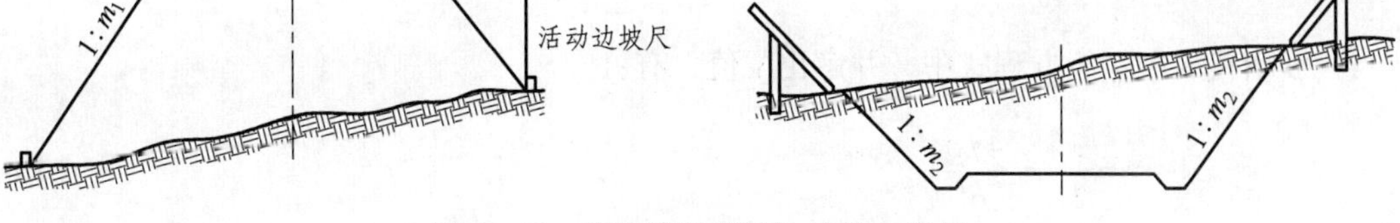

图 13-16　公路路堤路堑边坡断面放样

路基施工之后，要进行路面的施工。在铺筑公路路面时，首先应进行路槽的放样。根据线路附近的水准点，在已恢复的路线中线的百米标及加标上，用水准测量的方法求出各桩的路基设计高。然后在线路中线上每隔 10 m 设立高程桩，并在每个桩上放样出铺筑路面的标高，如图 13-17 所示。由高程桩起沿横断面方向各量出路槽宽度之半的长度，钉出路槽边桩，使桩顶高程等于路槽底部的高程（考虑横坡），以指导路槽的开挖。为了利于排水，路面均铺装成中间高两侧低的拱形，称为路拱。路拱分为抛物线型和圆曲线型。

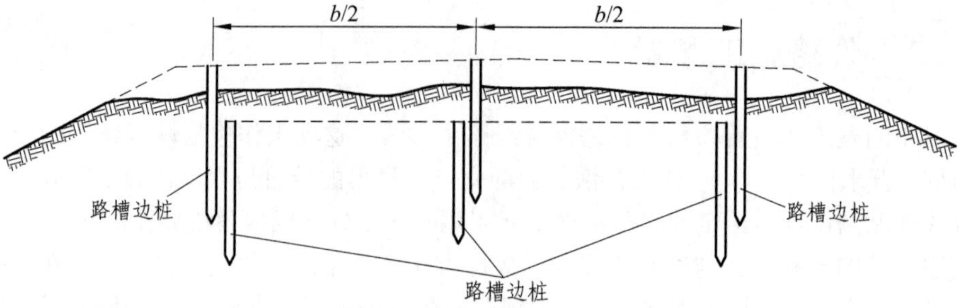

图 13-17　路槽放样

图 13-18 为抛物线型的路拱。如将坐标系的原点 O 选在路拱中心，且过 O 点的水平线为 x 轴，铅垂线为 y 轴，根据抛物线的一般方程式 $x^2=2py$，可以求出由路拱中心向外侧不同距离上的 y 坐标值。

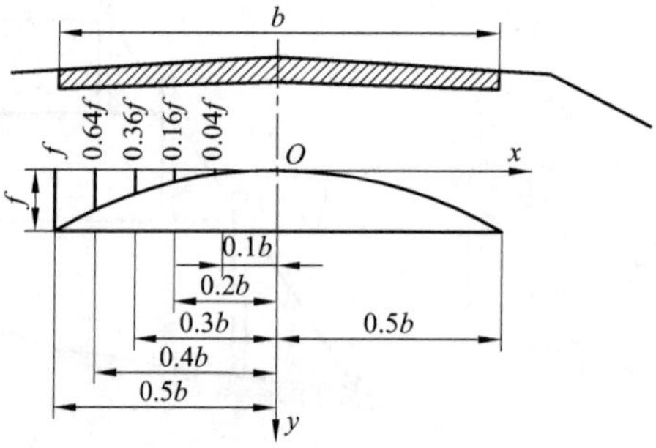

图 13-18　抛物线型的路拱

当 $x=b/2$ 时，y 坐标值等于路拱高度 f，代入抛物线方程后有：

$$\frac{b^2}{4}=2pf$$

于是

$$2p=\frac{b^2}{4f}$$

将 $2p$ 值代入抛物线方程式中，并解出 y 值，有：

$$y=\frac{x^2}{2p}=\frac{4fx^2}{b^2} \tag{13-2}$$

如图 13-19 所示，当路拱为两个斜面中间插入的圆曲线时，路拱的高度 f 由下式计算：

$$f=\left(\frac{b}{2}-\frac{l_1}{4}\right)i_1 \qquad (13\text{-}3)$$

式中　b——铺装路面的宽度；

l_1——曲线段的水平投影距离。

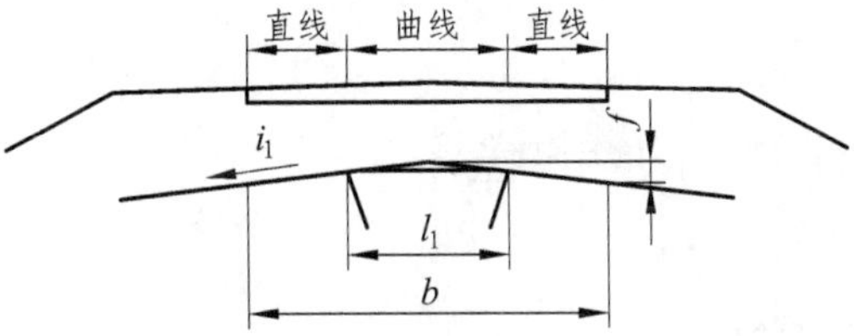

图 13-19　斜面中间插入圆曲线路拱

任务 13.3　桥梁测量

建设一座桥梁，需要进行各种测量工作，其中包括：勘测、施工测量、竣工测量等；在施工过程中及竣工通车后，还要进行变形观测工作。根据不同的桥梁类型和不同的施工方法，测量的工作内容和测量方法也有所不同。桥梁的测量工作概括起来有：桥轴线长度测量；施工控制测量；墩、台中心的定位；墩、台细部放样及梁部放样等。

13.3.1　桥轴线长度所需精度的估算

在选定的桥梁中线上，于桥头两端埋设两个控制点，两控制点间的连线称为桥轴线。在现行的《铁路测量技术规则》中，根据梁的结构形式、施工过程中可能产生的误差，推导出了如下的估算公式：

（1）钢筋混凝土简支梁

$$m_L \pm \frac{\varDelta_D}{\sqrt{2}}\sqrt{N} \qquad (13\text{-}4)$$

（2）钢板梁及短跨（$l \leqslant 64$ m）简支钢桁梁

单跨：$$m_l=\pm\frac{1}{2}\sqrt{\left(\frac{l}{5\,000}\right)^2+\delta^2} \qquad (13\text{-}5)$$

多跨等跨：$$m_L=\pm m_l\sqrt{N} \qquad (13\text{-}6)$$

多跨不等跨：$$m_L=\pm\sqrt{m_{l1}^2+m_{l2}^2+\cdots} \qquad (13\text{-}7)$$

（3）连续梁及长跨（$l \geqslant 64$ m）简支钢桁梁

单联（跨）：

$$m_l = \pm\frac{1}{2}\sqrt{n\Delta_l^2 + \delta^2} \tag{13-8}$$

多联（跨）等联（跨）：

$$m_L = \pm m_l\sqrt{N} \tag{13-9}$$

多联（跨）不等联（跨）：

$$m_L = \pm\sqrt{m_{l1}^2 + m_{l2}^2 + \cdots} \tag{13-10}$$

式中 m_{l1}——单跨长度中误差；

m_L——桥轴线（两桥台间）长度中误差；

l——梁长；N 为联（跨）数；

N——每联（跨）节间数；

n——每联（跨）节间数；

Δ_D——墩中心的点位放样限差（设为 ± 10 mm）；

Δ_l——节间拼装限差（ ± 2 mm）；

δ——固定支座安装限差（ ± 7 mm）；

1/5 000——梁长制造限差。

通常情况下直线桥或曲线桥的桥轴线长度可用光电测距仪或全站仪直接测定。

13.3.2 桥梁的控制测量

1. 桥梁平面控制测量

对于跨越无水河道的直线小桥，桥轴线长度可以直接测定，墩、台位置也可直接利用桥轴线的两个控制点测设，无需建立平面控制网。但跨越有水河道的大型桥梁，墩、台无法直接定位，则必须建立平面控制网。根据桥梁跨越的河宽及地形条件，平面控制网多布设成如图 13-20 所示的形式。

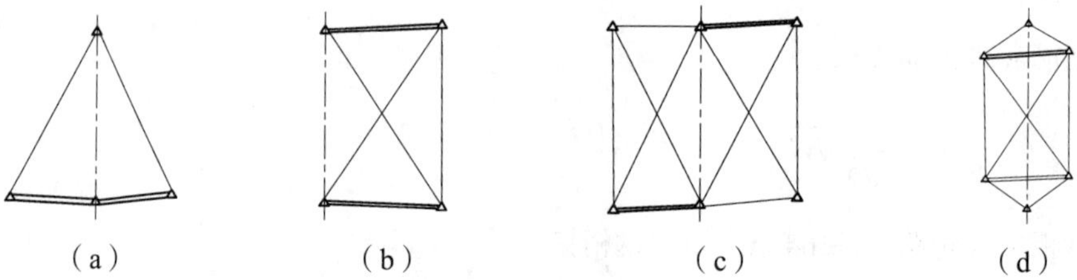

图 13-20 桥梁平面控制网

选择控制点时，应尽可能使桥的轴线作为三角网的一个边，以利于提高桥轴线的精度。如不可能，也应将桥轴线的两个端点纳入网内，以间接求算桥轴线长度，如图 13-20（d）所示。

在《铁路测量技术规则》里，按照桥轴线的精度要求，将三角网的精度分为五个等级，它们分别对测边和测角的精度规定见表 13-9。

表 13-9　测边和测角的精度规定

三角网等级	桥轴线相对中误差	测角中误差（″）	最弱边相对中误差	基线相对中误差
一	1/175 000	±0.7	1/150 000	1/400 000
二	1/125 000	±1.0	1/100 000	1/300 000
三	1/75 000	±1.8	1/60 000	1/200 000
四	1/50 000	±2.5	1/40 000	1/100 000
五	1/30 000	±4.0	1/25 000	1/75 000

2. 高程控制测量

在桥梁的施工阶段，为了作为放样的高程依据，应建立高程控制网，即在河流两岸建立若干个水准基点。这些水准基点除用于施工外，也可作为以后变形观测的高程基准点。

水准基点布设的数量视河宽及桥的大小而异。一般小桥可只布设一个；在 200 m 以内的大、中桥，宜在两岸各设一个；当桥长超过 200 m 时，由于两岸连测不便，为了在高程变化时易于检查，则每岸至少设置两个。桥梁水准点与线路水准点应采用同一高程系统。与线路水准点连测的精度不需要很高，当包括引桥在内的桥长小于 500 m 时，可用四等水准连测，大于 500 m 时可用三等水准进行测量。但桥梁本身的施工水准网则宜用较高精度，因为它直接影响桥梁各部的放样精度。当跨河距离大于 200 m 时，宜采用过河水准法连测两岸的水准点。跨河点间的距离小于 800 m 时，可采用三等水准测量，大于 800 m 时则采用二等水准进行测量。

13.3.3　桥梁墩、台中心的测设

在桥梁墩、台的施工过程中，最主要的工作是测设出墩、台的中心位置。其测设数据是根据控制点坐标和墩、台中心的设计位置计算确定。测设方法可采用直接测距或角度交会的方法。墩、台中心位置定出以后，还要测设出墩、台的纵横轴线，以固定墩台方向，同时它也是墩台施工中细部放样的依据。

1. 直线桥的墩、台中心测设

直线桥的墩、台中心都位于桥轴线的方向上。墩、台中心的设计里程及桥轴线起点的里程是已知的，如图 13-21 所示，相邻两点的里程相减即可求得它们之间的距离。根据地形条件，可采用直接测距法或交会法测设出墩、台中心的位置。

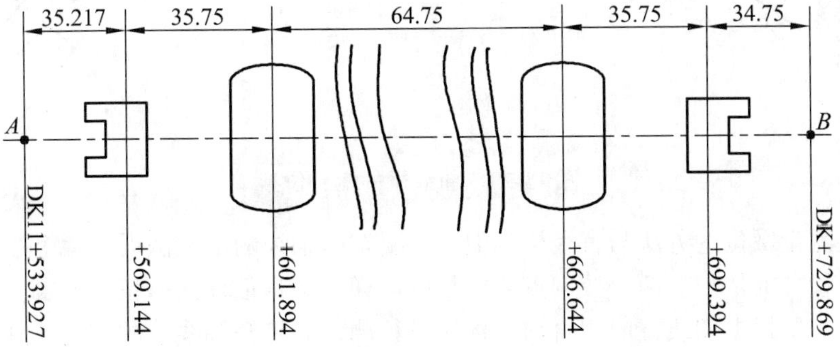

图 13-21　直线桥的墩台位置（单位：m）

（1）直接测距法

这种方法适用于无水或浅水河道。

（2）角度交会法

当桥墩位于水中，无法直接丈量距离及安置反光镜时，则采用角度交会法。

如图 13-22 所示，C、A、D 为控制网的三角点，且 A 为桥轴线的端点，E 为墩中心设计位置。在控制测量中 C、A、D 各控制点坐标已知，利用坐标反算公式即可推导出交会角 α、β。当然也可以根据正弦定理或其他方法求算。

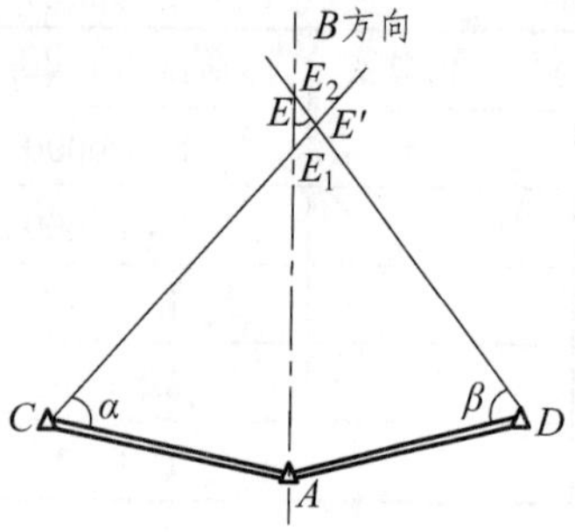

图 13-22　角度交会法

在 C、D 点上安置经纬仪，分别自 CA 及 DA 测设出交会角 α、β 则两方向的交点即为墩心 E 点的位置。为了检核精度及避免错误，通常还利用桥轴线 AB 方向，用三个方向交会出 E 点。

2. 曲线桥的墩、台中心定位

曲线桥的线路中线是曲线，而每跨梁本身却是直的，两者不能完全吻合，如图 13-23 所示。梁在曲线上的布置，是使各梁的中线连接起来，成为与线路中线基本吻合的折线，这条折线称为桥梁工作线。墩、台中心一般位于桥梁工作线转折角的顶点上，所谓墩台定位，就是测设这些转折角顶点的位置。

在桥梁设计时，为使列车运行时梁的两侧受力均匀，桥梁工作线应尽量接近线路中线，所以梁的布置应使工作线的转折点向线路中线外移动一段距离 E，这段距离称为桥墩偏距。偏距 E 一般是以梁长为弦线的中矢值的一半，这是铁路桥梁的常用布置方法，称为平分中矢布置。相邻梁跨工作线构成的偏角 α 称为桥梁偏角。每段折线的长度 L 称为桥墩中心距。E、α、L 在设计图中都已经给出，再结合这些资料即可测设墩位。

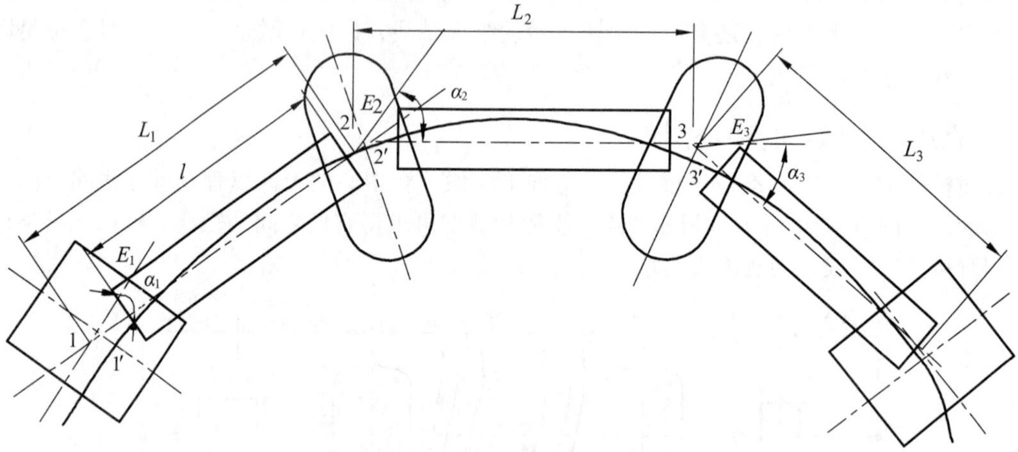

图 13-23　曲线桥的墩台位置

曲线桥上测设墩位的方法与直线桥类似，也要在桥轴线的两端测设出两个控制点，以作为墩、台测设和检核的依据。两个控制点测设精度同样要满足估算出的精度要求。位于曲线上的桥轴线控制桩，要根据切线方向用直角坐标法进行测设。将桥轴线上的控制桩测设出来以后，就可根据控制桩及给出的设计资料进行墩、台的定位。

3. 墩台纵、横轴线的测设

为了进行墩、台施工的细部放样，需要测设其纵、横轴线。纵轴线是指过墩、台中心平行于线路方向的轴线；横轴线是指过墩、台中心垂直于线路方向的轴线；桥台的横轴线是指桥台的胸墙线。直线桥墩、台的纵轴线与线路的中线方向重合，在墩、台中心架设仪器，自线路中线方向测设 90°角，即为横轴线的方向，如图 13-24 所示。

曲线桥的墩、台纵轴线位于桥梁偏角的分角线上，在墩、台中心架设仪器，照准相邻的墩、台中心，测设$\alpha/2$角，即为纵轴线的方向。自纵轴线方向测设 90°角，即为横轴线方向，如图 13-25 所示。

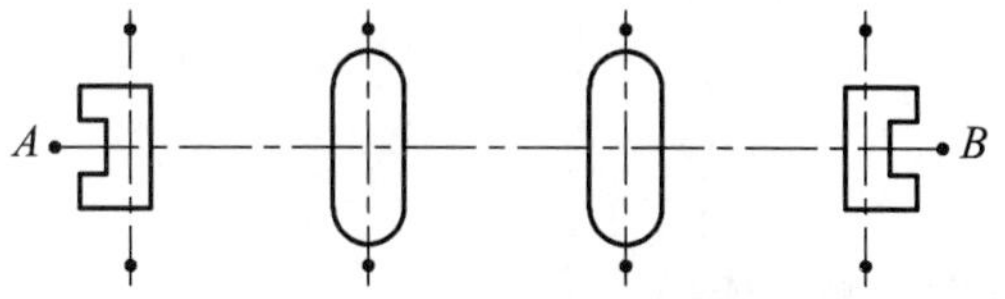

图 13-24　直线桥纵横轴线

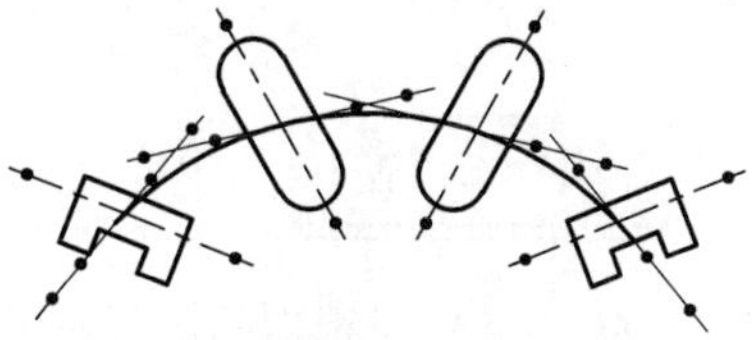

图 13-25　曲线桥纵横轴线

知识小结

本项目叙述了路线测量与桥梁测量的工作内容及施测方法。路线测量主要工作：在指定范围内布设导线，测量各方案的路线带状地形图和纵横断面图，收集沿线水文、地质等有关资料，为图纸上定线、编制比较方案等初步设计提供依据。在选定方案的路线上进行中线测量、纵断面测量、横断面测量以及局部地区的大比例尺地形图测绘等，为路线纵坡设计、工程量计算等道路技术设计提供详细的测量资料。

路线通过河流或跨越山谷时需架设桥梁。桥梁按其轴线长度不同通常分为特大型（> 500 m）、大型（10 ~ 500 m）、中型（30 ~ 100 m）、小型（8 ~ 30 m）四类，不同类型的桥梁其施工测量的方法及精度要求也不相同。桥梁施工测量的主要内容包括平面控制测量、高程控制测量、墩台定位、墩台基础及其顶部放样等。

习题与作业

1. 缓和曲线的计算：路线自 A 经 B 至 C，B 处偏角$\alpha_右$为 19°28′00″，拟设置半径为 300 m 圆曲线，在圆曲线两端各用一长度为 60 m 的缓和曲线连接，求 β_0、x_0、y_0、p、q、T_H、L_H、E_H、D_H；并计算缓和曲线各主点的桩号。（JD 里程桩号为 K3 + 737.55）。

2. 公路直线部分的路拱横坡度为 2%，则公路圆曲线部分最小超高横坡度应是多少？

3. 在平原区，纵断面设计标高的控制主要取决于什么？

4. 简述缓和曲线的作用。

5. 简述横断面设计的主要内容。

6. 某路段中有一变坡点的高程为 66.770 m，其相邻坡段的纵坡分别为 − 3.68%和 + 2.06%。为保证路基的最小填土高度，变坡点处的路基设计标高不得低于 68.560 m。竖曲线半径最小应为多少 m（取百米的整数倍数）？用确定的竖曲线半径计算竖曲线起止点桩号是多少？

7. 桥梁工程测量包括哪些主要内容？

8. 桥墩定位有哪几种方法？

9. 斜拉桥施工测量有哪些主要内容？

项目14 建筑物变形观测和竣工测量

知识目标

- 掌握建筑物的沉降观测及水平位移的观测方法。
- 理解建筑物挠度观测和裂缝观测的意义与内容。
- 了解竣工测量的内容及其技术总结。

技能目标

- 能够布设变形控制网，进行建筑物变形监测与技术总结。
- 能够进行竣工测量，绘制竣工总平面图和编写测绘技术总结。

素养目标

- 培养刻苦学习精神，听课专注，思维积极，作业独立完成。
- 培养规范应用习惯，能正确应用国家法律法规、国家和行业的相关规范，作风严谨。
- 培养工匠精神，养成“怀匠心、铸匠魂、守匠情、践匠行”精神，促进学生生成“匠意、匠思、匠智”。

任务导航

- 任务 14.1 建筑物变形观测概述
- 任务 14.2 建筑物的沉降观测
- 任务 14.3 水平位移观测
- 任务 14.4 倾斜观测
- 任务 14.5 挠度观测和裂缝观测
- 任务 14.6 变形观测的资料整理
- 任务 14.7 竣工测量
- 任务 14.8 建筑物沉降观测实训

任务 14.1 建筑物变形观测概述

变形观测

14.1.1 变形观测的概念

由于建筑物高大、形体复杂、荷载不均匀，处于沙质土、淤泥、冻土等工程地质条件，受地下水位、气温、风力等外界环境影响等原因，往往会发生内部的和外部的变形。建筑物内部的伸缩、弯曲、扭转等形变称为内部变形，常用埋设传感器读数的方法获取应力、应变等观测量。建筑物整体的平移、升降、倾斜等形变称为外部变形，常用大地测量的方法测得位移、沉降、倾斜、裂缝、挠度等变形量。本项目的建筑物变形观测主要是指外部变形观测。

14.1.2 建筑物变形观测方案的设计

建筑物变形观测方案是变形观测工作实施的指导性文件。一般地，变形监测方案制定的主要内容有：工程概况、监测内容、监测方法、仪器和监测精度、施测部位和测点布置、监测周期（频率）、监测人员配备、各类警戒值的确定等。

1. 监测精度

建筑物变形观测的精度根据变形观测的目不同而异。原则上，如果观测的目的是监视建筑物的安全，精度只要满足预警需要即可，一般观测的中误差应小于允许变形值的 1/10 ~ 1/20；如果是为了科研以及特殊用途，则精度可能高些，甚而达到 0.1 mm 或者 10 ppm。

2. 监测周期（频率）

建筑物变形监测频率的大小可以根据施工期间建筑物的荷载变化情况和沉降速率来确定。变形量或者变形速率较大时，应增大监测频率；变形量较小或建筑物趋于稳定时，则可减小监测频率。高层建筑在施工过程中的变形观测一般在楼层加高 1 ~ 2 层即应观测一次；对于已经建成的建筑物，在建成初期一般 3 ~ 4 个月观测一次，如果变形逐步趋于稳定，则周期逐渐加长为 6 ~ 12 个月观测一次，直至沉降速率小于 0.01 ~ 0.04 mm/d，可认为完全稳定，停止观测。

3. 施测部位和测点布置

建筑物的变形监测点分为基准点、工作基点和变形观测点三类。基准点是变形观测的基准，必须远离建筑物，布设在变形影响范围之外、坚实稳固且便于引测的地方。为了互相检核是否有变动，一般应埋设三个以上水准基点；工作基点是直接测定变形观测点的依据，应该接近建筑物、坚实稳固的地方埋设工作基点。对于通视条件较好或观测项目较少的建筑物可不设工作基点，在基准点上直接测定变形观测点；变形观测点应选择能够反映建筑物变形特征和变形明显的部位。观测点应有足够的数量和代表性，点位应避开障碍物，标志应牢固的和建筑物结合在一起且便于观测和保存。

4. 观测条件

建筑物变形观测是一项较长期的连续性工作，为了保证观测成果的正确性，每次变形观测时，宜采用相同的观测图形、观测路线和观测方法；使用同一仪器和设备；固定观测人员；在基本相同的观测时段、观测环境和条件下工作。

任务 14.2 建筑物的沉降观测

沉降观测

建筑物及其地基在垂直方向上发生的位置变动称为垂直位移，其表现形式主要是建筑物的沉陷，因此垂直位移观测又称其为沉陷观测或沉降观测。

14.2.1 高程控制网的建立

建筑物的沉降观测的高程系统一般选择测区原有的坐标系统或者独立的高程系统，采用精密水准测量的方法，为此必须建立高精度的高程控制网。

高程控制网一般布设成闭合环、结点或附合水准路线等形式，采用一级或两级控制。对于建筑物较少的测区，宜将基准点和观测点布设成单一的控制网，即布设一级控制网；对于建筑物较多且分散的较大测区，宜将基准点和工作基点布设成第一级控制网，而将工作基点和观测点布设成第二级控制网。

14.2.2 沉降观测

进行沉降观测前，首先应校测工作基点的高程。校测时，水准基点与工作基点一般应构成水准环线，按一等或二等、三等水准测量的要求施测。

建筑物的沉降观测点通常布设在建筑物转角或沿外墙周边每隔 10 ~ 15 m 的柱基或在最易产生变形的伸缩缝两侧、新旧建筑物接壤处、不同结构建筑物分界处等以及烟囱、水塔及大型储藏罐等高耸构筑物基础轴线的对称部位。沉降观测点的观测精度和观测方法见表 14-1。

表 14-1　沉降观测点的观测精度和观测方法

等级	高差中误差	相邻点高差中误差	往返较差、附合或环线闭合差	观测方法
一等	0.3	0.15	$0.15\sqrt{n}$	除按国家一等水准测量的技术要求施测外，尚需设双转点，视线≤15 m，前后视距差≤0.3 m，视距累计差≤1.5 m
二等	0.5	0.30	$0.3\sqrt{n}$	按国家一等水准测量的技术要求施测
三等	1.0	0.50	$0.60\sqrt{n}$	按国家二等水准测量的技术要求施测
四等	2.0	1.00	$1.40\sqrt{n}$	按国家三等水准测量的技术要求施测

任务 14.3 水平位移观测

水平位移观测

建筑物在水平方向上发生的位置变动称为水平位移，其产生往往与不均匀沉降以及横向受力等因素有关。水平位移观测在大坝、桥梁等建筑物的变形观测中有着重要意义。 水平位移观测的方法很多，常用的方法有基准线法和前方交会法。基准线法适用于直线型的建筑物，如直线型大坝和桥梁等；前方交会法适用于其他形式的建筑物。

14.3.1 平面控制网的建立

建筑物的水平位移观测的平面系统一般为独立的坐标系统，大多数建立专用的和高精度的平面控制网。

平面控制网一般布设成三角网、导线网、边角网和轴线等形式，分两级建立。基准点和工作基点构成变形观测的首级网，用来测量工作基点相对于基准点的变形量。水平位移观测点和工作基点组成次级网，用来测量水平位移观测点相对于工作基点的变形量，从而最终反映建筑物的变形程度和变化趋势。对于建筑物较少的测区，宜将基准点和观测点布设成单一的控制网，即布设一级控制网。

14.3.2 水平位移观测

1. 基准线法

基准线法测量水平位移的原理是：建立一条通过建筑物轴线或者平行于建筑物轴线的基准线，然后周期性地测定建筑物上的变形观测点相对于该基准线的距离变化。下面主要介绍通过经纬仪提供的竖直面建立基准线的视准线法。

如图 14-1 所示，在平行于建筑物轴线的外侧适当距离设置固定工作基点 A 和 B，在建筑物上设置观测点 a、b、c、d、e 等水平位移观测点。将经纬仪安置在工作基点 A 点，照准另一工作基点 B，构成视准线（基准线），测定各观测点相对于视准线的垂直距离 a_0、b_0、c_0、d_0、e_0；相隔一段时间后，同样安置仪器于 A 点，照准点 B 点，测得各观测点相对于视准线的距离 a_1、b_1、c_1、d_1、e_1。则前后两次测得距离的差值，如 a 点的差值$\Delta a_1 = a_1 - a_0$，即为两次观测时段内 a 点在垂直于视准线方向的水平位移值。同理可算得其他各点的不同观测期的水平位移值。

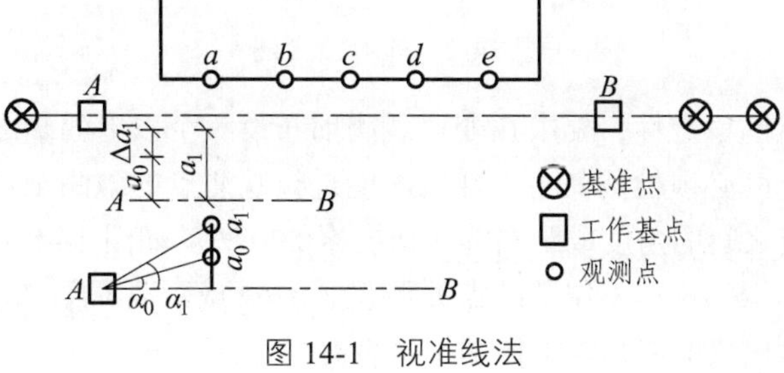

图 14-1 视准线法

为了保证工作基点的稳定性，通常首次观测时在工作基点 A、B 直线的延长线两端稳固的位置布设三个以上的基准点作为首级控制，以后每次在工作基点观测时必须检测 A、B 点是否在基准线上才能进行观测点的施测工作。

也可以采用视准线测小角的方法，即在工作基点 A 安置经纬仪，照准工作基点 B，用测回法测得各观测点相对于视准线的角度$\angle a_0AB$、$\angle b_0AB$、$\angle c_0AB$、$\angle d_0AB$、$\angle e_0AB$，分别用α_{a_0}、α_{b_0}、α_{c_0}、α_{d_0}、α_{e_0}表示；相隔一段时间后，同样安置仪器于 A 点，照准点 B 点，测得各观测点相对于视准线的角度$\angle a_1AB$、$\angle b_1AB$、$\angle c_1AB$、$\angle d_1AB$、$\angle e_1AB$，分别用α_{a_1}、α_{b_1}、α_{c_1}、α_{d_1}、α_{e_1}表示。则前后两次测得角度的差值，如 a 点的差值$\Delta\alpha_1=\alpha_{a_0}-\alpha_{a_1}$，即为两次观测时段内 a 点在垂直于视准线方向的角度变化值。其水平位移量为：

$$da_1=\Delta\alpha_1/\rho\cdot D_{Aa} \tag{14-1}$$

式中，D_{Aa} 为工作基点 A 到观测点 a 的距离；$\rho=206\,265''$。同理可算得其他各点不同观测期的水平位移值。

2. 前方交会法

前方交会法测量水平位移的原理是在建筑物变形影响范围以外布设若干基准点和工作基点，然后在两个工作基点上应用前方交会的方法测定水平位移观测点不同观测期的坐标变化的方法。

如图 14-2 所示，在建筑物外设置基准点或工作基点 A、B、C、D，现在观测水平位移观测点 P。首先将两台经纬仪分别安置在工作基点 A、B 点，分别照准对方为后视方向，用测回法测定观测角$\angle BAP$ 和$\angle ABP$，记为α_0、β_0，应用前方交会公式可以计算出坐标 $P(x_P,y_P)$。相隔一段时间后，同样分别安置仪器在工作基点 A、B 点，照准对方为后视方向，用测回法测定观测角$\angle BAP_1$ 和$\angle ABP_1$，记为α_1、β_1，同样可以应用前方交会公式计算出坐标 $P_1(x_{P1},y_{P1})$，则根据前后两次测得坐标差值计算出 P 点的位移值为：

$$\Delta P_1=\sqrt{(x_{P1}-x_P)^2+(y_{P1}-y_P)^2} \tag{14-2}$$

同理可算得其他各点的不同观测期的水平位移值。

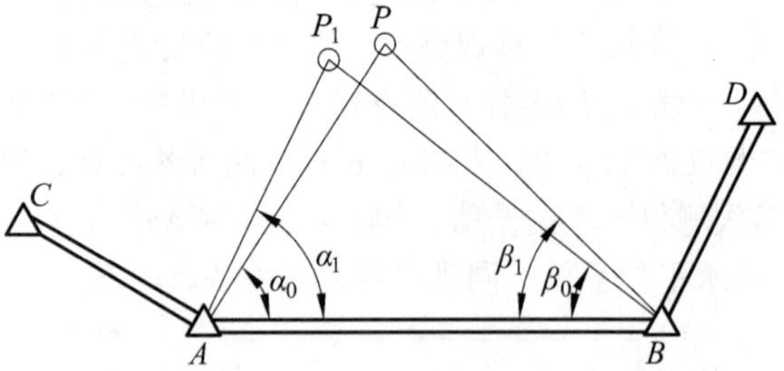

图 14-2　前方交会法

为了保证工作基点的稳定性，要求在变形观测前布设三个以上的基准点作为首级控制，以后每次在工作基点观测时必须检测其稳定性后才能进行观测点的施测工作。具体方法可以通过检测基准点或工作基点之间的角度或距离等几何要素的方法。如图 14-2 所示，在工作基准点 A 测量$\angle CAB$ 或距离 S_{AC}、S_{AB}，在工作基准点 B 测量$\angle ABD$ 或距离 S_{BA}、S_{BD}，然后和这些几何要素首期的理论计算值做比较即可判断工作基点是否有变动。

任务 14.4 倾斜观测

倾斜观测

由于不规则沉降及外力作用（如风荷、地下水抽取、地震等），建筑物将会产生倾斜变化。测定建筑物倾斜变化的工作称为倾斜观测，常用的方法有经纬仪投影法和经纬仪测角法。

14.4.1 经纬仪投影法

如图 14-3 所示，在距建筑物合适位置 A 安置经纬仪，用正镜照准上部的观测点 M，向下某一平面投点得一投影点，再用倒镜照准观测点 M，向下投到同一平面得另一投影点，两点取中得 N 点作为 M 点在 AM 方向的投影点。然后在 AP 垂直的方向合适位置 B 安置经纬仪，重复上述观测步骤，测得观测点 P 的在 BP 方向的投影点 Q。

相隔一段时间后，用上述相同方法和步骤再次观测得到 M、P 点的投影点 N'、Q'，量出 $NN'=a$，$QQ'=b$，则建筑物的倾斜值为 $d=\sqrt{a^2+b^2}$。根据建筑物的高度 H，可以计算建筑物的倾斜度为：

$$i=d/H \tag{14-3}$$

不同观测周期的倾斜值反映了建筑物倾斜程度的变化情况。

14.4.2 经纬仪测角法

如图 14-4 所示，独立构筑物烟囱中 P' 为烟囱顶部中心位置，P 为烟囱底部中心位置。在烟囱附近合适位置布设基线 AB。首先安置经纬仪于 A 点，测定烟囱顶部两侧切线与基线的夹角，取其平均值，如图 14-4 中的 α；再安置经纬仪于 B 点，测定烟囱顶部两侧切线与基线的夹角，取其平均值，如图 14-4 中的 β。利用前方交会公式即可计算出 P' 的坐标。同法可得 P 点的坐标。由坐标反算求得 P'、P 两点间的平距 $D_{PP'}$，即为水平位移量 d，根据烟囱高度 H，同样可由式（14-3）即求得烟囱的倾斜度 i。重复上述方法和观测步骤，不同观测周期的倾斜度反映了建筑物倾斜程度的变化情况。

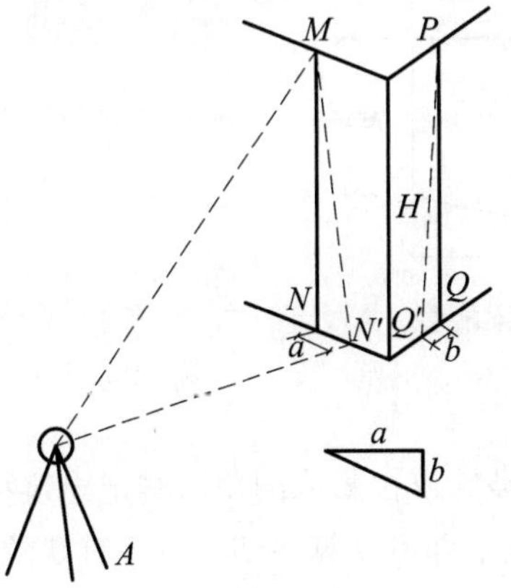

图 14-3 经纬仪投影法

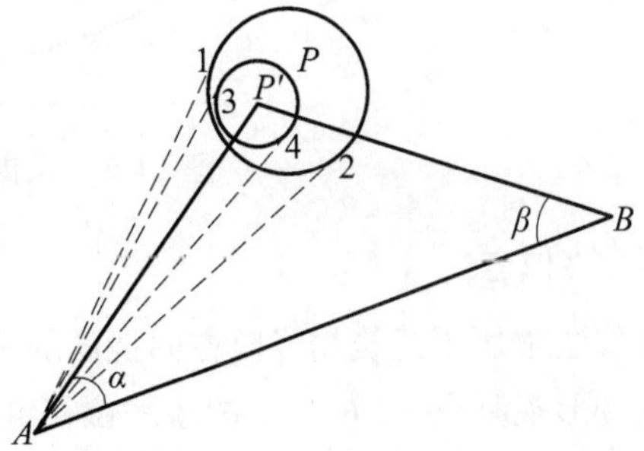

图 14-4 经纬仪测角法

也可以在工作基点 A 安置经纬仪，以任意方向为基线方向，测定烟囱底部两侧切线与基线的夹角∠1、∠2，则 AP 的平均方向为(∠1 + ∠2)/2，再测定烟囱顶部两侧切线与基线的夹角∠3、∠4，则 AP'的平均方向为(∠3 + ∠4)/2。AP 和 AP'的方向偏移值$\Delta\alpha = (\angle 1 + \angle 2)/2 - (\angle 3 + \angle 4)/2$，量取 A 到 P 的距离 S_{AP}，则根据公式$\Delta x = \Delta\alpha/\rho\, S_{AP}$可以计算出 P'点在 AP 方向的偏移值。在 AP 垂直方向的 B 点重复上述步骤，同理可得 P'在 BP 方向的偏移量Δx。则 P'的总体偏移量为 $d = \sqrt{\Delta x^2 + \Delta y^2}$ 。根据建筑物的高度 H，可以计算建筑物的倾斜度 $i = d/H$。不同观测周期的倾斜值反映了建筑物倾斜程度的变化情况。

任务 14.5 挠度观测和裂缝观测

14.5.1 挠度观测

建筑物在应力作用下水平方向或竖直方向上产生的弯曲和扭转称为挠度。挠度观测实际上是水平位移或垂直位移观测。常用的方法有水准测量法、三角高程法、经纬仪法、极坐标法、垂线法或近景摄影测量法。下面主要介绍水准测量法和经纬仪法。

1. 水准测量法

水准测量法常用于建筑物水平方向的挠度观测。图 14-5 所示为采用水准测量法对梁进行挠度观测的例子。在梁的两端及中部设置三个变形观测点 A、B 及 C，定期对这三个点进行水准测量，计算出各点的沉降观测数值 h_A、h_B 和 h_C，即可计算各期相对于首期的挠度值，如 B 点挠度值计算公式为：

$$f_B = (h_B - h_A) - \frac{S_A}{S_A + S_B}(h_C - h_A) \tag{14-4}$$

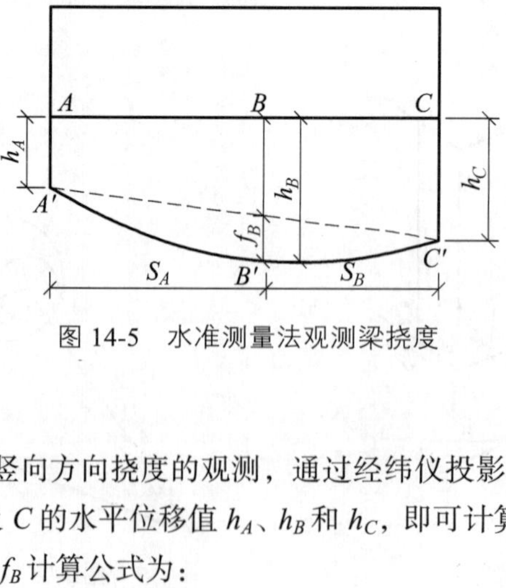

图 14-5　水准测量法观测梁挠度

2. 经纬仪法

经纬仪法常用于建筑物竖向方向挠度的观测，通过经纬仪投影或测角法测定建筑物在不同高度上的变形观测点 A、B 及 C 的水平位移值 h_A、h_B 和 h_C，即可计算各期相对于首期的挠度值，如图 14-6 所示，B 点挠度值 f_B 计算公式为：

$$f_B = \frac{H_A}{H_A + H_B}(h_C - h_A) - (h_B - h_A) \qquad (14\text{-}5)$$

式中 H_A、H_B——AB、BC 间的高度值。

裂缝观测

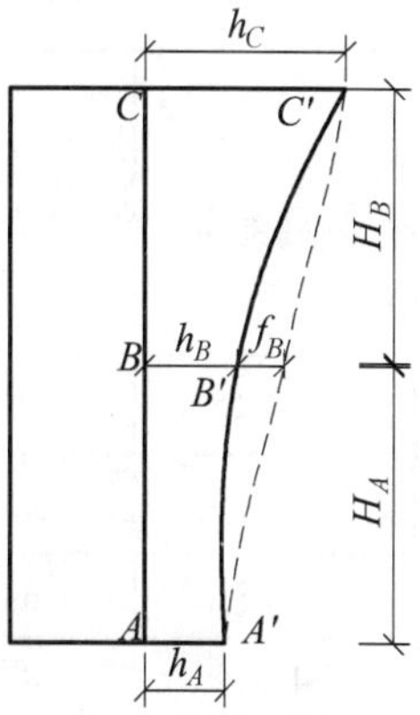

图 14-6 经纬仪法

14.5.2 裂缝观测

建筑物产生裂缝往往与不均匀沉降有关。对建筑物上裂缝的位置、走向、长度、宽度和深度的观测称作裂缝观测。裂缝观测通常在裂缝两侧设置观测标志，然后定期观测裂缝的变化情况。常用的裂缝观测标志有铁片标志和金属棒标志等。

铁片标志用两块铁片制成，如图 14-7 所示，分别设置在裂缝两侧，并使其中一块铁片紧贴在另一块铁片上。当两块铁片固定好之后，在其表面涂上红漆，如果裂缝继续发展，两块铁片将会拉开，下面的一块铁片上将会露出没有涂漆的部分，其宽度即为裂缝开裂的宽度，可用尺子直接量出。

金属棒标志通常用两钢筋头制成，也可以直接在裂缝两侧打入钢钉作为观测标志。如图 14-8 所示，将两根钢筋头插入墙体，并使其露出墙外约 20 mm，用水泥砂浆填灌牢固。待水泥砂浆凝固后，用游标卡尺量出两钢筋头标志间的距离，并记录下来。以后若裂缝继续发展，则金属棒的间距也就不断加大。定期测定两棒的间距并进行比较，即可掌握裂缝发展情况。

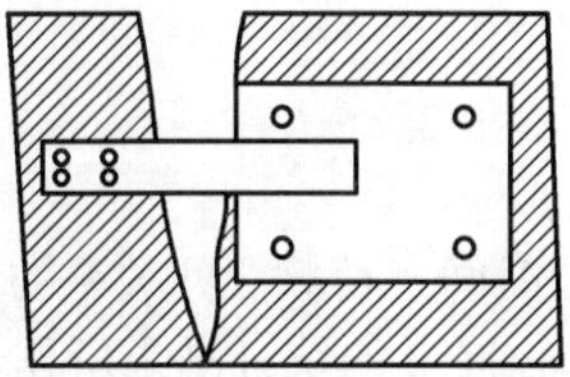

图 14-7 铁片标志

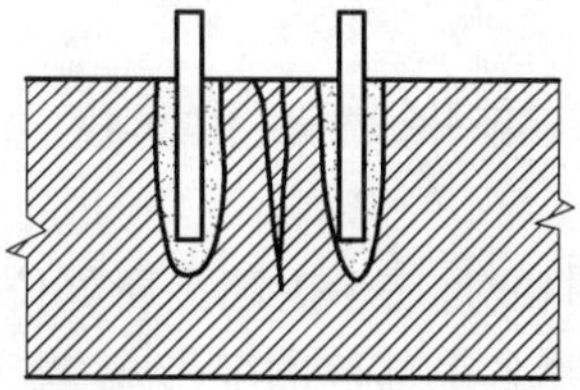

图 14-8 金属棒标志

任务 14.6 变形观测的资料整理

变形观测后，应对观测资料进行全面检查、整理，并对有关资料作出必要的几何解释，以便找出变形与各种因素的关系以及变形的发展规律。资料整理的主要内容是按时间顺序逐点统计观测数据，并绘制变形过程曲线或变形分布图。

14.6.1 观测数据统计

观测数据的统计一般以表格形式作出，其统计内容包括观测点点名、观测时间、建筑物荷载、变形观测值以及累计变形值等。表 14-2 是对某建筑物沉降观测所作出的统计，表中列举了两个观测点观测结果。

表 14-2　沉降观测成果表

观测日期	荷载（t/m^2）	观测点					
		1			2		
		高程（m）	本次沉降（mm）	累计沉降（mm）	高程（m）	本次沉降（mm）	累计沉降（mm）
02.2.15	0	93.667	0	0	93.683	0	0
3.1	4.0	93.664	3	3	93.681	2	2
3.15	6.0	93.662	2	5	93.679	2	4
4.10	8.0	93.660	2	7	93.677	2	6
5.5	10.0	93.659	1	8	93.675	2	8
6.5	12.0	93.658	1	9	93.673	2	10
7.5	12.0	93.657	1	10	93.671	2	12
9.5	12.0	93.656	1	11	93.670	1	13
11.5	12.0	93.656	0	11	93.669	1	14
03.1.5	12.0	93.656	0	11	93.668	1	15
3.5	12.0	93.655	1	12	93.667	1	16
5.5	12.0	93.654	0	12	93.667	0	16

14.6.2　变形过程曲线

变形过程曲线是表示观测点所处位置建筑物的变形与时间、荷载之间关系的曲线，它能直观的反映建筑物各个部位的变形规律。图 14-9 所示为对表 14-2 的统计结果所作出的沉陷变形过程曲线。

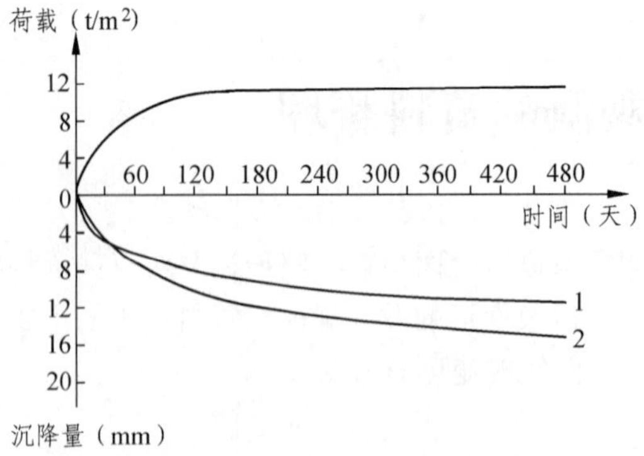

图 14-9　某建筑物沉陷变形过程曲线

14.6.3　变形分布图

常见的变形分布图有沉降等值线图和变形值剖面分布图两种。

沉降等值线图是以等值线表达建筑物沉降变形情况的图，它可以从整体上反映建筑物的沉降变形规律。图 14-10 所示为根据某大坝的沉降变形绘出的沉降等值线图，可以看出同一曲线上各点都具有相同的沉降值。

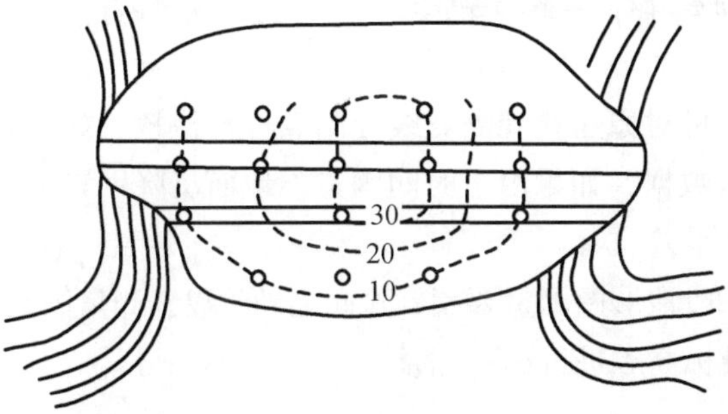

图 14-10　某大坝沉降等值线图

变形值剖面分布图常用来表达建筑物在某一剖面（断面）水平位移的分布情况。图 14-11 是对某大坝某一断面（和坝轴线垂直）不同高程面上 6 个观测点作出的水平位移分布图，从图中可以明显看出大坝水平位移和库容之间的关系。

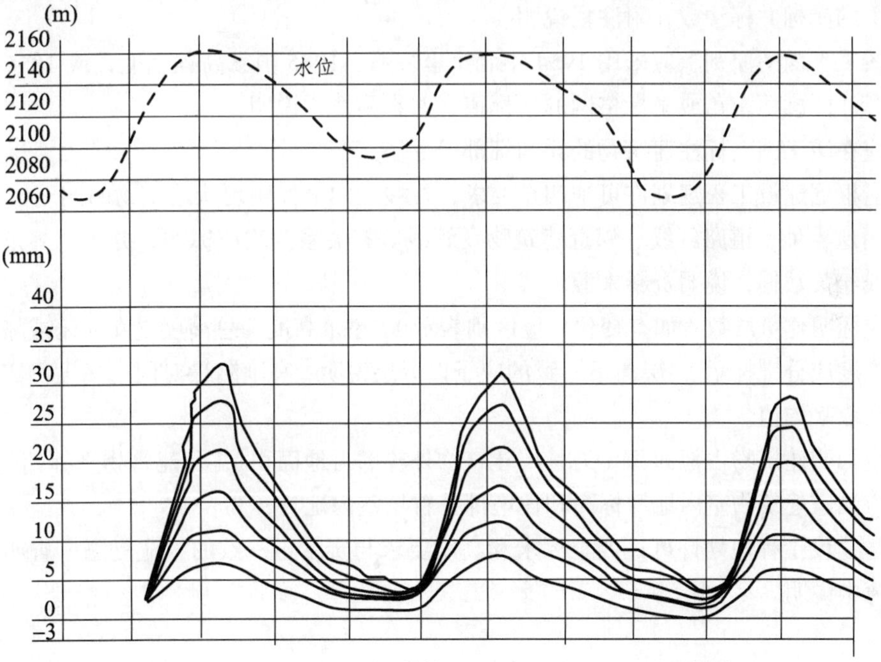

图 14-11　大坝某断面水平位移分布图

任务 14.7　竣工测量

竣工测量

建筑物竣工测量主要是为验证建筑物与建设工程规划许可证规定的一致性，为建筑物竣工验收提供依据，同时，也为以后进行城市基本图的动态更新积累基础资料，应依据总平面规划图、建设工程规划许可证、施工图进行测量。

14.7.1 竣工测量的一般特性

建筑竣工测量控制点可对原建筑规划放线控制点进行检核，如误差在《控制测量规范》范围许可内，则直接采用该数据，如果由于时间因素、地面沉降因素造成控制点误差偏大，则需要对控制点重新复核测量平差。

竣工测量要素包含一般地形图测量要素，除此之外，竣工测量因其特殊性还需对建筑高度、室内外高差、管线走向及标高等进行细致测量。

14.7.2 竣工测量的特殊要求

建筑竣工测量方法可按照一般地形图测量作业规程进行，建筑竣工测量特殊要求：

（1）应现场测定竣工建筑物及周边相关范围内 1/500 或 1/200 数字化地形图，测定建筑物外廓两点以上的坐标并标注或在附注栏说明。

（2）竣工平面图原则上应采用 1954 年北京坐标系、1985 国家高程基准，或 1956 年黄海高程系统，标注图廓西南角或坐标格网的坐标值，并在附注栏说明。

（3）应在竣工图上标注建筑物的详细细部尺寸。

（4）应根据建设工程规划许可证四至要求，在竣工图上标明现状建筑物的四至情况。

（5）用地界址、道路红线、邻近建筑物及管线等有关系的均应标明，并标明界址、道路红线、中心线相关数据，说明资料来源。

（6）应标明建筑层数（如有变化，应区别表示）、建筑高度（总高度、女儿墙或檐口高度和特殊部位高度应分别标示）。层高不一致的应予以分层说明，高度测量对同一高度测定不同位置不少于两次取平均值。

（7）应标明建筑物占地面积（为首层建筑物外轮廓占地面积），及建筑物坐标朝向角。

（8）应测定建筑物室内地坪标高和住宅部分首层室内地坪标高。

（9）与建设工程规划许可证四至要求和高度要求与实际不一致的，应复测，查明原因，并在测量手簿中说明。

14.7.3 质量控制检查与归档成果

质量控制主要分为野外测量质量控制和室内绘图质量控制，野外测量质量控制主要包括仪器操作检查、地物点是否漏测检查、仪器本身指标是否合格、野外草图绘制点混淆检查、测量点点位相对距离误差检查、图根点检查等项以及项目负责人对野外测量数据总体核查等。室内绘图检查包括小组内绘图员自检、项目负责人复核及单位相关领导审核三个步骤。具体操作按照公司质量管理体系进行。上交成果主要包括竣工测量图，野外绘制草图及相关记录等。

任务 14.8 建筑物沉降观测实训

14.8.1 目　的

监测建筑物在垂直方向上的位移（沉降），以确保建筑物及其周围环境的安全。建筑物沉降观测应测定建筑物地基的沉降量、沉降差及沉降速度，并计算基础倾斜、局部倾斜、相对弯曲及构件倾斜。

14.8.2 仪器工具

垂直位移监测的仪器工具有：瑞士产徕卡 DNA003 电子水准仪（标称精度为 ± 0.3 mm/km），2 m 条形码铟瓦水准标尺。

注：外业记录由仪器自动记录存储，观测中超限，提醒重测，所用测量仪器均经过检定。

14.8.3 步　骤

1. 建立水准控制网

根据工程的特点布局、现场的环境条件制订测量施测方案，由建设单位提供的水准控制点（或城市精密导线点）根据工程的测量施测方案和布网原则的要求建立水准控制网。

（1）一般高层建筑物周围要布置三个以上水准点，水准点的间距不大于 100 m。

（2）在场区内任何地方架设仪器至少后视到两个水准点，并且场区内各水准点构成闭合图形，以便闭合检校。

（3）各水准点要设在建筑物开挖、地面沉降和震动区范围之外，水准点的埋深要符合二等水准测量的要求（大于 1.5 m）根据工程特点，建立合理的水准控制网，与基准点联测，平差计算出各水准点的高程。

2. 建立固定的观测路线

依据沉降观测点的埋设要求或图纸设计的沉降观测点布点图，确定沉降观测点的位置。在控制点与沉降观测点之间建立固定的观测路线，并在架设仪器站点与转点处做好标记桩，保证各次观测均沿统一路线。

3. 观　测

根据编制的工程施测方案及确定的观测周期，首次观测应在观测点安装稳固后及时进行。一般高层建筑物有一或数层地下结构，首次观测应自基础开始，在基础的纵横轴线上（基础局部）按设计好的位置埋设沉降观测点（临时的），等临时观测点稳固好，进行首次观测。首次观测的沉降观测点高程值是以后各次观测用以比较的基础，其精度要求非常高，施测时一般用 N2

或 N3 级精密水准仪。并且要求每个观测点首次高程应在同期观测两次后决定。随着结构每升高一层，临时观测点移上一层并进行观测直到 ± 0.00 再按规定埋设永久观测点（为便于观测可将永久观测点设于 + 500 mm）。然后每施工一层就复测一次，直至竣工。

4. 平差计算

将各次观测记录整理检查无误后，进行平差计算，求出各次每个观测点的高程值。从而确定出沉降量。

5. 统计表汇总

首先建立下沉曲线坐标，横坐标为时间坐标，纵坐标上半部为荷载值，下半部为各沉降观测周期的沉降量。将统计表中各观测点对应的观测周期所测得沉降量画于坐标中，并将相应的荷载值也画于坐标中，连线，就得到对应于荷载值的沉降曲线。

根据沉降量统计表和沉降曲线图，我们可以预测建筑物的沉降趋势，将建筑物的沉降情况及时地反馈到有关主管部门，正确地指导施工。特别对在沉陷性较大的地基上重要建筑物不均匀沉降的观测显得更为重要。利用沉降曲线还可计算出因地基不均匀沉降引起的建筑物倾斜度：$q = |\Delta C_m - \Delta C_n|/L_{mn}$，$\Delta C_m$、$\Delta C_n$ 分别为 m、n 点的总沉降量，L_{mn} 为 m、n 点的距离。对沉降观测的成果分析，我们还可以找出同一地区类似结构形式建筑物影响其沉降的主要因素，指导施工单位编好施工组织设计正确指导施工大有裨益，同样也为勘察设计单位提供宝贵的一手资料，设计出更完善的施工图纸。

14.8.4 注意事项

建筑物施工阶段的观测随施工进度及时进行，一般建筑，可在基础完工后或地下室砌完后开始观测，大型、高层建筑，可在基础垫层或基础底部完成后开始观测。观测次数与间隔时间应视地基与加荷情况而定。民用建筑可每加高 1 ~ 5 层观测一次，工业建筑可按不同施工阶段（如：回填基坑、安装柱子和屋架、砌筑墙体、设备安装等）分别进行。如建筑物均匀增高，应至少在增加荷载的 25%、50%、75%和 100%时各测一次。施工过程中如暂时停工，在停工时及重新开工时应各观测一次，停工期间，可每隔 2 ~ 3 个月观测一次。

建筑物使用阶段的观测应考虑：

（1）建筑物使用阶段的观测次数应视地基土类型和沉降速度大小而定，除有特殊要求者外，一般情况下，可在第一年观测 3 ~ 4 次，第二年观测 2 ~ 3 次，第三年后每年 1 次，自至稳定为止。观测期限规定：砂土地基 2 年，膨胀土地基 3 年，黏土地基 5 年，软土地基 10 年。

（2）在观测过程中，如有基础附近地面荷载突然变化、基础四周大量积水、长时间连续降雨，均应及时增加观测次数。

（3）当建筑物突然发生大量沉降、不均匀沉降或严重裂缝时，应立即进行逐日或几天一次的连续观测。

建筑物沉降是否进入稳定阶段，由沉降量与时间关系曲线判定，对重点观测和科研观测工程，若最后三个周期观测中，每周期沉降量不大于 $2\sqrt{2}$ 倍测量中误差可认为进入稳定阶段；一般观测工程，若沉降速度小于 0.01 ~ 0.04 mm/d，可认为进入稳定阶段。

每次观测应记载施工进度、荷载的增加量、建筑物倾斜裂缝等各种影响沉降变化和异常的情况。每周期观测后，应及时对观测资料进行整理，计算观测点的沉降量、沉降差以及本周期平均沉降量和沉降速度。如需要还要计算变形特征值。

14.8.5 记录计算

观测工作结束后，应提交下列成果主要包括：沉降观测成果表；沉降观测点分布图及各周期沉降展开图；*v-t-s*（沉降速度、时间、沉降量）曲线图；*p-t-s*（荷载、时间、沉降量）曲线图；建筑物等沉降曲线图；沉降观测分析报告。

知识小结

本项目主要讲述变形观测的基本知识和基本方法。要求了解变形观测的基本概念；熟悉变形观测方案和竣工测量的内容；掌握建筑物的沉降、水平位移、倾斜、裂缝、挠度观测的基本方法。

习题与作业

1. 什么叫变形观测？变形观测的目的、意义和任务是什么？
2. 变形观测主要包括哪些内容？
3. 什么是观测点？什么是工作基点？
4. 沉陷观测中，观测点、工作基点、水准基点应如何布设？
5. 如何进行建筑物的倾斜观测和裂缝观测？
6. 如何对变形观测资料进行整理？如何绘制变形过程曲线？如何绘制变形分布图？

参考文献

[1] 郭静珺，饶云刚. 土木工程测量[M]. 武汉：武汉理工大学出版社，2011.

[2] 覃辉. 木工程测量[M]. 重庆：重庆大学出版社，2011.

[3] 刘秋美. 土木工程测量[M]. 成都：西南交通大学出版社，2011.

[4] 常允艳，谢波，董红娟. 土木工程测量[M]. 成都：西南交通大学出版社，2012.

[5] 王淑慧. 土木工程测量[M]. 武汉：武汉大学出版社，2014.

[6] 程鹏环，朱兆军. 土木工程测量[M]. 北京：国防工业出版社，2014.

[7] 韩玉民，李利，冷冰. 土木工程测量[M]. 武汉：武汉大学出版社，2014.

[8] 邓晖，刘玉珠. 土木工程测量[M]. 广州：华南理工大学出版社，2015.

[9] 胡伍生，潘庆林. 土木工程测量[M]. 5 版. 南京：东南大学出版社，2016.

[10] 白会人. 土木工程测量[M]. 3 版. 武汉：华中科技大学出版社，2017.

[11] 林龙镔. 土木工程测量[M]. 北京：北京理工大学出版社，2018.

[12] 付克璐. 土木工程测量[M]. 北京：北京理工大学出版社，2018.

[13] 黄声享，高飞. 土木工程测量[M]. 武汉：武汉大学出版社，2019.

[14] 覃辉，马超，朱茂栋. 土木工程测量[M]. 5 版. 上海：同济大学出版社，2019.